复旦学前云平台
数字化教学支持说明

为提高教学服务水平，促进课程立体化建设，复旦大学出版社学前教育分社建设了"复旦学前云平台"，为师生提供丰富的课程配套资源，可通过"电脑端"和"手机端"查看、获取。

🖥 【电脑端】

电脑端资源包括 PPT 课件、电子教案、习题答案、课程大纲、音频、视频等内容。可登录"复旦学前云平台"www.fudanxueqian.com 浏览、下载。

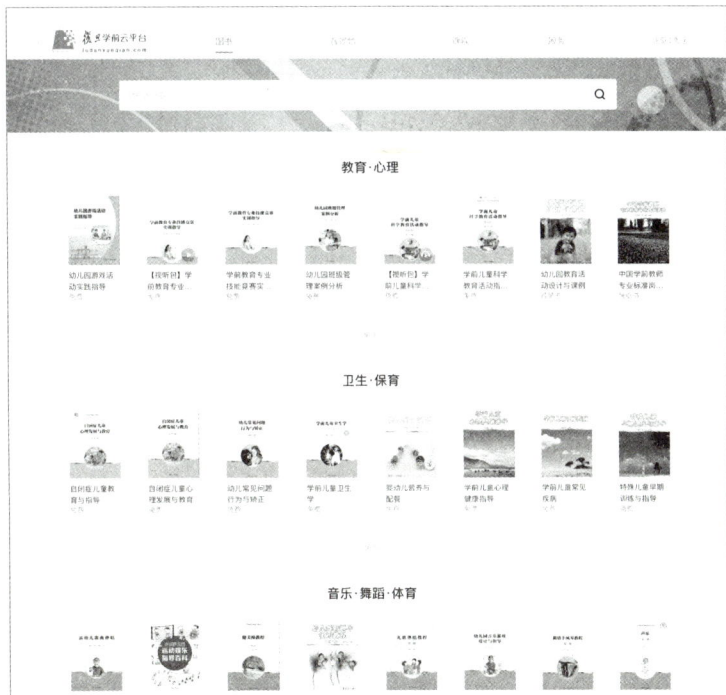

Step 1 登录网站"复旦学前云平台"www.fudanxueqian.com，点击右上角"登录 / 注册"，使用手机号注册。

Step 2 在"搜索"栏输入相关书名，找到该书，点击进入。

Step 3 点击【配套资源】中的"下载"（首次使用需输入教师信息），即可下载。音频、视频内容可通过搜索该书【视听包】在线浏览。

📱 【手机端】

PPT 课件、音视频、阅读材料：用微信扫描书中二维码即可浏览。

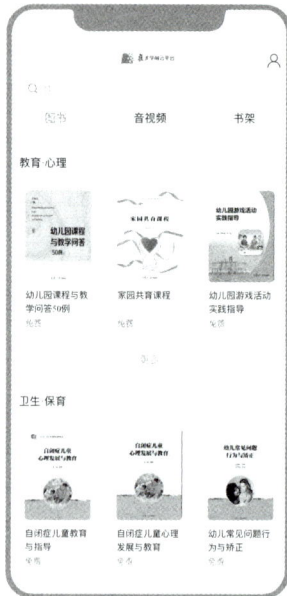

扫码浏览

📖 【更多相关资源】

更多资源，如专家文章、活动设计案例、绘本阅读、环境创设、图书信息等，可关注"幼师宝"微信公众号，搜索、查阅。

平台技术支持热线：029-68518879。

"幼师宝"微信公众号

融合型·新形态教材
复旦学前云平台 fudanxueqian.com

普通高等学校学前教育专业系列教材

学前儿童发展心理学

（第二版）

主　　编　刘万伦

编写人员（以姓氏笔画为序）

王文秀　　甘卫群　　刘万伦　　刘艳艳

杨　莉　　秦佳佳　　戴敏燕

复旦大学 出版社

内容提要

本书根据学前儿童发展心理学自身的知识体系，结合《幼儿园教师资格考试标准》和《幼教保教知识与能力》考试大纲中关于"学前儿童发展"的要求，以及近年来幼儿园教师资格考试试卷中所体现出的思想和要求，在上一版的基础上修订而成。全书系统地阐述了学前儿童身心发展的特点和相关教育问题，具体包括三部分：第一部分是总论，主要介绍学前儿童发展心理学的学科概况、研究方法，以及儿童心理发展的理论流派和基本问题，包括前四章；第二部分是学前儿童心理发展的过程、特征以及对教育的要求，是本书的核心内容和重点，包括第五至八章；第三部分是学前儿童心理发展的差异性、特殊性及教育措施，包括第九、十两章。

与本书配套的形成性练习册（包括与正文相对应的十套练习题、八套模拟试题）是根据国家幼儿园教师资格考试的题型和近年来考试的出题思路设计的，有很强的针对性。教材内的试题答案、教学课件和形成性练习册的习题答案都可以通过复旦大学出版社学前分社的云平台获得（扫描封底二维码可获取详细信息），模拟试题也会在云平台上不定期更新。

本书知识体系完备，适合作为学前教育专业专科以上课证融合的教材，也适合作为幼儿园教师资格考试的复习用书。

FOREWORD TO THE SECOND EDITION | 再版前言

在全书编写人员和复旦大学出版社的共同努力下，本书第一版于2014年正式出版了。4年来，该书深受市场欢迎，已连续印刷8次。为了感谢广大读者的厚爱，更好地服务于读者，也为了更好地适应幼儿园教师资格考试的新要求、新趋势、新题型，本书编写组于2017年年底启动了修订工作，弥补了原书中的一些不足，并增添了部分考试大纲新增的内容。修订后的第二版较第一版体现出如下特色。

一是内容更全、更新。第二版通过增加当前儿童发展心理学研究比较关注的儿童发展的生态系统理论、儿童心理理论发展、观点采择能力发展、儿童分类能力等方面的内容，反映了当前儿童心理发展研究的前沿成果，体现与时俱进的思想。

二是通过弥补第一版书中的一些不足，使得知识结构变得更加系统和完整。通过4年的学习与教学，发现书中还存在少许问题需要进一步优化。如"依恋"部分，第一版书中只呈现了儿童依恋的发展阶段，没有呈现儿童依恋的类型，不利于读者理解和掌握儿童依恋，需要予以补充；再如"视崖实验"，第一版书中只提到该实验，却没有介绍该实验的具体内容，不利于读者的理解，本版补充了该实验的具体内容；另外，少数引用的文献也缺少来源，本版中补充了这些信息。这些补充与修改使本书的知识体系更加完备，更有利于读者的学习与理解。

三是增强了读者复习考试的针对性。本版通过增加部分历年考试真题和本书编写组根据考试大纲思路编写的模拟题，可以非常有针对性地帮助读者更好地把握重点、理解难点，以及提高在实践中解决问题的能力，更重要的，提高读者在资格考试中的应试能力。

希望通过修订后，这版新书更能够满足读者的需求，更受读者的喜欢，也恳请读者提出新的要求和修改意见，以便我们再次修改，逐渐完善。再次感谢读者对本书的宽容与厚爱！谢谢！

浙江师范大学　刘万伦

2018年5月

FOREWORD | 前言

学前儿童,从狭义上讲,指3～6岁的儿童,又称幼儿,被称为祖国的花朵和最可爱的快乐天使;从广义上讲,指从出生到上小学前这个阶段的儿童,包括0～3岁的婴儿和3～6的幼儿。目前国际上的"学前儿童发展心理学"对学前儿童的界定多是广义上的。但是,由于本书的主要对象是准幼儿教师或未来的幼儿教师,所以书中所说的学前儿童主要是指狭义的学前儿童,即幼儿。书中涉及心理发展过程时,就要既讲婴儿的心理发展又要讲幼儿的心理发展,否则难以说清楚儿童心理是如何发展的。学前儿童发展是指学前儿童在身体和心理各方面的协调发展,包括身体和动作的发展、认知发展、情绪和情感发展、个性和社会性发展等。从毕生发展观来看,学前期是个体身心发展最重要的时期,个体许多心理特质和能力发展的关键期都在这一阶段,因而学前儿童发展的特点和规律备受儿童心理学家和儿童教育家们的关注。了解学前儿童身心发展特点和规律对于家长和幼儿教师科学地对儿童进行早期教育是非常重要的。学前儿童发展心理学就是探讨学前儿童心理发展特点和规律的科学。学前儿童发展心理学是高等学校学前教育专业在校生必修的专业基础课程,也是希望获得幼儿园教师资格证书的准幼儿教师和未来想从事幼儿教育工作的人员所必需掌握的一门课程,同时也是年轻家长科学育儿需要自修的一门课程。

目前国内已有多种学前儿童发展心理学的教材,复旦版《学前儿童发展心理学》在许多方面有自己的特点,主要体现在以下几个方面。

1. 内容全面,系统性强。本书是根据《幼儿园教师资格考试标准》和考试大纲中《幼教保教知识与能力》部分关于"学前儿童发展"规定的内容和要求编写的,系统地阐述了学前儿童身心发展的特点以及相关的教育问题,具体包括三大部分。第一部分是总论,包括前四章。第一章是概述,主要是介绍学前儿童发展心理学这门学科以及学习它的意义和方法;第二章介绍了学前儿童心理发展研究的方法;第三章介绍了儿童心理发展的主要理论流派;第四章探讨了学前儿童发展的一些基本问题和规律。第二部分是论述学前儿童心理发展的特征和规律,包括第五、六、七、八章,是这本书的重点内容。其中第五章论述了学前儿童身体、动作和意志的发展,第六章论述了学前儿童认知发展的特点和规律,第七章论述了学前儿童情绪情感发展的特点与教育,第八章论述了学前儿童个性社会性发展的特点。第三部分阐述了学前儿童身心发展过程中的差异性和特殊性,包括第九、第十两章。第九章阐述了学前儿童的差异心理与教育,第十章主要分析了学前儿童身心发展过程中易出现的问题及其辅导,包括身体发育过程中易出现的问题与辅导和心理发展过程中易出现的问题与辅导。这三大部分内容涵盖了"考试大纲"要求掌握的全部内容,非常适合广大准幼儿教师和想从事幼儿教育的考生复习迎考使用。

2. 重点突出,针对性强。本书的每一章开头,都根据"考试大纲"的要求列出了本章的学习目标。这有利于学习者把握本章的重点,更快更好地掌握本章的重点内容。

3. 框架引领,知识结构性强。在每一章的学习目标下面,都增加了"学习导引"和"知识框架"两部分内容,这有利于学习者概括本章的知识要领,形成结构性知识和系统性知识,也有利于学习者的记忆和理解。

4. 理论联系实际,应用性强。本书在每一章以及每一节的开头都呈现给读者一个案例,一方面可以引起读者的学习兴趣和求知欲,另一方面也启发读者如何运用本章的内容解决现实问题。这种理论联系实际的做法也使得这本书具有较强的应用性。

5. 课证融合,实战性强。本书配套的形成性练习册是根据国家幼儿园教师资格考试的题型有针对性地、精准地设计的,并提供了所有参考答案。本书可以综合地作为学前专业的专业课教材,又可以作为应试的辅导用书,符合当下倡导的课证融合的教学方向。

鉴于以上这些特点,本书能够满足广大考生、幼儿教师、年轻家长学习、考试和教育的要求。

为了编写好这本教材,我们编写组成员查阅了大量的文献资料,并进行了分工。各章执笔人如下:第一章、第二章、第三章、第四章,刘万伦;第五章,王文秀;第六章,秦佳佳;第七章,戴敏燕;第八章,甘卫群;第九章,杨莉;第十章,刘艳艳。全书由刘万伦统稿、定稿。

本书是编写组成员集体智慧的结晶,作为主编,我在这里首先要感谢编写组成员牺牲休息时间,冒着暑假的炎热编写这本书的相关章节;其次要感谢复旦大学出版社黄乐编辑和孙程姣编辑给这本书提出的修改意见以及所付出的辛劳;同时还要感谢这本书所参考和引用书目的原作者所提供的资料和智慧。

鉴于水平有限,本书疏漏之处在所难免,欢迎读者给予批评指正,在此先向读者表示衷心感谢!

浙江师范大学　刘万伦

2013 年 12 月 18 日

CONTENTS | 目 录

第 *1* 章　学前儿童发展心理学概述

学习目标

※ 了解学前儿童发展心理学的研究对象和内容；
※ 了解学前儿童发展心理学的历史演变和发展趋势；
※ 识记各时期的代表人物及其代表作；
※ 能举例说明学习学前儿童发展心理学的意义。

学习导引

　　本章由三节组成。第一节介绍学前儿童发展心理学的研究对象和内容，学习时要注意理解学前期的概念，学前儿童发展心理学与发展心理学、儿童心理学的区别；第二节简述学前儿童发展心理学的历史演变和发展趋势，学习的重点是识记各阶段的儿童心理学家及其代表作；第三节是学习学前儿童发展心理学的意义和方法，能举例说明学习学前儿童发展心理学的意义，并能运用所介绍的方法学好这门课程。

知识结构

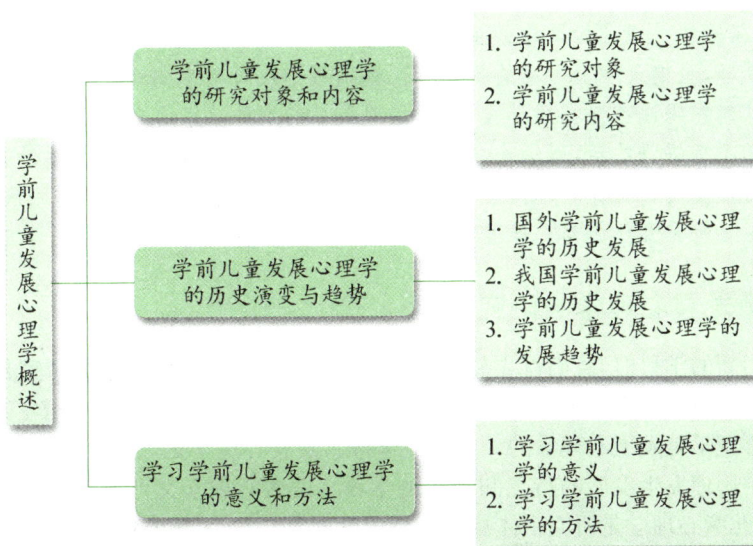

学前儿童发展心理学概述

- 学前儿童发展心理学的研究对象和内容
  1. 学前儿童发展心理学的研究对象
  2. 学前儿童发展心理学的研究内容

- 学前儿童发展心理学的历史演变与趋势
  1. 国外学前儿童发展心理学的历史发展
  2. 我国学前儿童发展心理学的历史发展
  3. 学前儿童发展心理学的发展趋势

- 学习学前儿童发展心理学的意义和方法
  1. 学习学前儿童发展心理学的意义
  2. 学习学前儿童发展心理学的方法

引子

卡尔·威特的故事

卡尔·威特(Carl Weter)是19世纪德国的一个著名的天才。他八九岁时就能自由地运用包括德语、法语、意大利语、拉丁语、英语和希腊语在内的六国语言;并且通晓动物学、植物学、物理学、化学,尤其擅长数学;9岁时他考取了哥廷根大学;14岁就获得哲学博士学位;16岁获得法学博士学位,并被任命为柏林大学的法学教授;23岁他出版《但丁的误解》一书,成为研究但丁的权威。而这些惊人的成就并不是由于他的天赋有多高——恰恰相反,他出生后被认为是有些痴呆的婴儿——而是全赖他父亲教育有方。

老威特为什么能把他的儿子培养得如此优秀?读一读《卡尔·威特的教育》你就会发现,其中的奥妙就在于老威特是根据小威特的心理发展特征来进行教育的。类似的故事诸如陈鹤琴对他儿子的教育,哈佛天才刘亦婷的成长过程,以及其他哈佛学子的成才等,教育的成功或天才的成长都是由于早期教育中遵循了学前儿童的身心发展规律。那么,学前儿童身心发展的特点是什么?如何根据学前儿童身心发展的特点进行有效地教育?认真学习这本《学前儿童发展心理学》,你就会找到满意的答案。

第一节 学前儿童发展心理学的研究对象和内容

为什么小红的心理和行为产生了变化?

4岁的女孩小红已经连续三天穿妈妈给她买的新花裙子而不愿意脱下来洗。妈妈说,裙子已经穿得很脏了,要脱下来洗一洗。可是小红就是不愿意,嘴上哼哼着,头摇得像拨浪鼓似的。妈妈有点儿生气了,说如果你不脱下来,下次就不给你买新衣服了,可是小红还是不干。这时妈妈真的生气了,就上去要强行把衣服脱下来。小红一边哭一边跑。这时,他们的邻居小张阿姨——小红的幼儿园老师正好走过来,看到这一幕,就走上前去。她蹲到小红的面前看着小红说道:"啊!你的花裙子真漂亮!是妈妈给你买的吗?"小红点了点头,心里有点儿得意。小张阿姨又问道:"你喜欢到外婆家去吗(小张阿姨知道小红喜欢去外婆家里,故意这么问)?"小红高兴地回答道:"愿意。"小张阿姨继续问道:"外婆一定很喜欢小红,是吗?"小红得意地说:"是的,外婆最喜欢我了。"说到外婆,小红已经把刚才妈妈强迫她脱衣服的不高兴抛到一边了。看到小红高兴起来,小张阿姨说道:"如果外婆看到小红穿着干净漂亮的花裙子,一定更喜欢小红了。把花裙子脱下来给妈妈洗干净,星期天穿上干净的花裙子让妈妈带你去外婆家好吗?"听到小张阿姨这么说,小红很乐意地说:"好。"并对妈妈说:"把花裙子洗干净,星期天我们到外婆家去吧。"妈妈笑着说:"好。"

为什么小红开始不听妈妈的话,而听小张阿姨的话呢?很显然,小张阿姨了解幼儿的心理特征,并灵活地运用了幼儿的心理发展特征及其规律去解决问题。那么学前儿童发展心理学到底是一门什么样的学科?它研究什么?主要研究哪些内容?学习这一节内容,你将会详细地了解什么是学前儿童发展心理学。

一、学前儿童发展心理学的研究对象

当我们学习一门新的学科时,我们首先想知道它是一门什么样的学科,它是研究什么的,这就是研究对象的问题。学前儿童发展心理学是研究学前期儿童心理发展特点及其规律的科学。

学前儿童发展心理学是发展心理学的一个分支学科。发展心理学是研究个体从受精卵开始到出生乃至衰老的生命全程中心理发生发展的特点和规律的学科。发展心理学又可以分为儿童心理学、成人心理学、老年心理学等。儿童心理学是研究个体从出生到成熟时期(0~18岁)的心理发展特点和规律,是发展心理学研究的主要内容。学前期是个体心理发展最重要的时期之一,是个体许多心理特质和能力发展的关键期,因而学前儿童的心理发展特征备受儿童心理学家们的关注。正是由于对学前儿童心理发展的研究越来越深入和系统,才使得学前儿童发展心理学成为一个相对独立的研究领域。

目前人们对学前期的认识还不完全一致。一种观点认为从出生到上小学之前这段时期(0~6岁)都称为学前期;另一种观点认为学前期就是幼儿期(3~6岁)。为了便于区分这两种观点,这里把前者称为广义

的学前期,把后者称为狭义的学前期。本书研究的主要对象是狭义的学前儿童,即以研究3～6岁幼儿的心理发展特征为主,在研究学前儿童心理的产生与发展时也会涉及0～2岁的婴儿心理发展。

二、学前儿童发展心理学的研究内容

学前儿童发展心理学是研究学前期儿童心理发展特点和规律的,从研究的具体内容看,主要包括以下三个方面。

(一)探讨个体心理的发生

学前期是人生发展的早期,也是各种心理活动的发生期。0～6岁是人的各种低级心理与高级心理的发生期和快速发展期。人的许多低级心理能力和心理特质,如感知觉、无意注意、无意记忆、情绪、气质等,在出生后不久就开始表现出来;而许多较高级的心理能力和心理特质,如有意注意、有意记忆、语言、数概念、情感、意志、意识、自我、性格等,是在2岁以后才开始表现和发展起来的。研究表明,3～6岁是许多较高级心理能力发展的关键期,对于个体一生的发展都是至关重要的。因此,探讨个体心理的发生是学前儿童发展心理学研究的重要内容。

(二)探讨学前儿童心理发展的一般特征及其机制

学前儿童发展心理学研究的主要内容是学前儿童心理发展的一般特征及其机制。儿童的心理发展在某一年龄阶段会表现出共同的、一般的特征。在发展心理学中,通常把儿童在某一年龄阶段所表现出来的一般的(带有普遍性的)、典型的(具有代表性的)、本质的(体现出特定性质的)特征称为年龄特征。因为这些特征都与发展的时间(成熟)有关系,通常以年龄为标志。

学前儿童发展心理学就是要揭示不同年龄阶段儿童心理发展的年龄特征。学前儿童心理发展通常要经历三个时期:幼儿早期(3～4岁,相当于幼儿园的小班)、幼儿中期(4～5岁,相当于幼儿园的中班)、幼儿晚期(5～6岁,相当于幼儿园的大班或学前班)。由于在这个时期儿童的心理发展非常迅速,在每一个年龄段心理发展都表现出不同的特点,因此学前儿童发展心理学要揭示出每一个年龄阶段幼儿心理发展的特征和规律,揭示出学前儿童心理发展的顺序性、阶段性、稳定性等特征。

学前儿童的心理发展从内容上可以分为认知发展和个性社会性发展两大方面。学前儿童的认知发展具体体现在学前儿童在感知觉、记忆、思维、言语、想象等方面的发展;学前儿童的个性社会性发展是一个含义较广的概念,它包括学前儿童的需要、动机、兴趣、情感、意志、自我意识、能力、气质、性格、社会交往能力、道德品质等方面的发展,也可以称之为是非智力因素的发展。学前儿童发展心理学既要研究学前儿童在认知发展方面的特征,又要研究其在个性社会性发展方面的特征。

学前儿童发展心理学不仅要揭示学前儿童心理发展的年龄特征,还要探究年龄特征形成的机制。有人把学前儿童发展心理学研究的任务概括为"3W":即What(学前儿童心理发展的特征是什么)、When(学前儿童心理发展变化的时间表)和Why(学前儿童心理发展变化的原因和机制)。了解学前儿童心理发展的年龄特征及变化特征,有助于我们根据这些特征制订教育计划,对儿童实施有目的有计划的教育,促进其成长;了解学前儿童心理发展变化的原因和机制有利于我们更好地根据其心理发展变化的原因和机制有针对性地调控相关因素,因势利导,使儿童得以最优地发展。

(三)探讨学前儿童心理发展的个体差异及其影响因素

学前儿童的心理发展虽然存在着顺序性和阶段性,但不是按照统一的模式进行的,学前儿童的发展之间存在着差异性。这种差异性既表现为群体差异,又表现为个体差异。群体差异主要是性别差异,性别差异在学前期即有所表现,如在幼儿园里女孩的语言表达能力要比男孩稍强一些;男孩和女孩在游戏中的兴趣点是不一样的,对玩具的选择也不同。个体差异表现在心理发展的水平差异、类型差异和表现早晚的差异。学前儿童心理发展的水平差异主要是指学前儿童在认知发展水平、情绪智力水平、社会性交往水平、道德认知发展水平等方面的差异;学前儿童心理发展的类型差异既表现在认知结构方面的类型差异,又表现在气质、性格、情绪情感、自我意识等方面的差异;表现早晚的差异是指学前儿童在心理能力和心理特质方面成熟早晚的差异。

导致学前儿童心理发展出现个体差异的原因既有生物方面的因素,又有社会方面的因素。生物因素包括遗传、疾病、成熟等方面;社会因素包括家庭、学校、社区、大众传媒等方面。这些因素综合作用导致学前儿童心理发展存在不平衡性和个体差异性。

第二节 学前儿童发展心理学的历史演变与发展趋势

为什么普莱尔能成为科学儿童心理学的奠基者？

普莱尔(Preyer，1841～1897年)是德国生理学家和实验心理学家。作为一个实验心理学家，普莱尔开始研究颜色视觉和听觉，后来研究睡眠，再后来转向研究儿童心理发展问题。他1882年出版《儿童心理》，1886年出版《胚胎生理学》，1893年出版《儿童初期的心理发展》。其中1882年出版的《儿童心理》一书被看做科学儿童心理学诞生的标志。普莱尔也因此被尊为科学儿童心理学的奠基者。

其实，在普莱尔出版《儿童心理》一书之前，就有人[如高尔顿(Galton)]出版过有关儿童心理方面的著作，但是人们还是认为普莱尔才是科学儿童心理学的奠基者。这是因为《儿童心理》一书的出版在四个方面起到标志性的作用。一是出版的时间，在所出版的儿童心理方面的著作中，1882年的《儿童心理》一书还是比较早的；二是写作的目的和内容体系，普莱尔的这本《儿童心理》写作的目的是为了研究儿童心理的特点，内容包括儿童的身体发育和心理发展，体系较完整；三是研究方法，普莱尔对其孩子从出生到3岁，不仅每天做系统的观察，还进行一些心理实验研究，使研究的结果更有科学性；四是这本书引起的影响，这本书一问世就立即引起国际心理学界的重视，被翻译成十几种文字，引起各国心理学家的尊崇和效仿，也促进了儿童心理学研究的开展。因此，《儿童心理》的问世为科学儿童心理学的诞生奠定了基石，普莱尔也就理所当然地成为科学儿童心理学的奠基者。

一、国外学前儿童发展心理学的发展历史

(一)国外儿童心理学产生的思想基础

在西方中世纪时期，儿童只是被看成"小大人"，人们并不关注儿童的心理特征。到文艺复兴时期，一些哲学家和教育家才开始提出要尊重儿童、了解儿童。如柏拉图最早阐述了幼儿教育的作用，重视游戏、讲故事、唱歌等活动在幼儿发展中的作用。亚里士多德将灵魂分为植物灵魂、动物灵魂和理智灵魂三种，并确定儿童的身心发展顺序为身体、情感和理智。亚里士多德提出的教育要与人的自然发展相适应，要与人的心理活动特点相适应等思想，对于近代自由资本主义时期的人文主义教育思想产生了深远的影响。近代自由资本主义时期，一些资产阶级教育家们在自由、民主、平等、博爱思想的影响下，开始关注儿童的发展。如捷克的教育家夸美纽斯(J. A. Comenius)、法国的启蒙思想家卢梭(J. Rousseau)、瑞士的教育家裴斯泰洛齐(J. H. Pestalozzi)、德国的福禄贝尔(F. Froebel)等都非常重视儿童心理学的理论研究和教育实践。这些研究为科学儿童心理学的诞生奠定了教育学的思想基础。

早在17世纪中叶，夸美纽斯就呼吁人们要尊重儿童、了解儿童、教育儿童，强调教育在儿童发展和成长中的重要性，出版了世界上第一部学前儿童教育专著《母育学校》(1633年)，还专门为儿童编写了科普读物《世界图解》(1658年)。卢梭继承和发展了亚里士多德的遵循自然思想，强调要让儿童在自由、民主、平等的环境下自由地成长，其代表作《爱弥儿》充分体现了他的儿童教育思想。卢梭根据人的自然发展历程和不同年龄阶段儿童的生理、心理发展特征，从教育的角度把儿童分成四个时期：0～2岁为婴儿期，教育的重点是帮助儿童身体健康成长；2～12岁为童年期，他称之为理智睡眠期，在这个阶段不应教给儿童学科知识，也不要对儿童进行道德说教，主要是防止儿童产生偏见和谬误，防止染上恶习；12～15岁，是学习知识的最佳期；从15岁到成人，是道德教育期。卢梭的儿童教育思想虽然显得有些保守，但是他的自然教育思想以及根据儿童的心理特点进行教育对后世影响很大。受卢梭自然教育思想的影响，裴斯泰洛齐提出教育要适应自然的原则指出："儿童天赋力量和才能有其自然发展的规律，教育者必须多方面研究儿童的自然发展，使教育与儿童的自然发展相一致。"他还第一次提出"教学心理学化"思想，其代表作是《林哈德与葛多德》。同样受卢梭的自然教育思想影响，福禄贝尔认为教育必须遵循儿童的"内在"生长法则，使之获得自然的、自由的发展。根据这一思想，1840年，他将幼儿学校命名为"幼儿园"，意为"把幼儿比作花木，教师比作园丁，教育场所作为儿童自由活动的园地，儿童像花木一样，本身含有内在的生长的力量，不假外求，通过活动和游戏而生长和发展。教师像园丁一样，照顾儿童，排除一切足以妨碍儿童生长的障碍。教

育只是提供适宜的环境、条件和手段,以利于儿童本性的自然发展,即儿童由'自然性'到'人性',最终达到'神性',与上帝统一"①。福禄贝尔认为儿童的发展是一种连续的、不断前进的过程。他将儿童分为儿童早期、儿童期和少年期。儿童的能力和倾向、兴趣和需要以及感官和四肢的活动都必须按顺序发展。教师要根据儿童各个时期的能力、兴趣、需要,予以启发、引导和帮助。

此外,对儿童心理发展研究起直接推动作用的是英国自然科学家达尔文(C. Darwin),他根据对自己孩子心理发展的长期观察和记录,于 1876 年出版了《一个婴儿的传略》一书。他的进化论思想和传记法为儿童心理学的诞生奠定了科学的思想基础。

在 18 和 19 世纪欧洲自然科学(尤其是物理学和生理学)快速发展的影响下,心理学家们开始尝试运用自然科学的实验的方法来研究心理学。1879 年,德国心理学家威廉·冯特(Wilhelm Wundt)在莱比锡大学建立了世界上第一个心理学实验室,标志着心理学的正式独立。科学心理学的诞生为儿童心理学的诞生奠定了心理学的思想基础。

(二)科学儿童心理学的诞生与发展

在近代人文主义教育思想、进化论思想和科学心理学思想的共同作用下,科学儿童心理学瓜熟蒂落。1882 年,德国生理学家和实验心理学家普莱尔(W. T. Preyer)对自己的孩子从出生到 3 岁每天进行系统的观察,最后将观察结果整理成一部完整的儿童心理学著作《儿童心理》并出版,这本书的出版标志着科学儿童心理学的诞生。普莱尔也因此被称为儿童心理学的奠基人。

此后,儿童心理学研究在世界各地蓬勃发展起来。美国心理学家霍尔(G. S. Hall)非常重视对儿童心理学的研究。他提出了著名的个体心理发展的"复演说",认为个体心理发展或多或少地复演了人类进化的历史。1904 年,霍尔出版了《青少年》,将儿童心理研究的年龄扩展到青少年。他还创办了《教育研究》杂志(后更名为《发生心理学杂志》),发表发展心理学方面的研究成果,成为发展心理学的先驱者之一。

瑞士儿童心理学家皮亚杰(Jean Piaget)从生物学的视角出发,通过对自己的孩子进行临床观察和实验,提出著名的儿童认知发展阶段理论,把儿童认知发展分为感知运动阶段(0~2 岁)、前运算阶段(2~7 岁)、具体运算阶段(7~11 岁)和形式运算阶段(11 岁以后),这对后来的发展心理学研究产生了巨大的影响。

美国新精神分析心理学家埃里克森(E. H. Erikson)摒弃了弗洛伊德古典精神分析理论中的本能论和性欲观,强调文化和社会因素在个体人格发展中的作用,提出了心理-社会心理发展理论,并把心理发展的研究延长到整个人生全程。

1930 年,美国心理学家何林沃斯(L. Hollingworth)出版了世界上第一本以发展心理学命名的著作《发展心理学概论》。1957 年,美国《心理学年鉴》开始用"发展心理学"替代以前的"儿童心理学",从此发展心理学研究领域开始注重人的毕生发展研究,发展心理学也被称为生命全程发展心理学或毕生发展心理学。

(三)学前儿童发展心理学的形成与发展

通过以上对发展心理学演变过程的梳理,我们可以发现,早期的发展心理学或儿童心理学主要是关注学前儿童的心理发展。如达尔文根据对自己孩子心理发展的长期观察和记录出版的《一个婴儿的传略》一书,所研究的是婴儿;普莱尔对自己的孩子的系统观察整理出版的《儿童心理》一书,所研究的也是学前儿童。所以,我们也可以把 1882 年普莱尔出版的《儿童心理》一书看成学前儿童发展心理学诞生的标志,把普莱尔看作学前儿童发展心理学的奠基人。

其实,在后期的儿童心理学研究中也包含了学前儿童心理发展的研究。如皮亚杰提出的儿童认知发展阶段理论,其中前两个阶段所研究的是学前儿童;精神分析心理学创始人弗洛伊德(Fleud)提出的儿童心理性欲发展阶段理论,共分成五个阶段(口唇期、肛门期、性器期、潜伏期、青春期),其中前三个阶段属于学前儿童心理发展;新精神分析心理学家埃里克森提出的心理-社会心理发展理论,将人的整个一生心理发展分成八个阶段,其中前三个阶段也属于学前儿童心理发展。此外,还有一些专门研究学前儿童心理发展的心理学家以及他们的论文和著作,使得学前儿童心理发展研究一直成为当今发展心理学研究的热点问题。

二、我国学前儿童发展心理学的发展历史

虽然重视儿童心理研究的思想在我国源远流长,但是把儿童心理学作为科学进行研究却很晚。新中国成立以前,我国儿童心理学研究者主要是翻译和介绍国外的儿童心理学理论和研究。我国出版的第一

---

① 戴本博.外国教育史(中)[M].北京:人民教育出版社,1990:296.

部儿童心理学著作是陈鹤琴的《儿童心理之研究》(1925年)。陈鹤琴采用传记法对自己的孩子进行长期的观察研究,总结整理出这本书,成为我国儿童心理学最早的代表作,陈鹤琴也因此成为我国儿童心理学的奠基者。新中国成立初期,我国的儿童心理学主要是学习原苏联的儿童心理学理论和研究成果,同时根据马克思主义理论对儿童心理学中的实用主义思想和心理测量学进行分析和批判。1962年朱智贤出版了代表当时我国儿童心理学研究成果的《儿童心理学》一书,各师范院校教育系也继继开设了儿童心理学课程。然而,"文革"使整个心理学研究被迫中断。"拨乱反正"以后,儿童心理学的研究工作又重新得到恢复和发展,1979年,朱智贤又对《儿童心理学》一书进行修订并重新出版。此后,我国儿童心理学工作者们经过不断努力,陆续出版了一些专著和教材,如徐政援等著的《儿童发展心理学》(1984年),丁祖荫著的《儿童心理学》(1985年),朱智贤、林崇德著的《思维发展心理学》(1986年),李丹主编的《儿童发展心理学》(1987年),刘范主编的《发展心理学——儿童心理发展》(1989年),林崇德主编的《发展心理学》(1995年),等等。同时,学者们发表了一些有代表性的儿童心理学研究成果,使儿童心理学研究得到迅速发展。

目前,我国已经出版了许多专门研究学前儿童心理发展的著作和教材,如陈帼眉、沈德立合著的《幼儿心理学》(1979年)、孟昭兰的《婴儿心理学》(1987年)、陈帼眉主编的《学前心理学》(1989年,2000年,2003年)、庞丽娟、李辉编著的《婴儿心理学》(1993年)、高月梅、张泓编著的《幼儿心理学》(1993年)、李红主编的《幼儿心理学》(2007年),等等。

真 题	世界上第一部论述学前教育的专著是(　　)。			
	A.《母育学校》	B.《爱弥尔》	C.《社会契约论》	D.《学记》
模 拟 题	科学儿童心理学的奠基者是(　　)。			
	A. 皮亚杰	B. 普莱尔	C. 冯特	D. 霍尔

三、学前儿童发展心理学的发展趋势

当前在学前儿童发展心理学领域的研究可谓是百花齐放,对学前儿童心理发展的研究全面、深入而系统。归结起来,学前儿童发展心理学研究的趋势主要表现在以下几个方面。

(一)对婴儿心理发展的研究持续热衷

由于对婴儿心理发展的研究可以了解个体心理是如何发生和发展的,所以早期的儿童心理学家多是以婴儿的心理发展为研究内容。皮亚杰在探讨认识是如何发生时,对儿童的认知发展进行了系统的研究,并创建了儿童认知发展理论。皮亚杰的研究激起了许多儿童心理学家对婴儿心理发展研究的兴趣,使得现在的发展心理学家仍然对婴儿心理发展研究持续热衷。由于年幼的婴儿没有语言,运动技能又很有限,这给婴儿研究增加了难度。但是,研究者设计出一些更敏感的探测儿童早期能力的研究方法,如习惯化与去习惯化研究范式,从婴儿的非语言行为(如吸吮、转头、眨眼、伸手、注视等)和生理反应(如心率)中推断他们的心理发展情况。借助这些方法,研究者发现早期婴儿在知觉、跨通道知觉、记忆、甚至问题解决能力等方面都远比皮亚杰所说的要高。目前关于婴儿心理发展的研究范围很广,内容很丰富,涉及婴儿的感知觉、注意、记忆、思维、言语、问题解决、社会认知、心理理论、内隐学习、社会性发展、道德发展等各个方面。

(二)对婴幼儿认知发展的研究进一步深化

由于研究方法和手段的不断改进,许多发展心理学家重复了皮亚杰的研究,发现皮亚杰的研究存在一定的局限性。多数人认为皮亚杰对儿童认知发展水平估计不足;有人认为皮亚杰对儿童认知发展各阶段的年龄划分存在绝对化的倾向;也有人认为皮亚杰的理论难以解释为什么在不同任务上儿童的认知发展速度是不同的;还有人认为皮亚杰的研究属于纯理论研究,忽视教育、社会文化、社会互动对儿童认知发展的作用。为此,新皮亚杰主义者试图弥补皮亚杰研究的不足,通过对婴幼儿的认知发展进行深入的研究,从以下几个方面修正和补充皮亚杰的理论。一是通过大量重复研究证实儿童实际的认知发展水平比皮亚杰所描述的要高,而且对幼儿进行适当的训练可使幼儿的某些能力提早出现;二是运用信息加工理论来研究皮亚杰的经典课题,建立了不同年龄阶段儿童认知发展的模式,体现了领域的特殊性;三是强调社会文化、社会互动、教育等社会因素对幼儿认知发展的作用,注重对幼儿社会认知发展的研究。正是由于新皮亚杰主义者及其他发展心理学家对婴幼儿认知发展的深入研究,才使得当今婴幼儿认知发展方面的研究取得辉煌的成果。

(三)对婴幼儿社会性发展的研究得到高度关注

相对于儿童认知发展的研究,对儿童社会性发展的研究起步较晚,系统的研究大约从20世纪30年代开始。但是到20世纪80年代,伴随着婴幼儿认知发展研究的快速发展,婴幼儿社会性发展研究也得到高度的关注,并进入一个快速发展期。当前发展心理学家对于婴幼儿社会性发展研究主要涉及以下几个方面:(1)关于婴幼儿对一些社会概念的发展研究,如对婴幼儿理解和掌握"服从""权威""友谊"等概念的发展研究;(2)关于婴幼儿的道德认知能力、道德情感、道德行为等方面的研究;(3)对婴幼儿社会行为习得的关注,如关于婴幼儿的亲社会行为和反社会行为习得的研究;(4)对婴幼儿的社会性交往发展的研究,包括亲子交往、同伴交往、师幼交往等方面发展的研究;(5)婴幼儿自我发展的研究。

(四)对婴幼儿社会认知发展的研究受到高度关注

社会认知发展研究属于社会性发展研究和认知发展研究的交叉领域。发展心理学家关于婴幼儿社会认知发展的研究主要包括三个方面:对个体的认知,对两人关系的认知,对群体与社会系统的认知。当前对婴幼儿社会认知发展的关注主要集中在社会观点采择能力、移情、心理理论、权威和社会规则认知发展等方面,尤其是对儿童心理理论的研究关注较多。

(五)应用性研究的增多

目前国内外发展心理学家都比较注重对婴幼儿心理发展的应用研究,即侧重于探讨如何促进婴幼儿心理的健康发展。在我国有许多儿童心理学研究者在探讨特殊群体儿童的心理健康问题,诸如独生子女、离异家庭儿童、游戏或网络成瘾儿童的心理健康问题。

(六)交叉领域的研究增多

由于影响婴幼儿身心发展的因素很多,解决儿童发展问题单靠学前儿童发展心理学一门学科还不行,还需要多学科交叉整合综合研究。因此交叉研究已成为儿童发展研究的一种新趋势。与学前儿童发展心理学交叉研究的学科包括教育心理学、生理心理学、社会心理学、思维科学、遗传学、儿童教育学、儿童文学、儿童美学、认知神经科学、计算机科学等。现在有人甚至在建构"儿童学"这样一门综合性的交叉学科。

(七)跨文化研究呈快速发展势头

由于信息化手段的使用和对外交流的增加,中国儿童心理学研究者与国外学者合作研究的机会大大增加。跨文化研究是国内外学者进行合作研究的常用方式。跨文化研究有助于探讨不同文化背景下儿童心理发展的一致性或普遍性,也有助于了解文化对于某些心理发展的作用。随着中外合作研究的进一步扩展,跨文化研究已出现快速发展的势头。

第三节　学习学前儿童发展心理学的意义和方法

"淘气包"变成了可爱的孩子[①]

在一所普通的幼儿园里,有位幼儿教师刚接一个新班,班上有一名幼儿是有名的"淘气包"。班上组织集体活动时,他要么满屋子乱跑,要么在地上乱爬,要么是钻到桌子底下,要么是爬到其他小朋友的座位旁边,使老师十分头疼。在一次音乐活动中,老师发现这个孩子节奏感非常强。在学习一段较难的按节奏谱拍手时,别人都没有拍对,唯独他拍得好。老师请他带小朋友拍,这时,他脸上立即表现诧异,当确认是请他时,他激动地站起来,把椅子都弄翻了。他紧张地看一看老师,见老师没有批评他的意思,于是走到老师身旁,认真地完成了任务。老师当众表扬了他,他高兴极了。从此,这个孩子突然地转变了,变得时时遵守规则、认真学习。老师经过反思,明白了这个活跃的孩子也有自尊心,需要被肯定和信任。老师按照儿童心理发展规律办事,就立即取得成效,这个"淘气包"变成了可爱的孩子。

一、学习学前儿童发展心理学的意义

(一)有助于我们了解学前儿童的心理特点,树立科学的儿童观

学前儿童与成人是不一样的,学前儿童的心理有其自身的特点和规律。学习学前儿童心理学,了解学前儿童期儿童特殊的心理特点,就会明白不同年龄阶段的学前儿童心理活动是不一样的。学前儿童的心理不同于成人,我们不能用成人的要求去要求学前儿童,不能将他们当做小大人,也不能用统一的标准去

---

① 陈帼眉. 学前心理学[M]. 北京:北京师范大学出版社,2000:8.

要求不同年龄阶段的学前儿童。学习学前儿童心理学有助于我们正确地看待学前儿童、对待学前儿童、尊重学前儿童,形成科学的儿童观。

(二) 有助于我们了解学前儿童心理发展的特点和规律以及心理变化的原因

学前儿童心理学揭示了学前儿童心理发展的特点,揭示了影响学前儿童心理发展的因素,揭秘了学前儿童心理发展的内在机制,为我们学习和掌握学前儿童心理发展的特点和规律提供便利。通过学习学前儿童发展心理学,我们就可以了解学前儿童心理发展的特点,掌握学前儿童心理发展的规律,为我们以后根据学前儿童心理发展特点进行教育提供心理学依据。

(三) 有助于做好学前儿童教育工作,促进学前儿童的心理发展

学习学前儿童心理学,了解学前儿童认知发展特点,根据学前儿童认知发展特点组织教育教学活动,可以促进学前儿童感知觉、注意、记忆、思维、言语、问题解决能力等方面的发展;根据学前儿童情绪情感和意志过程发展的特点,可以培养学前儿童良好的情感和坚强的意志;根据学前儿童心理发展阶段性的特点,可以帮助教师在对待不同年龄段学前儿童行为问题时提供有针对性的措施,提高教育教学效果;根据学前儿童个性心理形成的规律,可以培养学前儿童良好的个性,养成良好行为习惯;根据不同能力的学前儿童,可以在活动中提出不同的任务要求,调动学前儿童的学习兴趣和活动积极性;根据不同气质类型的学前儿童,有目的地运用不同的方法,有针对性地发展学前儿童的心理品质。掌握学前儿童心理学的知识还可以帮助我们预见学前儿童心理发展过程中可能出现的问题,及早发现心理发展不良的儿童,并及时给予适当的教育或干预,促进学前儿童心理健康地发展。

(四) 有利于掌握研究学前儿童心理发展的方法,更好地从事学前儿童心理研究

成为研究型教师是现代学前儿童教育发展对幼儿教师的一项基本要求。广大幼儿教师工作在学前儿童教育的第一线,最有条件也最利于进行学前儿童教育研究。因此,不论是在职的幼儿教师还是未来的幼儿教师,都要认真学习学前儿童心理研究方法,以便在幼儿教育工作中发现问题、分析问题和解决问题。近年来,由幼儿教师承担的研究课题,撰写的教育教学科研论文越来越多,水平也在逐步提高,这和广大幼教工作者认真学习和运用学前儿童心理研究方法是分不开的。

二、学习学前儿童发展心理学的方法

学习新知识必须具备必要的学习技能,运用恰当的学习方法和策略,只有通过一定的方法将学习落到实处,学习的价值才能体现出来。学习学前儿童心理学也是这样,要掌握一套学习的方法和策略。下面将从一般意义上阐明学习中应该注意的方法和策略。

(一) 学与思相结合

古代的学习就已经强调学与思相结合。孔子曰:"学而不思则罔,思而不学则殆。"这就是说,如果只是诵读而不去思考就会迷惑无所得。孟子也强调思在学习中的作用,"心之官则思,思则得之,不思则不得也。"现代认知心理学认为,在学习中思考,就会将新知识与头脑中已有的认知结构相联系,进行认知加工,从而积累知识、促进认知结构的发展变化。美国教育心理学家奥苏伯尔(D. P. Ausubel)提倡"意义学习"(meaningful learning),即在对学习材料的内容意义理解的基础上的学习,其实是强调学与思相结合。建构主义学习理论认为,通过积极思维,学习者能建构和生成新的知识。学习学前儿童发展心理学也必须将学与思相结合,通过分析与比较,可以区分不同年龄阶段儿童心理发展特点;通过抽象,可以把握儿童心理发展的一般规律;通过综合与概括,可以将有关儿童心理发展的知识系统化、网络化。在学习学前儿童发展心理学时,头脑里要有一个小娃娃,要从这个小娃娃的角度去思考他(她)是什么样的,他(她)会怎么样,这样就能很好地把握学前儿童心理发展的特点和行为表现。

(二) 学与习相结合

学生获取知识主要有两种方式:一是在实践中通过亲身经历获取直接经验,二是通过读书、观察他人获取间接经验。在古代,学与习是两种独立的学习过程或方式。学是学习书本知识、学习他人的经验,主要是获取间接经验;习是通过实习和练习以获得直接经验和技能的过程。对于"学",古代就强调"博学"与"乐学";对于"习",古代也强调"温习"与"练习"。习的本来意思是练习,《礼记·月令》中记载:"鹰乃学习",这里的"习"是小鹰学飞的样子,即通过练习掌握飞翔的技能。古人强调学与习相结合。《论语·学而》开篇说道:"学而时习之,不亦说(悦)乎?",这里的"习"主要是温习,也有练习的意思,这也说明孔子强调学与习相结合。《学记》中也有强调学与习相结合的论述:"不学操缦,不能安弦;不学博依,不能安诗;不

学杂服,不能安礼;不兴其艺,不能乐学。"这里的"操缦、博依、杂服"都是练习,即通过练习获得相应的知识、技能。

对于学前儿童发展心理学的学习,我们也强调要博学与乐学。博学可以了解不同的学者对于儿童心理发展的不同观点,便于分析与比较,达到深刻理解的目的;乐学说明你掌握了学前儿童心理发展的精华、妙处,获得成就感,获得了进一步学习与探究的动力,这是学习的最高境界。我们也强调学与习相结合,对于学生来说,主要是学,并辅之以习以加深理解和获得技能;对于教师来说,主要是习,并辅之以不断地学以"充电"。学习是获取知识的主要方式,无论是学生还是教师,要获得丰富的知识,就必须要不断地学习。当然,这里也强调从教育实践中学,向幼儿学习,尝试把所学的知识运用到幼儿教育实践中,解决具体问题,使学有所用。

(三)学与创相结合

大学的学习不能仅停留在知识的理解和记忆上,还应该通过学习产生新思想、新理念、新设计、新方法,这样的学习才会有更大的收获。学习学前儿童发展心理学,要求在掌握已有的儿童发展理论、发展特点的基础上,深入思考,反复研究,发现已有研究的不足,并尝试运用不同的方法,进行新的设计,发现新的规则。所谓研究性学习,即是如此。学习不能迷信书本和权威,要有批判精神,不要满足于现状,要有探索精神,敢于尝试新方法、新手段,这样才会有额外的收获。新皮亚杰主义者正是不满足于皮亚杰的研究结果,才去检验、修改、补充皮亚杰的理论,取得辉煌的研究成果。

(四)采用多种学习策略

要想取得高效的学习效果,就必须学会使用多种学习方法和策略。心理学家麦基卡(Mckeachie)等人认为学习策略包括认知策略、元认知策略和资源管理策略等。复述、精加工和组织学习材料等认知策略有利于我们记住所学的内容;运用元认知策略对学习过程进行计划、监控和评估,可以保证学习过程是有效的;加强对时间、精力、学习环境进行有效管理,以及在必要时寻求他人的帮助等,都可以提高学习效率。尽管不同的人具有不同的学习风格,所采用的学习策略不尽相同,但是有意识地运用多种学习策略总比不运用学习策略的效果要好。学习学前儿童发展心理学也要采用多种策略和方法才能获得所需的知识、技能、能力以及相应的情感和价值观。

▶ 阅读书目

1. 陈帼眉. 学前心理学[M]. 北京:北京师范大学出版社,2000.
2. 李红. 幼儿心理学[M]. 北京:人民教育出版社,2007.

第2章 学前儿童发展心理学的研究方法

学习目标

※ 了解学前儿童发展心理学研究的目的和任务；
※ 了解学前儿童发展心理学研究的一般过程；
※ 掌握观察法、实验法、访谈法、作品分析法等基本研究方法；
※ 能运用这些研究方法初步了解学前儿童的发展状况和教育需求。

学习导引

　　本章由三节组成。第一节阐明学前儿童发展心理学研究的目的和任务；第二节简述学前儿童发展心理学研究的一般过程；第三节是介绍学前儿童发展心理学研究的主要方法，要求能掌握观察法、实验法、访谈法、作品分析法等基本研究方法，并能运用这些方法初步了解学前儿童的发展状况和教育需求。

知识结构

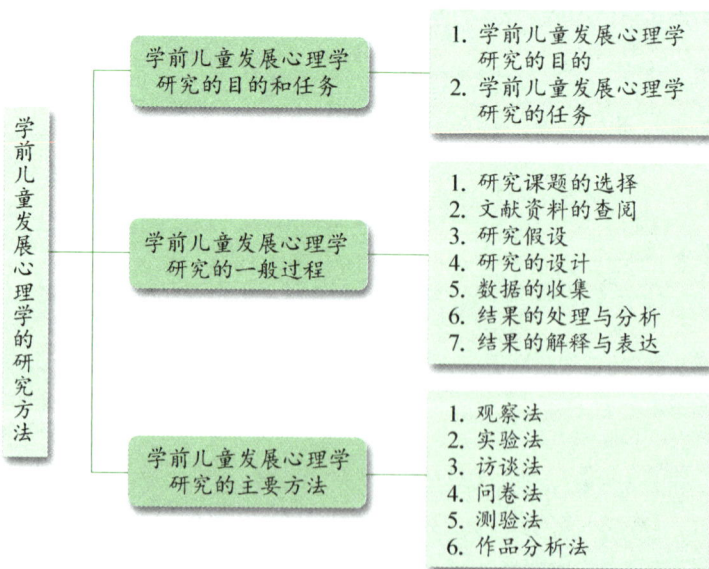

学前儿童发展心理学的研究方法

- 学前儿童发展心理学研究的目的和任务
  1. 学前儿童发展心理学研究的目的
  2. 学前儿童发展心理学研究的任务
- 学前儿童发展心理学研究的一般过程
  1. 研究课题的选择
  2. 文献资料的查阅
  3. 研究假设
  4. 研究的设计
  5. 数据的收集
  6. 结果的处理与分析
  7. 结果的解释与表达
- 学前儿童发展心理学研究的主要方法
  1. 观察法
  2. 实验法
  3. 访谈法
  4. 问卷法
  5. 测验法
  6. 作品分析法

引子

经验与研究的差异

经验认为,对孩子要严厉,"不成规矩何成方圆"或"不打不成材";心理学研究认为,对孩子要多鼓励、少指责,"表扬的效果比惩罚好",强化有助于加强行为,因此对孩子表现好的行为要给予及时强化,这能使孩子下次更可能表现出好的行为。

经验认为,婴幼儿还不懂事,没有必要这么早对其进行教育,待长大以后再教育不迟;心理学研究表明,婴幼儿所具有的学习能力远比我们所观察到的要强,儿童许多心理机能发展的关键期都在婴幼儿阶段,在关键期内对儿童进行适宜的教育,其效果相当于非关键期的许多倍,错过了关键期,有的心理机能甚至难以发展。

经验认为,"龙生龙凤生凤,老鼠的儿子会打洞",孩子是否聪明是天生的,不是教出来的;研究表明,遗传所提供给一个人的先天潜能是非常大的,个体差异主要是后天环境(尤其是教育)造成的。

由此可见,日常经验和习语有些是错误的,心理学研究可以揭示个体心理发展的本质。对学前儿童进行教育要遵循儿童心理发展特点,运用科学的育儿方法,才能取得预期的效果。

第一节 学前儿童发展心理学研究的目的和任务

科学研究的意义

美国芝加哥大学著名心理学家本杰明·布鲁姆(Benjamin Bloom),于1964年根据自己对1 000名被试的跟踪研究,绘制了一幅个体智力发展曲线图。这幅图的基本内容是:假如以17岁儿童的智力发展为标准,即发展程度为100%,那么4岁时就发展了50%,8岁时发展为80%,12岁时发展为90%,……即前4年发展最快,第二个4年发展减慢,第三个4年发展缓慢。

这一研究结果表明儿童的智力发展是非匀速、不均衡的,前4年是智力发展的快速期,因此要重视早期智力开发。过去人们认为,孩子太小,不需要开发智力,开发智力是学校教育的事情。根据布鲁姆的研究结果,到小孩7岁上学时已经有70%左右的智力确定下来,可供开发的智力只有30%左右。因此,对儿童的智力开发应该越早越好。其实,智力开发不是时间早晚的问题,而是开发什么、如何开发的问题。只要符合儿童身心发展的特点和规律,抓住儿童发展的关键期,运用儿童能够接受和乐于接受的方式进行,教育与开发就是有效的,就能够促进儿童的发展。这一研究结果对于早期教育意义重大。

一、学前儿童发展心理学研究的目的

学前儿童发展心理学研究的目的概括起来主要有两个:一个是理论目的,一个是实践目的。

理论目的是通过观察、测量等方法描述不同年龄阶段的学前儿童心理发展的年龄特征,通过访谈、实验等方法揭示学前儿童心理发展的原因和机制,寻找影响学前儿童心理发展的因素。这样,一方面可以检验发展心理学的有关理论,丰富发展心理学的知识体系;另一方面也可以为学前教育学、发生认识论等邻近学科提供心理学的材料和证据。

实践目的主要是为家庭教育、幼儿园教育、幼儿心理健康与咨询提供指导。学前儿童发展心理学研究所揭示的儿童心理发展规律是进行学前教育、促进学前儿童心理发展的基础。父母只有根据学前儿童的心理发展特征进行教育,才能让子女更好地发展。许多研究表明,父母的文化水平、教养方式等家庭因素对学前儿童心理发展影响很大。父母掌握学前儿童心理学知识越多,教养方式越科学,儿童的心理发展就越好。同样,在幼儿园里,幼儿教师也要根据幼儿的心理发展特征去选择活动内容和教育方式,科学地组织幼儿活动,照顾不同幼儿心理发展的个体差异,充分调动幼儿活动的积极性,才能取得理想的教育效果。第一章中列举的"淘气包变成了可爱的孩子"的案例就很好地说明了这一点。同时,通过观察、测量和调查研究,还可以及早发现和诊断学前儿童心理发展过程中可能出现的问题,并对有心理问题的幼儿进行及时

的咨询和干预,从而更好地促进幼儿心理健康发展。

二、学前儿童发展心理学研究的任务

心理学研究的基本任务就是描述和测量心理现象的具体事实,揭示心理现象的本质、机制和规律,预测和控制行为,使心理学为人类服务。学前儿童发展心理学研究的任务也是如此。学前儿童发展心理学的研究任务可以确定为以下几方面。

(一)描述和测量学前儿童心理发展的特点

学前儿童发展心理学研究的首要任务就是描述和测量学前儿童心理发展的状况,即确定"是什么"或"是怎么样"的问题。早期的学前儿童发展心理学研究主要是通过观察并辅助于少量实验的方法来了解学前儿童的心理发展特征。如在第一章所介绍的高尔顿、普莱尔、皮亚杰、陈鹤琴等儿童心理学家都是在对自己孩子进行系统观察记录并辅助于实验的方法来描述儿童的心理发展特征,撰写儿童心理发展专著,或提出儿童发展阶段理论的。在当代社会,由于研究的技术手段的进步,发展心理学家们会运用多种方法和手段来研究儿童的心理发展特征。比如可以运用心理测验法来了解儿童的心理发展特征。心理测验中比较著名的有智力测验、人格测验等。发展心理学家也常用实验法来了解婴幼儿的心理发展特征,如通过"视崖"实验了解婴儿的深度知觉的发展,通过"陌生人情境技术"探讨婴幼儿对母亲的依恋情况,通过"习惯化和去习惯化"研究范式了解婴幼儿的感知觉和注意发展情况,等等。此外,发展心理学家还运用谈话法、作品分析法等方法来直接或间接了解儿童的心理发展特征,著名的"绘人测验"其实可以看做运用作品分析法了解儿童的认知发展水平的。

(二)揭示学前儿童心理发展的机制和规律

对儿童心理发展特征进行描述和测量只是研究的第一步,发展心理学研究的更重要任务是要探测学前儿童心理发展机制和规律,即探讨"为什么"的问题。心理发展的机制主要是指心理发展受哪些因素的影响,以及这些因素是如何影响心理发展的。规律是事物之间的必然联系,某种心理特质或能力的发展有其特定的条件和原因。学前儿童发展心理学研究就是要揭示这些因果联系。由于不同的心理学家研究的视角和方法不同,其对于心理发展的机制的观点也不同。如高尔顿运用"家谱调查法"探讨遗传对心理发展的作用;霍尔的"复演说"也强调遗传在心理发展中的作用;而格塞尔(Gesell)运用"双生子爬梯实验"研究成熟对心理发展的作用;皮亚杰也强调成熟对心理发展的影响,他通过运用"守恒"实验得出学前儿童没有掌握"守恒"概念;而行为主义心理学家更强调环境对心理发展的作用,行为主义心理学创始人华生(Watson)运用巴甫洛夫的条件反射原理使一个正常的婴儿患上恐惧症,并据此认为儿童的心理发展是学习的结果。现在,大多数发展心理学家都认可遗传、成熟、环境共同作用于儿童的心理发展,但是关于它们是如何共同作用的还存在不同的看法。研究视角和方向不同的心理学家分别从不同方面探讨心理发生发展的机制和规律。行为遗传学家试图分离出环境因素以探讨遗传对儿童心理发展的影响,而另外一些心理学家试图通过大规模取样的方法来获取儿童心理发展的一般规律。后者更多地通过调查、测量、访谈等方法来探讨家庭环境、学校、社区环境、社会文化、大众传媒等因素对心理发展的影响。

其实,心理发展的机制有不同的层次,通常可以从生理、心理、行为、社会文化等层次来探讨心理发生发展的过程和规律。以儿童语言发展为例,在生理层次上,可以探究儿童语言习得过程中发声器官的变化情况以及脑与神经的活动情况,现代认知神经科学运用脑成像技术对于揭示心理发展的神经生理机制具有重要意义;在心理层次上,可以探讨儿童的语言发展过程,如口头语言(包括独白语言和对话语言)和书面语言的发展过程,语言的输入、转换、储存和输出的过程等;在行为层次上,可以探讨儿童语言表达的方式、习惯等;在社会文化层次上,可以探讨父母说话的榜样作用、幼儿教师的语言课、同伴的语言习惯、动画片中角色的语言表达方式、社会文化等对语言发展的影响等。对儿童心理发展机制和规律的探讨有赖于对多个层面的理论进行整合,只有这样才能获得更科学的、更具有生态效果的结论。

(三)预测、控制和干预学前儿童心理发展中存在的问题

探测儿童心理发展的机制和规律其目的在于通过更科学地教育以促进儿童心理健康地发展。因此,学前儿童发展心理学研究的第三个任务是预测、控制和干预行为,即探讨"怎么做"的问题。对于学前儿童心理发展来说,一方面家庭教育和幼儿园教育要根据儿童心理发展的特征和规律来确定教育的目标,选择教育的材料与内容,设计教育活动的方式,以激发儿童的兴趣和需要,让儿童在快乐的气氛中学习、活动、体验,从而在愉悦的情境中使儿童的需要得到满足,价值得到体现,能力得以展现,个性得以张扬,心理得

以健康发展。另一方面就是要及时发现学前儿童心理发展中所存在的问题并给予咨询或干预,以促进儿童心理健康发展。在学前儿童的心理发展过程中,也会出现一些心理问题,如多动症、焦虑症、恐惧症、自闭症、弱智、不良的性格特征、不良的行为习惯等,甚至会有一些更严重的精神问题。这些问题有的是遗传造成的,有的是后天教养不良造成的;有的属于发展性障碍,有的属于异常心理障碍。那么,针对这些问题,我们要在了解其产生的原因和机理的基础上,对儿童进行咨询、干预和矫正。研究表明,发现得越早、矫治得越早,干预的效果越好。这就是为什么要及早地发现问题并给予干预的原因。由此可见,及早地发现心理问题和尽快地解决心理问题是发展心理学研究的最重要任务。

第二节　学前儿童发展心理学研究的一般过程

幼儿园教师如何从事课题研究

现代教育要求教师要成为研究者,幼儿园教师也不例外。幼儿园教师要想成为优秀的幼教工作者,光有幼教知识还不够,还要学会从事课题研究。那么,幼儿园教师如何从事课题研究? 一般来说,课题研究要完成以下几方面任务:(1)选择适合于自己的课题;(2)对所要研究的课题进行精心的计划和设计,选择合适的方法;(3)在教育过程中进行行动研究;(4)对研究的结果进行分析处理,写出研究报告。这个过程看似简单,实际上每一步都有很高的要求,都需要掌握一定的方法和技巧。所以,新手研究者要学习和掌握儿童发展心理学的研究方法,了解心理学研究的一般过程及其要求,了解研究对象——幼儿的特点,然后经过多次研究的实践,就可以掌握课题研究的方法。

心理学研究的一般过程包括:研究课题的选择、文献资料的查阅、研究的设计、数据的收集、数据处理、结果的分析与讨论和研究结果的表达等。学前儿童发展心理学研究的基本过程和程序也是如此,只是研究的内容和方法有所不同而已。

一、研究课题的选择

(一)课题选择的意义

课题的选择是心理学研究的起点,也是心理学研究中最重要、最困难的一步。因为科学研究是从问题开始的,问题指引着研究,也推动着研究。问题的深入意味着研究的深入,而研究的深入又会发现新的问题,因此问题和研究是相互关联的。选题准确与否,决定了研究方向是否恰当,决定了研究所能取得什么样的成果以及成果的科学价值、社会价值和经济价值,决定了研究工作能否得到资助,决定了研究过程是否顺利,甚至在某种程度上也决定了研究所采用的方法。在学前儿童发展心理学研究中,课题的选择要考虑到研究的目的、社会和教育的需求、研究的条件以及学前儿童的特点等因素。选择一个好的课题,可以解决教育和儿童发展中的现实问题,也有利于获得创新性的研究成果。

(二)研究课题的类型

研究课题按照不同的标准可以分为不同的类型。

根据研究的目的,研究课题可以分为理论性课题和应用性课题。在学前儿童发展心理学研究中,理论性课题是指以揭示学前儿童心理发展规律为主要目的而进行的研究课题,如关于学前儿童语言发展规律的研究、学前儿童的思维的发生与发展的研究等;应用性课题是指以解决学前教育问题、促进学前儿童发展为主要目的而进行的研究课题,如探讨家庭教养方式对儿童性格形成与发展的研究,父母的行为方式对婴幼儿行为习惯形成的研究,如何促进婴幼儿语言的发展等。当然,理论研究与应用研究的划分只是相对的,有的课题研究兼有双重目的,这类课题被称为综合性课题。

根据研究的深度,研究课题可分为描述性课题、因果性课题和预测性课题。在学前儿童发展心理学研究中,描述性课题是指对学前儿童心理发展的真实情况进行具体描述的课题,它主要回答"是什么""怎么样"的问题,如对幼儿生活自理能力的调查研究就属于描述性问题;因果性课题是指揭示两种或两种以上心理现象之间因果关系的课题,它回答"为什么""怎么办"的问题,如对幼儿口吃的原因的探讨就属于因果性课题;预测性课题是指在弄清楚现象和原因的基础上对事物将来的发展趋势的预测性课题,它主要回答

"将来怎样""将来应该怎样"的问题,比如如何预防幼儿的不良社会行为(如说谎、偷窃、攻击性行为等)就属于预测性课题。

除了上述两种分类以外,课题还可以按照其他标准来划分,如根据课题研究的内容,可以划分为认知发展方面的课题、社会性发展方面的课题等。

(三)选择课题的原则

课题的选择对整个研究工作非常重要,所以应该遵循一些基本原则来正确选择课题。课题选择包括以下四个方面的原则。

1. 需要性原则

需要性原则是指要根据社会发展、教育的需要和儿童自身发展的特点选择课题。比如,经济信息社会条件下学前儿童心理发展的新特点,网络对儿童心理能力发展的影响,如何培养幼儿的多元智能等,这些课题都是根据社会发展、教育需要以及儿童自身发展的需要提出来的。

2. 创造性原则

创造性原则体现了科学研究的价值原则,即能保证预期的研究成果具有一定的学术价值和实用价值。在学前儿童发展心理学研究中,创造性课题在理论研究中表现为提出新理论、新观点、新见解,在应用研究中,表现为新的测量方法、新的训练程序、新的干预效果等。

3. 科学性原则

科学性原则是指研究选题应在一定的科学理论的指导下进行,必须有一定的事实根据和科学根据,以保证研究工作取得最大可能的成功。在学前儿童发展心理学研究中要求根据学前儿童心理发展理论来选择课题。

4. 可行性原则

可行性原则是指根据研究者具备的主、客观条件选择研究课题,以保证所选课题保质保量地完成。这里的主观条件是指研究者为完成某课题所必须具备的科学知识、研究能力和工作经验,以及对有关研究方法的掌握和运用程度;客观条件是指完成课题所必需的设备、仪器、测量工具以及必要的人力、物力、财力和有关部门的支持等。

以上四条原则是相互区别又相互联系的。需要性原则指明了研究的方向,创造性原则反映了研究的价值,科学性原则体现了研究的自身要求,可行性原则说明了研究的现实条件。只有全面地运用这四条原则,才能选择好研究课题。

(四)课题选择的方法和途径

根据课题选择的原则,我们应该采用哪些方法来选择课题?从哪些渠道来选择课题?以下从五个方面简要叙述。

1. 根据社会需要选择课题

根据社会需要审时度势,选择当前社会实践中迫切需要解决的一些问题作为研究课题,是课题选择的重要方法之一。如独生子女儿童心理特点与教育、新课改理念对幼儿儿童心理发展的影响、学前儿童的主观幸福感研究等。

2. 根据儿童心理发展的理论来选择课题

包括为证实他人或自己的某一理论观点而选择的课题;根据不同理论观点之争选择课题;通过对现有理论、观点进行质疑而提出的研究课题。

3. 通过查阅文献选择课题

查阅和评价已有研究文献是选择课题最重要、最常用的方法之一。查阅已有文献的目的之一是明确哪些问题已经被研究,进展状况如何;另一个目的是了解已有研究的完成质量,如果发现已有研究的质量不高,就说明这一问题值得研究者改进方法进一步进行研究。根据文献研究课题需要注意已有研究文献中忽略研究的一些问题;注意发现研究结果中相互矛盾的地方;注意已有研究在方法学方面存在的问题;根据研究文献对现有的某些研究进行必要的重复。

4. 在研究过程中选择课题

一方面随着实际研究活动的深入,对文献的进一步研读和思考,研究者会构思出与当时研究课题有关的新课题,或当时的研究课题暴露出一些不足,需要进一步改进;另一方面研究者随着对社会实践和需要的日益了解,可能会发现许多过去不知道的好课题,或意外发现某种好课题。

5. 根据科技发展和学科发展选择课题

这主要体现在：根据现代科学方法的新进展选择课题，如从生态学角度探讨幼儿智力发展的问题；在学科交叉所产生的空白区选择课题，如儿童认知神经科学、儿童发展心理病理学等；根据研究技术的新进展选择课题，如儿童知觉的脑成像研究、儿童阅读的眼动研究。根据学前儿童发展心理学的新进展选择课题，如学前儿童社会认知的发展研究、学前儿童心理理论的发展研究等。这五个方面的选题是相互交叉的，研究者可以根据某种或某几种方法和途径进行选题。

二、文献资料的查阅

查阅文献有助于研究者对相关研究领域的情况有一个系统全面的了解，从整体上把握研究领域的发展历史和现状、已取得的主要研究成果及其水平、研究的最新方向和趋势、争论与矛盾等，从而更好地选题和设计实验；也有助于避免选题上的重复，避免时间、经济上的损失。查阅文献包括三个阶段：一是查，二是阅，三是综述。

（一）查文献

查阅文献的第一步是查，即如何检索、搜集文献。儿童发展心理学研究的文献主要指用于记录、保存、交流和传播儿童心理发展的有关知识的印刷材料和视听材料，通常指书籍、期刊、报纸、科技报告、学术会议论文、学位论文、科研简讯和科技档案等。

搜集文献需要遵循一定的原则：（1）在时间上，要从现在到过去，即采用倒查法，先查最近的文献，后查过去的文献。因为新的文献总是要总结、概述以前的文献，倒查法有助于研究者根据参考文献顺藤摸瓜，迅速查到相关资料；（2）在时间和数量上应有所限制，通常是查阅最近几年的研究文献和最有影响的文献；（3）从资料的性质来看，应注意搜集第一手资料；（4）从资料的代表性看，应注意搜集代表各种各样观点、得出不同结论的文献；（5）从资料的领域来看，不仅要搜集与自己研究相同领域的资料，还要搜集与自己研究相关的跨学科、跨领域的资料。

搜集文献有多种渠道。通过图书馆搜集文献是最主要的渠道；其次，可以通过专门的研究机构或大学的系、所的资料室查阅文献；再次，通过网络搜寻文献；此外，还可以通过个人交往搜集资料。

搜集文献的方法主要有两种：一是检索工具查找法，二是参考文献查找法。检索工具查找法即利用已有的检索工具进行查找。现有的检索工具包括手工检索工具和电脑检索两种。手工检索工具主要有目录卡片、目录索引和文摘等；电脑检索是按照计算机信息检索系统进行查找。参考文献查找法又称追溯查找法，即根据作者文章和书后所列的参考文献目录去追踪查找有关文献。这种查找法的优点是所查找的文献针对性强、直接、集中，因而效率高，其缺点是文献资料不够全面。在实际查找中，可以将两种方法结合起来。

（二）阅读文献

查文献的目的是为了摘取与研究课题有关的资料，因此要学会快速、有效地阅读。阅读文献的方法通常有三种：浏览、粗读和精读。浏览是将搜集到的文献普遍地、粗略地翻阅一遍，通过浏览，对文献的内容、价值有个初步的认识和判断，并据此断定是否有必要对该文献进行更深入的研读；粗读是为了了解一篇文章的基本观点，搜集文献引用的主要事实或数据的一种鸟瞰式的阅读方式，其目的在于在有限的时间内尽可能广泛地涉及多方面的资料，把握文献的主旨和脉络；精读是在粗读的基础上进行的一种求深、求通、求精、求透、求创新的阅读方式，其目的在于理解、鉴别、评价、质疑和创新。它是文献阅读中最重要的一步。同时，在阅读过程中还要作必要的记录。

（三）文献综述

对所查阅的文献进行全面、系统的综述，可以帮助我们更好地论证选题，做好研究设计等工作。文献综述的格式和内容通常包括六个部分：序言、历史发展、现状分析、改进建议、趋势预测和参考文献。

序言，即问题提出部分，主要阐明本综述撰写的目的、意义，介绍本文的基本内容、性质、适用范围和读者对象等；历史发展部分应以时间为纲，叙述各个阶段的发展状况和特点，探讨其发展变化的因果规律性，弄清已解决什么问题、用什么方法、还留下什么问题等；现状分析是从横的方面对比各国、各派、各观点、各方法的发展特点、取得的成效、需要解决的问题等，并客观地评价其优点和不足；趋势预测是根据纵横对比中发现的主流和规律，指出几种发展的可能性和可能出现的问题；改进建议是根据以上的分析、评论和预测，参照国内外研究情况，结合实际具体提出应采取的途径、发展步骤、新的研究方案等；列举参考文献，其目的在于指出综述过程中所依据的资料,为使用追溯法检索文献资料提供方便,也便于读者对所引用的文献进行核对。

三、研究假设

在心理学研究过程中,我们通常要针对研究的课题或在文献中发现的问题,根据有关理论或经验、事实,对所要研究的事物的本质和规律提出某些初步的设想,这种初步的设想就是研究假设。研究假设与研究问题不同,一个典型的研究问题通常涉及一个或多个变量与另一个或多个变量之间的关系;而研究假设需要指明研究问题的可能结果,即变量之间关系的性质以及变量作用的程度。

研究假设有两个特点:一是有一定的科学依据,即应该是根据一定的理论、研究者已有的经验和一定的事实而提出的;二是具有一定的推测性质,即只是对所研究问题答案的推测,还有待于研究结果的检验。因此,一个好的研究假设应该符合以下标准:(1)研究假设的提出应有一定的依据;(2)研究假设一般应对两个或两个以上的变量之间的关系做出推测;(3)研究假设应以陈述句的形式清楚地表达;(4)研究假设应该是可检验的;(5)研究假设应该简单明了。在学前儿童发展心理学研究中,如果我们要研究"师幼关系对幼儿行为表现的影响"这一课题,我们可以这样进行假设:亲密型师幼关系可能有利于幼儿亲社会行为的形成;冷漠型和紧张型师幼关系可能导致幼儿产生反社会行为。

四、研究的设计

(一)研究设计的内涵

从广义上看,研究设计是确定具体的研究方案,它涉及如何根据目标选择研究对象、选择研究方法、确定研究变量与指标、选择研究工具与材料、制定研究程序等一系列问题。

1. 根据研究目的与假设来选择研究对象

研究设计首先要确定研究的目的与假设,在此基础上来选择研究对象。选择研究对象首先要确定研究对象的总体。如研究"幼儿的阅读策略",那么取样的总体应该是所有的幼儿。其次,要确定样本的容量,即实际应选取被试的多少。确定样本容量一方面要考虑样本的代表性,另一方面要根据统计学的知识来估计样本的大小,以达到既减少误差又减少浪费的目的。最后,要考虑取样的方法。取样的方法有简单随机取样法、系统随机取样法、分层随机取样法、整群随机取样法等。

2. 选择研究的具体方法

发展心理学研究的方法有很多,有观察法、实验法、问卷法、访谈法、测验法、作品分析法等。在研究中,我们必须明确各种方法各自的特点,从实际出发,根据研究目的、问题的性质、研究者的主观条件等做出恰当的选择。

3. 确定研究的变量与指标

变量是指在性质、数量上可以变化、测量或操纵的条件、现象、事件或事物的特征。发展心理学研究中的变量很多,这里只作简单阐述。确定研究变量首先要确定研究的自变量与因变量。自变量是研究者可以直接、主动加以操作的变量,如教学方法、学习次数、惩罚次数等。因变量是随自变量变化而变化的变量,是研究者在研究过程中要加以测量的变量。选择自变量除了根据研究的目的外,重点要考虑它的可操作性;选择因变量重点要考虑它对自变量的敏感性。除了这两个变量以外,还有其他非研究变量,即与特定的研究目的无关的变量,所以也称无关变量。无关变量中,有的对研究结果会产生影响,这样的变量需要加以控制,这类需要加以控制的无关变量称作控制变量。控制变量中有两个变量需要加以注意:一是中介变量,一是干涉变量。中介变量是位于两个变量之间的、被用于接受两个变量之间的关系的变量,由于它起中介作用而得名。如研究"奖励方式(自变量)对幼儿行为习得的影响",这里可能存在的中介变量是学习动机。干涉变量是指其系统变化可以改变其他两个变量之间的关系的变量,由于它起干涉作用而得名。如在不同智力组儿童的学习中,由于智力不同,儿童的努力程度与学习成绩的相关程度是不同的,这里智力水平对于两个变量的关系就是一种干涉变量。在发展心理学研究中,能否有效使用中介变量涉及能否正确解释研究变量之间的关系,能否识别干涉变量涉及能否真实地揭示变量之间在不同层次、水平上的关系等问题,这两种变量都需要加以重视。在研究设计中,除了确定研究变量之外,还要确定研究变量的指标,即对研究变量进行操作性定义。因为它直接关系到研究的可重复性、结果的可检验性以及研究结论的可推广性。操作性定义是指用可感知、可度量的事物、事件、现象和方法对变量或指标做出具体的界定、说明。如用阅读的速度、错误数和正确回答问题数目来代表幼儿的阅读水平;用韦氏幼儿智力测验的得分来代表幼儿的智力等。

4. 选择研究工具与材料

选择研究工具与材料是指根据研究的目的选择实验中需要用到的仪器、设备、量表、问卷、软件、图画等工具和材料。这类工作一方面是选购或选用现有的工具和材料,另一方面根据需要自编或制作。不管是选用还是制作,都要考虑根据或材料的适用性和有效性。

5. 制定研究程序

制定研究程序包括四个方面的工作:(1)确定研究材料的组织和呈现方式及其顺序;(2)操作研究变量的有关方法和研究程序的安排;(3)拟定指导语;(4)控制无关变量的方法。在具体研究过程中,不一定完全按照这四个方面制定程序,可以根据具体目的加以选择。

(二)儿童心理发展研究设计的类型

在探讨儿童心理发展的研究中,通常有三种研究设计:横向研究设计、纵向研究设计和聚合交叉研究设计。

1. 横向研究设计

横向研究设计是指在同一时间内,对不同年龄组儿童进行观察、测量或实验,以探究心理发展的规律或特点。例如,为了研究儿童随年龄增长其追逐打闹游戏行为的变化,可以用横向研究的方法分别对 3 岁、5 岁、7 岁儿童进行追逐打闹游戏的观察,通过不同年龄儿童的反应,探讨追逐打闹游戏发展的年龄趋势。横向研究最突出的优点,是研究者可以在很短的时间内收集到不同年龄的研究对象的资料,有助于描述心理发展的规律与趋势;此外,样本也容易选取与控制。因此,这种研究设计成本低,省时省力,见效快,使用非常广泛。但横向研究也有其缺点:由于被试不是来自同一时期生长的个体,其结果不能确切地反映出个体心理发展的连续性和转折点。此外,依据横向研究所得出的发展曲线可能受到"时代效应"(cohort effects,也称群体效应)的影响。一个被广泛引用的例子是有关用横向研究进行的智力发展曲线研究:许多横向研究都指出青年人在智力测验上的分数比中年人高,而中年人又比老年人高。那么,这种下降是年龄发展本身所引起的,还是由于教育的组群差异所造成的呢? 这就需要进一步的研究。此外,横向研究也很难说明发展的因果联系,无法解释个体的早期经验对其后期心理发展的影响。

2. 纵向研究设计

纵向研究设计又称追踪研究设计,是指在较长时间内对同一群被试进行定期的观察、测量或实验,以探究心理发展的规律或特点。例如,为了考察儿童慷慨行为的发展规律,提供给一组 4 岁的学前儿童对贫困儿童表现慈善的机会,并在这些儿童 6 岁、8 岁和 10 岁时再重复相同的实验来测量儿童的慷慨行为,探讨该行为随年龄而发生的变化。纵向研究的特点是,通过长期的追踪研究,可以获得心理发展连续性与阶段性的资料,从而系统详尽地了解个体量变与质变的规律。而通过研究多数个体在发展上的共同性,研究者也可以确认出发展的一般规律和发展趋势。另外,长期的追踪将有助于探讨个体的早期发展、早期经验与后期心理发展的联系,有利于了解发展的个别差异产生的原因和机制。虽然纵向研究设计有许多优点,但是也有一些缺点。纵向研究周期长、成本高,被试量也受到限制;研究中样本可能会因为搬家、生病、厌烦或父母干预等原因而导致样本流失,从而影响取样的代表性。此外,一项研究需要被试反复做一些测验或实验,不可避免地使被试产生"练习效应"。长时间的纵向研究也存在"时代变迁"的影响,即"时代-历史的混淆"(age-history confound)。横向研究设计和纵向研究设计有其各自的优缺点,将两种方法结合便产生了第三种方法——聚合交叉研究设计。

3. 聚合交叉研究设计

聚合交叉研究设计是将横向研究设计与纵向研究设计融合在一起,在横向研究的基础上进行纵向研究,以更好地研究心理发展变化的特点与转折点。例如,研究假装游戏的发展,可以分别对两组 2 岁、3 岁、4 岁的学前儿童进行以物代物的假装游戏的观察与测量。一年后再对这些被试进行第二次研究,两年后再进行第三次研究。这样,经过三年的追踪,获得了 2～6 岁儿童假装游戏发展的资料,其中既有来自横向研究的结果,也有追踪研究中获得的资料,并区分出了三种效应:年龄效应、群体效应和测量的时间效应。

五、数据的收集

在确定研究的目的、假设、对象、方法等之后,就要开始收集数据,收集数据的过程就是应用研究方法的过程。研究方法包括前面所谈及的观察法、访谈法、问卷法、测验法、实验法等。这些方法的详细介绍见本章第三节。

六、研究结果的处理

研究结果的处理是指对搜集到的数据进行定量分析或定性分析。定量分析是对数据进行统计学处理，即根据需要计算其平均数、标准差、相关系数等，进行差异的显著性检验，如 t 检验、F 检验、X^2 检验、非参数检验，或进行因素分析、回归分析、聚类分析等。由于这部分内容比较多，而且复杂，这里不做详细介绍。

定性分析是对研究结果的质的分析，是运用分析、综合、比较、归纳和演绎等逻辑分析方法，对研究所获的资料进行思维加工，从而揭示出儿童心理发展的特征和规律，为研究结果的解释和理论建构提供依据。定性分析具有以下特点：(1) 定性分析是建立在描述基础上的逻辑分析或推断；(2) 定性分析侧重揭示心理现象或行为的"意义"；(3) 定性分析倾向于对研究结果进行归纳分析；(4) 定性分析不仅注重对结果和产品的分析，更重视对过程和相互关系的分析。定性分析的主要方法是分析与综合、比较与分类、归纳与演绎、抽象与具体等。

七、研究结果的解释与表达

研究结果的解释是指对已分析的数据及其关系进行说明，揭示其意义。研究结果的解释是一种创造性的活动，它要求研究者具有丰厚的专业知识和高度的洞察力、严密的逻辑思维能力。研究结果的解释不仅要将数据的意义用逻辑分析的原则寻找出来，还要将其意义表达出来，根据研究的结果得出概括性的结论。研究结果的表达是通过研究报告或研究论文、著作、产品等形式将研究的结果和结论展示出来。

第三节　学前儿童发展心理学研究的主要方法

从格塞尔的双生子爬梯实验说起

1929 年，美国心理学家格塞尔对一对双生子进行实验研究，他首先对双生子 1 (代号为 T) 和双生子 2 (代号为 C) 进行行为基线的观察，认为他们发展水平相当。在双生子出生第 48 周时，对 T 进行爬楼梯训练，每天练习 10 分钟，而对 C 则不予相应训练。训练持续了 6 周，期间 T 比 C 更早地显示出某些技能。到了第 53 周，当 C 达到能够学习爬楼梯的成熟水平时，开始对他进行集中训练，发现只要少量训练，C 就达到了 T 的熟练水平。进一步的观察发现，在 55 周时，T 和 C 的爬楼梯能力没有差别。格赛尔原来认为这只是个偶然现象，于是他就换了另一对双生子，结果类似；又换了一对，仍然如此。如此反复做了多个对比实验，最终得出的结果是相同的，即孩子在 52 周左右，学习爬楼梯的效果最佳。于是，格塞尔断定，儿童的学习与发展取决于生理的成熟，生理成熟之前的早期训练对最终的结果并没有显著作用。

格塞尔的这个实验非常经典，影响也很大。这是一个典型的实验研究。格塞尔对实验中的无关变量进行了严格的控制。他选择了双生子，这样基本上控制了遗传这一重要变量；在实验前对双生子的行为基线进行观察，这样控制了原有水平的影响；实验后又换了其他双生子进行重复研究，这样就排除了偶然现象。因此，格塞尔的研究结果比较令人信服。

由此可见，对幼儿进行研究一定要掌握科学的方法。心理学的研究的方法很多，每一种方法都有其优点和不足，都有其适宜性。我们在学习时要了解每一种研究方法的优点和确定，才能选择适宜的方法进行研究，才能取得预期的效果。

在儿童发展心理学研究中搜集数据的方法有很多，这里主要介绍儿童发展心理学研究中常用的几种方法：观察法、实验法、访谈法、问卷法、测验法、作品分析法等。

一、观察法

观察法是有目的、有计划地观察儿童在日常生活、游戏、学习和劳动中的表现，包括其言语、表情和行为,并根据观察结果分析儿童心理发展的规律和特征的研究方法。观察法是研究学前儿童心理发展的一种基本的方法。日记法或传记法是一种长期的全面的观察。例如,我国儿童心理学家陈鹤琴于1919年留学回国后,曾在南京高等师范学校讲授儿童心理学课程,他对儿子陈一鸣从出生到大约3岁进行了长期的观察,作了日记式的记录以及摄影记录,并写成我国最早的儿童心理学著作《儿童心理之研究》。在他的影响下,之后有很多人从事类似的研究,如葛承训通过观察记录写成《一个女孩子的心理》等。

观察法有多种类型,根据不同的划分标准可以划分为不同的类型:根据观察数据是在自然条件下获得还是在干预和控制条件下获得,观察法可以分为自然观察法和实验观察法;根据观察时是否借助相关仪器设备,观察法分为直接观察法和间接观察法;根据观察者是否直接参与到被观察者所从事的活动中,观察法可分为参与观察法和非参与观察法;根据观察内容是否有统一设计、是否有一定的结构的观察项目和要求,观察法分为结构观察法和非结构观察法;从观察的时间上划分,可分为长期观察和定期观察;从观察的范围上分,看分为全面观察和重点观察;从观察的规模上分,可分为群体观察和个体观察。

观察法是心理学研究中最基本、最普遍的一种方法,对于以儿童为观察对象的观察法有以下特点:(1)观察法是一种有目的、有计划的收集资料的活动;(2)观察是在自然发生的条件下,即在对观察对象不加任何干预和控制的状态下进行的;(3)观察的对象是当前正在发生的事实现象,具有直接性;(4)观察是在一定的心理学理论指导下进行的,其结果的解释也以有关理论为前提的;(5)观察是借助于感官或工具来进行的。

运用观察法研究学前儿童时应注意以下问题。

(1)观察者要做好观察前的准备。观察前观察者一定要做好准备,即根据一定的理论知识和研究题目确定观察的任务和记录要求。观察前必须要明确目的并制订好观察计划,包括考虑好采用什么样的方式来记录等。

(2)观察时要尽量使儿童保持自然状态。最好不让儿童意识到自己是观察对象。我们可以采用非参与性观察,使儿童不知道自己被观察,如可以通过专门的观察窗口或单向玻璃、利用有关的仪器设备来进行观察和记录。

(3)观察记录要求详细、准确、客观。观察记录不仅要记录行为的结果,还要记录行为的前因后果。由于学前儿童的心理活动主要表现于行动中,其自我意识水平和言语表达能力又不强,因此必须详细记录,以便依靠客观数据进行分析。特别需要注意的是,学前儿童言语表达方式和成人表达方式不同,要避免以成人的言语记录而改变儿童言语的本来面目。为了使记录准确迅速,可以采用适当的辅助手段,如录音、录像等,也可以依靠已经设计好的表格记录。

(4)观察要排除偶然性,一般应在较长时间内系统地反复进行。由于学前儿童心理活动的不稳定性,其行为往往表现出偶然性,因此,对学前儿童的观察一般应反复多次进行。

(5)对观察结果的评定要客观。由于对学前儿童行为的评定容易带有主观性,因此,最好安排两个或多个观察者同时分别评定。

学前儿童的心理活动有突出的外显性,通过观察其外部行为,可以了解他们的心理活动。同时,学前儿童处于正常的生活条件下,其心理活动及表现比较自然,观察所得材料也比较真实。因此,观察法是学前儿童心理研究的最基本的方法,是收集第一手资料的最直接的手段。但观察法因缺乏控制,易受无关因素的干扰,观察的结果难以深入量化分析,需与其他方法结合使用来增强其科学性。

二、实验法

实验法是通过操纵和控制儿童的活动条件,以发现由此引起的心理现象的有规律的变化,从而揭示特定条件与心理现象之间的联系。与观察法相比,实验法具有以下特点:(1)实验法要操纵和控制变量,人为地创设一定的情境,而观察法是在自然状态下进行的;(2)实验法的目的在于揭示变量之间的因果关系,即回答"为什么"的问题;(3)实验法有严格的研究设计,包括被试选择、研究的材料和工具、实验程序、设计分析方法等,以保证实验结果的科学性。实验法是一种较严格的、客观的研究方法,在心理学中占有重要的地位。实验法可分为实验室实验法和自然实验法两种。

(一)实验室实验法

实验室实验法是在特殊装备的实验室内,利用专门的仪器设备进行心理研究的一种方法。实验室实验法在研究初生婴儿时广泛运用。如为了研究婴儿的深度知觉而设计的"视崖"实验等。实验室实验法最主要的优点就是能严格控制实验条件、通过特定的仪器探测一些不易观察到的情况,获得有价值的科学资料,实验结果客观、准确、可靠,便于进行定量分析。实验室实验法的缺点是实验情境人为性较强,脱离儿童生活实际,而且实验室条件本身往往使学前儿童产生不自然的心理状态,使得实验结论难以推广到儿童日常生活中去。此外,实验室实验法难以研究道德、情感、社会性发展等较复杂的心理现象。

运用实验室实验法研究学前儿童心理时,应考虑下列几点。

(1)实验的目的、材料和方法要与教育原则相适应,应避免损害学前儿童的心理发展。任何研究都不得以损害学前儿童的身心健康为代价。

(2)学前儿童心理实验室内的布置应尽量接近学前儿童的日常生活环境,这样会使儿童表现自然;同时要避免无关刺激引起被试的分心,如把不必要的物品放在离儿童较远的地方,尽量减少非实验人员的干扰等。

(3)实验开始前要有较多的准备时间,使学前儿童熟悉环境和主试,逐渐转入自然状态。学前儿童的实验室实验可通过游戏等学前儿童熟悉的活动进行。对不易进入实验的学前儿童,实验者必须掌握一些技巧,诱导其接受实验,并可用游戏法激发其完成实验任务。

(4)对学前儿童的实验指导语,要用简明的语言和肯定的语气。指导语不宜过长,一次布置的任务不能过多,指导语最好不用商量的语气,而用肯定的语气。要查明学前儿童是否明白实验的要求,可以让他做一些预备性练习,或给予具体的示范。

(5)实验进行过程应考虑学前儿童的生理状态和情绪背景。要尽量使儿童保持良好的实验状态。当学前儿童处于疲劳、困倦、饥饿及身体方面不适时,不要勉强让他参加实验。一般情况下实验时间应比较短,应在学前儿童的兴趣消失前完成。

(6)实验记录应考虑学前儿童表达能力的特点。要尽量准确地记录学前儿童的原话,不要用成人语言代替,必要时可运用录音设备辅助记录。同时对学前儿童的一些非语言表达方式也应记录。

(二)自然实验法

自然实验法是在儿童的日常生活、游戏、学习和劳动等正常活动中,创设或改变某种条件,以引起并研究儿童心理的变化。幼儿园教师在实验研究中通常采用的是自然实验法。例如研究不同年龄阶段学前儿童数概念的发展,可以采取正常的教学形式。研究者(幼儿园教师)向不同年龄段的幼儿提供包含不同数量的实物或图片,然后请他们说出实物或图片中物体的数量是几个,然后进行记录,根据记录结果进行分析整理,从而得出各年龄段学前儿童数概念发展的基本特点。

教育心理实验法是自然实验法的一种形式,其特点在于通过比较两种或几种不同的教育条件对学前儿童心理发展的影响,从而达到改进教学促进儿童发展的目的。在运用教育心理实验法研究学前儿童时,通常采用实验组与控制组的实验设计。即把基本条件相同的学前儿童随机分成两组,一组为实验组,一组为控制组。对实验组采取某种教育措施,而对控制组不给予这种教育措施。然后对教育措施的效果进行测评,再比较这种教育措施(自变量)对教育效果(因变量)的影响。教育心理实验法其实是把儿童心理研究与教育过程结合在一起的方法,它既可以为教育改革服务,也可以为促进儿童发展服务。

自然实验室的实验整体情境是自然的,因此被试往往可以保持正常的状态,实验获得的结果也比较真实,这与观察法相同。而与观察法的不同之处在于,主试可以对某些条件进行控制,避免自己处于被动的地位。所以说,自然实验法兼具观察法和实验法的优点。自然实验法的不足之处在于强调在自然的活动条件下进行实验,难免出现各种不易控制的因素,这方面不如实验室实验法控制得那么严格。

三、访谈法

访谈法是研究者通过与研究对象进行口头交谈的方式来收集对方有关心理特征和行为数据资料的一种方法。访谈法的最大特点在于整个访谈过程是访谈者与被访谈者相互影响、相互作用的过程。在访谈过程中,访谈者应努力掌握访谈过程的主动权,积极影响被访谈者,尽可能地使访谈对象按照访谈计划回答问题。访谈法的另一个特点是具有特定的科学目的和一整套设计、编制和实施的原则,使访谈法不同于一般的交谈和"聊天"。

访谈法根据访谈内容和过程有无统一的设计要求、有无一定的结构,可分为结构访谈、非结构访谈和半结构访谈。结构访谈又称标准化访谈，是指按照统一的设计要求和有一定结构的访谈提纲而进行的比较正式的访谈。结构访谈对选择访谈对象的标准和方法、访谈中提出的问题、提问的方式和顺序、被访谈者回答的方式、访谈记录的方式都有统一的要求，这种访谈的最大好处是访谈结果便于统计分析。非结构访谈是指只按照一个粗线条式的访谈提纲而进行的非正式的访谈，访谈者可以根据访谈时的实际情况灵活地调整。半结构访谈是介于结构和非结构之间，可以是访谈的问题是有结构的，而被访谈者的回答方式不要求正式；也可以是访谈的问题、顺序、方式不要求正式，但要求被访谈者按照有结构的方式回答。运用访谈法的关键是要掌握好访谈的技巧。

对于学前儿童心理发展的研究也可以使用谈话法。一个有趣的例子是研究者运用访谈法了解幼儿对男女的刻板印象。

研究者设计了 24 个问题来评价他们对男性和女性的刻板印象。每个问题都是一个小故事，故事里面描写典型男性的形容词（如攻击性、强有力、粗暴）或描写典型女性的形容词（如情绪性、易激动），幼儿的任务是说出每个故事中所描述的是男性还是女性。研究者发现，幼儿也常常能区分故事中所指的是男性还是女性，5 岁的孩子已经具备了有关性别角色刻板印象的不少知识。这些结果显示，对于幼儿也可以运用访谈法。

访谈法的主要优点是有利于对所要研究的问题进行广泛而深入的研究，同时能保证所收集到的资料具有较高的可靠性。在学前儿童心理研究中，访谈法具有特殊的作用。因为幼儿一般不会隐瞒自己的观点，这样，研究者所得到的数据是真实的；另一方面，访谈能避免诸如问卷、测验量表中对书面文字意义理解的歧义。但访谈法也有缺点，一是访谈结果的准确性受到研究者素质的影响，访谈者的谈话技巧、所提问题的暗示性等因素都可能会影响谈话的结果；二是被访谈对象对有些问题比较敏感，不宜进行访谈；三是访谈结果难以量化，数据处理较麻烦。

在学前儿童心理发展研究中，运用访谈法需要注意以下事项。

（1）研究者要事先熟悉婴幼儿，与其建立亲密关系，谈话应在愉快、信任的气氛中进行，使婴幼儿乐意回答研究者的问题。

（2）研究者提出的问题一定要明确易懂，使学前儿童较容易回答。

（3）访谈问题的数量不宜过多，以免引起学前儿童的疲劳和厌烦。

（4）访谈的内容要记录，或进行录音、录像，以便进行整理。

四、问卷法

问卷法是研究者用统一的、严格设计的问卷来收集研究对象有关的心理特征和行为数据资料的一种方法。

在研究学前儿童心理时，所使用的问卷分为两种：一种是给幼儿的问卷，一般适合年龄较大的幼儿；还有一种是给家长或幼儿教师的问卷。与访谈法类似，根据问卷中所提的问题的结构程度它也可分为结构问卷（也叫封闭式问卷）和无结构问卷（也叫开放式问卷）。在结构问卷中，每一个问题都事先列好了几个可能的答案，被试根据自己的情况在其中选择一个认为最恰当的答案；在无结构的问卷中，问题虽然是统一的，但未列出任何可选择的答案，被试可根据自己的情况自由回答。

问卷法的优点是严格按照统一设计和固定结构的问卷进行的研究，它的标准化程度一般较高，问卷内容客观统一，处理分析比较方便；此外，它能在较短的时间内收到大量的资料，样本量大，节省人力、时间和经费，匿名性强，主试与被试间的相互作用小。问卷法的缺点是，由于问卷的问题和回答方式比较固定，因而灵活性不强；问卷法通常只能研究一些比较简单、表面的问题，难以对复杂的问题进行深入的研究；同时，问卷法得到的结果的真实性受问卷的效度影响较大；另外，问卷的编制并非容易事情，题目的信度、效度需要经过检验，即使是较好的问卷，也容易流于简单化，其题目也可能被误解。

运用问卷法需要注意以下事项。

（1）对问卷的设计要有较高的信度和效度。

（2）问卷中的题目不宜过多。

（3）问卷中的题目要简明易懂，不会产生歧义。

（4）问卷所设计的题目应该是幼儿所熟悉的。

（5）对于幼儿要尽量使用他们可以直接选择答案的封闭式问卷,这样可保证问卷的结果具有更好的效度;而对于父母或幼儿教师,则可以使用不限制答案的开放式问卷,这样可以更好地了解他们对于研究问题的真实态度。

（6）对问卷的结果进行处理前要先判断问卷的效度。

（7）由于问卷法自身固有的弊端(如回答时的马虎、回答的偏向等),在研究时还希望与其他研究方法结合使用。

五、测验法

测验法是运用一套标准化题目,按照规定的程序,通过心理测量的手段来收集数据资料的方法。

测验法与问卷法类似,测验法也是通过事先设计好的问题来研究被试,所不同的是,测验法所运用的工具是标准化程度很高的量表,且它不再局限于文字形式,可以采用非文字形式(操作形式)来进行测量。

测验法也有多种形式:根据测验的方式不同可分为个别测试和团体测试;根据测验材料的性质不同,可分为文字测验和非文字测验;根据测验的目的不同,可分为成就测验、性向测验、智力测验、人格测验、心理健康测验等。目前国际上有一些成熟的较好的婴幼儿发展量表,如格塞尔的《成熟量表》(1938年)、贝利的《婴儿发展量表》(1969年)、韦克斯勒的《学前儿童智力量表》(1967年)。在我国,早在1924年由陆志韦修订的《中国比纳西蒙智力测验》于1936年进行了第二次修订,1982年由吴天敏进行了第三次修订,定名为《中国比纳测验》。

测验法的优点是比较简便,能够在较短时间内粗略了解学前儿童的发展状况。测验法的缺点是,测验所得到的往往只是被试完成任务的结果,不能说明过程,即无法反映儿童思考的过程或方式;测验只做量的分析,缺乏质的研究;测验的题目也很难适应不同生活背景下的儿童。因此,测验法所得到的结果往往只作参考,需要与其他方法配合使用。

对学前儿童的测验应注意以下几点。

（1）由于学前儿童独立完成测验的能力较差,且容易受他人的影响,因此对学前儿童的测验多是个别测验,少用团体测验。

（2）测验人员要经过专门的培训,测验人员要掌握测验技术,熟悉测验手册,能准确背诵测验的指导语。

（3）测验人员要掌握与学前儿童合作的技巧,争取儿童的配合,以获得真实的数据。

（4）测验环境和测验的过程要规范,要严格按照测验的程序进行,测验人员要控制测验时的纪律。

（5）对测验结果的评分要严格按照标准进行。

（6）对测验结果的解释要参照常模进行,由于学前儿童的心理发展尚不成熟,稳定性较差,因此不可仅以一次测验结果作为判断儿童发展水平的依据,还需应用多种方法、从多方面进行考察。

六、作品分析法

作品分析法是通过分析学前儿童的作品以了解其心理发展的方法。学前儿童的作品包括绘画、手工、口述日记、作业等。有一种较为成熟的幼儿作品分析法,即"绘人能力测验",它既是测验法,也是作品分析法。绘人能力测验要求幼儿尽量详细地画一个人,然后根据所画的细节,按照已有的标准计分,再根据常模将得分转换成智力分数。

由于幼儿在创作活动过程中,往往会使用语言和表情去弥补作品所不能表达的思想,因此,脱离幼儿的创作活动过程去分析作品,可能得不到准确的结果,所以,运用作品分析法最好与对活动过程的观察和访谈法相结合。

心理学的研究方法有很多,除了上面介绍的以外,还有个案分析法、临床法、现场研究法、跨文化研究法等。在实际研究过程中,这些方法可以结合使用,取长补短,以获得更详细、更有效的数据。

幼儿园教师资格证书考试大纲要点提示:

《幼教保教知识与能力》考试大纲"学前儿童发展"部分第9点指出:掌握观察、谈话、作品分析、实验等基本研究方法,能运用这些方法初步了解幼儿的发展状况和教育需求。

真　题
1. 为了解幼儿同伴交往特点,研究者深入幼儿所在的班级,详细记录其交往过程中的语言和动作等。这一研究方法属于(　　)。
   A. 访谈法　　　　　　　B. 实验法　　　　　　　C. 观察法　　　　　　　D. 作品分析法
2. 在儿童的日常生活、游戏等活动中,创设或改变某种条件,以引起儿童心理的变化,这种研究方法是(　　)。
   A. 观察法　　　　　　　B. 自然实验法　　　　　C. 测验法　　　　　　　D. 实验室实验法
3. 教师根据幼儿的图画来评价幼儿发展的主法属于(　　)。
   A. 观察法　　　　　　　B. 作品分析法　　　　　C. 档案代评价法　　　　D. 实验法

模 拟 题
1. 运用观察法研究婴幼儿行为时需要注意哪些问题?
2. 试分析访谈法的优缺点。

▶ **阅读书目**

1. 董奇. 心理与教育研究方法[M]. 北京：北京师范大学出版社,2004.
2. 刘万伦. 心理学概论[M]. 南京：凤凰出版传媒集团、江苏人民出版社,2007.

第3章 儿童心理发展的主要理论流派

学习导引

　　本章共介绍五种儿童心理发展理论流派。第一节介绍行为主义的心理发展观，包括早期行为主义、新行为主义和社会学习理论；第二节阐述精神分析的心理发展观，包括古典精神分析代表弗洛伊德的理论和新精神分析代表埃里克森的儿童发展理论；第三节介绍的是儿童认知发展理论，包括皮亚杰的认知发展理论和维果茨基的认知发展观；第四节介绍的是儿童发展的生态系统理论，重点是介绍布朗芬布伦纳的生态系统观；第五节介绍我国心理学家朱智贤的心理发展观。学习时要注意理解每一种理论流派的主要思想观点，掌握每一种流派的儿童发展观及核心概念，能对每一种流派作简要评价，要学会运用儿童发展理论解释儿童发展的实际问题。

知识结构

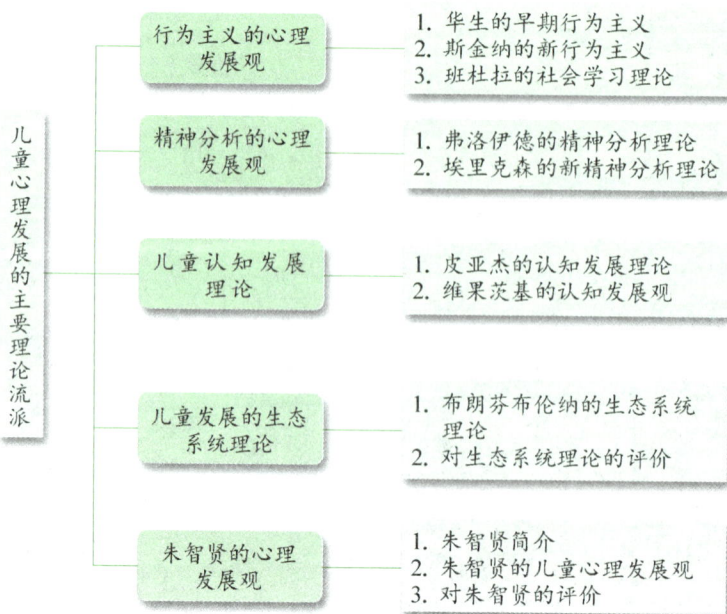

引子

喜欢吸吮手指的男孩

缘缘是一个 5 岁内向的男孩,他有一个特殊的习惯——吸吮手指。他经常一个人偷偷地将手指放在嘴里津津有味地吸,吸得手指头都快蜕皮了,大拇指的关节处被吸得肿起来了。据他的父母反应,这个习惯在缘缘 2 岁时就已形成。在幼儿园里,缘缘又将他的手指头放在嘴里吸,老师发现了,告诉他这样很不卫生,请他拿出来。可是一转身,他又放在嘴里了。老师发现他在睡觉的时候也把指头放在嘴里,于是悄悄地将他的手指拔出来,可是没想到,他居然在睡着的时候还能将手指塞回嘴巴里。

经过老师了解,缘缘的爸爸在外地工作,几个月才回家一次,母亲是自由职业,经常要出差,家里还有一个姐姐和哥哥,都已上小学。家里经常是由保姆照看这几个孩子。而这个保姆年纪轻,不过 20 来岁。缘缘从小由保姆带着睡,保姆万事由着他。这样,吸手指的习惯就慢慢形成了。父母发现缘缘形成了这种不好的习惯,就给予严厉的批评和制止,有时还忍不住打他的手。于是,在有父母在场的时候,他有所收敛,在父母不在跟前的时候他就吸得厉害。

如何运用心理学的理论解释缘缘不良习惯的形成原因? 行为主义理论和精神分析理论的解释有何不同? 应该如何矫正? 学习这一章的内容之后,你或许会有自己的观点和方法。

第一节　行为主义的心理发展观

妈妈的担心

小明两岁半了,还不会自己吃饭,每次都要妈妈喂。可是,小明下半年就要上幼儿园了,在幼儿园可没有人喂他,这可怎么办? 难道到时候用手抓着吃? 还有,在幼儿园要自己穿衣服,自己大小便,自己照料自己。可是小明都不会,这该怎么办? 妈妈担心了。其实,根据行为主义的行为塑造原理,妈妈就可以一步一步地教小明学会吃饭,学会穿衣,最终学会自己照料自己。

行为主义由美国著名心理学家华生于 1913 年创立,并在此后统治西方主流心理学达半个世纪之久,被称为西方心理学的第一势力。以 1930 年为界线,美国的行为主义可分为早期行为主义和新行为主义。行为主义以行为为研究对象,把意识排除在研究的范围之外;在研究方法上,以行为观察取代意识的内省,注重运用科学的实验方法来研究。行为主义理论主要是关于学习的理论,主要是在对动物学习进行实验研究的基础上推断人类的学习过程和规律,并据此总结出来的。在行为主义看来,学习就是刺激-反应的联结[S(stimulus)-R(response)],学习的目的就是获得这些联结或建立联系,学习的条件是不断得到强化。社会学习理论是 20 世纪 70 年代以后兴起的一种学习流派,可以看成是行为主义理论的发展。

一、华生的早期行为主义

(一)华生简介

华生(1878~1958 年,如图 3-1 所示)出生在美国南卡罗来纳州的格林维尔城外的一个农场。1894 年 16 岁时考上格林维尔的伏尔曼大学,五年后获得硕士学位,后进入芝加哥大学师从杜威学习哲学,攻读博士研究生,后受到安吉尔的影响开始对心理学感兴趣。1903 年获得哲学博士学位,在芝加哥大学当讲师,并进行动物心理学研究。1908 年受聘为霍普金斯大学教授,指导心理实验室工作。1913 年发表了著名的《一个行为主义者心目中的心理学》,这篇文章被看成行为主义的宣言书,标志着行为主义的诞生。1915 年当选为美国心理学会主席,年仅 37 岁。1920 年,由于个人问题没有处理好而离开霍普金斯大学,也从此离开心理学事业。华生的主要著作还有:《行为:比较心理学导论》(1914 年),《行为主义的心理学》(1919 年),《行为主

图 3-1　华生

义》(1925年),《儿童的心理护理》(1928年)。

(二)华生的行为主义学习理论

华生的行为主义学习理论,是以行为"习惯说"或"刺激-反应说"为代表。华生从行为主义的立场出发,认为心理的本质是行为,心理学所研究的应该是可观察到的行为,主张用观察法和实验法研究心理学。他借用巴甫洛夫的生理学名词(肌肉运动、腺体分泌、肢体反应等)替换传统心理学中的感觉、思维、情绪等概念,把条件反射作为一种具体的实验技术加以采用。华生认为,学习过程就是把条件刺激与条件反应组织起来,形成一定联系的过程,即是行为习惯形成的过程。在华生看来,不仅动物的学习在于形成习惯,人类的学习也在于形成习惯。他认为,人的各种行为不外是"肢体的习惯""言语的习惯"和"肺腑的习惯"。学习的实质就是形成S-R联结;在学习规律方面,华生主张频因律和近因律。所谓频因律就是指某种动作经多次重复练习后就容易形成连续的动作习惯,同时重复其他动作的次数减少,从而使要学习的动作不断得到巩固;所谓近因律就是指学习者往往容易学会一个动作序列中的最后学习的动作,而且在下次练习时,又倾向于提早出现。

(三)华生的儿童心理发展观

1. 环境决定论

在儿童心理发展问题上,华生否认遗传的作用,过分强调环境的决定作用,被看成环境决定论的主要代表人物。华生明确地指出,在心理学中再也不需要本能的概念了。华生认为,生理结构上的遗传并不能导致心理机能上的遗传,儿童行为的习得不是来自遗传,而是由于后天的训练形成的刺激-反应的联结。环境与教育是儿童行为发展的唯一条件。华生曾提出一个著名的代表环境决定论或教育万能论的论断:给我一打健康的儿童,在由我设计好的特定世界里把他们养育成人,我可以保证,无论其天赋、兴趣、能力、特长和他们祖先的种族等先天条件如何,都能把他们随机训练成任何一种类型的专家——医生、律师、艺术家、商人、政治家,当然也可以是乞丐、小偷。

2. 对儿童情绪发展的研究

华生认为,初生的婴儿具有三种先天的情绪反应:怕、怒与爱。后来由于环境(主要是家庭环境)的影响,经过条件反射,使这三种情绪得以不断发展。华生曾以一个叫阿尔伯特的婴儿为被试,进行了一个著名的婴儿恐惧形成实验。阿尔伯特参加实验时的年龄为7个月,结束时为11个月。实验者首先让阿尔伯特接触一些中性刺激——实验室里的白鼠,这时,阿尔伯特毫无害怕的表现,似乎想用手去摸它。后来,当白鼠出现后,紧接着用铁锤敲击金属棒,发出使婴儿害怕的声音(无条件刺激),白鼠与敲击声经过3次结合后,单独出现白鼠也会引起婴儿的害怕和防御性反射(条件反射建立);经过6次结合后,婴儿的害怕反应更加强烈。后来,阿尔伯特的恐惧反应越来越严重,对任何有皮毛的物体都感到害怕(泛化),如,白兔、动物标本、有皮毛的动物玩具等,甚至对老爷爷的胡须、圣诞老人的面具也害怕。

华生运用经典型条件反射技术完成该实验,该实验结果说明,儿童的情绪是可以通过条件反射而习得的。华生同时研究了刺激的泛化作用。这个实验使华生声名远扬,也可以说臭名昭著,因为该实验违背了伦理原则,使本来健康的阿尔伯特患上了恐惧症。另外,华生为了消除恐惧情绪,首创了系统脱敏疗法。可惜,阿尔伯特还没有来得及治疗就被别人领养去了,以后的情况不得而知。

(四)华生的儿童教育观

1. 反对统一标准,提倡区别对待

华生认为,教育儿童的方法应该多样化,应该根据不同的文化背景选择不同的教学方法。同时,对儿童进行教育和训练的标准也要根据不同的文化确定,不能统一。

2. 反对体罚儿童

华生主张在学校和家庭教育中取消"体罚"一词。用体罚教育儿童不是科学的做法。父母和教师的主要任务是培养儿童具有与团体行为准则一样的行为。如果用体罚训练儿童的行为只会造成不良的后果。

3. 注意在教育中培养儿童的各种习惯

华生提倡在教育中应注意培养儿童各种行为习惯。他认为儿童之所以能成为一种很能干的机体,是因为儿童拥有三种习惯系统:一是内脏或情绪的习惯;二是喉头或发音(语言)的习惯;三是身体技能的习惯。这些习惯的养成主要是受环境和教育的影响。培养儿童的各种习惯,形成习惯系统,应是教育的重要内容。

4．对幼儿护理工作的要求

华生认为，为了培养儿童从小就讲究卫生、懂礼貌、合群、勇敢、有良好的习惯，就应该实施一系列正确的护理措施。这样可以使儿童成为一个快乐、自由、独立、坦诚、有创造力、没有自卑心理的人。

5．提倡对儿童青少年进行正确的性教育

华生认为对儿童青少年进行正确的性教育是必要的，因为儿童青少年对性问题会产生种种好奇心，而父母可能缺乏科学的性知识。华生主张：（1）儿童出生后，家长要注意不让孩子的生殖器官接受不良的刺激；（2）要让儿童青少年懂得性器官及其功能；（3）要克服儿童青少年的手淫习惯；（4）指导男女青少年正常交往而不局限于同性交往；（5）在学校里，特别是大学里，开设性教育课程，使他们正确对待恋爱、婚姻和性问题。

（五）对华生的评价

华生将行为作为心理学的研究对象，排除对意识的研究，甚至把高级心理过程也归于行为，这就把复杂的心理现象简单化、庸俗化了；华生摒弃内省法，主张用观察、实验等客观化的方法研究心理学，把条件反射技术引入心理学，为心理学走上科学化道路奠定了基础。他否认遗传的作用、片面强调环境和教育的作用是不妥当的；他强调对儿童的行为控制，忽视了儿童的主观能动性；他重视对儿童良好行为习惯的教育和训练，反对体罚，反对统一标准，主张区别对待，这些教育思想对今天的教育仍有启发意义。华生在心理学上的最大贡献是创立了行为主义，使得该理论流派在20世纪上半叶统治美国主流心理学达半个世纪之久。在华生逝世的前一年（1957年），美国心理学会还为此授予他金质奖章，感谢他为心理学作出的杰出贡献和其理论所产生的深远影响。

二、斯金纳的新行为主义

（一）斯金纳简介

斯金纳（B. F. Skinner，1904～1990年，如图3-2所示）是美国著名的新行为主义的代表人物，也是操作条件作用学习理论的创始人和行为矫正术的开创者。他1904年出生于美国宾夕法尼亚州东北部的一个小城镇，并在那儿度过他的童年和中学时代。由于喜欢文学，他考入汉密尔顿学院主修英国文学。后来考入哈佛大学攻读心理学研究生，1931年获得哲学博士学位。此后他相继执教于明尼苏达大学和印第安纳大学。1947年他受聘重返哈佛大学，担任该校的心理学系终身教授。

斯金纳一生著述甚多，比较著名的有《有机体的行为》（1937年）、《鸽子的"迷信"》（1948年）、《科学与人类行为》（1953年）、《言语行为》（1957年）、《五十年的行为主义》（1963年）、《关于行为主义》（1974年）等。由于斯金纳对心理学作出巨大贡献，他一生获得多项重大的荣誉奖：1958年获美国心理学会的杰出科学贡献奖，1968年美国政府授予他最高科学奖——国家科学奖，1971年美国心理学基金会赠给他一枚金质奖章，1990年美国心理学会授予他心理学毕生贡献奖。

图3-2 斯金纳

（二）斯金纳的操作性条件反射理论

斯金纳的新行为主义理论与早期行为主义观点有着显著的区别。他把行为分为两种：一种是由已知刺激引起的行为，称为"应答性行为"；另一种是不需要刺激引发，在一定情境中自然产生并由于结果的强化而固定下来的行为，称为"操作性行为"。应答性行为由刺激控制，是被动的；而操作性行为是自发的，无法确定反应的出现是由何种刺激引起的，它代表着有机体对环境的主动适应，这类行为是动物和人类中出现最多的，也是心理学研究的主要对象。斯金纳认为，两种不同类型的行为必然会导致两种不同的条件反射。应答性行为所导致的是反应性条件反射，反应性条件反射与巴甫洛夫的经典条件反射一致；而操作性行为所导致的则是操作性条件反射。经典性条件反射重视刺激对引起所期望的反应的意义，而操作性条件反射强调行为后果对行为反应的意义。斯金纳为研究其操作性条件反射理论，设计和发明了一种学习装置——斯金纳箱（如图3-3所示），对白鼠的操作性行为进行了一系列的研究。其中一个经典的研究是：斯金纳把一只白鼠放在斯金纳箱中，白鼠在箱内可以自由活动，一开始可能表现出乱窜、乱跑等行为。当其偶然碰到实验者有意设置的杠杆时，就会有食

图 3-3　斯金纳箱

物落下,从而强化了白鼠按压杠杆的行为。经过多次尝试和强化,白鼠就建立了按压杠杆的操作性条件反射。而其他行为如乱窜、乱跑等行为则因缺乏强化而不能保留下来。可见,操作行为以及伴随其后的强化是操作性条件反射形成的关键。根据实验结果,斯金纳认为,操作性条件反射的建立依赖于两个因素:操作及其强化。强化在斯金纳操作性条件作用中如此重要,以至有人称他的行为原理为操作-强化学说。

(三)斯金纳的强化理论

斯金纳认为,强化是塑造行为的基础。只要运用好强化技术,就能塑造儿童形成教育者所期望的行为。如果一个正确的行为没有得到及时的强化,就会消退;同样如果儿童出现了不良的行为,成人不予理睬和强化,它就会消退。所以,强化的基本原理就是强化所希望看到的行为,忽视不想要的行为。为此,斯金纳详细研究了强化的种类、强化的性质以及强化的作用模式等问题。他把强化分为两种:正强化与负强化。正强化是通过呈现行为者想要的、愉快的刺激以增强反应发生的频率;负强化是通过消除或中止厌恶的、不愉快的刺激来增强反应频率。斯金纳还比较了惩罚与负强化,认为惩罚可以降低反应发生的概率。惩罚分为呈现性惩罚与移去性惩罚。呈现性惩罚是通过呈现厌恶刺激来降低反应发生的概率;移去性惩罚是通过取消愉快刺激来降低反应发生的概率。动物实验表明,惩罚对于消除行为来说并不一定十分有效,厌恶刺激停止作用后,原先建立的反应仍会逐渐恢复。因此,斯金纳认为,惩罚并不能使行为发生永久性的改变,它只能暂时抑制行为,而不能根除行为。所以,惩罚的运用必须慎重,惩罚一种不良行为应该与强化一种良好行为结合起来,才能取得预期的效果。

凡能增强反应发生的频率的刺激或事件都可以称为强化物。在选择强化物时,可以遵循普雷马克原理(premack principle),又称为祖母法则,即用高频活动作为低频活动的有效强化物。当幼儿认真吃饭,则为其提供玩游戏机会,从而养成良好的就餐行为。

(四)斯金纳理论的实践运用

1. 育婴箱的作用

斯金纳是一个富有创造愿望和创造能力的人,他一生设计创造了许多新奇的玩意儿。当他的第一个小孩出生时,他就决定为这个宝宝设计一个舒适的摇篮——育婴箱(baby in a box)。经过实验,他的女儿在育婴箱里玩得很快乐,后来成为一个很有名气的画家。于是他就把这个新玩意儿介绍给美国《妇女家庭》杂志,并受到大众的普遍赞扬。在《育婴箱》(1945 年)一文中,他详细描述道:光线可以直接透过宽大的玻璃窗照射到箱内,箱内干燥,自动调温,无菌、无毒、隔音,里面活动范围大,除了尿布以外没有多余的衣物,箱壁安全,挂有玩具等刺激物;幼儿可以在里面睡觉、游戏;不用担心着凉和湿疹一类的疾病。这是斯金纳设计的类似于前面介绍的斯金纳箱的一种机械装置,它可以避免外界一切不良刺激,为幼儿创造一个舒适的操作环境,有利于儿童的身心健康。

2. 课堂教学管理

斯金纳的强化原理可以运用到课堂教学管理中。根据强化原理,要维持良好的课堂教学秩序,需要对好的行为予以强化,对不良的行为予以惩罚。如,要养成幼儿遵守秩序,轮流参加某项游戏活动,对于遵守秩序的幼儿,就允许他继续游戏,并表扬之;而对于不遵守秩序、乱插队的幼儿就给予惩罚,不许他继续游戏。不过,研究表明,对于幼儿的不正确行为,单纯给予惩罚的效果不明显,要让幼儿知道什么是正确的行为,用正确的行为替换不正确的行为比单纯抑制不正确的行为要好。强化与惩罚都有多种形式。对幼儿的强化可以使用不同的强化物,如食物或其他实物(如奖品)、语言(如口头表扬)、代币(可以换取自己喜爱的东西)、移去令幼儿厌恶的刺激(如减少作业)、幼儿喜爱的活动(如游戏)等。当我们想要幼儿从事某种枯燥的活动时,我们可以运用普雷马克原理,把这种活动与幼儿喜爱的某活动结合在一起。惩罚的形式有体罚、斥责、代价(失去某种本属于自己的东西)、孤立、剥夺幼儿喜爱的东西或活动、告诉家长等。教师在课堂上要根据具体情况灵活而合理地运用强化和惩罚。但是,不管是运用何种形式,教师都要清晰地意识到以下几点:一是处理的后果如何(有效性问题),二是对幼儿心理的影响(符合教育性,不伤害幼儿的人格和自尊心),三是幼儿的具体特点和水平(针对性、适用性问题),四是对他人的影响(被模仿或被警告)。教师只有明确地认识到强化或惩罚使用的各种条件、后果和方法,才能取得自己想要的效果。

3. 行为塑造与矫正

行为塑造原理是通过小步强化最终达成目标,即将目标行为分解成一个个小步子,每完成一个小步子就给予强化,直到最终达到目标,这种原理也叫连续接近法。如训练老鼠走迷宫,第一步训练它学会第一个左拐弯,第二步训练它学会第二个左拐弯,如此一步步训练,直到学会到达终点(如图 3-4 所示)。

斯金纳认为"教育就是塑造行为",任何复杂的行为,包括儿童的行为习惯,都可以借助强化通过塑造来获得(或养成)。比如,可以按照行为塑造的原理训练某幼儿主动阅读的习惯。当幼儿去拿书的时候就给予强化,当他把书翻开时给予强化,当他开始阅读时给予强化,当他把一本绘画书阅读完再给予强化,当他再次阅读时又给予强化,直到养成阅读习惯为止。

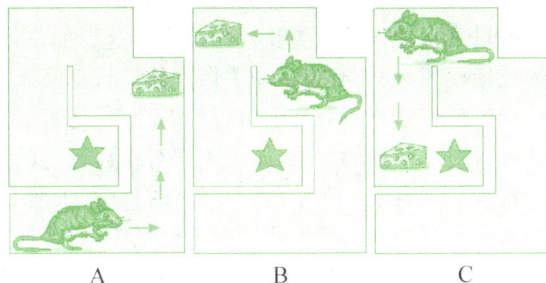

图 3-4　训练老鼠走迷宫

同理,可以按照这种原理来矫正儿童的不良行为。行为主义认为惩罚可以抑制不良行为,当儿童出现某不良行为时,通过给予惩罚加以矫正。如,某幼儿有咬手指的不良习惯,我们可以适当运用惩罚来矫正这种不良行为。当我们看见这位幼儿在咬手指时,就给予一定的惩罚,如罚他把嘴张开一分钟,下次发现他再咬手指时再给予惩罚,或看见他准备咬时就给予惩罚,下次看见他咬自己的衣袖时也给予惩罚,看见他咬其他东西时也给予惩罚,直至改掉这种不良习惯为止。而且研究认为,在不良行为出现之初进行惩罚的效果要比出现之后进行惩罚的效果好。

(五)对斯金纳的评价

斯金纳的强化理论体系对心理学产生了巨大的影响。20 世纪 60 年代开始到 70 年代,斯金纳及其追随者统治了美国心理学领域。不仅如此,斯金纳的强化理论还被人们广泛应用于教育领域及其行为治疗与行为矫正之中,他的程序教学思想和方法为现在的计算机辅助教学(Computer Aided Instruction, CAI)奠定了基础,这使得他的理论的生命力能够延续至今。斯金纳的操作性条件反射理论具有重大的学术意义,他丰富了条件反射的研究,同时也打破了传统行为主义的"没有刺激,就没有反应"的错误观点。但是斯金纳仍然是一个行为主义者,犯和早期行为主义者同样的错误,即只注重描述行为,不注重解释行为;只注重外部行为及结果,缺乏对学习的过程和内部机制的研究;只注重运用强化和惩罚来控制儿童的行为,忽视儿童的主观能动性,把人看作学习机器。

三、班杜拉的社会学习理论

(一)班杜拉简介

班杜拉(Albert Bandura, 1925～　,如图 3-5 所示)出生于加拿大阿尔伯塔省的一个叫蒙代尔的偏僻山村,在加拿大温哥华市的不列颠·哥伦布大学读完本科,后来到美国,在爱荷华大学完成硕士(1951年)和博士学位(1952 年),1953 年开始在斯坦福大学从事教学和研究工作,担任过教授和系主任。1974年当选为美国心理学会主席,1980 年获美国心理学会颁发的杰出科学贡献奖。他发表的主要著作有:《青少年的攻击》(1959 年)、《社会学习与人格发展》(1963年)、《行为矫正原理》(1969 年)、《心理学的示范作用:冲突的理论》(1971 年)、《思想与行为的社会基础:一种社会认知理论》(1986 年)、《变化社会中的自我效能》(1997 年)。

图 3-5　班杜拉

(二)班杜拉的社会学习理论

班杜拉原来信奉新行为主义,后来受到认知主义的影响,逐步从传统的行为研究中走出来,由偏重外部因素作用的行为主义观向兼顾内在和外在因素的新观点转变,逐步建立他的社会学习理论。社会学习是通过观察环境中他人的行为以及行为结果来进行学习。从学习的结果来看,主要是习得社会行为及行为方式;从学习的方式来看,主要是通过观察来进行的。因此,社会学习也称之为观察学习,后来由于强调认知因素在学习中的作用,又将该理论称之为社会认知理论。

1. 观察学习

社会学习理论把学习分为两种:一种是参与性学习,是通过直接亲自体验行动结果所进行的学习,这种通过直接经验而获得行为反应模式的学习,也叫直接经验的学习;另一种是替代性学习(即观察学习),是通过观察他人的行为及行为结果所进行的学习,即观察他人的行为结果受到奖励还是惩罚所获得的行为反应模式,而不必亲自动手做和体验行动结果,因此也叫间接经验的学习。

班杜拉重视对观察学习过程的分析,认为观察学习由四个子过程构成。(1)注意过程。观察学习始于学习者对示范者的注意,如果人们对榜样行为的重要特征不加以注意,就无法通过观察进行学习。(2)保持过程。观察学习对示范行为的保持依存于两个储存系统:一个是表象系统,另一个是言语编码系统。前者把示范行为以表象形式储存于记忆中,后者在观察学习中发挥着极为重要的作用,使得示范行为被更准确地习得、保持和再生,在儿童早期,视觉表象在观察学习中起着重要作用,但在言语技能发展到一定阶段时,言语编码就成为主要的信息保存形式。(3)运动再生过程。也称动作再现过程,即再现以前所观察到的示范行为,涉及运动再生的认知组织和根据信息反馈对行为进行调整等操作,在行为实施的初始阶段,反应在认知水平上得到筛选和组织。(4)动机过程。再现示范行为后,观察学习者因表现出示范行为而受到强化,从而影响后继行为产生的动机。

2. 强化的模式

班杜拉认为行为的强化模式有三种:直接强化、替代性强化和自我强化。直接强化是指观察者因表现出观察行为而受到的强化;替代性强化是指观察者因看到榜样行为受到强化而受到的强化;自我强化是指学习者对自己的行为表现满意而进行的自我奖励。班杜拉非常强调观察学习和替代性强化在获得新行为中的作用。班杜拉认为,学习就是学习者通过观察示范者的行为及其结果而获得某些新的行为反应模式的过程。

3. 社会学习在儿童社会化过程中的作用

班杜拉非常重视社会学习在儿童社会化过程中的作用。为此他专门研究了攻击性行为、亲社会行为、性别化等社会化目标。

关于儿童的攻击性行为,班杜拉和他的同事进行了一项著名的实验研究。实验中,研究者让儿童观察成人示范的电影,影片中成人的行为具有很高的攻击性,对充气娃娃拳打脚踢,还朝充气娃娃扔东西。这部电影有三种不同的结局,每组儿童观看其中一个结局的影片版本。第一组儿童观看成人因为它们的攻击行为而得到奖励的版本;第二组儿童观看成人因为它们的攻击行为而得到惩罚的版本;第三组儿童是控制组,观看成人的攻击行为没有受到奖励或惩罚的版本。看完电影后,让儿童和充气娃娃玩,结果是:那些看到成人的攻击行为受到奖励的儿童,比控制组儿童对充气娃娃表现出更多的攻击行为;而那些看到成人的攻击行为受到惩罚的儿童,比控制组儿童有更少的攻击行为。这说明,儿童的社会行为是通过观察而习得的,尽管他们自己并没有主动参与。

班杜拉认为,攻击性的社会化是一种操作性条件作用。当儿童用社会许可的方式表现出攻击性时,如打球或游戏,父母就给予奖励;当儿童用社会不允许的方式表现出攻击性时,如打其他小朋友,父母或老师就给予惩罚。在日常生活或学习、游戏中,幼儿在观察攻击的模式时,就会注意到什么时候攻击被强化,什么时候攻击被惩罚,对于被强化的攻击模式就模仿,并产生替代性强化。

亲社会行为是一种利他行为,如助人、分享、合作等。对于利他行为的培养主要不是靠单纯的训练、强制的命令和惩罚可以完成的,主要是靠榜样的正面示范和替代性强化、模仿与强化等形成和维持的。

儿童的性别化也是通过模仿习得的。儿童常常会观察两性的行为,在社会强化作用下,通常会模仿适合自己性别的行为,而不去模仿异性的行为。

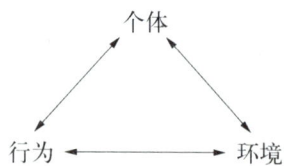

图3-6 环境、个体和行为三者互动关系

4. 三元交互作用论

班杜拉总结出影响学习的三类因素:即环境(资源、行动结果、他人与物理条件)、个体(信念、期望、态度与知识)和行为(个体行动、选择和言语表述)。他认为这三类因素互为因果,每两者之间都具有双向的互动和决定关系,因此,这一理论又被称为三元交互作用论(如图3-6所示)。具体地说,影响观察学习的因素包括如下所述。

（1）观察者因素个体。观察者的期望、信念、自我效能感、知识等认知因素对学习行为影响非常大。班杜拉认为，人们并不是简单地对刺激做出反应，而是对刺激加以解释，刺激是通过人们的预期作用而影响特定行为发生的可能性。如果人们想有效地活动，就必须预期到这些不同事件和行动的可能后果，从而相应地调整自己的行为。

（2）环境因素。行为主义非常强调外部环境，尤其是奖励等诱因对行为的影响。班杜拉也强调环境因素对学习行为的影响。环境资源、重要的人可能会影响观察学习，如有权威的人或技能熟练的人更有可能成为被模仿的对象；尤其是行为结果的直接强化和替代性强化对观察学习影响较大，观察者会模仿那些能给他们带来奖赏的行为。

（3）行为本身的因素。如果示范行为本身是有意义的、符合观察者的期望，观察者就会有意识地去模仿；如果示范行为对于观察者来说是适当的、可以模仿的，观察者认为有能力去模仿，观察者也会自觉或不自觉地去模仿；示范行为的表现质量也会影响观察学习的效果。

（三）对班杜拉的评价

班杜拉的社会学习理论既不同于行为主义学习理论，也与认知学习理论不一致。与行为主义学习理论不同的是：行为主义多侧重于对动物的学习研究，在推广到人类时，也只能说明人类一些简单的行为，而班杜拉的社会学习理论侧重的是人的社会性行为；行为主义研究的是探索性和尝试性的行为，而班杜拉的社会学习理论研究的是示范性和模仿性的行为；行为主义多采用严格的实验室研究，而班杜拉的社会学习理论主要采用现场研究。与认知的学习理论不同在于：认知学习理论主要探讨学习者内部的心理过程和心理机制，而班杜拉的社会学习理论主要探讨行为模式的获得、储存和再现的过程。班杜拉的社会学习理论无论是对行为主义学习理论还是对认知学习理论都是必要而宝贵的补充。

班杜拉的社会学习理论关注社会行为的习得，而非简单的刺激-反应行为，注重学习中认知因素的作用，将认知过程引进自己的理论体系，把行为主义和认知派的学习理论加以融合，从而超越了行为主义的学习模式，形成自己独特的社会认知理论学习模式；班杜拉的社会学习理论是建立在严密的实验研究基础上，并且以人为研究对象，摒弃了行为主义用动物作为研究对象，使得研究结果更富说服力；班杜拉强调观察学习的方式，并认为人的大多数行为都是通过观察学习而获得的，而不是主要通过直接学习获得的，从而丰富了学习理论的研究成果；班杜拉关于环境、个体与行为三者交互作用的理论，强调期望、信念、自我效能感等个体因素对行为的影响，强调认知因素对行为的调节作用和中介作用，避免了行为主义学习理论中忽视认知的弊端，更加全面地阐释了影响行为的因素；班杜拉提出三种强化模式，而非单一的直接强化模式，完善了强化学习理论；班杜拉的社会学习理论关于儿童社会化过程和道德行为的研究，对教育中如何促进儿童社会化和道德品质的发展具有重要意义。

真　题　班杜拉的社会认知理论认为（　　）
A. 儿童通过观察和模仿身边人的行为学会分享
B. 操作性条件反射是儿童学会分享最重要的学习形式
C. 儿童能够学会分享是因为儿童天性本善
D. 儿童学会分享是因为成人采取了有效的奖惩措施

模拟题　看见别人买彩票中奖，自己也想去买，这属于（　　）
A. 直接强化　　　　B. 替代性强化　　　　C. 负强化　　　　D. 自我强化

第二节　精神分析的心理发展观

日常生活中的心理分析

1904年，弗洛伊德出版了他的名著《日常生活中的心理分析》，指出日常生活中所发生的失误现象，其心理机制如同做梦一样，都是由于无意识对意识的干扰。弗洛伊德把日常生活中的失误分为三类：一类是口误、笔误、读误、听误等，一类是误放、误取、失落物品等，还有一类是遗忘。比如，某大学校长在校运动会的开幕式上郑重宣布："××大学第×届田径运动会闭幕！"这是口误。按照弗洛伊德的理论，校长的口误是由于在校长的无意识中,可能是希望这次运动会早点儿结束,或者他根本不愿意开这个运动会。再比如,在"二战"期间,一个德国打字员把公文结尾的"向希特勒致敬(Heil Hitler)"打成"向希特勒治病(Heilt Hitler)"该打字员因此被投入监狱。这是笔误。弗洛伊德认为,该打字员在潜意识中或许认为希特勒已经患上了一种疯狂病,需要治疗。王先生的一位挚友定于三天后举行婚礼,他满心欢喜地接受了对方的邀请,并计划如何在婚礼上大显身手。可是,他最终却忘记了这件事。按照弗洛伊德的理论,或许王先生曾在婚礼上遭遇过不幸,为了避免对不幸的回忆,便把挚友的婚礼忘记了。这是遗忘。

弗洛伊德通过对日常生活中的心理分析表明,无意识心理活动不仅是梦的分析和精神病心理治疗的基础,也是常态心理分析的基础。这使得精神分析理论与普通民众有密切关系,也使得该书销售量超过《梦的解析》,成为弗洛伊德著作中最畅销的一本。

一、弗洛伊德的精神分析理论

(一)弗洛伊德简介

弗洛伊德(Sigmund Freud,1856～1939年,如图3-7所示)是20世纪最杰出的思想家、心理学家之一,其精神分析思想影响广泛而深远。弗洛伊德于1856年出生在奥地利摩莱维亚的小城弗赖堡。弗洛伊德4岁时,全家迁居维也纳,在那里他居住了近80年。弗洛伊德17岁时中学毕业进入维也纳大学医学院学习,并于1881年获得医学学位。1882年,弗洛伊德和布洛伊尔(Breuer)联合开业,专门治疗和研究神经症。1885年和1889年,他先后两次去法国学习催眠术。他和布洛伊尔于1895年合作出版了《癔病研究》,此书被认为是精神分析的开端。1900年出版了《梦的解析》一书,构造了精神分析的理论框架,被认为是精神分析学的经典著作之一。1908年,弗洛伊德组织的"维也纳精神分析学会"标志着精神分析学派的正式成立。1909年,弗洛伊德应美国著名心理学家、克拉克大学校长霍尔的邀请,赴美国参加克拉克大学成立周年纪念活动,并以《精神分析的起源与发展》为题做了五次讲演,这意味着他的理论终于赢得了国际的承认与重视。20世纪20年代,精神分析已经不仅是一种治疗神经症的方法,而且成为一种关于人类动机和人格的理论。1933年纳粹执政,弗洛伊德被迫于1938年离开维也纳逃亡到英国。1939年12月23日他因患口腔癌在伦敦逝世,享年83岁。

图3-7 弗洛伊德

(二)潜意识论

弗洛伊德对心理学最主要的历史功绩就是开创了无意识心理研究的新纪元,他的研究角度与以往其他心理学家研究意识、行为不同,侧重探讨人的内心深处受压抑的无意识心理活动对人在生活中的作用,这比以往心理学家对人的内心的认识更加深刻。

弗洛伊德认为,人的心理包括意识和无意识现象,无意识现象又可以划分为前意识和潜意识(如图3-8所示)。所谓前意识,是无意识中能够进入意识中的经验;潜意识则是指根本不能进入或很难进入意识中的经验,它包括原始的本能冲动和欲望,特别是性的欲望。意识、前意识和潜意识的关系是:意识是个体可以意识到的部分,是整个精神中很小一部分,弗洛伊德把它比喻成冰山的一角;前意识位于意识和潜意识之间,扮演着"稽查者"的角色,严密防守潜意识中的本能欲望闯入意识中;潜意识始终在积极活动着,当"稽查者"放松警惕时,就通过伪装伺机渗入意识中。而且,他认为,潜意识的心理虽然不为人们所觉察,但却支配着人的一生。无论是正常人的言行举止还是心理疾病患者的怪异症状,以及人类的科学、艺术、宗教和文化活动都受潜意识的影响和支配。弗洛伊德把潜意识视为人的心理的根本动力,它是精神分析的核心,也是弗洛伊德整个学说的理论

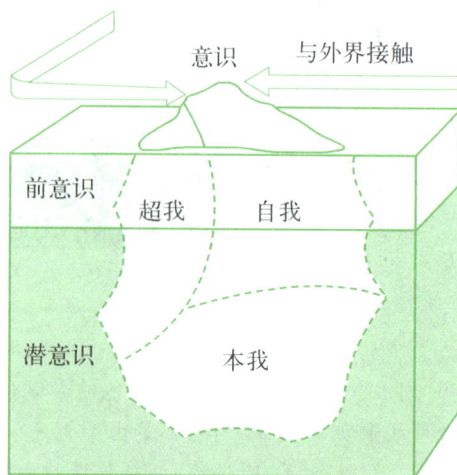

图3-8 弗洛伊德的人格结构

基础,无论后来的精神分析怎样发展和演变,潜意识概念却始终不变。

(三) 人格结构理论

弗洛伊德早期的人格结构是包括无意识和意识两部分,无意识又包括前意识和潜意识;到晚期,他又对其进行了修正,提出了三分人格结构,即本我、自我与超我。本我是最原始的、先天的本能、欲望,属于无意识的结构部分,是人格形成的基础,它遵循快乐原则,总是追求快乐;自我是从本我中分化出来的,是意识的结构部分,处于本我和外部世界之间,根据外部世界的需要,对本我进行压抑和控制,它遵循现实原则;超我是从自我中分化出来,起到道德、良心的监督作用,它遵循伦理原则。图 3-8 展示了弗洛伊德的人格结构观,该图显示了他的两套概念之间的关系。弗洛伊德认为在正常情况下,这三者是处于相对平衡的状态中的,当这种平衡关系遭到破坏时,就会产生精神病。

(四) 人格发展理论

由于弗洛伊德把性本能冲动看成本我的主要内容,因此,他认为人格的发展是建立在性生理和性心理发展的基础上的,他的人格理论被称为"心理性欲发展理论"。但是,他所理解的性是包容广泛的,不仅包括性成熟后的性,而且包括性成熟前的各种各样的活动和观念——它们都通过他的性感区的概念而具有性的象征意义。弗洛伊德根据儿童在不同时期其力比多(即本我的能量,指原始的本能的冲动)所投放的区域不同,把人格发展划分为五个阶段:口唇期(0～1 岁)、肛门期(1～3 岁)、性器期(3～6 岁)、潜伏期(6～11 岁)、生殖期(12 岁开始)。在每个阶段,如果发展顺利,儿童的人格就会倾向于积极方面,反之,倾向于消极方面。而且他认为每个儿童这五个阶段的发展顺序是不变的。

1. 口唇期

这一时期,力比多投放在口唇区域,口唇区域成为快感的中心,婴儿通过吸吮、吞咽、撕咬等活动获取快感。在这一时期,如果婴儿的口唇活动没有受到限制,成年后的性格倾向于积极乐观;如果婴儿的口唇活动受到限制,那么成年后的性格倾向于消极悲观,而且此后儿童所表现出的咬铅笔、咬指甲、嚼口香糖等活动以及成人后的抽烟、酗酒、贪吃等活动都是因为这一时期口唇活动受限造成的。

2. 肛门期

这一时期,力比多投放在肛门区域,肛门成为快感中心,幼儿通过排泄解除压力而产生快感。这时,儿童要学会控制排便过程,使其符合社会要求,为此要接受在厕所中排便的训练。如果肛门排泄活动不加以限制,成年后其性格倾向于肮脏、浪费、凶暴和无秩序;如果过于限制,则成年后其性格会倾向于清洁、忍耐、吝啬和强迫性。

3. 性器期

这一时期,力比多投放在生殖器上,性器官成为儿童获取快感的中心,幼儿通过抚摸自己的生殖器感到快感。这时幼儿以异性父母为"性恋"对象,男孩恋爱母亲,嫉妒父亲;女孩恋爱父亲,嫉妒母亲。这种幼年的性欲由于受到压抑在男孩心里就形成了恋母情结(又称俄狄浦斯情结),在女孩心里就形成了恋父情结(又称爱烈屈拉情结)。如果这两种情结获得正当解决,儿童认同父母的价值观,导致超我的形成与发展,就会形成与年龄、性别相适应的人格特征。

以上三个心理性欲阶段是人格发展的最重要阶段。弗洛伊德认为,成人的人格实际上在人生的前五年就已形成了。

4. 潜伏期

这一时期,力比多处于休眠状态。儿童将上一阶段以父亲或母亲为性对象的冲动转移到其他事物上去,如学习、打球、艺术、游戏等,其兴趣主要在同伴而不在父母,并有排斥异性同伴的倾向。男女儿童界限清晰,直到青春期才有所改变。

5. 生殖期

这是人格发展的最后阶段。这一时期力比多仍集中在生殖器上,生殖器成为主要的性感区。随着青春期的到来,男女儿童在身体和性上趋于成熟,性的能量和成人一样涌动上来,异性恋倾向明显。此时,青少年力图摆脱成人的束缚,建立自己的生活,因此难免会与成人产生摩擦。个体生殖期的性格是在前几个阶段的基础上发展起来的,这时个体已从一个自私的、追求快感的孩子转变成一个具有追求异性权利的、现实的、社会化的成人。具有这种性格的人在性的方面、心理方面、社会方面都达到成熟的、完美的状态。但弗洛伊德认为,很少有人能达到这个理想水平,因为在人格发展过程中可能会遇到固着甚至倒退。如果在发展过程中,力比多固着或倒退到某个发展阶段,就会形成与该阶段相应的性格。

33

（五）对弗洛伊德的评价

弗洛伊德创建的精神分析，在心理学史上有着不容忽视的重要性。正如著名心理学史家波林（Edwin G. Boring）所说："谁想在今后三个世纪内写出一部心理学通史，而不提弗洛伊德的名字，那就不能自诩其著作是一部心理学通史了。"[①]由于弗洛伊德把被传统心理学所忽视的潜意识现象作为自己的研究对象，从而拓展了心理学的研究领域；他推进了心理学的学科建设，开辟了性心理学、动力心理学和变态心理学等新的研究领域；弗洛伊德以潜意识心理和性生理、性心理的发育为依据，建立了第一个系统的心理学的人格理论，揭示了人格结构和人格发展的深层原因和动力。他重视早期经验在人格发展中的作用，重视行为的历史原因，重视行为或人格的发展的重要性，这些宝贵的思想对人格心理学和发展心理学影响重大。在医疗实践中，弗洛伊德确立了心理治疗的历史地位，促进了心理治疗职业的发展；此外，他还极大地影响了社会科学的各个领域，以致可以把社会科学的发展划分为前弗洛伊德和后弗洛伊德两个时期。

当然，弗洛伊德的精神分析理论不是完美无缺的，也存在不少的缺陷。第一，由于弗洛伊德在他的理论中过分夸大本能尤其是性本能的作用，从而导致泛性论倾向；第二，弗洛伊德理论的主观色彩浓厚，缺乏科学的客观性；第三，具有生物学化的倾向，抹杀了社会文化环境对人的心理发展的重要作用；第四，在方法论上存在局限，即把来源于精神病和神经症患者的变态心理规律推论到正常人身上，犯了以偏概全的错误。

二、埃里克森的新精神分析理论

（一）埃里克森简介

艾瑞克·埃里克森（Erik H. Erikson，1902～1994年，如图3-9所示），美国心理学家，儿童精神分析医生，新精神分析派的代表人物。埃里克森的祖籍是丹麦，1902出生于德国法兰克福，1939年入美国籍。埃里克森早年就读于德国卡尔斯鲁厄的普通中学和文科预科大学，喜爱历史和艺术，其余成绩平平。25岁是埃里克森人生的转折点，他在维也纳结识了安娜·弗洛伊德（Anna Freud），并在她建立的一所新式学校从事儿童教学工作。在安娜·弗洛伊德的影响下，埃里克森学习了弗洛伊德的理论，并有机会了解新弗洛伊德的代表人物哈特曼（Hartman）、沙利文（Sullivan）等人有关自我心理学的主要理论。1933年，埃里克森加入维也纳精神分析学会。他后来由于战争不得不离开欧洲，定居美国波士顿，成为当地第一个儿童精神分析家，并在哈佛医学院神经精神病学系任研究员。1936至1939年埃里克森在耶鲁大学人类关系研究所从事研究工作。1939至1944年，埃里克森参加了加利福尼亚大学伯克利分校儿童福利研究所的专项"儿童指导研究"。他深入印第安人的苏族和尤洛克部落从事儿童的跨文化现场调查，获得大量实证材料。后去加利福尼亚、堪萨斯等处任教，逐渐形成心理社会发展

图 3-9 埃里克森

阶段说。1950年，埃里克森的重要著作《儿童与社会》出版，其中描绘了他有关人生的八个阶段的理论。埃里克森是只受过中等教育而能成为世界著名心理学家的少有传奇人物。

（二）心理社会发展理论

埃里克森通过临床观察以及对大量病例的分析，在批判弗洛伊德的心理性欲发展阶段理论的基础上，强调社会文化对人格发展的作用，因此他的理论被称为心理社会发展理论。该理论最初见于埃里克森1950年出版的《儿童与社会》一书中，后来埃里克森又在《青年路德》和《同一性：青少年和危机》著作中对该理论做了详尽、系统的阐述。

埃里克森认为，人格是受生物、心理和社会三方面因素的影响，在自我与社会环境相互作用中形成的。其发展经历几个既连续又不同的阶段，每一阶段都有其特定的发展任务。如果成功地完成发展任务，就形成积极的品质；如果发展任务没有成功地完成，就形成消极的品质。一个阶段任务的完成有助于下一个阶段任务的完成。如果没有成功完成前一阶段的任务，将会对这个人后来的发展产生消极的影响，但是后期的发展阶段也可以克服前期出现的问题。在任何一个阶段，个体都可以在前后两个阶段之间往复发展。由于每个儿童完成任务，解决冲突的程度不同，因此，发展的结果和过程也是不一样的。埃里克森把人的一生从出生到死亡划分为八个互相联系的阶段，要解决八对矛盾，具体如下。

[①] E. G. 波林. 实验心理学史[M]. 高觉敷，译. 北京：商务印书馆，1981：814.

1. 信任感 vs. 不信任感（出生～1岁）

第一阶段为婴儿期，儿童的主要发展任务是满足生理上的需要，发展信任感，克服不信任感，体验着希望的实现。婴儿的主要活动是吃奶，如果父母等抚养者能爱抚儿童，及时满足他们各方面的基本需求，婴儿就会对周围的人产生信任感，感到世界和人是可靠的。相反，如果需要没有得到满足，儿童就会产生不信任感和不安全感。对人和环境的信任感，是形成健康人格的基础，也是以后各阶段发展的基础。如果个体在人生最初阶段建立了信任感，将来在社会上可以成为易于信赖和满足的人；反之，他将成为不信任别人和贪得无厌的人。

2. 自主感 vs. 羞怯感和怀疑感（1～3岁）

第二阶段为儿童早期。儿童的主要发展任务是获得自主感，克服羞怯和怀疑，体验着意志的实现。由于生理成熟而引起的肌肉协调以及学会爬行和走路，这一阶段的儿童表现出较强的自我控制需要与倾向，他已不满足于停留在狭窄的空间之内，而渴望着探索新的世界，渴望自主，渴望按自己的想法去做事情。因此，一方面父母要给儿童一定的自由，允许他们去做他们力所能及的事情，并以各种形式对他们的自主性和独立性表示认可和赞扬，以帮助他们自信心的形成。如果父母对子女的行为限制、惩罚与批评过多，就会使儿童产生羞怯感，怀疑或否定自身的能力，影响他们的身心发展。另一方面，父母还要根据社会的要求，对儿童的行为进行一定程度的限制或控制，只有这样才能使儿童既学会独立生活，又能服从一定的规定和要求，以便将来能遵守社会的秩序和法规。这一阶段发展任务的解决，会影响个人以后对社会组织和社会理想的态度，也为未来的秩序和法制生活做好了准备。

3. 主动感 vs. 内疚感（3～6岁）

第三阶段为学前期或游戏期。儿童的主要发展任务是获得主动感，克服内疚感，体验着目的的实现。在这一阶段，儿童的肌肉运动与言语能力发展很快，活动范围也进一步向外界扩展，对周围环境充满了好奇心。因此，儿童的照顾者应为儿童提供尝试新事物的机会，鼓励他们积极行动；同时也要帮助他们做出与其他人的需要不相冲突的合乎实际的选择，这样儿童的主动性就会得到进一步发展。相反，如果大人阻拦他们从事独立的活动或者把这些活动作为愚蠢而又令人讨厌的事情不予认真考虑时，儿童就可能会产生内疚感和失败感。埃里克森认为，个人未来在社会中所能取得的工作上、经济上的成就，都与儿童在这一阶段主动性的发展程度有关。

4. 勤奋感 vs. 自卑感（6～12岁）

第四阶段为学龄期。儿童的主要发展任务是获得勤奋感，克服自卑感，体验着能力的实现。本阶段儿童开始进入学校学习，社会活动范围扩大，依赖的重心已由家庭转移到学校、教室、班级。此时儿童不仅受父母的影响，而且还受教师和同学的影响。在这一时期里，同伴在衡量儿童本身的成功或失败中占着相当的重要性。为了不落后于众多同伴，他们积蓄精力，勤奋学习，以求学业上的成功，同时在追求成功的努力中又不可避免地会体验到失败情绪。但如果儿童在学习上不断取得成就，又因其成就而受到表扬时，就会产生勤奋感；如果在学业上屡遭失败，又因自己的努力而遭到嘲笑或惩罚，或者如果他们发现自己辜负了老师和父母的期望，在日常生活中又常遭到批评时，就容易形成自卑感。因此，在这一阶段，应多给儿童创造机会，让他们设定具有挑战性但同时又能够完成的目标，这有助于儿童获得成功的体验和成就感，以培养儿童的勤奋意识。埃里克森认为，许多人将来对学习和工作的态度和习惯都可溯源于本阶段的勤奋感。

5. 同一感 vs. 同一感混乱（12～18岁）

第五阶段为青春期。这一阶段的主要发展任务是建立同一感和防止同一感混乱，体验着忠诚的实现。所谓自我同一感（或同一性），是一种关于自己是谁，在社会中占什么样的地位，将来准备成为什么样的人，以及怎样努力成为理想中的人等一系列感觉。随着性成熟等生理发展所带来的困扰，以及即将成人和成人角色的未确定，这一时期的青少年会产生自我同一感。他们试图将自己的多个方面整合起来——智力、社会、性别和道德——达到一个整合的自我同一性。埃里克森在这一阶段提出了"社会心理的合法延缓期"概念。他认为，随着青春期初期的到来，青少年往往感到自己没有能力持久地承担义务，感到要做出的决断太多太快。因此，他们在做出最后决断前要进入一种"暂停"的时期，以延缓承担的义务，避免同一性提前完结的内心需要。如果青少年没有形成一种积极的自我同一性，那么他们就会产生角色混乱，表现为不能选定一个生活的正确角色，不能确定自己是谁、应该干什么等。

6. 亲密感 vs. 孤独感（18～25岁）

第六阶段是成人早期。主要发展任务是获得亲密感，避免孤独感，体验着爱情的实现。埃里克森认为,只有建立同一感才有可能形成亲密感。一旦人们确立了同一感,他们会寻求与他人亲密的关系,而且情愿做出这些关系所需要的牺牲和妥协。而没有建立自我同一感的人,往往离群索居,害怕与他人过于亲密,不愿与他人交流思想和情感,从而个体就会产生孤独感。这一时期的青年男女已具备能力并自愿准备着去分担相互信任、生儿育女等生活。埃里克森认为,发展亲密感对能满意地进入社会有重要的作用。

7. 繁殖感 vs. 停滞感(25～50岁)

第七阶段是成年中期。发展任务主要为获得繁殖感,避免停滞感,体验着关怀的实现。这里的繁殖不仅指个人的生殖力,而且包括个人的生产能力和创造能力等。本阶段的个体既要生育、抚养和指导下一代,又要不断工作以创造事物和思想,这样才能富有创造力。因此,有人即使没有自己的孩子,通过抚养家庭或为改善社会作出贡献时,也能达到一种繁殖感。相反,只顾及自己和自己家庭的幸福,而不顾他人的困难和痛苦,不愿帮助社会前进的人就会产生一种停滞的感觉,其人格也会停滞和贫乏。

8. 完善感 vs. 绝望感(50岁至死亡)

第八阶段为老年期(成年后期),发展任务主要为获得完善感,避免失望和厌恶感,体验着智慧的实现。这时人生进入了最后阶段,老年人开始回顾和反思自己的一生,如果对自己的一生做出肯定和满意的回答,觉得一辈子很有价值,生活很有意义,那么他们就能够完全接受自我,获得一种完善感。反之,如果他们回顾的是一种失望和未达到目标的生活,那么,他们就会产生一种绝望感,进而会恐惧死亡。

(三)对埃里克森理论的评价

埃里克森把人的发展理解为生理、心理和社会的统一,把人的一生看作一个统一的发展过程,强调自我在发展中的成熟和作用,并且重视社会文化因素在人格发展中的作用,这对于我们理解儿童的人格发展很有价值;同时从毕生发展的角度诠释人格发展的模型对人格发展的研究产生了广泛而深远的影响。

大量研究者对该理论进行了探讨,同时也提出了如下质疑和批评。(1)缺乏可证实的数据,思辨性和经验性较强,科学性和实证性较弱。(2)埃里克森的理论中隐含着个人-社会发展的二因平行论。他认为社会的发展是基于个人心理社会发展的,个人的心理发展反映了社会的发展,但他没有探讨社会实践活动对个人发展的决定性作用以及社会发展是如何以个人的人格为基础的。(3)还有研究者认为埃里克森的阶段是建立在对男性的研究上,对于女性来说可能会有所不同。如女性对亲密的关注与对同一性的关注同时产生,在某些情况下,甚至会超出对同一性的关注等。

真　题　照料者对婴儿的要求应给予及时回应是因为:根据埃里克森的观点,在生命中第一年的婴儿面临的基本冲突是(　　)

A. 主动对内疚　　　　　　　　　B. 基本信任对不信任

C. 自我同一性对角色混乱　　　　D. 自主性对害羞

模拟题　根据埃里克森的人格发展阶段理论,幼儿人格发展的主要任务是(　　)

A. 发展信任感,克服不信任感　　B. 获得自主,克服羞怯和怀疑

C. 获得主动感,克服内疚感　　　D. 获得勤奋感,克服自卑感

第三节　儿童认知发展理论

洋洋如何学会玩变形金刚

洋洋今年快3岁了,他有很多玩具。洋洋的爸爸今天出差回来又给洋洋买了一件洋洋最喜欢的变形金刚,洋洋可高兴了,整个下午都在玩这个新玩意儿。他通过弯曲变形金刚的手、臂、腿、脚等处的关节,创造了很多造型,并不断向妈妈炫耀:"妈妈,看! 他会跑步! 他会跳舞! 他会……"。过一会儿,洋洋的邻居溜溜哥哥来了,溜溜比洋洋大两岁,以前也玩过变形金刚,他看见洋洋在玩新买的变形金刚,就主动教洋洋玩各种新的变法,洋洋可高兴了,因为从溜溜哥哥那里学会了他自己想不到的新玩法,觉得这个变形金刚简直太神奇了。吃过晚饭,爸爸通过看说明书又教给洋洋几种较为复杂的玩法。这样,洋洋今天学会了很多变形金刚的玩法。洋洋可开心了,他决定明天向其他同伴展示自己玩变形金刚的本事。

洋洋是如何学会玩变形金刚的? 自己摸索? 同伴交往? 还是成人教导? 上例中这三方面都有。儿童是如何获取知识? 儿童是如何建构对现实世界的理解的? 影响儿童心理发展的因素有哪些? 儿童认知发展的机制是什么? 教育在儿童发展中到底起什么样的作用? 等等,对于这些问题,皮亚杰和维果茨基有截然不同的看法,他们的观点对于我们了解儿童认知发展、促进儿童认知发展都有非常重要的指导意义。

一、皮亚杰的认知发展理论

自我中心与去自我中心

8 岁的姐姐莉莉带着 5 岁的弟弟明明去买冰淇淋。莉莉给弟弟买了一个筒状的,给自己买了一个棒状的,都是 2 元钱。弟弟看着姐姐的长长的冰淇淋似乎想说什么。姐姐看出弟弟的心思,就跟他说:"我的虽然长些,但是细些;你的虽然短些,但是粗些,其实我们两个一样大,都是 2 元钱买的。"

这段话表明,弟弟的心理发展水平较低,具有自我中心,不具备守恒;而姐姐发展水平较高,具备守恒和去自我中心。他们分别处于皮亚杰儿童认知发展阶段中的两个不同阶段。

(一) 皮亚杰简介

皮亚杰(1896～1980 年,如图 3-10 所示)是日内瓦学派创始人,瑞士儿童心理学、发生认识论的创始者,是当代发展心理学领域最有影响的理论家,被誉为心理学史上除了弗洛伊德以外的另一位"巨人"和 20 世纪最伟大的儿童心理学家。

皮亚杰于 1896 年出生于瑞士纳沙泰尔。1915 年,皮亚杰获得纳沙泰尔大学生物学学士学位,之后三年,他还攻读了哲学、科学的课程。1918 年,年仅 22 岁的皮亚杰即以一篇关于研究软体动物的论文获得了纳沙泰尔大学自然科学的博士学位。此后,皮亚杰来到苏黎世一个心理实验室工作,在这里他接触到心理分析与临床精神医学,并聆听了精神分析学家荣格的课。当时,皮亚杰以精神分析理论写了一篇关于"儿童的梦"的文章,据说就连弗洛伊德本人都对这篇文章相当关注。从此,皮亚杰开始了他的心理学事业。

图 3-10　皮亚杰

1919 年,皮亚杰到巴黎求学,这段期间促使皮亚杰真正地进入心理学领域。他在巴黎大学研修心理病理学及科学哲学,并在 1921 年担任西蒙的助手,在比纳实验室内工作,负责将英国心理学家伯特的"推理测验"标准化。在这段期间内,皮亚杰开始应用临床谈话法研究儿童的心理活动,揭示了儿童具体言语反应背后的一般智力结构。1921 年回国后,他就开始研究 4～12 岁儿童的言语、概念和推理过程。从此,皮亚杰将全部心血倾注于儿童智慧发展的研究。1923 年皮亚杰与他的一位合作者——V. 查特妮结婚。同年发表了第一本心理学著作《儿童的语言与思维》。1925～1931 年,他们有了两个女儿和一个儿子,从此皮亚杰开始对自己的子女进行仔细的观察并做了详细的记录,同时对幼儿园的儿童和其他儿童进行观察和研究,提出了有关儿童智力发展、儿童象征行为(游戏和模仿)的一系列重要理论,并据此写出了《儿童的判断和推理》《儿童关于世界的概念》《儿童的物理因果概念》等重要著作。根据对自己的三个孩子的研究,皮亚杰写成了《儿童智慧的起源》和《儿童对现实的构造》两书,为创立儿童心理发展理论奠定了基础。1939 年后,皮亚杰把数理逻辑引进儿童心理学,用它来描述不同阶段儿童的智力结构,研究儿童思维的守恒、分类、序列和转化等方面的发展,并根据这些心理学研究成果来改革教育方法。20 世纪 40 年代,他致力于研究儿童知觉的发展,并继续研究儿童关于空间、时间、数量、因果关系等概念。在研究方法上也有了进步,采用自由谈话加摆弄实物的临床法。他的主要研究成果反映在《儿童的数概念》《智慧心理学》等著作中。此时,皮亚杰对于发生认识论的理论观念更为成熟及稳固,并出版了《发生认识论原理》。整个 50 和 60 年代,皮亚杰的研究工作扩大到对青少年群体的研究和对发生认识论的研究。皮亚杰于 1967 年发表的《生物学与认知》,可以看成是总结他一生研究工作的心血。

皮亚杰一生担任许多职务,曾任日内瓦大学科学思想史副教授(1929～1939 年),日内瓦大学教育科学研究所主任(1933～1971 年),洛桑大学心理学和社会学教授(1938～1951 年),日内瓦大学社会学教授(1939～1952 年),国防教育局主任(1939～1967 年),还被聘任为联合国教科文组织教育局长。

1971 年皮亚杰退休,获日内瓦大学荣誉教授称号。此外,他还先后获得许多国家的名誉博士、名誉教授或名誉院士等称号。由于皮亚杰在儿童心理学和发生认识论方面的贡献,他 1968 年获得美国心理学会颁发的心理学卓越科学贡献奖,1977 年又获得该学会的桑代克奖,1972 年获得荷兰伊拉斯谟奖,在国际上该奖的荣誉地位相当于诺贝尔奖。皮亚杰自退休后,就回到瑞士的山上静养,但是他并没有因为退休而放弃研究工作,他终其一生都致力于发展认识论。1980 年 9 月 16 日,皮亚杰病逝于日内瓦。

(二)发生认识论思想

皮亚杰借鉴哲学、心理学、逻辑学、生物学等学科的研究成果创建了发生认识论。在皮亚杰之前主要有两种重要的认识论:一种是以培根、洛克、休谟为代表的经验论,认为感觉经验是认识的唯一源泉,是理性认识的基础,理性认识是感性认识的加减、组合、抽象;一种是以笛卡儿、斯宾诺莎、莱布尼茨为代表的唯理论,认为感觉是个别的、具体的、飘忽不定的,理性认识才是一般的、永恒的,感觉不可能是理性认识的源泉,只有天赋的观念才是理性认识的源泉。皮亚杰认为,经验论过分注重主体对客体刺激的机械反应,把人的认识看做对客体的消极被动、镜子式的反映;而唯理论又把一切的认识归于主体,过分强调了主体的作用。由此皮亚杰提出他的发生认识论观点:知识来源于动作(或者活动),动作的本质是主体对客体的适应,适应的本质是主体与客体的相互作用。所以,人的认识是主体和客体之间相互作用的产物,是主体在与客体相互作用过程中主动建构的。他说:"认识既不是起因于一个有自我意识的主体,也不是起因于业已形成的(从主体的角度来看)、会把自己烙印在主体之上的客体;认识起因于主客体之间的相互作用,这种作用发生在主体和客体之间的中途,因而同时既包含着主体又包含着客体……""认识既不能看做在主体内部结构中预先决定了的——它们起因于有效地和不断地建构;也不能看做在客体的预先存在着的特性中预先决定了的,因为客体只是通过这些内部结构的中介作用才被认识的。"[①] 既然认识是主客体之间的相互作用,那么,主体究竟是如何恰当地认识客体的呢? 皮亚杰认为,这个过程是以动为中介来完成的,因为只有通过动作或活动,主、客体才能产生关系,从而形成认知结构。

(三)认知发展理论

1. 发展的实质和原因

在心理学,特别是发展心理学上,由于各种不同的观点,因而有各种不同的理论,皮亚杰在他的《智力心理学》一书中,对此作了详细的解释。他列举了五种重要的发展理论:(1)只讲外因不讲发展的,如英国罗素的早期观点;(2)只讲内因不讲发展的,如卡尔·比勒(Karl Bvhler)的早期观点;(3)讲求内外因相互作用而不讲发展的,如格式塔学派;(4)既讲外因又讲发展的,如联想心理学派;(5)既讲内因又讲发展的,如桑代克的尝试错误说。而皮亚杰则认为他和这五种发展理论不同,他自己是属于内外因相互作用的发展观,即他既强调内外因的相互作用,又强调在这种相互作用中心理不断发展变化。所以,他认为主体通过动作对客体的适应乃是心理发展的真正原因。

2. 心理发展的结构

皮亚杰认为心理结构的发展涉及图式、同化、顺应和平衡四个概念。在这四个概念中,皮亚杰把图式作为一个核心概念提出来。皮亚杰认为图式就是主体动作的认识结构,是人类认识事物的基本模式。皮亚杰指出,凡在行为中可以重复和概括的东西,我们都可以将其称为图式。

他把图式假定为人们表征、组织和解释自己的经验和指导自己行为的心理结构,最初的图式来源于遗传,是一些本能动作,例如,初生婴儿在吸奶的时候,会自然而然地将这种动作归于吸之类的动作。低级的动作图式,经过同化、顺应、平衡而逐步结构出新的图式。同化与顺应是适应的两种形式。同化是把环境因素纳入有机体已有的图式或认知结构中去,同化只是数量上的变化,不能引起图式的结构性改变或创新;顺应是指改变主体已有的图式或认知结构以适应客观环境的变化。顺应是创立新图式或调整原有图式,是质的变化。如婴儿用吸妈妈乳头的方式吸奶嘴,就是同化;而用勺子喝水、吃米糊就不能用吸的方式,而只能改用咀嚼和吞咽的方式,这就是顺应。同化与顺应是相辅相成的。平衡是指同化和顺应两种机能的平衡。平衡既是发展中的因素,又是心理结构。新的暂时的平衡,并不是绝对静止或终结,而是某一水平的平衡成为较高水平的平衡运动的开始。不断发展着的平衡状态,就是整个心理的发展过程。

3. 影响心理发展的因素

皮亚杰认为,儿童心理的发生发展既不是先天结构的展开,也不是完全取决于环境的影响,而是内外因相互作用的结果。具体来说,其影响因素有如下四个。

---

① 皮亚杰. 发生认识论原理[M]. 王宪钿,等译. 北京:商务印书馆,1985:21.

（1）成熟。主要指机体的成长，特别是大脑和神经系统的成熟。

（2）物理环境。儿童在与物理环境相互作用过程中获得的是自然经验，可分为物理经验及数理逻辑经验两类。物理经验起源于客体本身，如来自物体大小、轻重和颜色等的经验；数理逻辑经验是主体对一系列动作之间关系协调的经验，本质上不是客体的，是主客体相互作用建立起来的，如儿童在日常生活过程中慢慢发现，一个苹果、一个小糖、一块巧克力，其数量都是"一"；奶奶的苹果比我的大；我的棒棒糖比妈妈的长；这些都属于数理逻辑经验。

（3）社会环境。儿童在社会生活中借助语言与成人和同伴发生相互作用，以及在社会传递（教育）过程中所获得的是社会经验，包括语言技能、交往技能、社会规范、生活经验等。

（4）平衡化机制。平衡化机制是发展的基本因素，是协调成熟、自然经验和社会经验的必要因素。

这四种因素又可以概括为两类因素：外因（物理环境和社会环境）与内因（成熟和平衡化机制）。

4. 认知发展的阶段

皮亚杰认为，在个体从出生到成熟的发展过程中，认知结构在与环境的相互作用中不断重构，表现出四个不同质的阶段。他认为所有的儿童都会依次经历这四个阶段。虽然不同的儿童以不同的发展速度经历这几个阶段，但是都不可能跳过某一个发展阶段。

（1）感知运动阶段（0～2岁）。在这个阶段，婴儿主要以一种反射或先天的方式进行反应，主要表现为感觉（简单输入）和运动（简单输出）机能的发展。同时儿童在活动中会形成了一些低级的行为图式，并以此来适应外部环境和进一步探索外界环境，其中手的抓取和嘴的吸吮是他们探索周围世界的主要手段。

皮亚杰对这一阶段的儿童做了一个客体永久性实验（客体永久性概念，即虽然看不见客体，但仍认为客体是存在的），并认为 7 个月以后的婴儿才可能形成客体永久性的概念。在图 3-11 中，上排两幅图中的婴儿 5 个月大，是不具有客体永久性概念的；而下排两幅图中的婴儿 9 个月大，其就具备客体永久性概念。此外，这个阶段的婴儿还不能够进行言语表征，缺乏延迟模仿能力。

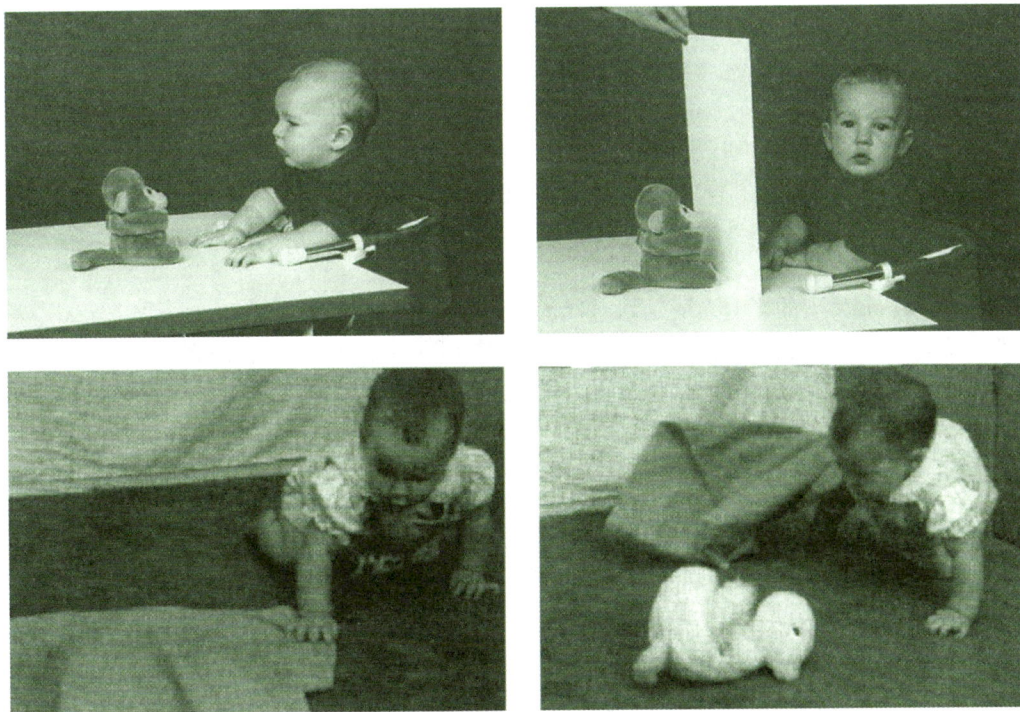

图 3-11　客体永久性实验

尽管皮亚杰对感知运动阶段儿童的观察研究已经得到了后来研究者的广泛肯定，但是他可能低估了儿童组织或处理感觉信息和运动信息时所具有的潜能。一些研究显示，儿童的某些能力和概念的形成要早于皮亚杰所预计的年龄。

（2）前运算阶段（2～7岁）。本阶段中，婴儿只能通过实际的操作物体才能学习和理解外部世界，然而，这一阶段的儿童的言语和概念以惊人的速度发展。同时儿童通过延迟模仿和符号游戏等任务，表现出许多心理表征迹象。但是他们的思维仍是相当原始的。皮亚杰发现，年幼儿童不能理解守恒（conservation）原理。

图3-12中,幼儿为5岁儿童,尚不具有守恒概念,即虽然液体的外部形态发生了变化,但是液体的容积并没有发生改变。皮亚杰解释为儿童表现出"集中化"的思维方式,即仅注意情景中的某一方面(如在该实验中,幼儿只注意液体的高度,而忽略其宽度);思维缺乏"可逆性"(改变思维方向以便能够回到起点的能力);只注重状态而忽视过程,思维具有自我中心性。

图3-12 守恒实验

(3)具体运算阶段(7~11岁)。这一阶段儿童的思维比前运算阶段有非常明显的提升,但他们仍不能像成人那样思维。他们深深地根植于客观世界中,难以进行抽象思维。具体运算阶段这个术语反映了这种典型的特征。处于这个阶段的儿童能够形成概念、发现关系、解决问题,但是所有这些都必须与他们熟悉的物体和场景有关。

这一阶段儿童的思维特征如下:① 儿童已具有守恒概念;② 具体运算阶段的年长儿童对内隐实质可以进行反应,能去推断事物背后的真正意义;③ 具有序列化(按照一定的逻辑顺序排列事物)和传递性能力(了解两个物体与第三个物体之间的关系,并据此推断两个物体之间的关系);④ 具有类包含的能力,能处理部分与整体之间的关系;⑤ 思维可以达到去自我中心化水平。

(4)形式运算阶段(11~15岁)。在这一阶段中,个体不再局限于有关具体体验的推理,而是以更加抽象、理想化和符合逻辑的方式进行思考。儿童开始不受真实情境的束缚,能将心理运算运用于可能性和假设性情境;既能考虑当前情境,也能考虑过去和将来的情境;并且能够基于单纯的言语或逻辑陈述,进行假设-演绎推理及命题间推理。其实在11~15岁,可能只显示了潜在的形式运算思维,而未达到真正的形式运算水平。

(四)对皮亚杰的评价

皮亚杰对儿童认知发展的影响无疑是划时代的,他为该领域带来了关于儿童本性以及认知发展的内容、时间和方式的新视角。皮亚杰的认知发展论确信儿童是有着丰富的知识结构的积极的学习者。他的内外因相互作用的儿童发展观对后世影响也很大,以后的认知发展理论都把儿童看做受内在激励和认知上积极主动的机体。另外,许多研究者继续研究着皮亚杰所确认的内容领域,因而客观上促进了儿童心理发展的研究;皮亚杰认知发展理论揭示了儿童认知发展的一般规律,以及儿童认知发展的差异性,为教学实践提供指导,同时也促进了强调发现学习和直接与环境相联系的教育观念和教育方法的发展。

尽管皮亚杰认知发展论对儿童发展和教育作出了极大贡献,但近年来也受到了挑战。研究表明,皮亚杰低估了儿童的认知能力,而高估了青少年的认知能力。当儿童遇到困难的任务时,他们的认知表现与年长的儿童之间的接近程度比皮亚杰估计得要高。正是对皮亚杰认知发展理论的不满足,才促使新皮亚杰主义的诞生。

真　题

1. 儿童能以命题形式思维,则其认知发展已达到( )。
   A. 感知运动阶段　　　　　　　　B. 前运算阶段
   C. 具体运算阶段　　　　　　　　D. 形式运算阶段
2. 根据皮亚杰的认知发展阶段论,3~6岁幼儿属于( )阶段。
   A. 感知运动　　B. 前运算　　C. 具体运算　　D. 形式运算
3. 由于幼儿是以自我为中心辨别左右方向的,幼儿教师在动作示范时应该( )。
   A. 背对幼儿,采用镜面示范　　　B. 面对幼儿,采用镜面示范
   C. 面对幼儿,采用正常示范　　　D. 背对幼儿,采用正常示范

模拟题　　简述皮亚杰的认知发展阶段理论。

二、维果茨基的认知发展观

维果茨基的最近发展区实验

将一群学生随机分成两个小组,让他们各自摘悬挂于半空中的苹果。让第一组学生一开始就摘悬挂高度超过自己跳跃能力的苹果;让第二组学生先摘通过努力跳跃能摘到的苹果,然后逐渐提高苹果的高度。结果可想而知:第一组学生根本摘不到苹果,因为苹果的悬挂高度远远超过了他们的跳跃极限,远远超过了他们的能力;而第二组学生不仅摘到了不少苹果,而且跳跃能力也大有长进。紧接着让两组学生摘同样高度的苹果,令人意外的情况发生了:第一组学生懒洋洋,他们中多数人走过场地应付几下,明显失去了兴趣;第二组学生则充满活力和激情,他们不断跳跃,而且跳跃的平均高度明显高于第一组。

(一)维果茨基简介

列夫·维果茨基(Lev Vygotsky,1896～1934 年,如图 3-13 所示)是原苏联杰出的心理学家,原苏联心理科学的奠基人之一,社会文化历史学派(维列鲁学派)的创始人,社会建构主义的先驱。维果茨基 1896 年出生在莫斯科,是一位犹太人,父亲是银行管理人员,母亲是教师。1917 年毕业于莫斯科大学法律系和沙尼亚夫斯基大学历史-哲学系,他原来的主要兴趣是文学,后来转而从事心理学研究。他先后工作于莫斯科实验心理学研究所、莫斯科心理学研究所,并在莫斯科、列宁格勒(今圣彼得堡)、哈尔科夫等城市的高等院校教授心理学。1934 年,维果茨基 38 岁时死于肺结核。他在短暂而辉煌的一生中,对普通心理学、儿童心理学和教育心理学等学科都作出了贡献,并留下了 186 种 200 多万字的文献著述。其中 1931 年出版的《高级心理机能的发展》一书被看作社会文化历史学派的奠基之作,1934 年出版的《思维与言语》一书也是他重要的代表作。

图 3-13　维果茨基

(二)社会文化-历史发展理论

1. 重视社会因素和语言在儿童发展中的作用

维果茨基认为,个体心理发展是受社会文化-历史发展以及社会规律制约的。他把人类的心理机能分为两类:低级心理机能和高级心理机能,并认为它们分别依赖于生物进化和人类发展的历史。同时他提出促进人类心理发展的工具有两种:物质生产工具和精神生产工具。精神生产工具是指人类社会特有的语言与符号,儿童借助于精神生产工具能使低级心理机能上升为高级心理机能。

2. 内化说

维果茨基认为,儿童高级心理机能的发展是不断内化的结果。内化最初的含义指社会意识向个体意识的转化。维果斯基在此给内化赋予新的含义,指外部的实际动作向内部智力动作的转化。个体的高级智力动作是怎样产生的呢？先是简单的智力动作,随着外部动作的高级化,内在智力动作也高级化。一切高级的心理机能最初都是在人与人的交往中,以外部动作的形式表现出来的,然后经过多次重复、多次变化,才内化为内部的智力动作。因此,可以把内化概括为儿童在与成人交往的过程中,将外部的人类经验不断转化为自我头脑中内部活动的过程。内化过程不仅通过教学来实现,而且也能通过日常的生活、游戏、劳动来实现。

3. 心理发展的含义和原因

维果茨基认为,个体的心理发展是在特定的社会文化环境的影响之下,在与成人交往的过程中,通过掌握对高级心理机能起中介作用的工具——语言、符号,在各种低级心理机能的基础上,逐步发展高级心理机能的过程。所谓高级心理机能主要有四个方面的表现:(1)心理活动的随意机能,即心理活动是随意的、主动的;(2)心理活动的抽象-概括机能;(3)各种心理机能之间的关系不断发生变化、组合而形成以符号为中介的高级心理机能;(4)心理活动的个性化。

综上所述,关于儿童心理发展的原因和实质,可以总结为以下三点。(1)心理机能的发展起源于社会文化历史的发展,受社会规律的制约;(2)从个体发展来看,儿童在与成人交往过程中通过掌握高级心理机能的工具——语言和符号,从而在低级心理机能的基础上形成各种新质的高级心理机能;(3)高级心理机能是外部活动不断内化的结果。

（三）教学论思想

1."最近发展区"概念的提出

最近发展区理论是维果茨基关于促进儿童高级心理机能发展的核心思想。一般学者只是把儿童心理机能分为能够达到的与不能达到的两个水平,而维果茨基在这两个水平之间创造性地提出一个最近发展区的水平,这样实际上把儿童的心理机能分为三个水平（如图 3-14 所示）。最近发展区（zone of proximal development，ZPD）是一种介于儿童看得见的现实能力与并不明显的潜在能力之间的潜能范围,即一种儿童无法依靠自己完成,但可以在成人或更有技能的儿童帮助下完成的任务范围。在最近发展区内,指导者通过提问、对话、鼓励、建议策略等方式（维果茨基将其称之为脚手架工具）进行指导,就能给予儿童最大的帮助,促进儿童心理机能的发展。

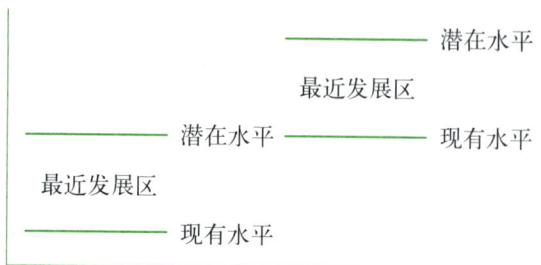

图 3-14　最近发展区示意图

2.教学与发展的关系

围绕最近发展区理论,维果茨基在教学与发展的关系上提出了三个重要观点。

（1）最近发展区由教学创造。最近发展区是指在有指导的情境下,儿童借助成人的帮助所达到的解决问题的水平与在独立活动中所达到的解决问题的水平之间的区域。这个动态发展的区域实际上是教育教学所带来的发展,是潜能的开发,所以说最近发展区由教学创造。

（2）教学应走在发展的前面。根据最近发展区思想,如果教学要求不高于学生的现有发展水平,则这样的教学只是适应儿童的发展而不能促进儿童的发展;如果教学要求超过学生的潜在发展水平,即使教师给予指导,学生也不能明白,只能死记硬背,这样的教学也不利于学生的发展。因此,教学要求应该略高于学生的现有水平,又不超过学生的潜在发展水平,即达到学生的最近发展区的教学是最能够促进学生的发展的。因此,教学要走在发展的前面。

（3）学习的最佳期限。维果茨基认为,儿童学习任何一项技能都有一个最佳年龄,如果错过这个最佳年龄将不利于其发展。学习的最佳期限就是要建立在正在开始又尚未形成的机能之上。对儿童的教育教学也必须以生物成熟为前提,又要走在心理机能形成的前面,教育教学的最佳期限也就是儿童最容易接受有关教育教学影响的时期。同时,儿童的最近发展区是动态的,是不断发展的,教学要随着儿童年龄和水平的变化寻找最佳期限。

（四）对维果茨基的评价

维果茨基虽然一生短暂,但是对心理学的贡献很大,影响深远。首先,其社会文化-历史发展理论在论述社会经验对认知发展的作用方面是独一无二的,它帮助我们通过文化理解认知机能的变化,不像皮亚杰那样强调普遍的认知发展。其次,维果茨基非常重视符号和语言在调整高级认知过程中的作用,揭示人类的学习和发展与动物的学习有根本的区别。再次,他的最近发展区概念以及教学与发展辩证关系的提出对原苏联的教育改革产生重要影响,原苏联20世纪70年代以赞科夫为代表的关于"教学与发展"的课程改革就是以维果茨基的教学思想为指导的。最后,维果茨基的社会建构主义理论、合作教学思想、支架式教学和情景教学模式等都对当今我国的教育改革也产生重要的影响。

幼儿园教师资格证书考试大纲要点提示:

《幼教保教知识与能力》考试大纲"学前儿童发展"部分第 2 点指出:了解儿童发展理论主要流派的基本观点及其代表人物,并能运用有关知识分析论述儿童发展的实际问题。

真　题

1. 选择题

教师拟定教育活动目标时,以幼儿现有发展水平与可以达到水平之间的距离为依据,这种做法体现的是（　　　）

A. 维果斯基的最近发展区理论　　　　B. 班杜拉的观察学习理论
C. 皮亚杰的认知发展理论　　　　　　D. 布鲁纳的发展教学法

2. 材料题

材料:开学不久,小班王老师就发现:李虎小朋友经常说脏话。虽然老师多次批评,但他还是经常说,甚至影响其他孩子也说脏话。

问题：(1) 请分析李虎及其他幼儿说脏话的可能原因。

　　　(2) 王老师可以采取哪些有效的干预措施？

模 拟 题

1. 行为主义的创始人是（　　　）
   A. 华生　　　　　B. 斯金纳　　　　　C. 巴甫洛夫　　　　　D. 班杜拉
2. 弗洛伊德的人格发展理论认为影响人格发展的核心因素是（　　　）
   A. 本我　　　　　B. 自我　　　　　C. 超我　　　　　D. 社会我

第四节　儿童发展的生态系统理论

一、布朗芬布伦纳的生态系统理论

布朗芬布伦纳（Bronfenbrenner，1917～2005 年，如图 3-15 所示）的生态系统理论（ecological systems theory）是关于个体发展的系统模型，强调发展的个体嵌套于相互影响的一系列环境系统之中，在这些系统中，系统与个体相互作用并影响着个体发展。布朗芬布伦纳认为，自然环境是人类发展的主要影响源，这一点往往被在人为设计的实验室里研究发展的学者忽视。他认为，发展的个体处在从直接环境（像家庭）到间接环境（像宽泛的文化）的几个环境系统的中间或嵌套于其中，每一系统都与其他系统以及个体交互作用，影响着发展的许多重要方面。这些系统表现为一系列的同心圆，由里到外分为微系统、中间系统、外系统、宏系统，这些系统可以看成是横向系统，此外，还有纵向影响儿童发展的时代系统（儿童所生活的时代及其所发生的社会历史事件），如图 3-16 所示。

图 3-15　布朗芬布伦纳

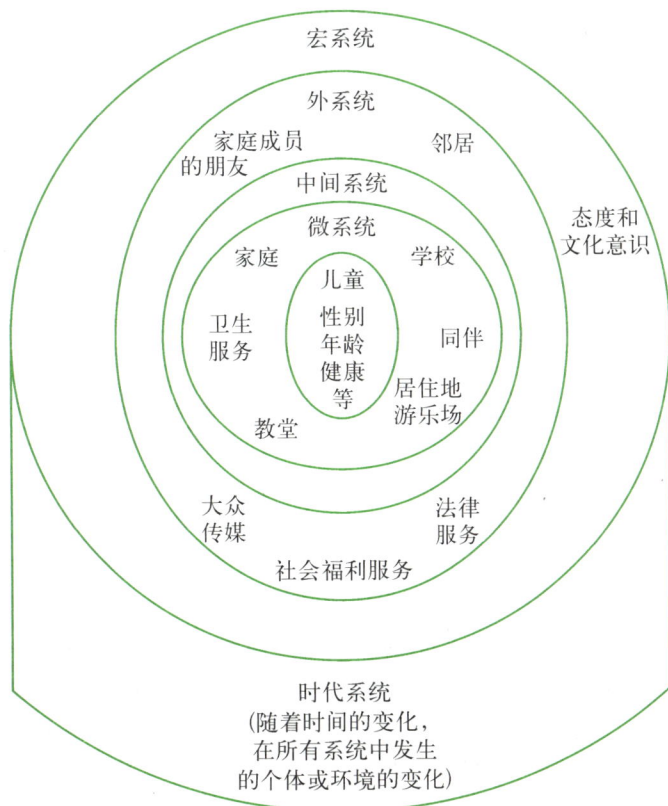

图 3-16　布朗芬布伦纳生态系统理论的嵌套结构模型

（一）微系统

微系统(micro system)是环境系统中最里层的系统，是指直接与儿童发生相互作用的环境。儿童在该环境中发生活动与交往的行为。该环境是不断发生变化的，在婴儿早期，该环境仅限于家庭；后来，随着婴儿的不断成长，其活动范围不断地扩大，幼儿园、学校、同伴、社区等逐渐被纳入儿童的微环境中。布朗芬布伦纳强调，该层次中儿童与其环境中各要素之间是相互作用的，即儿童与父母、儿童与同伴、儿童与教师之间都是相互作用的。例如，母亲给婴儿哺乳，直接影响婴儿的发展；而婴儿饥饿时的哭泣来引起母亲的注意与行为，所谓"好哭的孩子有奶吃"，说明婴儿的行为影响了母亲的行为；如果母亲能及时给婴儿喂奶则会消除婴儿哭泣的行为。如此，当儿童与成人之间的交互作用积极，并经常发生，则会对儿童的发展产生持久的积极作用。

（二）中间系统

第二个层次是中间系统(meso system)，中间系统是指各微系统之间的联系或相互关系。布朗芬布伦纳认为，如果微系统之间有较强的积极的联系，则对儿童的发展产生积极的作用，反之，则产生消极的后果。如儿童在家庭中与兄弟姐妹的相处模式会影响到他在幼儿园中与同伴的相处模式。如果儿童在家庭中处于被溺爱的地位，总是"饭来张口，衣来伸手"，那么在幼儿园中由于享受不到这种优厚待遇，则会产生很大的不适应，这就不利于与同伴建立和谐的关系，而且还会影响到幼儿教师对其指导的方式。

（三）外系统

第三个层次是外系统(exo system)，是指那些儿童并未直接参与但却对他们的发展产生间接影响的系统。例如，父母的工作环境就是间接影响儿童发展的外层系统，因为父母的工作环境影响父母的情绪情感，而父母的情绪情感又会进一步影响儿童的情感。

（四）宏系统

第四个系统是宏系统(macro system)，是指存在于以上三个系统中的文化、亚文化和社会环境。宏系统实际上是一个影响广泛的意识形态、道德观念、习俗与法律等，包含教育、经济、宗教、政治等社会核心价值观，它规定了如何对待儿童、教给儿童什么以及儿童应该努力的目标。在不同文化中这些观念是不同的，但是这些观念存在于微系统、中系统和外系统中，直接或间接地影响儿童的发展。

（五）时代系统

布朗芬布伦纳的模型结构还包括了时代系统(chorono system)，或称作时间系统，即把时间作为研究个体成长中心理变化的参照体系。它强调将时间和环境相结合来考察儿童发展的动态过程。婴儿一出生就置身于一定的环境之中，随着时间的推移，儿童生存的微系统环境不断发生变化，同时儿童有主观能动性，可以自由地选择环境。而对环境的选择是随着时间不断推移个体知识经验不断积累的结果。布朗芬布伦纳将这种环境的变化称为"生态转变"，每次转变都是个体人生发展的一个阶段。

布朗芬布伦纳强调，这些系统中的每一个系统都对儿童发展有着生态学意义，各个系统是相互联系、相互制约的，其中任何一个系统的变化都会波及另外一个系统，儿童的发展过程是其不断地扩展对生态环境的认知过程，从家庭到幼儿园再到社会。此外，发展中的个体与不断变化的环境之间有着复杂的互动。

二、对生态系统理论的评价

布朗芬布伦纳的生态系统理论把儿童置身于多重环境中，既强调各系统之间的相互作用，又强调儿童与环境的相互作用；既强调环境对儿童的作用，又强调主体自身的能动作用；同时，强调各系统随着时间的推移在不断地变化着，系统之间的界限随着儿童的成长也是在不断地变化着，儿童与各系统之间的交互作用也是在不断变化着。布朗芬布伦纳的生态系统理论将系统观、动态发展观和相互作用观结合在一起，改变了传统发展心理学家或单纯强调环境作用，或单纯强调成熟作用，或单纯强调本我的作用等片面观点，同时改变了以前儿童心理学家只研究儿童、社会学家只研究家庭、人类学家只研究社会、经济学家只研究经济状况，政治学家只研究政治结构这种割裂的研究现状。布朗芬布伦纳将家庭、社会、经济、政治结构等都看作人生发展过程中的一部分，这对于我们从生态系统角度动态地去考察在不同年龄阶段不同的环境对儿童发展的意义，以及如何根据生态系统理论促进儿童发展都具有重要的现实意义。

但是，布朗芬布伦纳的生态系统理论可能过分强调动态变化的特殊性，以至于不能勾勒出一个人发展的一般模式或常态模式，这对于我们要根据儿童一般发展规律促进其发展可能不利，因为我们不可能做到为每一个来自不同环境的儿童建构不同的发展模式。此外，该生态系统理论只是一种理论思路，缺乏具体的实践指导方法，还难以运用到具体的教育实践中。

根据布朗芬布伦纳的生态系统理论，家庭、学校、幼儿园等直接影响儿童发展的环境属于(　　)。

　　A. 微系统　　　　　　B. 中间系统　　　　　　C. 外系统　　　　　　D. 宏系统

第五节　朱智贤的心理发展观

我要掌握第一手资料[①]

　　1963 年年底，北京师范大学根据教育部的通知，决定组织本科高年级和研究生深入农村搞教育调查。教育系党总支决定由部分中青年教师带领学生到河北省遵化县去调查。朱智贤先生主动报名要求参加此次调查，大家看他年纪大、身体不好，就劝他不要下去。他就去找系党总支书记，请求同意他去。书记为难地说："朱先生，组织上考虑到您年事已高，没打算让您老下去的，等他们调查回来，您可以看看研究生写的调查报告嘛，不是一样吗?"朱先生坚定地说："我要掌握第一手资料，活生生的资料，看他们写的调查报告，与我亲自下去看，效果是不一样的。"没办法，组织上只好同意他去。朱先生很高兴，同学们也很受鼓舞。

　　朱智贤先生强调在实践中研究中国基础教育，研究中国化的心理学，对今天的心理学研究具有重要的意义。

一、朱智贤简介

　　朱智贤(1908~1991 年)，字伯愚，江苏赣榆人，中国现代心理学家、教育家。1930 年被保送到南京中央大学教育系，跟随一批有名的学者系统地从事心理学和教育学的学习和研究。大学毕业后，任厦门集美师范研究部主任兼心理学和教育学教师，主编《初等教育界》《儿童导师》两种儿童教育刊物。后到山东济南担任省立民众教育馆编辑部主任，主编《民众教育月刊》《小学与社会》两种刊物。1936 年春，赴日本留学，考取东京帝国大学文学部大学院教育学研究室研究员，并准备攻读博士学位。1937 年抗日战争爆发，他放弃攻读学位，返回祖国。1938 年应桂林江苏教育学院聘请，任心理学和教育学教授，之后又先后应聘于四川教育学院、广东中山大学等校任教授。1947 年夏在香港达德学院任教授兼教务长，并兼任生活教育社主办的中业学院院长。1949 年 3 月来到北京，到华北人民政府教育部教科书编审委员会任委员兼教育组长。中华人民共和国成立后，先后任中央人民政府出版总署编审局处长、人民教育出版社副总编辑。1951 年起任北京师范大学教育系及心理系教授、系副主任、儿童心理研究所所长、校学术委员会副主任。1978 年起任中国心理学会常务理事；1979 年，中国教育学会成立，他当选为副会长。1978~1984 年主持中国心理学会发展心理-教育心理专业委员会的工作，1984 年，全国儿童心理-教育心理学研究会成立，他当选为理事长。1991 年 3 月 5 日因心脏病突发在北京逝世，享年 83 岁。朱智贤先生一生勤奋刻苦，善于钻研，在儿童心理学研究方面成果丰硕，其主要著作有：《小学课程研究》(1928 年)、《教育研究法》(1930 年)、《青年心理》(1941 年)、《心理学》(合著，1954 年)、《儿童心理学》(1962 年、1979 年)、《儿童发展心理学问题》(1982 年)、《思维发展心理学》(与林崇德合著，1986 年)等，领衔主编我国第一部大型综合性心理学工具书——《心理学大辞典》。

二、朱智贤的儿童心理发展观[②]

(一)强调对心理发展的基本问题的探讨

　　中华人民共和国成立之初，朱智贤就强调要用辩证唯物主义的观点探讨儿童心理发展的一些基本问题，主要包括先天与后天的关系、内因与外因的关系、教育与发展的关系、年龄特征与个别差异等。

1. 先天与后天的关系

　　在先天与后天的关系问题上，朱智贤辩证地看待了这个问题。他的基本观点的是：承认先天因素在儿童心理发展中的作用，不论是遗传还是成熟，它们都是儿童心理发展的生物基础，提供了发展的可能性；而环境和教育则将这种可能性变成现实性，决定着儿童心理发展的方向和内容。

---

　　① 黄永言. 朱智贤传[M]. 北京：人民教育出版社，2000：241—243.
　　② 林崇德. 发展心理学[M]. 北京：人民教育出版社，2009：56—59.

2．内因与外因的关系

朱智贤认为，环境和教育不是像行为主义所说的那样机械地决定儿童心理的发展，而是通过儿童心理发展的内部矛盾起作用的。这个内部矛盾是主体在实践中，通过主客体的交互作用而形成的新的需要与原有水平的矛盾，这个矛盾是儿童心理发展的内部动力。

3．教育与发展的关系

儿童的心理发展不是由外因机械地决定的，也不是由内因孤立地决定的，而是由适合于儿童心理内因的那些教育条件来决定的。从教育到心理发展，儿童心理要经过一系列量变到质变的过程。

4．年龄特征与个别差异

朱智贤指出，儿童与青少年心理发展的质的变化会表现出一定的年龄特征。心理发展的年龄特征不仅有稳定性，也有可变性。在同一年龄阶段，既有本质的、一般的、典型的特征，又有人与人之间的差异性，即个别差异。

（二）强调运用系统的观点研究心理学

朱智贤经常说，认知心理学强调儿童的认知发展，精神分析学派强调儿童情绪发展的研究，行为主义强调儿童行为发展的研究，我们则要强调儿童心理整体发展的研究。

早在20世纪60年代初，在他发表的《有关儿童心理年龄特征的几个问题》一文中就首次提出系统地、整体地、全面地研究儿童心理的发展。在关于儿童心理阶段的划分上，他主张要考虑两个方面的问题：一是内部矛盾或特殊矛盾；二是既要看到全面（整体），又要看到重点。这个全面或整体包括两个部分（认识过程和人格品质）和四个有关方面（心理发展的社会条件和教育条件、生物的发展、动作和活动的发展、语言的发展）。

到20世纪70年代后期，朱智贤主张心理学家要学好哲学的"普遍联系"和"不断发展"的观点以及系统科学（包括老三论和新三论）。他在《心理学的方法论》一文中反复阐明整体研究的重要性，其主要观点如下。

（1）要将心理作为一个开放的组织系统来研究。因此，在研究心理发展时，要研究心理与环境的关系，要研究心理内在结构即各子系统的特点，要研究心理与行为的关系，要研究心理活动的形式。

（2）系统地分析各种心理发展的研究类型。强调在研究中应该系统地分析纵向研究和横向研究、个案研究和成组研究、常规研究与现代科学技术相结合的现代化研究，等等。

（3）系统处理结果。心理既有质的规定性，又有量的规定性，因此，对心理发展的研究结果，既要进行定性研究，又要进行定量分析，把两者有机结合起来。

（三）提出坚持在教育实践中研究中国化的发展心理学

朱智贤多次提出发展心理学研究的中国化问题。早在1978年他就指出，中国的儿童与青少年及其在教育中的种种心理现象有自己的特点，这些特点表现在教育实践中，需要我们深入下去研究。他指出，坚持在实践中，特别是在教育实践中研究发展心理学，这是我国心理学前进道路上的主要方向。他反对脱离实际为研究而研究的风气，主张研究中国人从出生到成熟的心理发展特点及其规律。并主张将心理学的基础理论与应用研究结合起来，即不仅提倡在教育实践中研究发展心理学，而且积极建议搞教育实验和教学实验，主张在教育实验中培养儿童与青少年的智力和人格。

三、对朱智贤的评价

朱智贤先生是我国现代心理学家、教育家、新中国儿童心理学的奠基者。他主张用辩证唯物主义观点对心理发展中的一系列重大理论问题进行了探讨，为中国儿童心理学的研究与发展指明了方向；他强调在教育实践中研究具有中国特色的儿童心理学和教育心理学，并亲身实践和实验，为心理学的后辈们树立了楷模；他主编的《儿童心理学》作为高等师范院校的心理学教科书，在我国影响很大；他作为心理学教授，对学生严格要求，又循循善诱，为我国发展心理学培养了一批优秀的接班人。

▶ 阅读书目

1．林崇德．儿童心理学史［M］．北京：北京师范大学出版社，2002．

2．林崇德．发展心理学［M］．北京：人民教育出版社，2009．

3．沈德立．发展与教育心理学［M］．沈阳：辽宁大学出版社，1999．

4．叶浩生，郭本禹．西方心理学的历史与体系［M］．北京：人民教育出版社，1998．

5．刘万伦．心理学概论［M］．南京：凤凰出版传媒集团、江苏人民出版社，2007．

第4章　学前儿童发展的基本问题

学习目标

※ 理解学前儿童发展的含义、过程；

※ 识记学前儿童身心发展的年龄阶段特征、发展趋势；

※ 掌握影响学前儿童心理发展的因素；

※ 能运用相关知识分析教育的适宜性。

学习导引

　　本章由三节组成。第一节介绍学前儿童发展的含义、过程和特征,学习时要注意理解发展的含义,掌握儿童身心发展的年龄阶段和特征,了解学前儿童心理发展的趋势;第二节阐述学前儿童心理发展的基本问题和规律,需要重点理解这部分内容并能根据儿童心理发展的特点和规律分析教育的适宜性;第三节阐述影响学前儿童心理发展的因素,要能举例说明如何根据影响心理发展的因素分析教育的作用。

知识结构

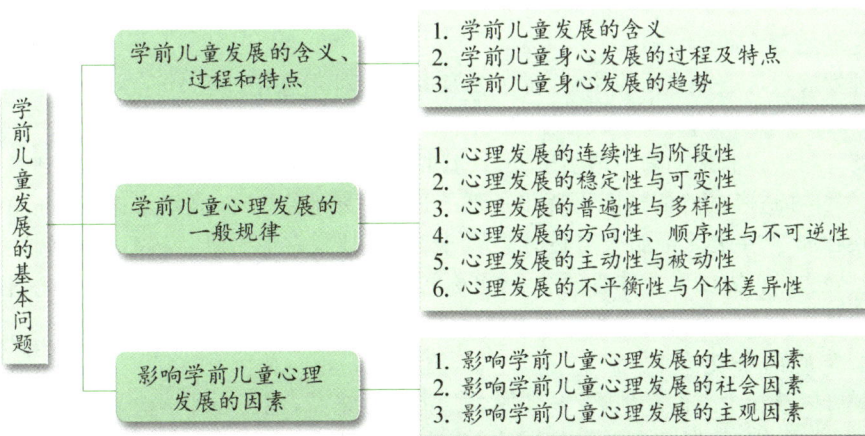

学前儿童发展的基本问题

- 学前儿童发展的含义、过程和特点
  1. 学前儿童发展的含义
  2. 学前儿童身心发展的过程及特点
  3. 学前儿童身心发展的趋势

- 学前儿童心理发展的一般规律
  1. 心理发展的连续性与阶段性
  2. 心理发展的稳定性与可变性
  3. 心理发展的普遍性与多样性
  4. 心理发展的方向性、顺序性与不可逆性
  5. 心理发展的主动性与被动性
  6. 心理发展的不平衡性与个体差异性

- 影响学前儿童心理发展的因素
  1. 影响学前儿童心理发展的生物因素
  2. 影响学前儿童心理发展的社会因素
  3. 影响学前儿童心理发展的主观因素

引子

发生在超市里的两件事

第一件事：3岁的亮亮趁妈妈往收银台上放食物的时候，从旁边货架上抓了一条巧克力糖。"亮亮，我给你说过多少遍了，不要动！"妈妈掰开亮亮紧紧握着的小手，拿出了糖并且打了亮亮的手。亮亮生气了，脸涨得通红，开始哭起来。

第二件事：4岁的东东正站在诱人的糖果架旁边，手里拿着一大包泡泡糖，请求妈妈给他买1个。"今天不买，"妈妈说，"宝宝看，我专门给你选了麦片，我们得用钱买麦片，现在我们去收银台付钱好吗？"妈妈说着一边从东东手中拿走泡泡糖，放回货架，一边递给他麦片。东东安静地跟着妈妈去付钱了。

以上两位母亲采用不同的教养方式，对儿童产生的影响也是不同的：亮亮妈妈采用严厉训导的方式时孩子就会拒绝反抗；而东东妈妈采用充满温暖和爱的方式提出要求时孩子更乐于合作。且父母与儿童之间是互动的，如果孩子合作听话，父母则更可能表现出温柔而有耐心；如果孩子反抗给父母造成了压力，父母可能会增加对孩子的惩罚，这使孩子更加不守规矩。父母或其他主要家庭成员与儿童之间的互动会促进或阻碍儿童的心理成长。

第一节　学前儿童发展的含义、过程和特点

猜猜乐乐几岁了

乐乐已经知道描述自己了："我叫乐乐，今年×岁了，我有长长的辫子，我有芭比娃娃玩具，我会自己吃饭，我会数数，1，2，3，……我喜欢游戏，我还会开小汽车呢。"

根据这一段描述，你猜猜乐乐几岁了？儿童在不同年龄阶段表现出不同的年龄特征，儿童的自我、语言、数概念、动作等都随着年龄的增长而发展。了解儿童的年龄特征有利于我们在幼儿教育中能采取更适合幼儿的方式促进其发展。

一、学前儿童发展的含义

（一）发展的含义

广义的心理发展包含三个方面的含义：第一方面是动物种系进化过程中的心理发展；第二个是作为同一种类的人类心理的产生、发展，即民族心理发展；第三个是指个体从出生到死亡过程中的心理发展历程，即个体心理发展。第一方面是动物心理学所探讨的问题，它主要研究心理从低级动物到类人猿为止是怎样发生的，又是怎样在适应自然的情况下逐步从低级形态（受刺激性）向高级形态（思维的萌芽）发展的。第二方面是民族心理学（主要是原始人类心理学）所研究的问题，它主要研究从类人猿到文明人类的心理、意识的发生和发展。第三方面是个体心理发展，也称之为狭义的心理发展，是指个体的心理在一生中随年龄增长而变化的过程。我们平常所指的心理发展更多是指个体的心理发展。

（二）个体发展的含义

个体的发展可以从两个方面来理解：一是从发展的历程来看，现代心理学把个体的发展看成是人生全程发展，即从出生到成熟到衰老整个过程中心理的发生、发展与变化的历程；二是从发展的内涵来看，通常我们所讲的个体发展包括身体的发展与心理的发展两个方面。

1. 个体发展的历程

从20世纪60年代后期开始，由于受系统科学方法论的影响，以及现代社会逐步向老龄化过渡，加之发展心理学本身研究范围的拓展，越来越多的心理学家开始把人的全程发展作为研究对象，人生全程发展观逐步成为发展心理学的主流趋势。人生全程发展心理学是关于从出生到死亡的整个生命过程中心理与行为的成长、稳定和变化规律的科学。它的核心假设是个体心理和行为的发展并没有到成年期就结束，而是扩展到整个生命过程，它是动态、多维度、多功能和非线性的，心理结构与功能在一生中都有获得、保持、转

换和衰退的过程。人生全程发展观主要表现在以下几个方面:(1)个体的发展是整个生命的发展;(2)个体的发展是多方面、多层次的;(3)个体的发展是由多种因素共同决定的;(4)生物和文化共同进化的结构构成了毕生发展的总体框架;(5)发展是带有补偿的选择性最优化的结果。

2．个体发展的内涵

个体发展从内涵上来看,它包括身体的发展与心理的发展两个方面。身体的发展主要是指身体随着年龄的增长而不断发育、成熟和变化的过程。身体的发展有时也指体质的增强和身体机能的改善。个体的心理发展是指随年龄的增长心理由低级到高级、由简单到复杂的变化过程。另外,从心理发展的内涵来看,个体心理发展又包括认知发展和个性社会性发展两个方面。

(三)学前儿童发展的含义

学前期是个体生长发育最快的时期,因此学前儿童的发展是个体发展最重要的方面。根据个体发展的内涵可知,学前儿童的发展也包括身体的发展与心理的发展两个方面。学前儿童身体的发展主要是指学前儿童随着年龄的增长身体不断发育增长、身体机能不断增强的过程。学前儿童心理的发展是指学前儿童随年龄的增长心理由低级到高级、由简单到复杂的变化过程,变化的内容既包括认知发展又包括个性社会性发展。学前期是个体许多心理机能产生和快速发展的时期,要尤其加以重视。

二、学前儿童身心发展的过程及特征

(一)个体身心发展的年龄阶段的划分

在人的一生中,个体身心发展既是一个连续的过程,也可以分为不同的阶段。个体发展到一定年龄阶段,就会表现出与个体年龄相符合的行为特征。这种社会期待性行为标准,称为发展任务。划分个体心理发展的年龄阶段,就应该考虑到个体心理发展的每一个时期的重要发展特征和发展任务。据此,这里将人的一生分成九个阶段,如表4-1所示。

表 4-1　个体发展的阶段及其主要任务与发展特征

序号	名称	年龄段	主要发展任务与发展特征
1	胎儿期	受孕～出生	生理的发展
2	婴儿期	0～3岁	生理的发展、适应环境、动作技能、言语发展
3	幼儿期(学前期)	3～6岁	自我意识、性别认同感发展、力量增加、语言能力的发展、创造力发展、社会性发展
4	童年期(学龄初期)	6～12岁	运动技能的发展、具体思维的发展、书面语言的发展、同伴关系的发展、自我概念和自尊的发展
5	青少年期(学龄中期)	12～18岁	生理的高速发展、生殖成熟、抽象思维的发展、自我的形成、人格独立的发展
6	青年期(学龄晚期)	18～25岁	认知能力处于高峰、希望建立两性关系、自我与人格的完善、理想与生涯规划
7	成年早期	25～40岁	职业与家庭关系的发展、认知能力处于高峰之后逐渐下降、扮演父母的角色和社会职业角色
8	中年期	40～60岁	生理机能出现衰退、活力下降、认知技能复杂化、善于解决实际问题但学习能力下降、对自我进行重新评价
9	老年期	60岁以上	生理机能衰退、认知技能衰退、反应能力减退、享受家庭生活、承担丧失亲人的痛苦、退休、重新适应生活

由表4-1可知,不同年龄阶段其发展任务与发展特征是不同的。胎儿期的主要发展任务是身体的发育;婴儿早期(0～1岁,也称为乳儿期)的主要发展任务也是身体的发育,同时在适应环境过程中身体机能在逐步发展,到婴儿后期(1～3岁)其语言、感知觉、动作技能得到一定程度的发展;幼儿期(3～6岁)发展的主要任务是语言、运动机能、社会性的发展,自我开始产生,同时产生了性别认同感。

(二)学前儿童身心发展的阶段与特征

学前儿童身心发展在不同时期有不同的特征,了解学前儿童身心发展的特征有助于在教育过程中根据其特征进行科学的教育以促进儿童的快速和谐发展。

1. 0~1岁

儿童出生后的第一年称为乳儿期,这一年是儿童心理开始发生的阶段,也是心理发展最快、心理特征变化最大的阶段。由于这个阶段的心理特征变化很快,通常又把它分为三个小阶段:0~1月为新生儿期,1~6月为乳儿早期,6~12月为乳儿晚期。

新生儿期是乳儿适应新环境的时期,这个阶段乳儿主要是以先天的无条件反射的方式来应对新环境的。同时,新生儿在适应新环境的过程中也逐渐地形成一些条件反射,条件反射的形成标志着心理的真正发生。从出生后,新生儿的感知觉(主要是视觉、听觉和触摸觉)就开始发挥作用,这也是新生儿认识周围世界和与成人交往的开始。乳儿到满月后,其认知机能和动作机能就开始迅速发展,主要表现为视觉、听觉和触摸觉发展迅速,眼手协调动作开始出现;在社会性交往方面表现为有交往的需要,当没有人陪他玩的时候就会哭,有人逗他玩时就会笑,并开始认生(5~6月开始)等。到半岁以后,乳儿的身体和心理机能有了进一步发展,表现为身体动作比以前灵活了,身体活动范围比以前扩大了,双手可以模仿多种动作,言语活动开始萌芽,亲子依恋关系有了进一步发展,到将近一周岁时,亲人离开会出现分离焦虑。

2. 1~3岁

1~3岁是个体真正形成人类心理的时期。这时婴儿开始学会走路,这样婴儿的活动空间大大增大,接触到的事物明显增多,这大大促进婴儿的发展;这时婴儿也开始学说话,学会表达自己的需求,学会与人交往;伴随着语言的产生与发展,婴儿思维也得以产生和发展,婴儿能概括地表达周围的人和事;随着婴儿手部动作的发展,婴儿开始学会使用工具,到2岁左右,婴儿会自己动手画画、玩游戏、吃饭、穿衣等;同时,2岁以后,婴儿的自我意识开始形成,有自己的意愿和想法,有时表现为"不听话",这表明婴儿的独立意识开始出现。

3. 3~6岁

3~6岁幼儿的各种心理活动都已经齐全,开始发展高级心理过程,个性也开始形成。在这三年里,幼儿的心理发展还是非常迅速的,下面分别简要阐述。

3~4岁是幼儿初入幼儿园的年龄,一般是进入小班。进入幼儿园以后,幼儿的许多方面发生重大变化,他们首先要学会生活自理,学会与同伴交往,要参加集体活动,这些使他们的生活能力、认识能力、人际交往能力等方面都得到迅速发展;这一阶段幼儿的思维形态是动作思维,认识事物依靠动作,幼儿往往是先做后想,理解别人的话语也要依靠动作;3~4岁幼儿的情绪反应极大,动不动就哭,情绪变化也大,很容易受到外界事物的影响;这一阶段幼儿还有一个突出的特点是爱模仿,喜欢模仿同伴的行为,这也导致小班幼儿常常与同伴争抢玩具,争着扮演相同的角色,但同时模仿也是3~4岁幼儿的主要学习方式,幼儿通过模仿获得许多知识和经验。

4~5岁的幼儿一般会进入中班,通过一年的幼儿园生活和学习,中班的幼儿心理有了明显的发展,主要表现为认识事物的概括性增强,行为的有意性增加。这时的幼儿表现得更加活泼好动,愿意积极参加各种活动;他们的思维概括性增强,不再完全依靠动作进行思维,可以依靠表象进行思维,思维的具体形象性特点明显,这也使得他们理解他人的语言能力增强;其次,他们活动的目的性、有意性增强,能够接受老师分配的任务,也能够自己组织游戏,与同伴一起玩,这也表明他们的独立性增加。

5~6岁的幼儿一般会进入大班,他们也开始为进入小学做准备。这时的幼儿好学好问,求知欲极强,也喜欢动脑筋,喜欢各种活动,尤其是智力活动任务,喜欢表现自己,愿意把自己学到的东西展示出来,从而获得成功感和满足感。这时幼儿的思维水平比中班更高,虽然思维形态仍然是具体形象思维,但是抽象思维开始萌芽,他们已经学会运用一些概念,给物体分类,形成简单的数概念,掌握简单的因果关系和简单的推理;他们开始掌握和运用简单的认知方法,能够运用一定的方法控制自己的注意,运用一定的方法进行有意识记,有意识地控制自己的行动,学会延迟满足;他们的个性初具雏形,对待事物具有较稳定的态度,情绪比较稳定,行为方式带有自己特点,独立意向更明显。

总体来说,婴幼儿的心理发展很快。他们的低级心理活动过程齐全,高级心理活动开始形成与发展,但是心理机能的水平不高;个性开始形成,但是不稳定;他们的可塑性很强,学习能力很强,给予适当的教育培养和训练,他们会发展得更快。

三、学前儿童心理发展的趋势

学前儿童的身心活动随着年龄的增长,在环境和教育的作用下得以不断地改造,变得日趋复杂和完善。其身心变化趋势表现为以下几个方面。

（一）从简单到复杂

学前儿童最初的心理活动只是非常简单的反射活动，以后才变得越来越复杂化，这种发展趋势又表现在如下两个方面。

（1）从不齐全到齐全。儿童在出生时的各种心理过程并不齐全，只有感知觉、无意注意等低级心理过程，此后才逐渐出现记忆、思维和想象等高级心理过程。各种心理过程出现的次序服从由简单到复杂的发展规律。

（2）从笼统到分化。儿童最初的心理活动无论是认知活动还是情绪，都是笼统的、不分化的。后来才逐渐分化和明确化。如幼小的婴儿只能分辨颜色的鲜明和灰暗，3岁左右才能辨别各种基本颜色；最初婴儿的情绪只有笼统的喜怒之别，以后几年才逐渐分化出愉快、惊奇、厌恶等各种情绪。

（二）从具体到抽象

儿童的心理活动最初是非常具体的，以后越来越抽象和概括化。以思维为例，儿童最初的思维形态是具体的，如幼小儿童不能理解"长了胡子的叔叔"是儿子，他认为儿子总是小孩子。到幼儿后期抽象逻辑思维才开始萌芽。

（三）从被动到主动

儿童心理活动最初是被动的，后来才发展为主动的，这种趋势主要表现在如下两个方面。

（1）从无意向有意发展。新生儿最初对外界刺激的反应是原始的本能的反应，完全是无意识的。如新生儿会紧紧抓住放在他手心的物体，这种抓握动作完全是无意识的，是一种本能活动。随着年龄的增长，儿童逐渐能意识到活动的目的和方法。如大班幼儿不仅知道自己在玩什么游戏，还知道如何玩这种游戏。

（2）从主要受生理制约发展到自己主动调节。幼小儿童的心理活动，很大程度上受生理局限，如2、3岁的孩子注意力不集中，主要是由于生理上不成熟所致；随着生理的成熟，心理活动的主动性也逐渐增长。如4、5岁的孩子在有的活动中能选择性地注意，并保持注意力集中。

（四）从零乱到系统化

儿童的心理活动最初是零散杂乱的，心理活动之间缺乏有机的联系。如幼小儿童一会儿哭，一会儿笑，一会儿说东，一会儿说西，都是心理活动没有形成体系的表现。随着年龄的增长，心理活动逐渐组织起来，形成了整体，有了系统性。

幼儿园教师资格证书考试大纲要点提示：

《幼教保教知识与能力》考试大纲"学前儿童发展"部分第1点指出：理解婴幼儿发展的含义、过程及影响因素等。

真　题　儿童学习语言的关键期是（　　）。
A. 0～1岁　　B. 1～3岁　　C. 3～6岁　　D. 5～6岁

模拟题　儿童自我意识开始形成的时期是（　　）
A. 0～1岁　　B. 1～2岁　　C. 2～3岁　　D. 4～5岁

第二节　学前儿童心理发展的一般规律

小鸡"印刻"现象

奥地利动物习性学家劳伦兹（K. Z. Lorenz）在研究小动物习性时发现的"印刻"（imprinting）现象，即小鹅、小鸭等把出生后第一眼看到的对象（包括动物、人）当作自己的母亲，并对其产生偏好和跟随行为（如图4-1所示）。但是，如果刚出生时就把它们与母亲等分开，这些小动物就不会出现跟随行为。小动物的其他行为也有类似情况。这说明动物某些行为的形成有一个关键时机，错过了这个时机，有关行为就不能形成。劳伦兹将这种现象叫做"印刻"，印刻发生的时期被称为关键期。关键期的基本特征是它只发生在生命中一个固定的短暂时期，如小鸭的

图4-1　劳伦兹身后跟随一队刚出生的小鹅

51

跟随行为典型地出现在出生后的 24 个小时内,超过这一时间,"印刻"现象就不再明显。

学前儿童心理发展指的是学前儿童随着年龄的增长,在成熟和教养的作用下,在与周围的人和环境相互作用中,其整个心理活动(包括认知方面和个性社会性方面)从低级到高级、从简单到复杂变化的过程。这种变化既有量的变化,又有质的变化;既有稳定性,又有可变性;既表现出心理发展的普遍性和共同性,又表现出心理发展的多样性和个体差异性;既表现出心理发展的顺序性、方向性,又表现出心理发展的不平衡性。它们相互之间是矛盾的对立统一,体现出儿童心理发展的基本特征和规律,具体有如下几个方面。

一、心理发展的连续性与阶段性

儿童的成长是像一株幼苗一样慢慢地成长为一棵苍天的大树的呢? 还是如同小蝌蚪变青蛙、幼虫蜕变蝴蝶一样突然变化的? 即儿童心理发展是连续性变化的呢? 还是跳跃式的、有阶段地展开的? 这就是发展心理学所探讨的关于儿童心理发展的连续性与阶段性问题。

心理发展的连续性观点强调心理发展是只有量的积累,即一小步、一小步渐进的过程,不存在什么阶段(如图 4-2 所示),就像孩子说出第一个单词,看上去似乎是突然发生的,实际上是日复一日成长和练习的结果;青春期心理的巨大身心变化,看上去似乎是突然发生的,其实也需要经历几年的量变积累的过程。心理发展的阶段性观点则强调心理发展是有阶段的、是跳跃式的,是以产生新的行为模式的形式展开的,在发展的特定时期,思想、情绪、行为等方面都会发生质的变化(如图 4-3 所示)。

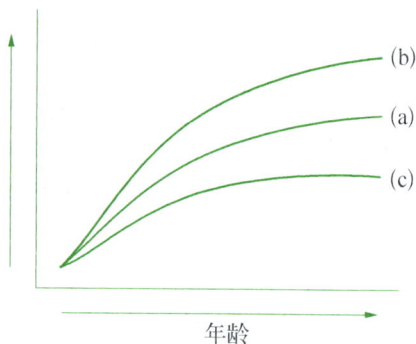

图 4-2　心理发展的连续模型

注:a、b、c 分别代表不同的个体。

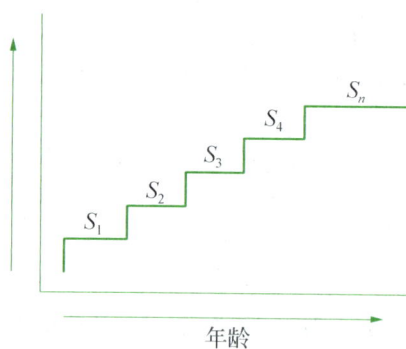

图 4-3　心理发展的阶段模型

注:S_1、S_2……S_n 代表阶段 1,阶段 2……阶段 n。

持发展为渐进性的、量的积累的过程这种观点的人主要是一些强调环境作用的发展心理学家,如华生、班杜拉、维果茨基等;而持发展是有阶段的、跳跃式的过程这种观点的人主要由强调遗传作用和成熟作用的心理学家,如格塞尔、皮亚杰、弗洛伊德和埃里克森等。

目前较为综合的看法是:心理发展是连续性与阶段性的统一。在心理发展过程中当某些代表新质要素的量积累到一定程度时,于是新质就代替了旧质而处于优势地位,量变引起了质变,发展出现了连续中的中断,新的阶段开始形成。也就是说发展既是连续的,又是阶段的;前一阶段是后一阶段出现的基础,后一阶段又是前一阶段的延伸;旧质中孕育着新质,新质中又包含着旧质,但每个阶段占优势的特质是主导该阶段的本质特征。连续性与阶段性的统一也体现了唯物辩证法的量变与质变统一的规律。

二、心理发展的稳定性与可变性

儿童小时候表现得很聪明长大后是不是也如此聪明? 儿童小时候表现出攻击性强长大后是否依然表现出攻击性强的特点? 儿童在相同的年龄是否表现出相似的心理特征? 儿童的心理发展过程和表现是否大致相同? 对这些问题的不同回答就涉及心理发展的稳定性与可变性问题。

儿童心理发展的稳定性是指在一定的社会文化和教育条件下,儿童心理发展的年龄特征具有一定的稳定性,每一个阶段的发展过程、速度是大致相同的,心理发展的趋势也是相对稳定不变的。如大多数儿童到 1 周岁开始牙牙学语,一岁半开始会说话,一岁半到 3 岁口头语言发展很快,到 3 岁时基本上掌握母语的口语技能。这表明儿童心理发展的年龄特征、发展过程和速度具有稳定性。另一方面,儿童某些心理机能的发展趋势遵循一定的发展曲线或发展模式,如认知能力的发展遵循由儿童早期快速发展到成熟期的停滞再到成年期以后的衰退这样的发展趋势;而另外一些心理特征的发展则表现得相对稳定,如人格特质,早年所表现出的心理特征到成年时还是那样。

心理发展具有稳定性是因为:(1)心理发展的物质基础即大脑的发展是有着相对稳定的成熟的发展过程,它制约着心理发展的顺序性和稳定性;(2)儿童心理机能的发展本身要遵循由低级到高级、由量变到质变的过程,这个变化过程是稳定的;(3)某些心理特质(如气质)本身变化不大,受环境影响较小,本身相对比较稳定;(4)在一定时期内的社会和教育条件是相对稳定的。

儿童心理发展的可变性是指由于儿童个体所受的社会文化和教育条件不尽相同,儿童个体心理发展的表现、过程、顺序、速度也不一样,表现出一定的可变性。首先,社会生活条件不同导致儿童心理发展的年龄特征也不一样。现代社会由于生活条件的改善使得儿童的生活条件得以大大改善,儿童的身体发育状况、健康状况比过去总体上要好,这也使得儿童的心理发展比过去总体上要好。其次,由于教育条件的改善,儿童心理发展的年龄特征也发生了改变。随着社会的发展,对教育的重视程度越来越高,教育政策越来越符合儿童发展,教育的环境和设施越来越好,师资力量越来越强,这些因素使得儿童在教育条件的影响下得以更好地发展。由此可见,社会生活条件和教育条件的变化也会导致儿童心理发展的变化。由于儿童所受到的社会生活条件和教育条件不同,他们的心理发展存在一定的差异。农村儿童和城市儿童由于生活条件和教育条件不同,他们的心理发展过程和速度也不一样。

在儿童心理发展研究中,有的研究者强调儿童心理发展稳定性和一致性,有的研究者却强调儿童心理发展的变化性和适应性。按照唯物辩证法的观点,儿童的心理发展既有稳定性,又有可变性,是稳定性与可变性的统一,稳定性与可变性是相对的,不是绝对的。这取决于研究的具体内容和研究对象的年龄阶段。一些行为特征可能比另一些行为特征更为稳定,而有些行为特征可能更具有可塑性;在儿童早期其心理发展的可变性更大些,而到儿童后期其心理发展的稳定性更大些。

对于儿童心理发展的稳定性与可变性特征的认识,有助于我们根据儿童心理发展的特征进行有效的教育。儿童心理发展的稳定性使得我们对于儿童心理发展有规律可循,能够认识到儿童心理发展的年龄特征,并根据年龄特征确定儿童教育的内容、计划、方案等,使教育效果达到最优。儿童心理发展的可变性一方面表明儿童心理发展具有可塑性,儿童心理可以通过良好的教育得以促进和发展,另一方面表明,教育要根据儿童心理发展的变化性进行调整,做到因势利导,随机应变。

三、心理发展的普遍性与多样性

心理发展是遵循普遍规律的还是具有多样性呢?早期的许多发展心理学试图揭示不同领域心理发展的普遍行为模式,并且试图找到不同社会文化背景下儿童心理发展的一致性。可见,儿童心理发展的普遍性主要表现在不同心理领域的发展具有普遍性、大致相同的发展模式和同一心理领域的发展存在跨文化的一致性。持心理发展阶段论的人一般都认为,不同心理领域的发展都遵循相同的发展模式。如皮亚杰认为,儿童的道德认知能力的发展模式与思维发展模式是一致的。另外,认为不同文化背景下儿童的心理发展都遵循着相同的发展顺序,表现出相同的年龄特征。

而现在有许多心理学家则认为儿童的发展具有多样性的特点。一方面,不同心理领域的发展模式并不相同,具有自身的独特性,即表现为领域的特殊性;另一方面,某种文化背景下的儿童的某些心理特质或心理机能的发展比另一种文化背景下的儿童发展要快或早。持模块论思想的发展心理学家更强调心理发展的多样性。

事实上,儿童心理发展是普遍性与多样性的统一。在个体的心理发展领域,有些方面发展具有普遍性特征,而有些方面发展则表现出特殊性。心理发展的普遍性模式为我们构建了儿童心理成长的基本框架;而心理发展的多样性模式注意到发展的领域差异、文化差异和个体差异。多样性模式为教育的多元性、发展的多元性提供理论依据。

四、心理发展的方向性、顺序性与不可逆性

从总体上看,个体心理发展具有一定的方向性和顺序性。发展是单向的,不可逆的,既不能逾越,也不会倒退。如个体动作的发展,就遵循自上而下、由躯体中心向外围、从粗动作到细动作的发展规律,这些规律可概括为动作发展的头尾律、近远律和大小律。思维的发展由动作思维到形象思维再到抽象思维。其

他心理机能的发展也都是按照由低级到高级的顺序发展,体现出一定程度的方向性。但是也有人研究认为,在儿童心理发展的某一个拐点,有时出现固着甚至暂时倒退的现象。

五、心理发展的主动性与被动性

心理发展应该按照个体自身条件和要求主动地发展,还是按照父母、社会或教师的期望和要求发展呢?这就是心理发展的主动性与被动性问题。一般情况下,外因论者更强调环境和教育对个体心理发展的影响,认为儿童的心理发展是被动的;而内因论者更强调个体发展的内在需要和内部矛盾在心理发展中的作用,认为儿童的心理发展是主动的。在教育学上,社会本位论者强调按照社会需要培养儿童,儿童被看成是被动的;而个人本位论者则强调根据儿童自身发展的需要进行教育,要求儿童在教育过程中的主动性。

在现实中,无论是理论工作者还是实践工作者,一般不会明确地说儿童是消极被动者,但在实际教育中却往往把儿童当成被动的接受者。具体表现有:(1)不尊重儿童的兴趣、爱好和个性特点,不把孩子看成是个独立的个体,过分强调听话和服从等;(2)从教育者的需要和想象出发,把知识硬性地塞给儿童;(3)不考虑调动儿童自身的积极性,只强调外部的奖励和惩罚;(4)在教学方式上强调注入式,不重视启发式和诱导式。

在发展心理学理论中,无论是环境论、遗传论或成熟论,都未把儿童当做一个能动的主体。儿童或者是受外部环境所驱使,或者是被内部生物学因素所规定,唯独忽视了儿童自我的力量。而20世纪60年代兴起的人本主义心理学则强调将儿童看成一个主动的个体,认为儿童是一个有独特气质、性格、兴趣、爱好的、有探究性的独立的个体。要求教育者尊重儿童的需要和主体性,充分发挥儿童自身的积极性和主动性,强调儿童个人的价值和潜能的开发,以促进人格的完善和自我价值的实现。

事实上,儿童的心理发展是以实践活动为基础,以儿童自身的需要和内因为动力,儿童在与环境交互作用过程中,自觉地接受人类社会文化与经验,促进自身发展的过程。

六、心理发展的不平衡性与个体差异性

个体的心理发展并不是按照相同的速度发展,而是表现出不平衡性,具体表现在:不同机能系统在发展速度、起始时间、达到的成熟水平方面不同;同一机能系统在发展的不同时期有不同的发展速率。从个体心理的总体发展趋势来看,在婴幼儿期出现第一个加速发展期,然后是儿童期的平稳发展,再到青春发育期的第二个加速期,然后再是平稳地发展,到了老年期开始出现下降。

就学前儿童心理发展来看,也存在心理发展的不平衡性。如婴幼儿的感知觉发展比言语发展要早;就言语发展来看,口头言语在1~3岁发展较快,而书面言语在3~5岁发展较快。在个体的心理发展过程中,各种心理机能的发展可能都存在一个快速发展期,有的发展心理学家将其称之为敏感期或关键期。

心理学家所讲的关键期,是指人或动物的某些行为与能力的发展有一定的时间,如在此时给予适当的良性刺激,会促使其行为与能力得到更好的发展;反之,则会阻碍发展甚至导致行为与能力的缺失。一般认为有四个领域的研究可以证实关键期的存在:恒河猴的社会性发展、鸟类的印刻、人类言语的习得以及哺乳动物的双眼视觉。

美国心理学家哈洛(Harlow)等人将刚出生的恒河猴关在不锈钢房间里,房间光线充足、温度适宜、空气畅通、无噪声,有水、食物提供、卫生可以打扫,但这都由遥控完成,猴子被完全隔离,没有任何社会接触。隔离6个月后,猴子被放出来与其他没有被隔离过的猴子一起生活,结果发现它们表现出了极大的不适应,它们害怕其他猴子、蜷缩着、摇来晃去、咬自己,甚至对玩耍的邀请表现出高度攻击性。这一结果说明了出生后6个月可能是恒河猴社会性发展的关键期。

关于儿童心理发展的关键期,有人认为0~2岁是儿童亲子依恋关键期;1~3岁是口语学习关键期;4~5岁是书面言语获得的关键期;0~4岁是形象视觉发展的关键期;5岁左右是掌握数概念的关键期;10岁以前是外语学习的关键年龄;5岁以前是音乐学习的关键年龄;10岁以前是动作机能掌握的关键年龄等。

对人类心理发展的关键期问题,目前还存在一些争论。有研究者认为如果在关键期内有效刺激缺失

的话,会导致认知、言语、社会交往等方面的能力低下,且难以通过后期的教育与训练得到改进。如印度发现的狼孩卡马拉,由于从小离开人类社会,在狼群中生活了 8 年,错过了学习语言和数字的关键期,虽然后来回到人类社会并经过教育与训练,但到 17 岁时她仅知道一些简单的数字概念,学会 50 个词汇,能讲简单的话。也有研究者认为关键期缺失对人类发展造成的负面影响,通常只有在极端的情况下才难以弥补,对人类大部分心理功能而言,并非不可逆转,也许用敏感期这样的概念更为合适。各种心理功能成长与发展的敏感期不同,在敏感期内,个体比较容易接受某些刺激的影响,比较容易进行某些形式的学习。在这个时期后,这种心理功能产生与发展的可能性依然存在,只是可能性比较小,形成和发展比较困难。例如,一个人在 10 岁关键期内掌握一项动作技能,只要经过较少练习且容易保持这种技能,但如果在 10 岁后学习,他仍然能出色掌握这项动作技能,只是他必须进行更多的练习,付出更大的代价。但由于关键年龄或关键期的问题目前还正在研究探索过程中,所以我们应该采取谨慎的态度,深入地探索儿童究竟在多大时开始从事哪种学习活动最为有效;同时,也不能简单地认为儿童错过了某一年龄阶段就不能进行有效的学习。而且抓住关键年龄及时进行早期教育,也仍然要考虑个体心理发展的内外因相互作用的规律等问题,决不能过分夸大关键年龄或关键期。

心理发展的差异性不仅表现在同一个体的某方面心理特征在不同时期发展不均衡或在同一时期不同方面的发展存在差异性,还表现在不同个体之间某些心理机能的发展存在差异性,这就是个体差异。个体差异主要表现在不同个体之间他们的某些心理机能在发展优势(方向)、发展速度、发展水平、表现早晚等方面所存在的差异。如智力发展的个体差异表现在:(1)发展类型上,即有的人观察力强,有的人记忆力强,有的人思维敏捷,有的人注意力稳定等;(2)发展水平上,即有的人智力水平超常,有的人智力水平中等,有的人智力水平低;(3)表现早晚上,即有的人早慧,有的人中年成材,有的人大器晚成。

造成个体差异的原因很多,既有遗传因素、成熟、疾病等生物因素的影响,如某种遗传性会导致儿童痴呆,由于某种生理机能成熟较晚而导致相应的心理机能发展较迟(如有的儿童很晚才会说话);也有文化环境和教育方面的因素,包括社会历史文化、家庭、幼儿园、社区等。这些因素的不同对儿童心理发展产生重大影响,这将在下一节重点论述。

心理发展的不平衡性特征要求我们在教育过程中要抓住儿童心理发展的关键期,给予充分的有效的教育和训练,促进婴幼儿心理最优发展;心理发展的个体差异性要求我们要了解不同儿童心理发展的差异,并针对这些差异安排教育计划、设计课程、选择方法、因材施教。

幼儿园教师资格证书考试大纲要点提示:

《幼教保教知识与能力》考试大纲"学前儿童发展"部分第 3 点指出:了解婴幼儿身心发展的年龄阶段特征、发展趋势,能运用相关知识分析教育的适宜性。

模拟题　1. 针对儿童心理发展的个体差异性,在教育上要(　　)
A. 适时教育　　B. 循序渐进　　C. 因材施教　　D. 依据儿童的年龄特征
2. 根据儿童心理发展的基本特征,谈谈其对幼儿教育的要求。

第三节　影响学前儿童心理发展的因素

沙袋育儿的失效[①]

在我国北方的一些地区,有一种沙袋育儿的方法,即把出生不久的孩子放入一个盛有细沙的布袋中喂养,以沙土代替尿布,一天换一次沙土。平时孩子就卧在沙袋内,每天除了按时给他喂奶外,既不抱他也不管他,并尽量减少对他的任何刺激和感官训练,也不允许别人去逗引他。经过一段时间这样的喂养,孩子变得不哭不闹,十分安静。这样喂养一年、一年半或两年,最后脱去沙袋,稍加训练,便可学会走路。这种育儿方式对于父母来说既省时间又省精力,但是不利于婴儿身心健康发展。

---

① 吴风岗,梅建."沙袋育儿"对儿童早期发展影响的调查研究报告[J].心理发展与教育,1990(2).

为什么父母会图省事,不去对孩子进行早期教育?主要的原因可能有两点:一方面是受当地习惯的影响,另一方面,父母不会像老威特那样去思考如何使孩子变得更聪明,也不懂得育儿的知识和方法,更不会去研究如何育儿。如今,学前儿童发展心理学已科学地揭示了婴幼儿身心发展变化的特点和规律,只要我们按照婴幼儿身心发展特点去进行教育,就一定会促进婴幼儿健康地成长。

学前儿童的心理发展是一个复杂的过程,在发展过程中会受到许多因素的影响。关于影响学前儿童心理发展的因素,不同的学者划分的方式略有不同,有的分为主观因素和客观因素,有的分为内在因素和外在因素,有的分为先天因素和后天因素,有的分为遗传和环境因素,有的分为生物因素和社会因素,等等。这里按照主客观因素的划分,将影响学前儿童心理发展的因素分为客观因素和主观因素。其中客观因素包括生物因素和社会因素,主观因素主要是指学前儿童心理发展的内在因素。

一、影响学前儿童心理发展的生物因素

影响学前儿童心理发展的生物因素既可能是先天的因素也可能是后天的因素,先天因素包括遗传和胎儿期的发育以及疾病等影响因素,后天的因素包括儿童出生以后的发育、疾病和损伤等因素。这里主要阐述遗传、成熟、疾病与损伤对学前儿童心理发展的影响。

(一)遗传

遗传是保持生物性状的最普遍现象,所谓"种瓜得瓜,种豆得豆","龙生龙,凤生凤",说明无论是植物还是动物都具有遗传特性。遗传是指亲代的某些生物特征通过基因传递给子代的现象。遗传的生物特征主要是指那些与生俱来的生理解剖特征,包括身体的构造、形态、感官和神经系统的特征,这些特征也叫遗传素质。基因是遗传物质的基本单位,主要成分是脱氧核糖核酸(DNA)。遗传为学前儿童心理发展提供了物质前提和基础。遗传对学前儿童心理发展的作用不仅表现在最初的生长,也制约着此后的生长发育过程。

关于遗传对心理发展的作用,很早就有研究者进行探索。屈赖恩(R. C. Tryon)根据走迷津能力的高低将一群白鼠分为聪明鼠和愚笨鼠,然后选择其中聪明的公鼠与聪明的母鼠配对、繁殖,愚笨的公鼠与愚笨的母鼠配对、繁殖,再对子代白鼠走迷津能力进行考察、筛选、配对。结果到第八代,就发现聪明组与愚笨组的表现差异极为明显:聪明组白鼠进入盲路的次数要大大低于愚笨组白鼠。这说明了遗传对动物行为能力的作用。在人类心理与行为的发展方面,英国遗传学家高尔顿认为遗传在心理发展中起着决定作用,儿童的心理与品性早在生殖细胞的基因中就已经决定了。他采用名人家谱调查法,选择了977名英国的政治家、法官、军官、文学家、科学家和艺术家等名人,调查他们的亲属中有多少人也是名人。结果发现,名人的亲属中有332人也同样出名;而在977名普通人的对照组中,他们的亲属只有1个名人。高尔顿认为,两组群体出名人比例如此悬殊,可以证明能力是由遗传决定的。证明遗传影响的一种有效方法是双生子研究设计。双生子通常是在相同时间、相同环境下由同一对父母养育的,可以被认为是在非常相似的环境中长大的。双生子有同卵双生和异卵双生之分。同卵双生子是由同一受精卵分裂而成的两个胚胎各自发育成的两个个体,其遗传相似性几乎达到100%;而异卵双生子是由不同受精卵的两个胚胎各自发育成的两个个体,其遗传相似性约为50%,因此如果同卵双生子比异卵双生子在心理与行为方面更为相似,可以说明遗传而非环境对心理发展的影响。事实上,通常有研究表明相对于异卵双生子,同卵双生子之间的相似性更大。

遗传对儿童心理发展的确起着重要影响,但是遗传决定论是错误的。高尔顿的观点受到质疑,因为他忽视了名人家庭环境与普通人的家庭环境的不同。美国心理学家霍尔的"复演说"也含有遗传决定论的思想,他认为"一两的遗传胜过一吨的教育",如此片面地夸大了遗传的作用。现在一般认为,遗传只是为儿童的心理发展提供了发展的可能性,这种可能性要变成现实性还需要环境和教育的作用。具体来说,遗传对学前儿童心理发展的影响表现在以下几方面。

(1)遗传为学前儿童心理发展提供了最基本的自然物质基础,缺少这个基础儿童的某些心理就不能得到发展。如唐氏综合征患者和苯丙酮尿症患者由于染色体或基因异常而导致智力低下。(2)遗传奠定了儿童心理发展个别差异的最初基础。行为遗传学研究表明,遗传关系越近,智力的相关程度就越高。遗传模式的差异性决定了心理活动所依据的物质本体的差异性,从而导致心理机能的差异性。新生儿由于遗传上的差异,就表现出明显的行为差异和心理活动差异。如新生儿就表现出不同的气质,对感觉刺激的敏感性不同,情绪表现也不同。(3)遗传对学前儿童在不同年龄阶段和心理发展的不同方面的影响是不同

的。一般认为,年龄越小受遗传的影响越大,随着年龄的增长遗传的作用会越来越小;越是低级的心理机能受遗传的影响越大,越是高级的心理机能受社会文化和环境的影响越大。此外,一些特殊能力受遗传的影响更大些,如一些有成就的画家、音乐家、运动员可能比普通人具有更好的相应的遗传素质,遗传素质规定了儿童可能的最优的发展方向。(4)遗传制约着学前儿童心理发展的整个过程和各个方面。遗传不仅为儿童心理发展提供最初的自然基础,也制约着此后的心理发展。可以说,在整个学前期(0～6 岁)遗传对儿童心理发展的影响都是很大的。此外,遗传对儿童心理发展的影响也是全方位的,不仅影响感知觉、情绪等低级心理机能的发展,也影响言语、智力、社会性等高级心理机能的发展。

总之,遗传为学前儿童心理发展提供了自然的物质前提和可能,奠定了进一步发展的基础,但是遗传不能单独对儿童心理发展起作用,遗传总是与环境交织在一起共同影响着心理发展。

(二) 成熟

这里的成熟主要是指生理的成熟,是指身体结构和机能随着年龄的增长而发育的程度和水平。成熟与遗传关系密切,一方面是成熟以遗传为基础的,另一方面是成熟的过程要服从于遗传的成长程序。与遗传对儿童心理发展的作用相似,成熟制约着学前儿童的心理发展顺序、发展速度与水平、发展的差异性。

首先,成熟为学前儿童的心理发展提供物质前提。成熟使学前儿童心理活动的出现或发展处于准备状态。当学前儿童的某种身体结构和机能达到一定成熟时,适时地给予适当的刺激,就会使相应的心理得以产生或发展;如果没有达到成熟所给予的准备状态,那么这时的刺激训练就没有效果。心理学家格塞尔曾做过一个著名的双生子爬梯实验,用来说明成熟对学习的作用。格塞尔根据这一实验结果提出儿童心理发展的"成熟论",认为学习依赖于成熟所提供的准备状态。对于学前儿童的心理发展来说,脑与神经系统的成熟是制约心理发展的最直接的因素。婴幼儿脑的结构和机能的发育,神经纤维的髓鞘化,神经系统联系的复杂化,直接制约着他们的心理发展速度和水平。尤其是大脑皮层上神经联系的复杂化为婴幼儿高级心理机能的发生与发展提供了物质前提。

其次,生理成熟的顺序制约着学前儿童心理发展的顺序。成熟对儿童身体生长发育顺序的影响是非常明显的。婴幼儿的生长发育顺序是:从头到脚,从中轴到边缘,即首尾方向和近远方向。动作发展的顺序是:先会抬头,后会翻身,再会坐、会爬,最后才会走路。体内各大系统的发展顺序是:神经系统最早,骨骼肌肉系统次之,生殖系统成熟最晚。儿童不同感觉系统的发展也是有顺序的,听觉系统在出生前就开始发展,视觉到出生后才发展。所有这些生理发育和成熟的顺序都影响或制约着儿童心理发展的顺序。如儿童到 1 周岁时发音器官和大脑皮层语言运动区的成熟才能使儿童学说话;当儿童手的骨骼肌肉系统成熟以后才能学写字。儿童心理机能的发展是按照由低级到高级的顺序进行的,这是与大脑皮层各相应区域的成熟的顺序有关的。

再次,生理成熟的个体差异是学前儿童心理发展个体差异的生理基础。由于遗传和后天环境的影响不同,儿童的成熟时间、速度和成熟程度是不同的。成熟的差异影响并制约着儿童心理发展的差异。如有的孩子说话比较早,是因为其发音器官和大脑皮层的语言运动区发育成熟较早;有的孩子智力早熟,是因为其大脑皮层的相应区域成熟较早;某些儿童很早就表现出特殊才能(如音乐、绘画、运动等),这是与他们的生理成熟密切相关的;通常女孩比男孩说话早,是因为女孩的发育或成熟更早些。

与遗传的作用一样,成熟只是为儿童发展提供物质前提,并不决定儿童的发展。成熟决定论是错误的。成熟与环境也是交互作用的,合适的环境和教育在一定程度上还会促进儿童的成熟和发展。

(三) 疾病与损伤

身体的疾病与损伤属于生理因素,既可能是在产前对胎儿产生影响,也可能是在出生后对婴幼儿产生影响;这类因素既可能与遗传有关,也有可能是变异的结果,或者是人为因素或意外因素导致的。由遗传引起的疾病对婴幼儿心理发展的影响在前面遗传部分已经谈到了。这里主要谈谈其他疾病和损伤对婴幼儿心理发展所产生的影响。如果是感官方面的疾病或损伤那么对感知觉会产生严重影响,如果是大脑和神经系统受到的疾病或损伤,那么影响的就不仅仅是感知觉方面,还会影响高级心理机能,因为大脑皮层负责对来自外界的信息进行整合。认知神经科学和神经心理学的研究表明,大脑皮层的不同部分参与不同的学习和信息加工,如额叶与运动和高级认知活动有关,海马与记忆和情绪有关。大脑皮层某部分受到损伤会导致相应的心理活动受阻。如布罗卡区受损伤会导致失语症,纹状体的尾状核受损伤会影响内隐学习,等等。所以,感官与神经系统的正常发育是保证心理活动正常运行的前提和基础,疾病和损伤会导致某些心理活动受损。

二、影响学前儿童心理发展的社会因素

人是社会性动物，人出生后就生活在社会环境中，就会受到各种社会因素的影响。遗传和成熟等生物因素只是为学前儿童心理发展提供物质前提和可能，在这个前提下，可能性能否变成现实性，主要是社会环境因素决定的。当然，儿童不是被动接受社会环境的影响，随着儿童身体的发育和心理的发展，儿童的独立意识增强，主动性增强，儿童对社会环境的影响具有选择性和能动性。在影响学前儿童心理发展的社会因素中，首先是家庭因素，其次是幼儿园的教育因素，还有社区、社会文化等其他社会因素，他们共同对幼儿心理产生影响。

（一）家庭因素

孩子出生后就生活在家庭中，家庭环境对孩子的影响是巨大的。就影响力和影响广度而言，任何环境因素都比不上家庭。家庭是儿童最早接触且持续时间最长的环境，它对儿童心理发展有着广泛而深远的影响。早期研究表明，婴幼儿如果缺乏必要的家庭教育和关照，其心理会不健康的。哈洛与他的同事通过剥夺动物早期经验的实验来推断早期生活经验可能对人类心理发展的影响，恒河猴实验就是非常著名的例子。墨森（P. H. Mussen）等心理学家通过收集孤儿院儿童心理发展的资料，探讨了早期生活经验对儿童心理发展的影响。在孤儿院里，一个照料者往往要照看许多孩子，而且照料者经常更换，因此生活在其中的儿童接收到的社会刺激很少，也很少有机会与其他儿童建立关系。墨森等人认为这些儿童与一般儿童存在三方面的差异：孤儿院儿童显著爱闹事（如脾气暴躁，欺诈偷窃，毁坏财物，踢打他人）；更依赖大人（需要别人留意，要求不必要的帮助）；更散漫和多动。生活在孤儿院的儿童往往缺乏认知和社会性刺激，也缺乏应答性反应，因而造成情绪与社会性方面的缺陷，并且一直持续到成年期。

影响学前儿童心理发展的家庭因素很多，如家庭的结构、家庭的气氛、家庭的经济状况、父母教养方式、父母的文化水平等都对儿童心理发展产生影响。不同的家庭结构对学前儿童的心理发展影响是不同的。在三代同堂的大家庭里，儿童不仅会受到父母的关爱，还会受到祖父母的关爱，而且由于父辈与祖父辈的教养态度和教养方式可能不同，所以儿童可能会接收到不同的信息和教养方式，这对儿童的影响是不同的；在主干家庭（即三口之家）里，因为儿童是独生子女，父母一般比较宠爱，儿童会受到特殊的待遇；在单亲家庭和离异家庭里，父母的爱是不完整的，这会让儿童觉得自己的家与别人的家有些不一样，儿童所得到的关注也是不同的，儿童可能会较早地体会到一些不幸，可能会较早地在心里留下阴影。

其实，在不同的家庭结构中，家庭气氛也是不同的。家庭气氛对儿童的心理也产生重大的影响。在和睦的家庭里，儿童往往会形成一些良好的性格，而在不和谐的家庭里，儿童的性格也会慢慢变得乖戾或扭曲。

家庭的经济状态对儿童的心理也会产生一定的影响。在较为富裕的家庭，儿童心理上会产生优越感，这样的家庭也更有条件让儿童接受更好的教育，而在较为拮据的家庭里，儿童会较早地体会到生活的艰辛，较早地领会到父母的辛苦。

对于学前儿童心理发展产生最重要的影响应该是家庭的教养方式。家庭教育对儿童的心理发展是积极的还是消极的，主要不是由家庭的结构、家庭的气氛、家庭的经济状况等因素决定，而是由家庭的教养方式决定的。无论是否独生子女，无论什么样的家庭结构，只要父母教养方式是科学的、符合儿童心理发展需求的，就会产生积极的结果。心理学家曾把家庭的教养方式分为四种典型的方式：民主型教养方式、溺爱型教养方式、忽视型（放纵型）教养方式和专制型（独断型）教养方式。在民主型教养方式下的儿童可能会形成诸如主动、大方、善于交际等积极的心理品质，而其他三种教育方式可能对儿童的心理产生一些消极的影响。

此外，父母的文化水平也会对儿童心理产生一定的影响，因为父母的文化水平影响他们的教育态度和方式，进而影响儿童的心理发展。

总之，家庭因素对儿童心理发展的影响是巨大的，儿童在家庭里会受到长期的、有目的的和潜移默化的影响。但是值得注意的是，学前儿童不是完全消极被动地接受家庭环境的影响，儿童也有主观能动性。应该说是儿童在与父母和其他成员之间的互动过程中接受影响的。比如，父母和儿童之间如果能在教养和被教养过程中彼此感受到幸福和快乐，儿童就倾向于合作，父母也会更多地表扬和鼓励儿童，较少地唠叨和责骂儿童；相反，如果父母把抚养孩子作为一种负担，孩子在父母那里较少地体验到温暖，那么父母可

能经常对孩子进行批评、指责、或给予惩罚。所以,家庭是一个复杂的系统,儿童在这个系统中、在与环境和他人的互动中得到成长。

(二) 幼儿园的教育因素

幼儿园教育一般对幼儿心理发展会产生正向作用。幼儿园中对幼儿心理发展产生影响的因素主要有以下几方面:幼儿教师的素质和教育方式、幼儿园的条件和文化、幼儿同伴关系等。通常情况下,幼儿教师由于受过正规的幼儿师范教育,他们掌握幼儿教育的原则、规律和方法、技巧,他们知道幼儿的心理特质,能够根据幼儿的心理发展特点进行教育,能促进幼儿的心理发展。但是也不排除极少数幼儿教师由于个人素质和性格问题采取不正确的方式对待幼儿,甚至出现虐待幼儿的现象。

幼儿教师的教育方式对幼儿的心理发展影响是很大的。如果教育方式符合幼儿的心理发展特点,幼儿喜欢并积极参与,那么对幼儿的心理发展是有利的,反之则可能是无效的,甚至是有害的。在幼儿园,游戏是主导活动,幼儿通过游戏获取知识、体验情感、与同伴交往。幼儿教师也是主要通过游戏的方式传授给幼儿知识、道德规范、与人相处与合作的技巧。

此外,幼儿园的环境条件对幼儿心理也会产生一定的影响。如果幼儿园的教育设备齐全,幼儿园的环境布置优雅、美观、符合美学和幼儿心理特点,幼儿在这样的环境中拥有充裕的玩具和设施玩耍,拥有广阔而自由的空间活动,那么幼儿就会感觉到充实、快乐,这对幼儿心理发展无疑是有益的。

有的幼儿园还重视幼儿园的文化建设,有自己的办园理念、园训、画报栏、富有特色的教育理念等,这些文化对于幼儿园环境建设、幼儿教师的教育方式、幼儿家长的教育理念等都会产生重要影响,从而间接地影响幼儿的心理发展。

值得注意的是,幼儿的同伴关系对幼儿的社会性发展影响很大。如果幼儿与其同伴关系和谐,共同合作,获得快感、体验交往的乐趣,满足交往的需要,对幼儿心理及其以后的人际交往都会产生积极的影响,反之,会造成不利的影响。当然,幼儿园也属于社会环境因素,虽然非常重要,但只是外因,并不能决定幼儿的心理发展。幼儿在幼儿园里通过与教师、同伴互动而获得发展。

(三) 社区、社会文化等因素

除了家庭和幼儿园对幼儿心理发展产生影响外,幼儿生活所在的社区环境以及大众传媒等文化传播因素也会对幼儿心理发展产生影响。这方面的影响可能是积极的,也可能是消极的。就社区环境的影响来看,大的方面有社区的文化环境建设、社区的风气、社区的绿化环境、社区的卫生保健设施和体育设施等;小的方面有与邻居的关系、与邻居小朋友的交往等。这些因素都会直接或间接地影响幼儿的心理发展。社会文化对幼儿心理发展的影响主要是通过成人的传递和大众传媒的传播而产生的。现在幼儿通过电影、电视、网络接受社会文化影响的机会和时间越来越多,因而所接受到影响的程度也越来越高。而当前社会能够给学前儿童提供的优秀动画片、文艺作品并不多,许多电影、电视剧、广告、游戏,甚至动画片中都包含了一些消极的信息,而学前儿童的分辨力很低,又喜欢模仿,因此,家长要注意为孩子选择合适的有积极教育意义的作品,使幼儿获得正能量。

由于学前儿童不是生活在某一种环境中,他们总是会接收到各种各样的影响。因此,家长和幼儿教师要注意教育和培养幼儿的正确对待外界影响的能力,让儿童在普通的社会环境中自由地、茁壮地成长。此外,家庭、幼儿园、社区与社会文化犹如三驾马车,如果三种力的方向一致,幼儿就会得到更好的发展;如果三种力的方向不一致,甚至相反,那么影响力就会相互抵消,就不利于幼儿的发展。

三、影响学前儿童心理发展的主观因素

家庭、幼儿园、社区与社会文化等社会因素都是影响学前儿童心理发展的外部因素。根据唯物辩证法的观点,外因是变化的条件,内因是变化的根据,外因要通过内因起作用。对于影响学前儿童心理发展的因素来说,社会环境因素是外因,是影响学前儿童心理变化的条件,儿童的需要、动机、心理冲突、态度、情感等主观因素是内因,是学前儿童心理发展的内在动力。学前儿童虽小,可也是独立的个体,也有自己的想法和意愿,有主观能动性。他们不是消极被动地接受外部因素的影响,他们对待外部事物也有自己的态度和情感,并在一定程度上有选择地接受外界环境的影响。

根据唯物辩证法观点,儿童在与成人和周围环境的相互作用过程中,社会与成人向儿童提出的要求所引起新的需要与儿童原有的心理发展水平之间的矛盾是儿童心理发展的内因。需要是一种积极应对外部环境的反映形式。婴幼儿先天具有探究外部世界的愿望,周围的一切事物对于婴幼儿来说都是新奇的,这

种探究的愿望是婴幼儿心理发展的基本动力源泉。婴幼儿在与周围环境的相互作用过程中,会遇到各种困难,即与环境产生了不平衡,因此会产生心理冲突,为了解决冲突,婴幼儿就必须通过改变环境或改变自身来与环境取得平衡,这种改变就促进了儿童的发展。

同样,婴幼儿在与成人的交往过程中,成人会向婴幼儿提出许多要求,这种要求与儿童原有的心理发展水平之间有一定的差距(这种差距维果茨基称之为"最近发展区"),这种差距会激发婴幼儿产生消除差距的愿望,这种愿望也就成为婴幼儿心理发展的动力。如果婴幼儿不能消除这种差距,成人应给予帮助和指导,在成人的帮助和指导下,婴幼儿解决问题,消除差距,其心理也就得到了发展。我国儿童心理学家大多是以马克思主义理论为指导,强调儿童的心理发展是在内外因相互作用过程中发展的。认为儿童所从事的实践活动(包括游戏活动)是心理发展内部矛盾产生的基础;儿童的新的需要在儿童心理发展的内部矛盾中代表着新的一面,是心理发展的动力系统;儿童原有的心理发展水平是过去反映活动的结果,也是新的发展的条件;新的需要与原有心理发展水平的对立统一构成儿童心理发展的内部矛盾,成为儿童心理发展的根本动力。

因此,在教育和教学中,家长和幼儿教师不能将幼儿看做被动接受知识的容器,要创设情境,激发幼儿的需要和动机,启发其活动和学习的积极性,调动其内因,这样才能真正促进幼儿自主发展。

幼儿园教师资格证书考试大纲要点提示:

《幼教保教知识与能力》考试大纲"学前儿童发展"部分第 1 点指出:理解婴幼儿发展的含义、过程及影响因素等。

真　题

1. 选择题

生活在不同环境中的同卵双胞胎的智商测试分数很接近,这说明( )。

A. 遗传和后天环境对儿童的影响是平行的　　B. 后天环境对智商的影响较大

C. 遗传对智商的影响较大　　　　　　　　　D. 遗传和后天环境对智商的影响相当

2. 材料题

材料:齐齐是幼儿园的一个孩子,胆子很小,上课从来都不主动回答问题,老师点名让他回答,他就脸红,声音很小,也不愿意和同伴交往,老师和同学让他一起来玩,他的头摇得跟拨浪鼓一样。

问题:(1) 造成齐齐性格胆小的可能原因有哪些?

　　　(2) 你认为该怎样帮助齐齐?

模 拟 题

1. 选择题

关于影响因素对儿童心理发展的作用,下列表述正确的是( )

A. 遗传在儿童心理发展中起决定作用　　B. 社会环境对儿童心理发展起决定作用

C. 个体主观能动性决定自身心理发展　　D. 遗传与成熟为儿童心理发展提供前提

2. 材料题

材料:王安石《伤仲永》一文中写道:"金溪民方仲永,世隶耕。仲永生五年,未尝识书具,忽啼求之。父异焉,借旁近与之,即书诗四句,并自为其名。其诗以养父母、收族为意,传一乡秀才观之。自是指物作诗立就,其文理皆有可观者。邑人奇之,稍稍宾客其父,或以钱币乞之。父利其然也,日扳仲永环谒于邑人,不使学。余闻之也久。明道中,从先人还家,于舅家见之,十二三矣。令作诗,不能称前时之闻。又七年,还自扬州,复到舅家问焉,曰:'泯然众人矣。'"

问题:(1) 试用影响儿童心理发展的因素解释为什么方仲永最后会"泯然众人矣"?

　　　(2)《伤仲永》一文对现代家庭教育的启示是什么?

▶ **阅读书目**

1. 陈帼眉. 学前心理学[M]. 北京:北京师范大学出版社,2000.

2. 沈德立. 发展与教育心理学[M]. 沈阳:辽宁大学出版社,1999.

3. 刘万伦,田学红. 发展与教育心理学[M]. 北京:高等教育出版社,2011.

第**5**章 学前儿童身体和动作的发展

学习目标

※ 了解学前儿童身体发展、动作和意志行动的发展及其特点；

※ 掌握学前儿童动作发展，尤其是精细动作发展的特点；

※ 掌握学前儿童有意动作和意志行动的特点；

※ 能够根据学前儿童身体和动作的发展情况，分析和解决现实问题。

学习导引

　　本章由三节组成。第一节主要介绍了学前儿童躯体和神经系统的发展以及学前儿童的保健，在学习时要了解儿童的躯体发展情况，以及大脑机能的发展变化；第二节主要介绍了学前儿童动作的发展，重点介绍了动作的发展阶段，学习时要注意掌握动作的发展规律，以及大动作和精细动作的发展变化；第三节主要介绍了学前儿童意志行动的发展，在学习时主要了解意志行动的特点，以及影响意志行动发展的一些因素。

知识结构

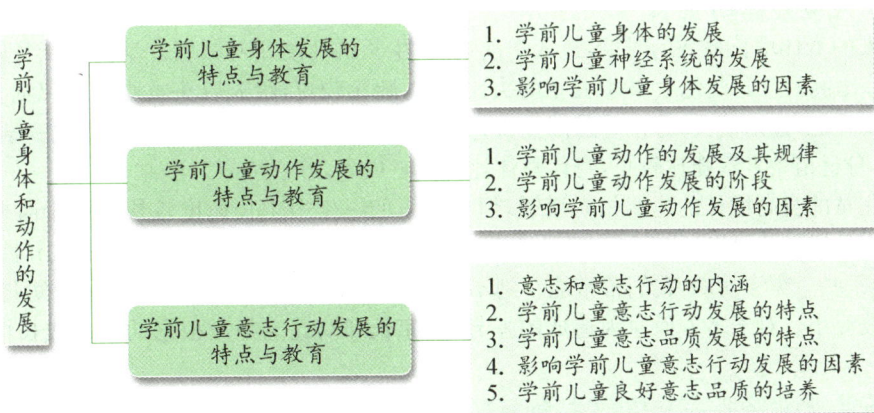

- 学前儿童身体和动作的发展
  - 学前儿童身体发展的特点与教育
    1. 学前儿童身体的发展
    2. 学前儿童神经系统的发展
    3. 影响学前儿童身体发展的因素
  - 学前儿童动作发展的特点与教育
    1. 学前儿童动作的发展及其规律
    2. 学前儿童动作发展的阶段
    3. 影响学前儿童动作发展的因素
  - 学前儿童意志行动发展的特点与教育
    1. 意志和意志行动的内涵
    2. 学前儿童意志行动发展的特点
    3. 学前儿童意志品质发展的特点
    4. 影响学前儿童意志行动发展的因素
    5. 学前儿童良好意志品质的培养

第 一 次

第一次独自站立,第一次独立行走,第一次独立穿衣,第一次画画写字,第一次握住筷子……有很多的第一次。也许作为成人,你已经忘记了这些场景。但是如果走进幼儿园,你将会看到:有的孩子奔跑着、追逐着,有的孩子在老师的帮助下玩滑梯、走直线、穿珠子。此时,你也许正沉浸在美好的回忆中,甚至也想加入这样一场场嬉闹中……

学前期,儿童已经能够独立行走,能够独立完成很多活动,但是这一切是怎样发生的呢?学前期儿童的身体是怎样发展的呢?他们的动作发展又有了哪些新的变化呢?成人的教育对儿童的这些发展又有什么样的帮助呢?本章将带你探索这些奥秘。

第一节　学前儿童身体发展的特点与教育

女儿的身高正常吗?

小云今年五周岁了,她的身高是102.5厘米。她开始上幼儿园大班了,但是在班级中她是最矮的。妈妈向医生描述了小云的饮食状况,原来,小云每天都会喝掉不少于250毫升的牛奶,在幼儿园能把饭全吃掉,但是在家吃饭吃得不多,水果吃得也不多。身体指标的检查显示,她体内的生长激素含量正常,但是骨龄发育的水平偏低,她平时身体很健康也很少生病。目前,很多同龄的孩子都开始换牙了,但是小云还没有动静。于是,小云的妈妈很着急,你能根据学前儿童身体发展的特点,帮助她回答:小云的身高正常吗?学前儿童身体及其他方面的发展遵循怎样的规律呢?

一、学前儿童身体的发展

学前儿童的身体发展为其以后各方面的发展提供了物质基础,学前儿童身体的发展包括以下三个方面。

(一)学前儿童躯体的生长

婴儿期是人的身体增长最快的时期,进入学前期后,生长的速度相对减缓。学前儿童身体的生长表现在:身体各部分比例的急剧变化上,2岁儿童的头比较大,腿比较短,给人以头重脚轻的感觉。随着年龄的增长,儿童的"婴儿肥"逐渐消失,脊椎骨逐渐拉直,身体躯干变大以适应内脏器官的变化。学前期,儿童的体形呈流线型,身材苗条且双腿比较长,身体整体比例接近成人。

尽管学前儿童的身高增长的速度相对变缓,但也是人的一生中生长速度较快的一个时期。学前期儿童的身高每年大约增长7厘米,体重增加约2.5～3千克。身体的平均增长具有性别的差异性,女孩比男孩略微胖一些、高一些。在学前期,我们常常能看到不同的儿童身体状况是有差异的,有的幼儿又壮又高,但是另外一些比较瘦小。对于多方面原因造成的差异性,家长和幼儿老师应根据幼儿的成长情况给予儿童差别性的指导。

(二)学前儿童骨骼肌肉系统的生长

骨骼系统的发育从胎儿期一直持续到青春期。在学前期,儿童的骨骼发育正在成熟,软骨比早期更快地骨化,骨骼也逐渐坚硬起来。在2～6岁,在骨头的两端大约形成45个新骨骺(骨骺是一种软骨组织,发育后逐渐变硬进入骨骼骨头就不会再生长了),其余的骨骺出现在童年中期。身体各部位的骨骼的生长具有差异性:头盖骨和手部骨骼最先成熟,腿骨到青春后期才能成熟。通过X射线照射手骨或者腕骨,医生观察到骨骺便能够判断骨龄或者骨头的成熟度。骨龄是骨骼发育成熟程度的一个最好的指标。对儿童早期和中期骨龄的判断,有助于人们诊断儿童骨骼发育是否协调。研究发现,女孩比男孩的骨骼成熟时间更早。

牙齿的发育是骨骼系统发育的另一个重要指标。学前期是儿童乳牙和恒牙交换的时期。3～4岁,儿童的乳牙都出齐,儿童能够咀嚼任何想吃的东西。约 6 岁开始掉乳牙,进行换牙。影响儿童换牙的因素有很多,主要包括:身体的成熟程度,如女孩比男孩成熟得早,女孩会比男孩换牙早;遗传基因;环境因素,如儿童长期营养不良会推迟换牙时间。对乳牙的保健有利于恒牙的生长,因此教育幼儿养成刷牙的习惯,少吃甜食,注意卫生,定期做牙齿检查能够有效预防蛀牙的产生。

学前期幼儿肌肉组织的发育是比较明显的。幼儿体重增加比较明显,其中大部分的重量都是肌肉发育的结果。幼儿肌肉的发育遵循由大到小原则,幼儿 3 岁的大肌肉群比小肌肉群发达得多,5~6 岁小肌肉群才开始迅速发育[①]。通常,男孩比女孩的肌肉更为发达,但这两者的差异并不是很大。大肌肉群的发育,使得幼儿整天活动不停,他们能够跑来跑去、站立、坐下,做着各种大动作,不愿停下来。经常练习这些动作,幼儿的肌肉组织纤维的长度和力量得到了增加。小肌肉群的发育,使得幼儿开始从事一些精细动作活动,如绘画、写字、手工活动,这些活动又能反过来进一步促进小肌肉群的发育。由于,小肌肉群发育的成熟度欠缺,使得精细动作的协调能力比较差,因此家长和教师对幼儿活动的要求不能过高。

(三)学前儿童身体发育的非同步性

儿童身体的外部形态和内部器官的发展在不同阶段遵循相似的发展规律:儿童早期迎来第一个身体快速发展期,在儿童中晚期发展速度变缓,青春期迎来另一个快速发展期。但是不同的身体部位发展的速度也有其自身独特的发展变化曲线(如图 5-1 所示),因此,身体的发展具有不同步性。大脑和头部的发育曲线显示,儿童出生的前三年,大脑和神经系统的发育速度比任何其他身体结构的发育都快,到了儿童早期逐渐放慢,此时已接近成人水平。淋巴系统的发育曲线显示,婴儿和幼儿的淋巴系统以惊人的速度生长发育,甚至超过成人的速度,在青春期淋巴系统逐渐退缩。生殖系统的发育曲线显示,学前期儿童的生殖系统发育非常缓慢,直到青春期以后加速发育并逐渐成熟。

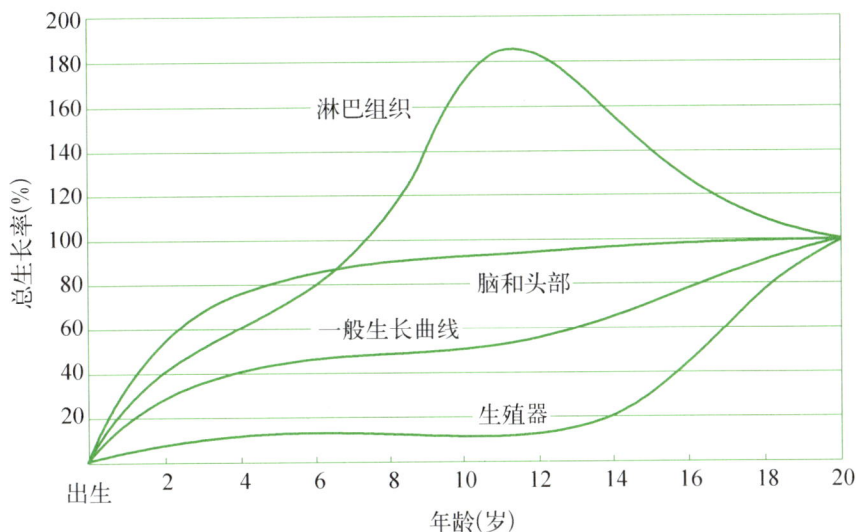

图 5-1　身体各器官组织的生长比较曲线

对儿童身体发育的评估,还应该考虑到他们的背景和生活条件。在相同的条件下对儿童的测评结果进行比较,这样的评价才有真正的意义。

二、学前儿童神经系统的发展

学前期儿童的大脑和神经系统的发育接近成人水平,大脑和神经系统的迅速发展为儿童的心理发展提供了物质基础。

(一)学前儿童大脑结构的发展

1. 脑重量继续增加

成人的脑重量平均是 1 400 克左右。新生儿的平均脑重约 390 克,达到成人脑重的 27%,3 岁儿童的平均脑重约 1 010 克,相当于成人脑重的 72%,7 岁儿童的平均脑重约 1 280 克,相当于成人脑重的 91%,12

---

① 方富熹,方格,林佩芬. 幼儿认知发展与教育[M].北京:北京师范大学出版社,2005:51.

岁时,儿童脑重约为1 400克,接近成人脑重。

2. 大脑皮层结构的复杂化

大脑重量的增加并不是神经细胞增多导致的,而是神经细胞结构复杂化和神经纤维分支增多、长度伸长的结果。学前儿童的神经纤维不断增长,额叶表面积也在不断增大,并且神经纤维在儿童2岁时达到增长的高峰,5～6岁增长明显加快,此后保持在一定水平,这意味着儿童的大脑皮层的发育已达到相当成熟的程度。与此同时,神经纤维开始髓鞘化,到了学前期末幼儿的髓鞘化已基本完成,从而使得神经兴奋传导更为迅速和准确。

3. 脑电波的变化

脑电波的变化是神经系统成熟的一个重要指标。研究发现,5岁前,儿童的脑电波以θ波(4～7次/秒)为主,5～7岁时θ波和α波的数量基本相同,7岁以后,α波逐渐占主导地位,θ波从枕叶、颞叶和顶叶消失。脑电波的发展存在两个加速期,第一次在5～6岁,枕叶α波与θ波激烈竞争,α波逐渐占主导;第二次是在13～14岁,除额叶外,θ波基本被α波取代[①]。这意味着幼儿的大脑发育逐渐成熟,为后期的动作和认知能力的发展打下生理基础。

(二)学前儿童大脑机能的发展

学前儿童大脑机能随年龄的增长不断成熟,而且这是一个不可逆的过程,大脑皮层发育成熟的顺序为:枕叶、颞叶、顶叶、额叶。

1. 兴奋和抑制机能的发展

皮质抑制机能的发展是大脑皮质机能发展的一个重要指标,是儿童认识外界事物和控制自身行为的重要的生理前提。皮质抑制机能的发展主要表现在,幼儿能够用言语控制自己的行为,冲动减少,对事物的分辨也更加精确。

学前期幼儿的高级神经活动的基本过程——兴奋和抑制继续增强。兴奋过程表现在幼儿觉醒时间的延长,表现为晚上睡10～11小时,白天睡1～2小时,这使得幼儿有更多的时间从周围获取知识经验。3岁前儿童的内抑制发展缓慢;4岁起内抑制开始蓬勃发展,表现为皮质对皮下调节和控制的作用逐渐加强。尽管幼儿的兴奋和抑制机能在不断地成熟,但是相比之下,幼儿的抑制机能还是比较弱的,如幼儿"延迟满足"的时间比较短等。如果对幼儿做出过高的抑制要求,可能会引起幼儿高级神经系统的紊乱。

2. 大脑的偏侧优势

大脑偏侧优势的形成和进一步加强是大脑皮质机能发展的另一个重要指标。大脑两半球控制着身体的不同部位,有关测量结果表明,大脑两半球的发育速率是不同的。3～6岁,大多数幼儿的左脑进入快速发展期;6岁以后,发展速度逐渐走向平稳。与之相比,右半球在整个幼儿期发展速度都比较缓慢,仅在儿童期发展速度略显增加。大脑两半球成熟速度的不同,表现为两半球机能的不对称性和脑的偏侧优势的加强,这可以用来解释儿童认知能力发展的不平衡性,如幼儿语言出现得比较早而且发展比较迅速,而空间逻辑能力出现比较晚。

脑的偏侧优势在行为上的表现,最为典型的是用手偏好的发展。这一现象反映出大脑某一侧对控制和调节运动技能有着很大的优势,并且由这一半球控制的其他机能的发展也会越来越好,这一半球称为个体的优势半球。大约有90%的人都属于右利手,他们的言语活动和手的优势半球都是左半球。约有10%的人属于左利手,语言优势表现为对左右脑的依赖而不仅仅是右脑,这一现象说明左利手的人大脑偏侧优势不如右利手的人强。但是有些左利手,他们虽然喜欢用左手活动,但在他们完成一些活动时,右手也能很好地使用。在1岁时,婴儿已经表现出对使用某一只手的偏好,如用某一只手抓、握玩具;到了3岁,对某一只手的偏好使用已经很明显;几年后,这一用手偏好,已表现在对各种技能掌握程度上。

关于用手偏好的形成原因,目前没有定论。一些调查发现,父母为左利手,子女为左利手的几率比父母为右利手的要高;另外相对父亲是左利手的孩子,母亲是左利手的孩子为左利手的几率更高,因此遗传可能对用手偏好的形成有一定影响。另外,关于双生子的研究发现,双生子左利手的比率比普通的兄弟比率要高,正常单胎儿的体位向左,这有利于右边身体的发展,从而有利于儿童右手的发展,双生子的体位是相对的,从而导致其中一个胎儿左利手的形成,因此一些理论认为用手偏好的形成可能与胎儿在母体中的胎位有关。此外,经验和文化偏好都限制了左利手的形成。值得注意的是,左利手的人能够同时灵活运

[①] 林崇德.发展心理学[M].北京:人民教育出版社.2006:198—199.

用双手,促进大脑两半球的开发,更有利于儿童潜能的全面开发,在语言表达和数理逻辑上表现得更为优秀。

三、影响学前儿童身体发展的因素

学前期是儿童一生发展的重要时期。儿童的身体是否健康,发育是否正常,这不仅关系到儿童认知、个性和社会性的发展,并且对儿童身心的全面发展也有很重要的影响。如何对这一时期的儿童进行呵护,是我们迫切需要考虑的问题。已有的研究发现,疾病、情绪、营养和意外伤害是常见的影响儿童身体发展重要因素。

(一) 疾病

每一个人在幼儿期都可能会得一些儿童特有的疾病,如麻疹、水痘还有肺炎等。一些儿童的身体素质很好,这些疾病痊愈以后,能够出现补偿性的快速成长。幼儿的营养不良,导致免疫力下降,很容易得疾病,疾病反过来影响儿童的胃口,这便加速儿童身体状况下滑。营养不良和疾病的恶性循环,会严重影响儿童的身体成长,如果情况比较严重,这些负面影响是永久且不可逆的。在一些偏远地区,人们的生活水平和医疗条件都比较差,幼儿更容易被传染一些疾病,这严重危害身体健康和身体的生长。

此外,遗传疾病也会给学前儿童的成长带来不利。如生长激素是儿童身高正常发展的一个关键要素,生长激素分泌不正常的儿童,并且其他生理指标正常,那么长大后除了身高外,智力等其他都是正常的。在学前期,幼儿的生长激素分泌过多,就会得"巨人症";生长激素分泌过少,就会得"侏儒症"。在幼儿期,关注儿童身高的正常生长,对生长激素分泌不正常的儿童要给予及时治疗,以免延误造成不可挽回的损失。甲状腺激素也是影响学前儿童成长的另一个重要因素。甲状腺激素促进生长发育,尤其是促进神经系统、骨骼系统和生殖系统发育的重要物质基础。在幼儿期,如果缺少甲状腺激素,就容易患上"呆小症",其表现不仅是身材矮小,同时还伴随智力低下、反应迟缓、性功能不成熟等。因此,幼儿早期,神经系统发育之前,如果能够及时发现甲状腺激素分泌不足,并给予及时治疗,儿童身体发展就可能达到正常水平,智力也不至于低下。

(二) 情绪

心理和生理是可以相互影响的,学前儿童的情绪状况是影响儿童身体发展的一个重要的因素。那些承受很多压力和缺少关爱的儿童,与生长在家庭和谐并且获得很多关爱的儿童相比,他们的身体发展水平可能更加落后。一些研究发现,生长在家庭关系紧张的环境中,儿童更容易患呼吸、肠道疾病。在幼儿期,监护人对儿童的关注、关爱和敏感照顾不仅促进儿童的生理发展,对儿童智力和情感的发展也是很有帮助的。

(三) 营养

营养是影响幼儿身体生长的另外一个重要因素。3岁之前儿童能够吃很多种类的食物,进入幼儿期,儿童开始变得挑食。大部分情况下,幼儿胃口不好是一种正常的反应,因为幼儿的生长速度不如婴儿时期快,他们所需要的营养也相对少了。幼儿挑食,只吃他们喜欢的食物,是一种适应性的表现,当成人不在身边,这种适应性能够保障幼儿选择食物的安全性,不至于吃到有害食物而受到伤害。除了上述原因之外,幼儿挑食还可能是由于从小养成的坏习惯,家长过分关注幼儿的营养,就会在餐桌上让孩子吃这吃那,强迫孩子吃一些不喜欢的食物,这就可能使得孩子更加厌倦吃饭;还有就是儿童不想吃饭,家长就会拿点心来哄孩子,这些行为能够强化孩子的不吃饭行为。

保证孩子的营养,并不一定要幼儿吃很多,这就需要家长给幼儿的食物营养要均衡。为了帮助幼儿吃好,并且营养均衡,有关专家给出了一些建议:(1)食物的种类多样性,合理搭配各种食物,注意营养均衡,做到色香味俱全,从而引起幼儿的食欲;(2)饮食要规律,除了一日三餐外,还可以适当补充一些点心;(3)一次给幼儿的食物不要太多,不要强迫孩子吃他们不喜欢的食物;(4)不要用食物作为孩子的奖励。

(四) 意外伤害

学前期是意外伤害发生比较频繁的一个年龄阶段,常见的意外伤害有交通事故、食物中毒、溺水、烫伤、失火、被坏人拐骗和伤害等。这些意外伤害是儿童受伤甚至死亡的重要原因。

意外伤害是人们没有意料到的,但是了解意外伤害的一些原因,并采取一定的预防性的措施,这些伤害还是可以避免的。社会是一个复杂的社会生态系统,幼儿本人、家长和社会方面等都是影响儿童受伤的因素。幼儿的意外伤害的发生存在个体差异,男孩一般比女孩更活泼,更容易冒险,因此男孩更容易受到伤害;幼儿的性格和气质特点也存在差异,过于调皮、不听话或者蹦蹦跳跳的儿童更容易出现意外。家长文化水平比较低,对孩子缺乏安全教育或者没有时间管理孩子,都可能会导致幼儿意外伤害的出现。外部社会环境,比如城市过于拥挤、公共基础设施不健全、贫穷等都可能对幼儿造成伤害。应该适当地教育孩子遵守交通规则、没有大人陪同时不要和陌生人或者独自去不熟悉的地方,提高孩子的安全防范意识。

真　题　由于幼儿的肌肉中水分多,蛋白质及糖原少,不适合他们的运动项目是(　　)。
　　　　A. 长跑　　　　　　B. 投掷　　　　　　C. 跳绳　　　　　　D. 拍球

模拟题　1. 在儿童出生后的前三年,身体各器官发育最快的是(　　)。
　　　　A. 脑和头部　　　B. 躯干　　　　　　C. 淋巴系统　　　　D. 生殖系统
　　　　2. 大脑皮层发育成熟最早的是(　　)
　　　　A. 枕叶　　　　　　B. 颞叶　　　　　　C. 顶叶　　　　　　D. 额叶

第二节　学前儿童动作发展的特点与教育

怎样帮助孩子促进精细动作发展?

小明今年四岁九个月了,他除了喜欢学习英语,也喜欢打篮球、踢足球,这些大动作发展都很好。妈妈发现他的精细动作表现得比较差,比如学习使用筷子,教了很多遍都没有学会。他玩玩具的时候,手的灵活性也没有同龄小朋友高,并且也不喜欢画画。妈妈教他画画,也发现他的绘画能力比较差,只会画圈圈。那么,小明动手能力比较差的原因是什么呢?是不是与智力发展相关呢?如果想训练孩子的精细动作的发展,有什么好办法呢?

一、儿童动作的发展及其规律

(一)儿童动作的发展

人是一种高级的社会动物,其动作发展不同于自然界的其他动物的发展。人的动作是由高级神经系统支配的,这一生理基础同时也是人的心理发展的基础。幼儿虽然弱小,但是有着强大的发展潜力,动作的发展虽然出现的比较晚,但是一旦时机成熟便能够快速地发展。幼儿出生要经过1~2年的时间才能够行走自如,这一过程要经历学习抬头、翻身、坐、爬、站立等动作。婴儿动作发展有其独特性,如动物刚出生时都不能睁眼睛,但是婴儿刚出生并能够睁眼观察周围的环境。随着幼儿身体的增长,中枢神经系统不断成熟,幼儿的动作范围也更为广泛,动作也更为熟练,在此过程中,儿童不断调整自己的动作,以适应环境的要求。

(二)儿童动作发展的规律

幼儿的动作发展有其客观规律,每个学前儿童的动作发展遵循如下一些客观规律。

1. 整局规律

幼儿早期的动作具有弥散性、笼统性和全身性,随着年龄增长,儿童的动作开始向局部化、精确化和专门化发展。在婴儿早期,碰到儿童的脚心,儿童整个身体都会动;在幼儿期,幼儿学习写字时,除了手动,身体也会有节奏地运动。年龄大一点的幼儿便能够很端正地坐好,并且能够很好地完成任务。

2. 首尾规律

幼儿的动作发展遵循首尾原则,头、颈、上端的动作的发展要先于下端动作的发展。儿童离头部比较近的部位先学会运动,儿童运动的顺序是先学会抬头,然后俯撑、翻身、坐、爬,最后才学会站立和行走。

3. 近远规律

儿童这一动作的发展规律表现为动作先从头部和躯干开始,然后双臂和腿的动作发展,最后才是手的动作发展。这一发展顺序表现为以头和脊椎为中心,向身体四周和边缘有规律地发展。

4. 大小规律

动作分为大动作和精细动作,幼儿动作的发展最初表现为大动作逐渐转向精细动作。在大动作的基础上,幼儿动作的力量、速度、稳定性、灵活性和协调性都会有很重要的变化。如扔给幼儿一只球,刚开始幼儿靠手臂接球,这时动作很不准确接不住球。后来,儿童就能够用手准确地接住球。这就是动作从不精确的大动作向精确的小动作发展的"大小原则"。

5. 无有规律

动作的发展遵循从无到有的原则，刚开始幼儿的动作是无意识的，随着年龄的发展，儿童逐渐有意识地、在某种目标支配下完成特定的动作。如，刚开始婴儿不论拿到什么都会往嘴里放，但是长大一点，他们就会将自己喜欢吃的东西放进嘴里吃。学前儿童最初从无意向有意动作发展，以后便从无意为主向有意为主的动作发展。

二、学前儿童动作发展的阶段

学前儿童动作发展主要经历三个阶段，分别是反射动作阶段、粗大动作阶段和精细动作阶段。粗大动作和精细动作又称为基础动作，基础动作的发展模式有三种：基础位移动作，如走、跑、跳等；基础操作性动作，如投掷、接住、踢等；基础稳定性动作，如走线、走平衡木和扭动身体等。

（一）反射动作阶段

婴儿最初的运动技能是反射，即对特定刺激的非自发的天生的反应。婴儿的有些反射活动对生命活动有着重要意义，能够一直保持下去，如呼吸反射、维持体温恒定反射以及进食和眨眼反射。另外一些对生命活动意义不大，如游泳反射、巴宾斯基反射、抓握反射等，出生几个月后会自动消失。但是这些反射活动，为未来的动作和运动能力提供了准备条件。

（二）粗大动作阶段

粗大动作技能是指幼儿有意识地调整身体、产生大动作的身体能力。幼儿阶段，儿童的粗大运动技能，如跑、爬、跳跃等技能都有非常大的进步。得益于幼儿大肌肉的发展和大脑皮层感知觉和运动区域的发展，幼儿的身体运动能力更具有协调性。骨骼肌肉的强壮也为儿童的大运动的发展提供了良好的生理基础。幼儿大动作的发展表现在，坐、走和爬等能力的发展上，下面是幼儿粗大动作发展的时间表。

2～3岁：走路富有节奏；由疾走变为小跑；做跃起、向前跳跃和接物等上身动作较为僵硬；能边走边推玩具小车，但经常把握不住方向。

3～4岁：能双脚交替上楼，但下楼需要单脚引导；当向前、向上跳跃时身体略显灵活；有点依赖上身做接物和扔物等动作，仍然需要依靠胸部才能接住一个球；双手能扶住车把，踩三轮车。

4～5岁：能够双脚交替下楼；跑得很快很稳；能用单足飞快地跳跃；能依靠躯体的转动和改变双脚的重心去扔球；仅依靠双手能够接住球；能飞快地踩三轮小车，方向把握得也很稳。

5～6岁：奔跑的速度越来越快；飞跑时也很稳；能够做到真正的跳跃动作；表现成熟的扔球和接物动作模式；能踩带有训练轮子的自行车。

（三）精细动作阶段

精细运动技能，如扣扣子和绘画，这涉及儿童的手眼协调和小肌肉的协调控制能力。儿童把积木堆成房子等建筑物，能够剪纸，能够画画，开始自己穿衣吃饭；舌头、下颌、嘴唇的运动，这些动作都是精细动作。如大动作一样，精细动作也有其发展过程，下面是幼儿精细动作发展的时间表。

2～3岁：能做简单的穿衣和脱衣的动作；会拉开和拉上大的衣服拉链；能成功地用小匙吃饭。

3～4岁：会扣上和解开衣服的大扣子；已学会自己吃饭；还会使用剪刀；会模仿画出垂直的线段和圆圈；开始会画人，但是蝌蚪式的人。

4～5岁：能用剪刀按直线剪东西；能模仿画出矩形、十字形，会写字母。外国的孩子能成功使用叉子吃饭。

5～6岁：会系鞋带；画人能够画出六个部分（头、躯干、双手和双脚）；能模仿写出数目字和笔画简单的字。外国的孩子学会用餐刀切开较软的食物。

幼儿精细动作的发展，使得他们的生活领域扩大了，他们能够独立完成一些事情，如自己吃饭、穿衣等，这些活动的成功增强了儿童的自信心，自信心的增强又可以促使儿童进一步练习。

精细动作与儿童的认知发展有着很重要的联系，手眼协调在其中起着非常重要的作用。如系鞋带，这一动作需要双手灵巧配合的一连串注意，同时儿童还要学会注意分配，记住系鞋带的每一个要领。另一例子是筷子的使用，这也是一个逐渐发展的过程，刚开始的时候，幼儿拿筷子的方法可能不对或者不科学，使用筷子不容易夹起食物或者不能成功将食物送到嘴里。随着练习的加强，这一动作技能越来越熟练，儿童最终能够准确、有效地用两只筷子夹起食物并送到嘴里。有研究表明，3～7岁，儿童使用筷子的动作模式由效率低逐渐向效率高的模式发展。由于儿童的手眼协调能力发展不是很成熟，在做这些动作时可能比较笨拙,这需要家长耐心教育,观察儿童在动作练习中的情绪变化,鼓励儿童做尝试。

像系鞋带一样,绘画和写字也需要手指和手腕的参与,幼儿的绘画和写字对这些小肌肉群提出了更高的要求。绘画展现了儿童的心理发展,1岁左右,儿童不知道能够模仿大人的绘画内容,进行胡乱涂鸦;2岁时,儿童能够认识纸上的画所代表的实物;3岁时儿童能够用轮廓线来描绘一个具体物体,并且说出轮廓的具体意义。在幼儿初期,幼儿开始用画图表现出人的形象,受到精细动作和认知水平的限制,幼儿只能画出类似人的形象的蝌蚪人;6岁左右,幼儿能够描绘人物的具体细节,绘画内容更为复杂、更具有现实性,但是还会存在知觉的"歪曲性",此时需要成人的鼓励,随着年龄的增长,也可以教其一些绘画技能。这一时期,学前儿童受到生理成熟的限制,精细动作的发展不是很完善,因此,教师和家长应该交给该时期儿童符合他们年龄特征的任务,而不能强求其完成很复杂的任务。

三、影响学前儿童动作发展的因素

活动探索是人们认识周围世界的一个重要途径,幼儿期,儿童思维发展处于"感知运动阶段",儿童要通过动作与周围世界互动。动作发展在个体的早期心理发展中起着非常重要的建构性作用,它使得个体能够积极地建构和参与自身的发展。由于个体和环境的复杂性,影响学前儿童动作发展的因素也是多方面的,包括遗传和成熟、家庭教育、游戏活动、角色期待等,下面分别加以探讨。

(一)遗传和成熟

遗传因素对儿童动作的发展起着非常重要的作用,身体素质的发展是以遗传因素为基础的。不同身体素质的儿童动作的发展是不同步的,身体健壮的儿童的动作发展要早于瘦弱的儿童。同时,动作的发展存在性别差异,男孩在跳、跑和投掷等需要力气上的动作发展要比女孩早;但是在另一些强调协调性和精细动作上,如跳绳、剪纸等,女孩的表现要好于男生。这可以用来解释,女生整体的平衡协调性发展高于男生,而男生的肌肉发展要好于女生这一现象。

(二)家庭教育

幼儿期,父母的态度和期望对儿童动作的影响比较深远。有些父母急于求成,经常批评孩子的运动或者动作的表现,可能会打击孩子的自尊心,阻碍孩子的动作发展。父母根据自己的意愿,要求孩子学习一些特殊的动作技能,或者强迫纠正孩子一些动作行为,这些都可能引起孩子的反感,从而挫败孩子探索新动作的积极性。针对这些情况,作为家长或者监护人,应该多了解孩子的天性,让他们喜爱运动的天性得到积极展现。因此,父母因根据孩子们的发展要求,适时地给他们提供一些安全的环境和工具,让他们根据自己的意愿去玩耍,练习使用各种物体。

(三)游戏

游戏是幼儿的主要活动,这也是锻炼他们动作技能的最佳的方式,如单足跳、跳房子、踢球、接球、穿珠子、剪贴和手工制作等游戏活动,可以给孩子们进行动作技能的学习提供一个很好的平台。大部分儿童都是好动、好奇、喜欢模仿的,游戏本身的特性如具有情境性、动作性、模仿性也比较高,这些特性符合幼儿的心理特点,能够激发他们的兴趣。一些游戏活动,如奔跑、跳跃等这些游戏活动可以让他们获得丰富的感知经验,为他们掌握复杂的动作技能和运动协调能力提供了良好的途径,如果父母参与其中,还可以促进亲子关系,培养孩子愉悦亲和的情感。另外一些游戏,如剪纸、绘画和穿珠子等,这是一些安静的游戏活动,在这样的游戏中,可以促进孩子精细动作的发展,进一步提高幼儿的手眼协调能力。父母根据儿童性格特点,帮助他们选择合适的游戏活动,从而促进他们动作认知的全面发展。

(四)角色期待

社会对不同性别的幼儿的活动类型具有不同的态度,如男孩投篮常常会受到成人的表扬和鼓励,而女孩玩跳绳、画画、剪纸等会受到成人的表扬。在幼儿早期,身体动作能力不存在显著的性别差异,但是随着年龄的增长,社会对性别不同的儿童期待是不同的,人们通常希望男孩成为体能强、积极的人,而要求女孩成为安静、精细动作能力较强的人。如果,我们看到一个女孩子喜欢踢球、奔跑,便会称其为"假小子",而如果一个男孩经常玩剪纸,也会被其他同性小朋友取笑。另外一方面,目前社会比较强调符号能力的训练,对幼儿过度强调抽象符号系统的训练而忽视了动作和运动技能的发展。幼儿处于感知运动阶段,过度强调早教智力开发训练不利于儿童获取感性经验和发展感觉的机会,同时阻碍了儿童的正常动作发展。人们要遵循儿童自然发展的天性,鼓励他们积极参与各种类型的活动,他们也一定能够玩得很开心,同时各种身体动作技能也能得到充分的发展。

真　题　下列哪一种活动重点不是发展幼儿的精细动作能力？（　　）

　　　　A. 扣纽扣　　　　　B. 使用剪刀　　　　　C. 双手接球　　　　　D. 系鞋带

模 拟 题　大部分儿童会系鞋带的年龄是（　　）

　　　　A. 2～3 岁　　　　B. 3～4 岁　　　　　C. 4～5 岁　　　　　D. 5～6 岁

第三节　学前儿童意志行动发展的特点与教育

"学弈"的故事

　　皮皮和安安是好朋友,都5岁了,他们既是住在同一个小区的邻居又是上同一所幼儿园的同伴。皮皮和安安的家长把他们两个送到同一个老师那里学下围棋。开始两个都对下围棋感兴趣,可是学着学着,皮皮就越来越没用耐心了,经常要安安陪他一起玩。安安也经不住皮皮的诱惑,经常和皮皮一起利用围棋子玩游戏。

　　老师看见后就给他们讲述古代两个孩子学弈的故事,告诉他们如果不好好学,就会像"心里总想着大雁从头上飞过"的那个孩子一样没有出息。家长了解情况后,给他们讲"铁杵磨成针"的故事,告诉他们只要坚持学,就能取得好成绩。后来安安听从老师和爸爸的话,认真学习,像"学弈"的故事里"专心致志"的孩子那样专心学习,可是皮皮还是贪玩。结果,安安和皮皮真的像"学弈"故事里两个孩子一样——一个学得很出色,一个学得不好。皮皮一年后就不再学围棋了。可见,意志品质对于成功确实非常重要。家长和老师要理解幼儿意志行动发展的特点,针对性地教育孩子。

一、意志和意志行动的内涵

（一）意志的定义及特征

　　意志是有意识的支配、调节行为,通过克服困难,以实现预定目标的心理过程。意志具有引发行为的动机作用,比一般的动机更具有选择性和坚持性。从意志的定义可以看出,意志包括以下三个特征。

　　(1) 有明确的目标。意志不同于其他高级心理过程的重要特点,是始终保持清醒的意识,实现预定目的而进行的心理过程。人们一旦目标确定,即便遇到很难解决的困难,也不会放弃或者改变目标,这就是意志坚强的表现。

　　(2) 意识调节作用。意志表现为人的意识对行动的自觉调节和支配。意识支配着人们的预定目的的设置,同时支配着实现预定目标所做的计划。意识对行动的调节包括两个方面：一是发动,表现为意识推动人们实施达到目的的行动;二是制止,表现为意识监督人们不进行与目的无关的行动。

　　(3) 要克服困难。意志是在人们克服困难的过程中体现的,如果在实现目标的过程中不存在困难,那也就不存在意志作用了,这里的困难包括两个方面。一是内部困难,表现为人们在完成某种有目的的任务中,产生了新的需求或者动机,与原有的需求产生了矛盾,这种来自人本身的困难,称为内部困难;例如,身体上的疾病、消极的情绪、性格上的弱点(胆怯、懒惰等)、知识经验不足、或者遇到了与实现预定目的相反的动机的引诱等。二是外部困难,表现为完成某种有目的的任务中,由于要素不足等条件阻碍了任务的进行,这种困难称为外部困难。内部困难可能是外部困难的原因,因此不能孤立看待这两种困难。通常,内部困难要比外部困难更难以克服,内部困难如果得到解决,外部困难也就容易解决。人的意志水平主要表现在克服困难的水平上。

（二）意志行动的定义及不同阶段

　　意志和行动是不可分的。意志总是通过行动表现出来,行动又受意志调节和支配。在意志调节和支配下的行动,称为意志行动。意志行动具有明确的目的性,并能够根据目的调节和支配行动,克服行动中的困难,实现预定的目的。目的的实现有个过程,实现目的的过程也是意志行动的过程。

　　意志行动分为准备和执行阶段。

　　(1) 准备阶段。这一阶段包括在思想上权衡行动的动机、确定行动的目标、选择行动的方法并做出行动的决定。意志行动是一种有目标的活动,因此在活动开始,要先设定目标,并根据目标来调节行动,这是意志行动的前提。目标的社会意义和人对目标的自觉程度对意志行动有着重要的意义。通常,目标越明确、越自觉,社会意义、价值越大,它对行为的支配和调节作用也越大。

(2)执行阶段。意志行动的执行阶段是对决定实施行动,这一阶段体现了意志的强弱,一方面坚持预定的目标和计划好的行为程序,另一方面制止那些不利于达到目标的行动。在目标的指引下,个体不断地修改行动方案,及时调整不合时宜的方法和手段,保证行动的顺利进行。

意志行动是一种特殊的有意行动,儿童行动的自觉意识性的发展需要一个很漫长的时期,因此,学前期儿童的意志行动不是很完善,还处在较低级阶段。

二、学前儿童意志行动发展的特点

(一)学前儿童意志行动的发展

新生儿没有意志行动,只有本能的无条件反射行为。

4个月左右婴儿的行为有了比较原始的有意性和目的性,但是这种有意性和目的性并不是很强烈,儿童很容易受到外界环境的影响而停止动作。8个月左右的婴儿能够坚持指向一个目标,并且努力排除一定的障碍达到一定的行为目的。这个时候,婴儿动作的有意性发展出现了比较大的质变,也即出现了意志行动的萌芽①。

1岁左右,婴儿表现出比较明显的意志行动。儿童为了达到目标,可以不断探索和尝试新的方法,通过"尝试错误"排除向预定目的前进所遇到的障碍。如,孩子想要拿到柜子里的物品,但是又无法直接拿到,他们拉着成人要求成人帮忙。但这一阶段的儿童行为目的性还比较原始。

2~3岁婴儿的行动有一定的目的性,但还带有很大的冲动性,他们常常不假思索就行动,且受外界环境影响很大。他们往往一件事情刚开始,就被另一件事情吸引,而放弃第一件事情去做第二件事情。如某2岁的小孩拿一个小汽车在玩,当看到妈妈在整理他的电动小火车时,就跑去玩小火车了。

4~5岁幼儿的意志行动就较为成熟了,此时的行动不但有了非常明确的目的,而且还能够根据目的,采取相应的使目标达成的方法,此时儿童不再使用"尝试错误"的方法。如,在搭积木的过程中,幼儿首先考虑积木最后搭成的形状,然后选择相应的积木块,在目标指引下,开动脑筋,最终达成目标。

5~6岁幼儿在活动中不仅有明确的目的,还能自定目标和任务,在合作游戏中能根据任务要求分配角色,共同完成游戏任务,如果有同伴动作慢,还会去帮忙。这体现出他们的行动目的性非常强。

综上所述,学前儿童意志行动发展的特点是:意志行动随着年龄的增长、神经系统的不断发育和成熟,表现出目的性、有意性不断增强,但还不成熟,有时表现出冲动性和缺乏坚持性。

(二)学前儿童手眼协调的发展

学前期儿童的意志对行动的调节作用的主要标志是手眼协调。学前儿童从手眼不协调到手眼协调要经历五个阶段。

(1)动作混乱阶段。刚出生的婴儿只会一些条件反射,两只眼睛的运动也不是很协调,往往可能一只向左,另一只向右,如果在摇篮上挂小挂件,婴儿的两只眼睛都看向中心,可能会形成"斗鸡眼"。双手的动作也是无规律地乱摆动。并且婴儿双眼协调的时间要早于双手的协调时间。

(2)无意抚摸阶段。2~3个月的婴儿,双手无意间碰到一些物体,他们会抚摸它,有时还会用一只手抚摸另一只手。手的动作特点是沿着物体的边缘移动,而不能有力地抓握物体,此时婴儿的动作是无意识的、无目的的和无方向的。

(3)无意抓握阶段。4个月左右的婴儿能够抓住放在手里的东西,但是不会很用力地去抓。有时候,婴儿也可能抓住一个玩具摇晃,这是一种无意的动作,可能听到玩具发出的响声后,会促使他们摆弄玩具,但是这些活动也是无意的。有时候,孩子也可能无意地抓被子,但是这种动作也都是偶然的。

(4)手眼不协调的抓握。当婴儿看到一个小物体,并且伸出手想去抓,但是又无法准确地抓到,双手总是在物体的周围打转时,说明婴儿已经能够有意识进行某些行为了。受到高级神经系统发展程度的制约,婴儿的手眼还不很协调,大脑还不能完全支配手的动作,因此还不能准确地抓住看到的东西。

(5)手眼协调。9~10个月,儿童的手眼就比较协调了,能够抓住或拿到想要的东西。1岁以后,儿童的手眼协调能力逐渐发展成熟。儿童能够利用视觉提高抓握物体的准确性,动作的目的性也逐渐增强,能够成功完成一些简单的活动。虽然,儿童在有目的地完成一些活动,除了动手去做,还会动用一些无关的身体部

---

① 陈帼眉.学前心理学[M].北京:北京师范大学出版社,2000:304—305.

位,这可能与幼儿大动作的弥散性有关。幼儿的手眼协调能力一旦发育成熟,他们就会主动用手去探索观察到的世界,这些活动反过来促进儿童动手能力的发展。例如,儿童2岁左右就能不断重复某一种动作而且玩得不亦乐乎,他们能够用小勺子把东西放到嘴里;3岁左右,儿童可以慢慢练习使用筷子、自己刷牙、解开衣服扣子等;4岁左右就能够握笔画画或者使用剪刀剪纸;6岁左右能够慢慢练习握笔写字、系鞋带。这些活动需要手眼协调才能完成,儿童在成功完成这些活动的过程中进一步推动了手眼协调能力的发展。

三、学前儿童意志品质的发展

意志品质是评价一个人意志是否坚强的标准,它形成于意志行动的过程中,并贯彻意志行动始终。意志品质主要有行动的目的性(自觉性)、果断性、坚持性和自制性。

(一) 学前儿童行动目的性的发展

目的性指一个人能自觉地确定意志行动的目的,能深刻地认识到行动的正确性和重要性,并自觉地调节和支配自己的行动,使之符合行动目的的品质。有目的性品质的人,同时也具有独立性和主动性。他们既能倾听和接受合理建议,又能坚持真理,信守原则,排除诱惑,不盲从,也不固执。与目的性相反的品质是受暗示性和独断性。受暗示性的人,对自己的行动目的缺乏清楚的意识,不能自觉遵守有关规则,人云亦云,缺乏主见,很容易受到别人的影响而轻易改变行动的目的。独断性的人具有主观、片面、一意孤行等行为特点,不接受别人合理的建议,毫无理由地坚持自己的错误做法,所谓"固执己见,独断专行"就是指的这种品质。受暗示性和独断性,两者在表面上似乎截然不同,实际上都是意志薄弱的表现。

学前期是儿童行动目的性形成和发展的重要时期,学前儿童的行动目的性一般可分为四个阶段。

(1) 缺乏明确目的。幼儿前期,个体的行动往往具有无目的性,他们根据自己当前的想法开始行动。行动的过程中,往往受到外界和当前情景的影响,因而活动可能会终止也可能会改变方向。如,3岁的幼儿可能正在玩积木,此时如果出现新的活动,如吸引人的电视节目,那么他们就可能扔下积木,去看电视了。如果此时,你问他为什么堆积木,他也不知道为什么。

(2) 成人引导目的。幼儿期,个体往往没有具体的行为目标,如果成人告知幼儿行为的目的,那么他们也能够在成人的要求中完成任务。如,成人用语言指导和行为示范,教幼儿一支简单的舞蹈,那么幼儿能够模仿成人,按照一定的步骤学会这支舞。

(3) 形成自觉目的。在成人的引导下,幼儿能够形成一定的行为目的,但是这种目的的自觉性程度并不高。随着年龄的增长,儿童行为自觉性在增强,在行动中,幼儿能够自己提出行为的目的,如搭积木或者画画时,能够自己确定主题,自觉地选择方法,达成目标。受到认知和语言发展的限制,这一意志行动的顺利完成,还需要成人耐心的引导和帮助。

(4) 形成明确目的。在学前后期,幼儿已形成了比较明确的行为目的,他们能够确定自己的行为目的,并且自主选择或者修正达成目标的计划。这一时期,成人要有意识地帮助儿童自主确定行为的目的,而不能直接给儿童设定目的。在儿童行为的过程中,成人要巧妙引导其意志行动,鼓励他们按照自己选定的行为方法完成任务,达到目标。在引导儿童形成明确的行为目的时,成人还应该注意引导儿童思考行动结果的合理性和道德要求。成人应该在幼儿早期,注意培养良好的意志品质,从而保证儿童意志行为的良好发展。

学前儿童行动目的性的发展与动机有密切关系,行动目的性与动机关系的发展经历了如下两个阶段。在第一个阶段,行为目的和动机是一致的。如幼儿在行动中目的和动机统一的代表性活动是游戏活动,在游戏活动中,幼儿的动机是游戏,目的也是为了玩游戏。如"穿珠子"游戏,幼儿在这一活动中主要就是为了把珠子穿在一起,活动的目的也就是反应这一过程,并不是将珠子穿成什么形状。在第二阶段,行为的目的和动机是不一致的。如幼儿吃青菜,这一目的并不是为了吃青菜,而是为了得到成人的表扬或者其他奖励。幼儿行为的目的和动机不一致反映了直接动机向间接动机的转化,这是为适应正常的社会实践做准备。

(二) 学前儿童果断性的发展

果断性是指善于辨明事物真相,迅速而合理地采取决定和执行决定的意志品质。具有果断性意志品质的人,善于在复杂的环境中,根据自己所认识的事物的规律,迅速而有效地采取决定,做到当机立断,一经决定便立即投入行动;同时,当情况发生变化时,又能立即停止执行或改变已作出的决定。与果断性意志品质相反的是优柔寡断和冒失、轻率。优柔寡断的人,经常表现出三心二意、徘徊犹豫的心情,遇事总是顾虑重重、患得患失、该断不断,其结果常常是坐失良机,一事无成。而冒失、轻率的人,则遇事不加考虑,也不做周密的计划,只凭一时冲动鲁莽行事,草率地作出决定和采取行动。

学前儿童在活动中,有时可能会遇到两个或两个以上的目标,这些目标不能同时实现,常常会引起意志行动中的目标冲突或动机斗争。当学前儿童在意志行动中遇到目标冲突时,是坚持已有的目标还是转换目标?这对儿童的果断性具有极大的挑战。意志行动中常见的冲突种类有三种:(1)双趋冲突,是指两个目标都吸引人们,但只能选择其中一个目标时内心的冲突;(2)双避冲突,是指两个目标都不是人们想要的,但必须选择其中一个时内心的冲突;(3)趋避冲突,这是同一目标对人既有吸引力又有排斥力时产生的。学前儿童在解决这些冲突时,就体现并锻炼其意志的果断性。

总体来说,学前儿童的果断性还比较差,当他们面临动机冲突时,他们往往犹豫不决,或草率决定,不能在成人的指导或暗示下做出决断。

(三)学前儿童坚持性的发展

坚持性是衡量学前儿童意志发展的另一个指标。坚持性是指儿童能够在较长时间内连续地自觉按照既定目的去行动。具有坚持性意志品质的人,一方面表现为善于抵御不符合目的的种种主客观诱因的干扰,做到目标专一、始终不渝;另一方面表现为善于克服困难,善于在失败中吸取教训,百折不挠,不达目的誓不罢休。与坚持性相反的意志品质是顽固、执拗和动摇。顽固、执拗的人,既不懂客观规律,又不能正确评价自己,执迷不悟,有时明知错误,还要一意孤行、我行我素;动摇的人,碰到一些小的挫折就望而止步,停止已经开始的工作,见异思迁,虎头蛇尾,经常放弃或改变自己已作出的正确决定。这两种表现,看起来是明显不同,但都是掌握不住自己、意志薄弱的体现。

学前儿童行动中的坚持性,体现了儿童行动的目标的明确性和动机的强度,也体现了他们克服困难的程度。

学前儿童的坚持性随着年龄的增长而提高。1～2岁婴儿的坚持性开始萌芽,如观察发现,婴儿摆弄同一种玩具的时间能长达3～9分钟。另一些实验分别以3岁、4岁、5岁、6岁的幼儿为研究对象,实验任务有"哨兵持枪姿势""找星星"和"走迷津"。"哨兵持枪姿势"考察儿童控制自己动作方面的坚持性。不同的条件下,幼儿保持特定姿势的时间都是随年龄增长而增长的。并且年龄越小,幼儿坚持性的水平越低,他们虽然能够意识到控制自己的行动,但是行动过程仍然不受行动目标制约,并且常常违背成人的语言指示。实现目标的过程中,如果任务比较枯燥或者有点困难,年龄小的幼儿很难坚持下去。"找星星"和"走迷津"任务是考察幼儿在智力活动中的坚持性,前者主要研究幼儿在克服单调枯燥的活动中引起心理困难时的坚持性,后者主要研究幼儿在克服困难时的坚持性。研究结果显示,随着年龄的增长,坚持性水平也随之提高。

坚持性发生明显质变的年龄是4～5岁,已有实验数据表明,5岁儿童的坚持性得分明显高于4岁儿童,这两个年龄段坚持性的差异大于其他任何相邻年龄段的坚持性得分差异。4～5岁是坚持性发展的关键期,因此也是坚持性的可塑期,成人应根据已有的条件培养幼儿的坚持性,为未来良好的意志品质打下好的基础。

(四)学前儿童自制性的发展

自制性是指善于控制和支配自己的情绪,约束自己言行以利于任务完成的意志品质。与自制性相反的意志品质是任性和怯懦。任性的人放纵自己,对自己的言行不加约束,为所欲为,很容易受到外界的引诱和干扰而不能控制和调节自己的行动;怯懦的人在遇到困难采取行动时,表现为畏缩不前或仓皇失措。任性和怯懦这两种品质都是不能排除消极情绪的干扰,即是意志薄弱的表现。

学前儿童自制性的发展有一个过程。3岁左右的幼儿一般还不善于控制自己的愿望和行为,他们喜欢做他们感兴趣的事情,且容易受外界因素的干扰。他们在游戏过程中,常常因为某个幼儿打岔,就中断游戏,参与到争执中去。4～5岁的幼儿就开始逐步控制自己的愿望和行为,在游戏活动中,能够抑制自己的喜好,将好玩的玩具让给其他同伴,能够遵循游戏规则,完成游戏。5～6岁的幼儿一般已能够主动地控制自己的愿望和行为,服从整体的利益、规则或成人的要求,甚至能抗拒别人的干扰,坚持完成任务。

但是,由于学前儿童神经系统发育的不完善,其神经的抑制功能还不强,因而他们的自制力还较差,经常表现出任性。如在和妈妈去幼儿园的路上,看见自己想要的玩具就会执意要求妈妈给他(她)买,如果妈妈不同意就会哭。随着神经系统的发育成熟和成人的教育,儿童的任性会逐步得到改善。

四、影响学前儿童意志行动发展的因素

(一)遗传与成熟

遗传素质对儿童意志行动的发展起着相当重要的作用。意志行动是由神经系统支配骨骼、肌肉系统

的活动,与大脑及神经系统的发展有密切关系。遗传为儿童意志行动的发展提供了生理基础。此外,遗传带来的身体个别部位的缺陷和大脑皮层运动区域的缺陷,对相应意志行动的发展产生不利影响。

学前儿童意志行动的发展受生理成熟的影响也显而易见。2～6 岁是儿童动作发展的关键期。最初的基础性动作是在这个时期学会的,4 岁以后的意志行动对以后的目的性行为的发展具有重要意义。随着大脑神经系统的发育成熟,神经纤维的髓鞘化逐步完成,学前儿童的神经抑制功能也得到发展,其自制力也随之逐步加强。

(二) 教育与训练

儿童的意志行动不是自然成熟的结果,而是要经过练习才能获得。成熟只是提供发展的可能性,在成熟的时间范围内,练习起着十分重要的作用。对婴幼儿来说,在学习各种动作时,练习与不练习,动作发展的差异很大,许多儿童的某种运动能力始终处于初级阶段,未能发展到成熟阶段,缺乏练习机会是原因之一。成人在幼儿的游戏和日常活动中,鼓励他们克服困难,坚持完成任务,对较困难的任务进行多次练习,可以促进他们意志行动的发展。如指导孩子吃饭、穿衣服,主要通过小步子的学习和模仿进行的,都可以采用分步训练的方法。在对学前儿童意志行动的教育与训练中,言语指导起到重要的促进作用。幼儿期已经初步掌握了语言,儿童可以通过语言调节自己的意志行动。如幼儿摔倒后,爸爸鼓励他自己爬起来:"宝宝很棒,自己能起来"或者"宝宝很棒,宝宝不疼",这样的言语指导可以帮助幼儿在以后类似的情境下自觉地调节自己的行动,克服困难,实现目的。正是在成人的指导和训练下,学前儿童的意志行动水平得到不断发展。

(三) 兴趣

兴趣是激起活动动机的手段,如婴儿爬行、学走路时,用诱人的玩具吸引他向玩具的方向爬去或者走去。一些研究发现,幼儿进行游戏时,幼儿对游戏的兴趣较强,他们的坚持性行为显著高于对游戏兴趣不高的幼儿。

(四) 自信心

成人对学前儿童的意志行动的发展影响较大,孩子具有活动的天性,他们积极探索周围的环境,在不断尝试中获得成就感和自信心。增加学前儿童的自信心,是发展各种动作和意志动作的有力的内部力量。当学前儿童在行动的过程中得到一点点的进步时,成人给予及时的鼓励和肯定,这种鼓励和成功感可以进一步增加儿童行动的自信心。当他们在活动中失败时,成人及时的鼓励和支持,能够帮助他们化解沮丧和不快,受到鼓舞后儿童能够再接再厉,最终达到预期目标。如某小孩摔倒后,家长冷静地帮助他,让他们觉得这是一件很平常的小事,之后小孩就会很自信地继续自己的活动;如果家长遇到这种情况大惊小怪,不帮助孩子分析原因,而且还会斥责孩子,这样可能会打击孩子的积极性,伤害孩子的自信心,也会渐渐丧失活动的热情。

(五) 态度

学前儿童对行为的态度会影响他的意志行动。如有些儿童对一些事物不感兴趣或者已经有过"没有意思"的体验,那么当这些事物出现时,他们接触这些事物的积极性就会减弱,在行动中也不会与同伴争抢。其次,学前儿童对意志行动的理解,对自我控制的方法和其他意志行动方法的理解,也可能会提高他们的意志水平。最后,同伴间的比较对学前儿童意志行动存在正反两方面的作用。一些研究指出,同伴模仿影响儿童的自我评估,进而影响儿童的意志行动。如果完成同样的任务,得到的奖励比同伴的少,会导致儿童完成任务的自信心下降、注意力也降低,但是坚持性却比控制组儿童时间长,这可能是因为实验组儿童害怕再失败。这说明儿童对行为的态度对其意志行动也存在影响。

五、学前儿童良好意志品质的培养

学前儿童的意志品质是在成熟的基础上、在成人的教育指导下逐步形成的。培养学前儿童良好的意志品质,要根据儿童的年龄特征、意志品质形成的自身特征和适当的方法进行。

(一) 根据学前儿童的年龄特征有针对性地进行培养

1. 根据学前儿童的年龄特征,有意识地培养其行为的目的性

2～3 岁的儿童往往没有具体的行为目标,如果成人启发或告知他们行为的目的,如成人用语言指导和行为示范,那么他们也能够在成人的要求中完成任务。所以,对于这一阶段的儿童要多启发引导,培养其行为的目的性。对于 4～6 岁的幼儿,他们已经能够形成一定的行为目的,但是这种目的的自觉性程度并

不高,还不要成人的进一步引导和明示。随着年龄的增长,儿童行为自觉性在增强,在行动中能够自己提出行为的目的,按照目标计划调节自己的行动,甚至修改不合适的目标。所以,对于不同年龄阶段的儿童,教育的方式和提出的要求应有所区别。

2. 自幼培养独立性

学前儿童的依赖性强,行为往往缺乏主动性,经常叫嚷"妈妈,来帮我""老师,我不会"。对于这类儿童就要将加强其独立性的培养。在其日常生活中,要求他们自己吃饭、自己穿衣、自己独立完成游戏任务、自己整理自己的玩具。在遇到困难的任务时要培养其自信心和勇敢精神。

3. 有意安排各种需克服障碍才能完成的游戏培养儿童的坚持性

学前儿童在活动中常常半途而废,虎头蛇尾,缺乏坚持性。因此,家长和幼儿园老师要根据儿童的这种特点有针对性地安排一些需克服障碍才能完成的游戏以训练其坚持性。如盖楼房、学解放军站岗、学达·芬奇画蛋、比赛谁不眨眼(或站立不动、坐着不动)等游戏,都能够训练儿童的坚持性。

4. 通过合作游戏训练儿童的自制力

由于神经活动的兴奋与抑制功能不平衡,儿童往往兴奋性强而抑制性不足,所以儿童的行为缺乏自制性,表现出较强的冲动性。如果家长对其过于宠爱,就会养成他们任性的品质。因此,需要对他们进行自制力训练。在幼儿园中,教师可以安排组织幼儿进行合作游戏,培养其自制力。因为在合作游戏中,往往要求幼儿按照游戏的要求分担任务,每一个人都必须抑制自己的喜好,完成自己的任务,承担一部分责任,且要帮助同伴,这样才能取得好成绩。当然,在日常生活中也要时刻督促幼儿克制自己的不适当欲望,遵循规则。

(二)恰当地运用方法

对学前儿童进行良好意志品质的培养要讲究方法。根据以上对意志品质培养的阐述,可将学前儿童意志品质培养的方法归纳如下。

1. 目标导向法

家长和幼儿园教师通过指导和帮助孩子制定短暂和长远的目标,使孩子有明确的行动方向。

2. 独立活动法

在日常生活和游戏中,家长应尽可能让幼儿独立活动,完成自己的任务。

3. 克服障碍法

坚强的意志是磨炼出来的,越是在困难的环境中越能锻炼意志力。所以,家长和教师要有意识地创造困难的环境,鼓励儿童去克服困难,培养其坚持性。

4. 自我控制法

幼儿的意志品质是在成人严格要求下养成的,也是他们在日常生活中经常自我控制的结果。在活动和交往中,要教育幼儿克制自己,避免冲动和任性。

5. 强化法

赞扬、鼓励可以帮助学前儿童鼓足勇气、提高信心,进而促进意志的锻炼。

真　题

1. 婴儿手眼协调发生时间是( )。
   A. 2~3个月　　　　B. 4~5个月　　　　C. 7~8个月　　　　D. 9~10个月
2. 婴儿手眼协调的标志性动作是( )。
   A. 无意触摸到东西　　　　　　　　　　B. 伸手拿到看见的东西
   C. 握住手里的东西　　　　　　　　　　D. 玩弄手指

模 拟 题

1. 想吃怕胖是( )。
   A. 双趋冲突　　　　B. 双避冲突　　　　C. 趋避冲突　　　　D. 双趋避冲突
2. 儿童坚持性发展的关键期是( )。
   A. 2~3岁　　　　B. 3~4岁　　　　C. 4~5岁　　　　D. 5~6岁

▶ 阅读书目

1. 李燕.学前儿童发展心理学[M].上海:华东师范大学出版社,2008.

2. 雷雳.发展心理学[M].北京:中国人民大学出版社,2009.

3. 方富熹,方格,林佩芳.幼儿认知发展与教育[M].北京:北京师范大学出版社,2005.

第6章 学前儿童认知发展

学习目标

※ 掌握学前儿童感知觉、注意、记忆、思维、想象和言语的基本理论知识；
※ 掌握学前儿童认知发生发展的特点；
※ 了解感知觉、注意、记忆、思维、想象和言语对学前儿童心理发展的作用；
※ 运用学前儿童认知发展基本理论分析学前儿童的活动及如何促进学前儿童认知的发展。

学习导引

　　本章由六节组成。第一节简述感知觉的基本概念，学习学前儿童感知发展阶段的划分，了解学前儿童感觉、知觉、观察力的发展特点，领会感知觉在学前儿童心理发展中的作用；第二节简述注意的基本概念，学习学前儿童注意发展的特点、趋势，以及注意品质的发展内容，领会注意在学前儿童心理发展中的作用；第三节简述记忆的基本概念，学习学前儿童记忆的发展，领会记忆在学前儿童心理发展中的作用；第四节简述思维的相关概念，学习学前儿童思维的发展，领会思维在学前儿童心理发展中的作用；第五节简述想象的相关概念，学习学前儿童想象的发展，领会想象在学前儿童心理发展中的作用；第六节简述言语的相关概念，学习学前儿童言语的发展，领会言语在学前儿童心理发展中的作用。本章的重点是力求准确地理解基本概念和基本知识，同时注意把所学理论与生活和工作实践中所遇到的学前儿童心理表现和相关教育问题结合起来。

知识结构

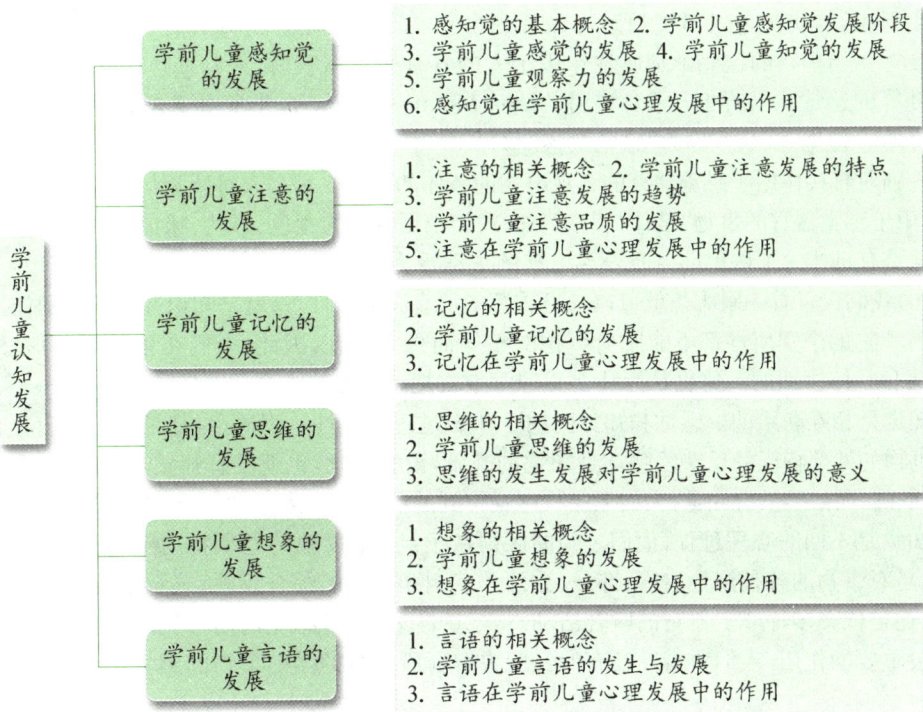

学前儿童认知发展

学前儿童感知觉的发展
1. 感知觉的基本概念 2. 学前儿童感知觉发展阶段
3. 学前儿童感觉的发展 4. 学前儿童知觉的发展
5. 学前儿童观察力的发展
6. 感知觉在学前儿童心理发展中的作用

学前儿童注意的发展
1. 注意的相关概念 2. 学前儿童注意发展的特点
3. 学前儿童注意发展的趋势
4. 学前儿童注意品质的发展
5. 注意在学前儿童心理发展中的作用

学前儿童记忆的发展
1. 记忆的相关概念
2. 学前儿童记忆的发展
3. 记忆在学前儿童心理发展中的作用

学前儿童思维的发展
1. 思维的相关概念
2. 学前儿童思维的发展
3. 思维的发生发展对学前儿童心理发展的意义

学前儿童想象的发展
1. 想象的相关概念
2. 学前儿童想象的发展
3. 想象在学前儿童心理发展中的作用

学前儿童言语的发展
1. 言语的相关概念
2. 学前儿童言语的发生与发展
3. 言语在学前儿童心理发展中的作用

引子

视而不见,听而不闻

当幼儿在集中精力玩游戏时,家长走到他的身边,他也没有看见,家长和他人说话他似乎也没有听见。可是如果你叫他的名字,他就会听到了。

为什么幼儿在玩的时候看不见别人,听不见别人说话呢?这就是通常所说的"视而不见听而不闻"。为什么当你叫他的名字时他却能够听见?这种现象被称为"鸡尾酒会效应"。这两者的原理其实都是选择性注意在起作用。当一个人注意力集中时,大脑皮层处于兴奋状态,对其临近部分进行抑制以保证更好地从事当前的活动,其他信息没有受到注意而不能得到进一步加工。因此出现"视而不见听而不闻"的现象,但是人的名字激活阈低,即敏感,所以能听到。

第一节 学前儿童感知觉的发展

直观教具的使用

在一次小班儿童的课堂中,老师给幼儿讲"猫和老鼠"的故事,老师向幼儿展示"猫"和"老鼠"的玩具。一边绘声绘色地讲猫和老鼠斗智斗勇的故事,一边演示活动教具,接着给幼儿放"猫和老鼠"的动画片,让幼儿更好地理解故事。

为什么老师在讲故事过程中将故事、"猫"和"老鼠"的玩具、视频材料都呈现出来呢?在这个过程中,幼儿是通过哪些器官去感受这些外来刺激的?如果只叙述故事,不呈现视觉材料的话,小班幼儿能很好地了解吗?学习这一节,你将会进一步了解学前儿童感知觉的发展特点。

一、感知觉的基本概念

(一)感觉和知觉

在心理学中,感觉是指人脑对直接作用于感觉器官的客观事物的个别属性的反映。它是人脑反映现实的最基本的心理活动,是各种复杂的心理过程的基础,同时也是人们了解世界、认识世界最基本的工具。

在实际生活中,婴幼儿时刻都接触到外界客观事物。这些客观事物具有各种属性,如颜色、味道、声音、温度、硬度等。当事物的这些个别属性作用于人的各种感觉器官时,人脑便产生了关于颜色、味道、声音、温度、硬度等的感觉。玛丽亚·蒙台梭利(Maria Montessori)认为,儿童主要是通过基本感觉从周围的环境中获得经验。她把3~7岁称为"感觉敏感期"。

知觉是人脑对直接作用于感觉器官的客观事物的整体的反映。它是人对感觉信息组织和解释的心理过程,说明了作用于感觉器官的事物"是什么"。例如,我们根据香蕉的颜色、形状、味道、硬度等属性,将其判断为香蕉。知觉是有机体为了认识世界而表现出来的主动行为。在知觉的形成过程中,知识经验往往起着重要作用。再如,我们仅仅看一眼香蕉就可以知道香蕉的所有其他属性,这就是知识经验所起的作用。

其实任何事物的个别属性都不能脱离事物的整体而孤立存在,因此,人们在生活中,总是同时反映事物的个别属性和整体属性的。这也是为什么心理学中常把感觉和知觉合称为感知觉。

感觉和知觉是相互联系的。感觉和知觉同属于认识过程的感性认识阶段,都是人脑对直接作用于感觉器官的客观事物的外部特征的反映。感觉是知觉的基础,没有感觉,也就没有知觉,感觉愈丰富、愈精确,知觉愈完整、愈准确;而如果没有知觉,人们无法将感觉得到的信息进行整合,也就无法认识事物的整体。

感觉和知觉是不同的心理过程,他们之间的区别在于:感觉反映的是事物的个别属性,知觉反映的是事物的整体,是对事物的各种属性、各个部分、方面及其相互关系的综合反映;感觉是仅依赖个别感觉器官的活动,而知觉是依赖多种感觉器官的联合活动。知觉并不是各种感觉的简单相加,在知觉过程中人的知识经验起着很重要的作用,人们要借助已有的经验去解释所获得的当前事物的感觉信息,从而对当前事物作出识别。

（二）感觉和知觉的特性

1. 感觉的特性

感觉的特性主要表现在以下几个方面。

（1）感受性与感觉阈限。人的感官只对一定范围内的刺激作出反应，只有在这个范围内的刺激，才能引起人们的感觉。这个刺激范围及相应的感受能力，我们称为感觉阈限和感受性。刺激物只有达到一定强度才能引起人的感觉。例如只有当灰尘聚集成较大的尘埃颗粒时，我们才能感觉到它，这种刚刚引起感觉的最小刺激量叫做绝对感觉阈限；而人的感官觉察这种微弱刺激的能力叫绝对感受性。两个同类的刺激物，他们的强度只有达到一定的差异，才能引起差别感觉，例如几百人听讲座的礼堂，如果增减一个人，人们看不出什么差别。这种刚刚引起差别感觉的刺激物间的最小差异量叫差别阈限或最小可觉差，对这一最小差异量的感觉能力，叫作差别感受性。

（2）感觉适应。是指由于刺激物的持续作用，而使人感受性发生变化的现象。感觉适应可以使感受性提高，可以使感受性降低。例如，"入芝兰之室，久而不闻其香；入鲍鱼之肆，久而不闻其臭"是典型的嗅觉适应。视觉适应在日常生活中经常发生。视觉适应有两种：一是暗适应，二是明适应。暗适应是视觉器官在弱光的刺激下感受性提高。当我们从亮处到暗处，开始什么都看不清，一段时间后才逐渐看清周围事物的轮廓。明适应是视觉器官在强光刺激下感受性降低。当从暗处来到光亮处，刚开始会觉得目眩，看不清周围的东西，几秒钟以后才能逐渐看清周围的物体。

（3）感觉对比。指同一感觉在不同刺激的作用下其感受性发生变化的现象。感觉对比有两种：一是同时对比，二是继时对比。如"月明星稀"，一个灰色方块放在黑色背景上比放在白色背景上看起来亮些，这是同时对比。吃了苦药后再吃糖，感觉糖更甜，反之，吃了糖之后再吃苦药，感觉药更苦，这些是继时对比。

（4）感觉相互作用。指不同感受器因接受不同刺激而产生的感觉间的相互影响。对一个感受器的微弱刺激能提高其他感受器的感受性，对一个感受器的强烈刺激会降低其他感受器的感受性。如听轻音乐会提高视觉感受性从而增强阅读效果。

学前儿童视力保护注意事项[①]

（1）光线需充足：光线要充足舒适，如果因光线太弱而看不清楚，就会越看越近。

（2）反光要避免：书桌边应有灯光装置，其目的在于减少反光对眼睛的伤害。

（3）阅读时间勿太久：无论看书还是看电视，时间不可太久，以每30分钟休息片刻为佳。

（4）坐姿要端正：不可弯腰驼背，不正确的坐姿容易造成睫状肌紧张，进而造成近视。

（5）阅读距离应适中：书与眼睛之间的距离以30厘米为准，且桌椅的高度应与体格相匹配，不可勉强将就。

（6）看电视距离勿太近：看电视时应保持与电视画面对角线6～8倍的距离，每30分钟必须休息片刻。

（7）睡眠不可太少，作息有规律：睡眠不足身体容易疲劳，易造成假性近视。

（8）多做户外运动：经常眺望远方放松眼肌，防止近视，多接触大自然的青山绿野，有利于眼睛的健康。

（9）营养摄取要均衡：不可偏食，应特别注意维生素 B 类（胚芽米、麦片酵母）的摄取。

（10）定期做视力检查：每年定期带婴幼儿做视力检查，检查结果如不正常，应及时进行矫正与治疗。

2. 知觉的特性

知觉的特性主要表现在以下几个方面。

（1）选择性。人所处的周围环境复杂多样，在每一时刻里，作用与人的感觉器官的刺激也是非常多的。在某一瞬间，人不可能完整地感受到对同时作用于感觉器官的全部刺激，而总是有选择地把某一事物作为知觉对象，把其他事物作为知觉的背景，这种现象叫知觉的选择性。当我们注意看黑板上的字时，黑板上的字成为我们知觉的对象，而黑板、墙壁等就成为知觉的背景。知觉的对象与背景之间的关系是相对的，是可以相互转化的。

（2）整体性。知觉的对象具有不同的属性，由不同的部分组成。但是，人们并不把知觉的对象感知为

---

① 曲苒，李明军，陈卿.学前儿童心理发展[M].北京：教育科学出版社，2014：166.

个别的孤立部分,而总是把它知觉为一个统一的整体,这种现象叫知觉的整体性。知觉对象作为一个整体不是各部分的简单相加,而是有机结合在一起。在整体性知觉中,刺激物之间的关系起着重要作用。有时,刺激物的个别部分改变了,但各部分的关系不变,仍能保持整体知觉。另外,有知识经验的补充和部分属性作用时,人才能形成对事物的整体性知觉。如幼儿在看一幅马拉车的图画时,他不是将其看成是一匹马和一辆车,而是看成一幅有内在关系的图;甚至即使他只能看到两条马腿和一个车轮,他也能将其知觉为一幅马拉车的画面。

(3)理解性。人们总是根据已有的知识经验来解释当前感知的事物,并用语言来描述它,这就是知觉的理解性。知觉的理解性是以知识经验为基础的。知识经验越丰富,对知觉对象的理解就越深刻、越全面。如一个有经验的医生在 X 光片上能够看到一般人观察不到的病变,一个有经验的操作工人能在机器运转的声响中辨别出它是否有故障。同时,言语的指导对知觉的理解性也有较大的作用。在较为复杂、对象的外部标志不是很明显的情况下,言语的指导能唤起人们的过去经验,有助于对知觉对象的理解。此外,个人的动机、期望、情绪与兴趣以及定势等对人的知觉理解性都有重要的影响。

(4)恒常性。当知觉条件在一定范围内发生改变时,被知觉的对象仍然保持相对不变,这种现象叫知觉的恒常性。常见的知觉恒常性有明度恒常性、大小恒常性、形状恒常性、颜色恒常性等。幼儿已经具有知觉恒常性,如幼儿能区分出远处的大树比眼前的小树要大,这是大小恒常性;同一件玩具小汽车,从不同的角度看,其形状不同,但是幼儿也能明白这个小汽车的形状并没有发生改变,这是形状恒常性。

二、学前儿童感知觉发展阶段

儿童感知觉的发展是一个量变到质变的过程,根据儿童感知觉发展变化的特征,可将儿童感知觉的发展分为三个阶段。

(一)原始的感知发展阶段(1 岁之前)

儿童出生时,已经有了各种感觉,如视觉、听觉、味觉、嗅觉等。知觉是在感觉的基础上逐渐发展起来的。感知过程是对刺激物的初级分析与综合。

(二)从知觉概括向思维概括的过渡阶段(1～3 岁)

婴儿主要依靠知觉的恒常性来认识事物。例如,几个月大的婴儿能分辨母亲和陌生人的脸,这是婴儿通过对不同人脸的初步概括而形成的能力。1 岁后,随着语言的萌芽和发展,知觉的概括性水平逐渐提高,他们也能根据某个事物的明显特征来辨认物体。例如,根据扣子辨认自己心爱的娃娃。对于成人来说是差不多的两个娃娃,幼儿会"执拗"地只要其中一个有扣子的娃娃,这说明幼儿对"娃娃"的认知还处于知觉水平,并没有像成人那样达到概括水平,因为成人对娃娃的扣子往往是忽略的。随着儿童语言和思维的发展,儿童知觉的概括水平会逐步提高,开始向思维的概括过渡。

(三)掌握知觉标准并具有观察力阶段(3 岁以后)

3 岁以后,儿童对物体的知觉,逐渐和有关概念相联系。同时,幼儿的知觉活动已发展到能够进行观察,能够有目的、有意识地去知觉。4～5 岁以后,观察力进一步发展,能够掌握观察方法[①]。

三、学前儿童感觉的发展

根据刺激来源的不同,可以把感觉分为外部感觉和内部感觉。外部感觉是机体以外的客观刺激引起的、反映外界事物个别属性的感觉,包括视觉、听觉、嗅觉、味觉和触觉。内部感觉是机体内部的客观刺激引起的、反映机体自身状态的感觉,包括运动觉、平衡觉和机体觉。下面重点介绍学前儿童外部感觉的发展特征。

(一)视觉的发展

大量研究证实,视觉最初发生的时间是在胎儿中晚期,4、5 个月的胎儿即已有了视觉反应能力以及相应的生理基础。

1. 学前儿童视敏度的发展

视敏度,即视力,是指精确地辨别细微物体或处于一定距离物体的能力。视敏度的发展,需要依靠眼的晶状体的变化来调节,需要依靠控制眼动的能力,还需要依靠中枢神经系统对视觉信号加以辨认,而不是单纯地依靠原始的视觉反映。儿童出生后就能够看见眼前的东西。新生儿最佳视距在 20 厘米左右,相

---

① 陈帼眉.学前心理学[M].北京:北京师范大学出版社,2000:77.

当于母亲抱着孩子喂奶时,两人脸对脸的距离。有研究对新生儿进行"视觉眼球震颤"实验,发现新生儿在20 英尺处才能看见视力正常成人在 150 英尺处看见的东西。出生后 6 个月以内是视觉发展的敏感期。我国有研究指出:1～2 岁婴儿的视力为 0.5～0.6;3 岁时,视力可达 1.0;4～5 岁后,视力趋于稳定。

据一项对 4～7 岁幼儿的视敏度进行调查的研究发现,在幼儿能看出某圆形图上缺口所需的平均距离方面,不同年龄的幼儿其结果是不同的。4～5 岁幼儿所需的平均距离为 210 厘米;5～6 岁为 270 厘米;6～7 岁则为 3 米。可见随着年龄的增长,视敏度也在不断提高,但其发展速度是不均衡的。

弱视是儿童视觉发育障碍的一种常见病,弱视儿童的视力达不到正常水平,两眼不能同时注视一个目标,无立体感,不能判断自身的空间位置,分不清物体离自己的远近高低,定位不准确,不能完成精细动作。对儿童的弱视应早期发现和治疗。据研究,无器质性病变的弱视,经及时治疗后,绝大多数儿童可以获得正常视力。治疗弱视的最佳期限是 3～5 岁,12～13 岁以后弱视已经巩固,难以治疗。

2. 颜色视觉的发展

颜色视觉,也称辨色能力,指区别颜色细微差异的能力。颜色视觉与颜色的三种特性有关,即颜色的明度、色调、饱和度。幼儿期对颜色辨别力的发展,主要依靠生活经验和教育。

大量研究证实,2～4 个月婴儿的颜色知觉已发展得很好,4 个月时已表现出为对某种颜色的偏爱,且已具有正确的颜色范畴性知觉。幼儿期,颜色视觉的发展主要表现在区别颜色细微差别能力的继续发展,同时,幼儿期对颜色的辨别经常和掌握颜色名称结合起来。3 岁儿童还不能认清基本颜色,不能很好地区别各种颜色的色调。如蓝和天蓝,红和粉红等。4 岁时开始区别各种色调细微差别的能力逐渐发展起来,开始认识一些混合色。5 岁儿童不仅注意色调,而且注意到颜色的明度和饱和度,能够辨别更多的混合色。6 岁儿童在按照明度和饱和度选取相同的图片中,正确率已达 80%。

研究表明,6 岁前的中国幼儿基本上都喜欢亮度大的红、橙、黄色,性别差异不明显。7 岁前对颜色的爱好基本上不受物体固定颜色的影响。7～8 岁是儿童颜色发展的转折期。丁祖荫、哈永梅对幼儿辨色能力进行研究,得出以下结论:幼儿正确辨认颜色的百分率和正确辨认颜色数均随年龄增长而提高;幼儿正确辨认颜色的百分率,因年龄不同、颜色不同、辨认方式不同而有差异;幼儿辨认颜色主要在于掌握颜色的名称,如果混合色有明确的名称,淡棕、橘黄,幼儿同样可以掌握;幼儿辨认颜色之所以发生错误,可能由于辨认颜色能力没有很好发展,也可能由于注意力不集中,不认真仔细区分辨别等原因;幼儿对于某些颜色,如天蓝等,不能辨认或不善于辨认,并非完全由于缺乏颜色能力,主要是由于在生活中接触机会少,成人也没有做有意识的指导[①]。

色盲是颜色视觉异常,它分为全色盲和局部色盲。全色盲的人丧失了对颜色的感受性,只能看到黑色、灰色和白色。这种病人很少见,在人口中只占 0.001%。患局部色盲的人还有颜色经验,但他们经验到的颜色范围比正常人要小得多,例如红绿色盲分不清红色和绿色。

(二) 听觉的发展

对胎儿的研究结果表明,5～6 个月的胎儿已开始建立听觉系统,可以听到透过母体的 1 000 赫兹以下的声音。比如,汽车喇叭声会引起胎儿的运动反应,如翻身、踢腿等。对不同乐音产生不同的反应。儿童出生以后,听觉系统已经起作用,新生儿对不同的声调,声音的纯度、强度、持续时间等都有不同的反应。

相对于物体的声音,新生儿更偏爱人的声音。新生儿偏爱母亲的声音,柔和的或高音调的声音。有研究表明,女性的声音比男性的声音,连续不断的声音比间断的声音、母亲的声音比其他女性的声音更能对新生儿起到安抚和镇静的作用。

新生儿的听觉活动往往和视觉协调发展,出生后半个月已经很明显。新生儿听见人声时,眼睛会朝着声音方向转去。摇动拨浪鼓时,新生儿都能把头转向声源方向,似乎用眼睛寻找声源。

0～3 个月婴儿的听觉发展主要是脑干的听觉中枢的反射性听觉反应。3 个月后,有意义的听觉活动逐渐发展。6 个月的婴儿能够敏感地识别母亲的声音。7 个月以后,婴儿听觉发展主要是和语言发展联系起来。随着年龄的增长,特别是在学习语言、接触音乐环境和接受听觉训练的过程中,儿童的听觉迅速发展起来。

1. 听觉感受性

听觉感受性包括听觉的绝对感受性和听觉的差别感受性。绝对感受性指幼儿分辨最小声音的能力。

---

① 丁祖荫,哈永梅. 幼儿颜色辨认能力的发展[J]. 心理科学通讯,1983(2): 16—19.

差别感受性指幼儿分辨不同声音间的最小差别的能力。

儿童的听觉阈限值逐渐下降,新生儿的听觉阈限在最好的情况下要比成人高出 10～20 分贝,最差的时候要高出 40～50 分贝。随着他们年龄的增加,听觉感受性越来越接近成人,对高频声音的听觉,接近最佳水平的时间要早于对低频声音的听觉,6 个月时他们对高频声音的敏感已经接近成人水平。4～7 岁的儿童对纯音的听觉阈限要比成人高 2～7 分贝。在辨别声音细微差异即差别感受性方面,5～7 岁儿童比 4 岁左右有明显进步。有研究表明,5～6 岁儿童在 55～65 厘米距离处能听到表的走动声,6～8 岁儿童在 100～110 厘米距离处能听到表的走动声。婴幼儿的语音听觉和音乐感知能力与其年龄呈正相关,其中,早期的语言及音乐环境对其听力的提高有着积极的促进作用。

8 岁儿童的听觉感受性比 6 岁儿童的听觉感受性几乎增加一倍。对声音敏感性的增长一直持续到 12～13 岁。成年以后,听力逐渐降低。研究发现,20 岁以后,年龄每增加 10 岁左右,听力曲线就有较明显的下降。年老时,对高频的声音最先丧失。

2. 言语听觉

幼儿对词的言语听觉也在发展。研究表明,幼儿中期可以辨别语音的微小差别,幼儿晚期时,儿童基本上能辨别本民族语言所包含的各种语音。

重听指有些幼儿虽然对别人所说的话听得不清楚、不完全,但是,他们常常能根据说话者的面部表情、嘴唇动作及当时说话的情境,正确地猜到别人说话的内容。重听对幼儿言语听觉、言语及智力的发展都会产生危害,但往往为人们所疏忽,因此成人、尤其是教师应当多加重视。

幼儿听力的保护和培养的方法有:(1)避免噪声污染,在家应该为幼儿创设安宁环境,在幼儿园教育孩子要避免大声喧哗,采用吸音设备,用养花、种草等净化环境;(2)创设良好的音乐环境,音乐和音乐活动都是幼儿发展听觉的有力手段;(3)通过学习语言,发展幼儿听觉,在幼儿园,可组织专门训练听力的游戏、听觉辨别力训练等。

(三)味觉、嗅觉、触觉、动觉和痛觉的发展

1. 味觉和嗅觉

胎儿自 4 个月开始已经受到足够的味觉刺激,出生时味觉已发育得很好,并在其防御反射机制中占有重要的作用。新生儿对不同的味觉刺激有不同的反应。对糖水做吸吮动作,对酸梅汁则做怪相。婴儿对味觉上的差异非常敏感,遇到与习惯了的滋味有细微区别的东西,就能立刻辨别出来。所以在婴儿时期,就要使孩子习惯适应各种味道的食物,避免儿童养成偏食的习惯。味觉在婴儿和幼儿时期最发达,以后就逐渐衰退。

胎儿在 7～8 个月已有了初步的嗅觉反应能力,已能大致区别几种不同的气味。新生儿已能对各种气味作出相应的典型反应,如闻香蕉的气味露出兴奋的表情,闻到榴莲的气味则皱眉、转头。还能够由嗅觉建立食物性条件反射,并有初步的嗅觉空间定位能力。嗅觉对人类有一种自我保护功能,嗅觉敏锐可以帮助人们及早地发现危险、避免危险。保持孩子敏锐的嗅觉,可以使他们增加对周围环境做出正确判断的能力。

2. 触觉

胎儿在 49 天时就具有初步的触觉反应,2 个月时能对细而尖的刺激产生反应活动。触觉是肤觉和运动觉的联合,也是幼儿认识世界的主要手段,对他们的生长过程起着重要作用。新生儿明显表现出对触摸的敏感,他们表现的第一感觉现象就是通过触摸去反应。4 个月以后的婴儿已具有成熟的够物行为,视触协调能力已发展起来。5～6 个月的婴儿出现了听觉和触觉的协调。6 个月左右开始出现手眼协调动作。婴儿 1 岁时已经能够只用手的搜索认识规则物体,学前期的儿童趋向于手指搜索物体的外形。

触觉的敏感性在他们出生后的头几年就快速增长。随着儿童年龄的增长和身体运动能力的增强,他们一步一步地发展起主动寻找触觉刺激的能力。这种能力在婴儿期主要表现为口腔触觉活动,在幼儿期则主要表现为手的触觉活动。除此之外,学前儿童对爱抚、拥抱的需求也很强烈。

3. 动觉

婴儿喜欢伸展肢体、蹬踢小腿,随着年龄的增长,动作能力越来越强,运动觉也随之发展起来。在幼儿中、晚期已经建立起很好的身体运动的意识,能自如地控制身体的运动和姿势。学前儿童活泼好动也可能是因为对运动觉的需要。

4. 痛觉

新生儿的痛觉感受性很低,儿童的痛觉是随着年龄增长而发展的,痛觉感受性越来越高。任何一种刺

激当它对有机体具有损伤或破坏作用时,都能引起痛觉。痛觉发生的条件是:(1)伤害或过强刺激的刺激量;(2)痛觉阈限;(3)痛的情绪。引起孩子疼痛的刺激常常是意外出现的,在一定程度上可以控制。疼痛包括两个成分,即痛的感觉和痛的情绪。痛觉具有保护机体免受伤害作用。成人对孩子痛的情绪起着暗示作用。例如,幼儿摔倒,开始不感到痛,但看到大人的紧张情绪,也紧张起来,而且哭得越来越凶,越来越觉得痛。

四、学前儿童知觉的发展

知觉有多种,根据不同的标准,可以对其进行不同的分类。根据知觉活动中起主导作用的感官来分,可将知觉分为视知觉、听知觉、嗅知觉、味知觉等。根据知觉所反映事物的特性来分,可以把知觉分为空间知觉、时间知觉和运动知觉,本书重点介绍这一划分类型。

(一)空间知觉

空间知觉是对物体的空间关系的认识。它包括形状知觉、大小知觉、深度与距离知觉、方位知觉。空间知觉在人与周围环境的相互作用中有重要作用。

1. 形状知觉

形状知觉指对物体的轮廓和边界的整体知觉。形状知觉是视觉、触觉、动觉协同作用的结果。在三者的协同活动中,幼儿对几何形体知觉的效果最好。婴儿很小的时候已经能分辨出不同的形状。例如,当某个幼儿能认出窗户、门、床等物体是方形的,球是圆形的,这说明他们已经具有形状知觉。

对幼儿期形状知觉发展的研究,往往是通过让幼儿用眼或手辨别不同几何图形进行的。实验表明,3岁幼儿基本上能根据范例找出相同的几何图形。5~7岁幼儿的正确率比3~4岁儿童高。对幼儿来说,对不同几何图形辨别的难度有所不同,从易到难的顺序是:圆形→正方形→半圆形→长方形→三角形→五边形→梯形→菱形。幼儿叫出图形名称比辨认图形要晚,对形状的知觉发展在先,用词概括形状的能力发展在后。通过游戏,可以提高幼儿形状知觉的水平。

2. 大小知觉

大小知觉指对物体长短、面积和体积大小的知觉。大小知觉符合大小-距离不变假设,用公式表示为:

$$a = A/D$$

a 指视网膜投影的大小,A 指物体的大小,D 指对象与眼睛的距离。视网膜投影的大小与物体的大小成正比,与距离成反比。

同时物体的熟悉性、临近物体的大小的对比、身体姿势与环境间的正常关系是影响大小知觉的因素。研究表明,6周的婴儿对积木大小的知觉已显示了知觉的恒常性。有研究表示,2岁半到3岁是孩子判断平面图形大小能力快速发展的阶段。对图形大小判断的正确性,依赖于图形本身的形状。例如幼儿判断圆形、正方形比椭圆形、长方形容易。儿童判断大小的能力还表现在判断的策略上。4~5岁幼儿在判断积木大小时,要用手一个一个地摸积木的边缘,或把积木叠在一起去比较。而6~7岁幼儿由于经验的作用,可以只凭视觉指出一堆积木中大小相同的积木。

3. 深度和距离知觉

深度知觉、距离知觉比形状知觉更复杂。深度知觉涉及三维空间,即不仅能够知觉物体的高和宽,而且能够知觉物体的距离、深度、凸凹等。吉布森和沃克(Gibson & Walk)的"视崖"实验(如图6-1所示)说明了6个月的婴儿已经有了深度知觉。2~3个月时已有了对来物的保护性闭眼反应,由此说明了较小的婴儿已经具有以视觉为主的距离知觉。

幼儿可以分清他们所熟悉的物体或场所的远近,对于比较广阔的空间距离,他们还不能正确认识。幼儿常常不懂"近物清楚、远物模糊""近物大、远物小"等感知距离的视觉信号,所以画出的物体也远近大小不分。深度知觉的发展受经验的影响较大。研究表明,10~13个月才开始爬行的婴儿,其深度知觉发展水平仅相当于正常7~9个月的孩子,因为他们积累的经验过少。游戏和体育活动能够促进幼儿深度知觉的发展。

经典实验：视崖实验

"视崖"是视觉悬崖的简称,是由美国心理学家沃克和吉布森首创设计的一种用来观察和评估婴儿深

图6-1 "视崖"实验装置

度知觉的平台式实验装置,该装置能够使婴儿产生深度幻觉。如图6-1所示,该视崖装置由一张1.2米高的桌子和顶部的一块透明厚玻璃组成。桌子的一半是用红白图案组成的结实桌面,称为浅滩;另一半是同样的图案,但它在桌面下面的地板上,称为深渊。在浅滩边上,图案垂直降到地面,虽然从上面看是直落到地上的,但实际上有玻璃贯穿整个桌面。在浅滩和深渊的中间是一块0.3米宽的中间板。这项研究的被试是36名年龄在6~14个月的婴儿。这些婴儿的母亲也参加了实验。每个婴儿都被放在视崖的中间板上,先让母亲在深渊的一侧呼唤自己孩子,然后再在浅滩的一侧呼唤自己的孩子。研究结果显示,9名婴儿拒绝离开中间板,当另外27位母亲在浅滩的一侧呼唤他们时,只有3名婴儿极为犹豫地爬过中间板。当母亲从视崖的深渊呼唤孩子时,大部分婴儿拒绝穿过视崖,他们远离母亲爬向浅的一侧,或因为不能够到母亲而大哭起来。这说明婴儿已经意识到视崖深度的存在。为了比较人类与小动物的深度知觉能力,沃克和吉布森也对其他种类的动物(鸡、老鼠、羊、猫、狗等)进行了视崖实验(当然没有母亲的招手和吸引)。这些动物被放在视崖的中间"地带",观察它们是否能区别浅滩和深渊,以避免摔下悬崖。吉布森和沃克指出,他们所有的观察结果和进化论完全一致。也就是说,所有种类的动物,如果它们要生存,就必须在能够独立行动时发展感知深度能力。对人类来说,这种能力到6个月左右才会出现;但是对于鸡、羊来说,这种能力几乎是一出生(一天之内)就出现了;而对于老鼠、猫和狗来说,大约在4周时出现这种能力。因此研究者得出结论:这种能力是天生的。

4.方位知觉

方位知觉是指个体对物体的空间关系和自己的身体在空间所处位置的知觉。婴儿的方位知觉,即对方向的定位能力,出生后已有所表现。正常婴儿主要依靠视觉定位。

幼儿的方位知觉水平不高,发展趋势是:3岁辨别上、下方位;4岁开始辨别前、后方位;5岁开始能以自身为中心辨别左、右方位;6岁幼儿虽然能够正确地辨别上、下、左、右四个方位,但在以左、右方位的相对性来辨别左、右时仍感到困难;7岁才开始能够辨别以别人为基准的左右方位,以及两个物体之间的左右方位。幼儿方位知觉的发展早于方位词的掌握。所以教师在教学中应该把方位词与实物联合起来。例如教师往往对小班幼儿说:"站到靠墙的一边",而不是说:"站到右边";老师可以说"举起右手,就是拿勺子的手"帮助幼儿逐渐明白"右"这个方位词。

(二)时间知觉

时间知觉是对时间发展变化的延续性和顺序性的反映。婴儿主要是依靠生理上的变化产生对时间的条件反射,也就是人们常说的生物钟。白昼和黑夜的交替变化,让4~5岁儿童首先使用标志时间的一些简单词汇,如"早上""中午""明天"。6岁儿童能掌握一些时间间隔较长的名词,如"周""年"等,但这并不意味着他们具有相应的时间知觉。这个时期的儿童还不能在较短的时间范围内掌握时间关系的逻辑,有时还会把时间和空间混淆,用空间概念代替时间概念,心理学把时间知觉受空间事件影响的现象称为Kappa效应。有研究表明,5岁儿童往往分不清事件的空间关系和时间关系,用事件的空间关系来估计时间,这时Kappa效应最大;随着年龄的增长,儿童的Kappa效应逐渐减少,有的7岁儿童已能利用时间标尺,到8~9岁时,60%~75%的儿童都能主动使用时间标尺,把事件的空间关系与时间关系区分开来,估计时间的准确性也明显提高了。

(三)运动知觉

运动知觉是人脑对物体运动特性的反映。运动知觉非常复杂,有时候实际运动的物体被知觉为没有运动,而没有运动的物体却被知觉为在运动。所以,运动知觉包括对真动的知觉和对似动的知觉。

真动知觉是观察者处于静止的状态下,物体实际运动连续刺激视网膜而产生的物体在运动的知觉。对于物体运动速度非常慢(如时针的运动)和非常快的运动,我们难以知觉到它的运动。另外,我们所知觉到的运动速度与实际物体的运动速度可能不一样,如,对于同样的运动速度,近的物体会知觉得速度快些,远的物体会知觉得慢些;物体在广阔的空间里被知觉得慢些,而在狭窄的空间里会被知觉得快些;物体在垂直方向上运动显得快些,而在水平方向上运动显得慢些。

似动知觉是指在一定的时间和空间条件下,对于实际没有运动的现象我们知觉到它在运动。如我们通常看到的月亮的运动,其实是云彩的运动导致对月亮运动的知觉;我们坐在一列靠站停止的火车上,当相邻的一列火车开动时,我们会觉得是我们所坐的这列火车开动了。这其实是运动错觉现象。

五、学前儿童观察力的发展

观察是一种有计划、有目的、有组织、比较持久的高级知觉过程。是人类对客观世界的主动认识过程。观察力是分辨事物细节的能力,是智力结构的组成成分。三岁前儿童缺乏观察力。

(一)学前儿童观察力发展的特点

幼儿期是观察力初步形成的时期,幼儿观察的目的性、持续性、细致性和概括性都在逐渐完善。

1. 观察的目的性

观察的目的性是指在观察过程中儿童需要在观察对象中注意什么,寻找什么,让观察有选择性和针对性。研究发现,儿童的观察准确性随年龄提高而稳步增加。3 岁儿童的观察已经带有一定的目的性,但水平低;4～5 岁明显提高;6 岁儿童已经能够按活动任务有目的地观察,能够开始排除一些干扰进行活动。

2. 观察的持续性

幼儿观察的持续性发展与目的性的提高密切联系。幼儿初期,观察持续的时间很短。在阿格诺索娃的实验中,3～4 岁幼儿持续观察某一事物的时间平均为 6 分 8 秒;5 岁儿童有所提高,平均为 7 分 6 秒;从 6 岁开始,儿童的观察持续时间显著增加,平均时间为 12 分 3 秒。幼儿观察的持续时间随着年龄的增长而延长。

3. 观察的细致性

幼儿的观察一般是笼统的、粗略的。看得不细致是幼儿的特点和突出问题。幼儿观察时,只看事物的表面和明显较大的部分,而不去看事物较隐蔽的、细致的特征;只看事物的轮廓,不看其中的关系。例如,6 岁左右的儿童经常在认识 n 和 m、工和王等形状相似的符号时出现混淆。随着幼儿年龄的增长,幼儿观察的细致性逐渐提高,往往能从事物的形状、大小、颜色、数量和空间位置等各个方面进行观察,不再遗漏主要部分。

4. 观察的概括性

观察的概括性是指能够观察到事物之间的联系。学前儿童初期时,概括性还没有很好地发展。丁祖荫的研究表明,儿童对图画的观察逐渐概括化,可以分为以下四个阶段。第一,认识"个别现象"阶段。只有对图画中各个事物孤立零碎的知觉,不能把事物有机的联系起来。第二,认识"空间关系"阶段。只能直接感知到各事物之间外在的、空间位置的联系,不能看到其中的内部联系。第三,认识"因果关系"阶段。观察各事物之间的不能直接感知到的因果联系。第四,认识"对象总体"阶段。观察到图画中事物的整体内容,把握图画的主题。学前儿童对图画的观察主要处于"个别对象"和"空间关系"阶段。[①]

(二)学前儿童观察力培养的方法

学前儿童观察力的发展是在实践活动中,教师通过有目的、有意识的培养发展起来的,主要有以下几个方面。(1)使儿童明确观察的目的和任务,使儿童具有相应的知识准备;(2)培养幼儿观察的兴趣,使其养成观察的习惯;(3)发挥教师言语的指导作用,启发幼儿运用多种感官参与观察;(4)教给幼儿有效的观察方法,充分培养学前儿童的观察力。

六、感知觉在学前儿童心理发展中的作用

(一)感知觉是人生最早出现的认识过程

儿童心理学证明,新生儿已经具备人类的基本感觉和知觉。感知觉是人生最早出现的认识过程,是一切较高级、较复杂的心理现象的基础,是人的全部心理现象的基础。

(二)两岁前儿童主要依靠感觉和知觉认识世界

感觉和知觉是人对世界的感性认识。在 0～1 岁时,婴儿是依靠视觉、听觉、肤觉、嗅觉等和外界进行接触的。两岁之前,也是依靠从感官得来的信息对周围世界做出反映。感知觉是婴儿认识世界和自己的基本手段。

---

① 丁祖荫.儿童图画认识能力的发展[J].心理学报,1964(2):161—169.

（三）感知觉在3～6岁儿童的心理活动中仍占优势

在幼儿的认识活动中,感知觉占据重要地位。3～6岁的幼儿主要是借助于形状、颜色、味道、声音等来认识世界的;幼儿的记忆也直接依赖感知的具体材料,对直接感知的形象记忆比语词记忆的效果好;幼儿的思维3岁后虽然有所发展,也常受感知所左右。例如,在皮亚杰的守恒实验中,幼儿对物体的长短、大小、对液体容量多少的判断等,也往往是根据直接感知的事物形象来判断的。此外,幼儿的情绪和意志行为,也常受直接感知的影响而变化。例如,当幼儿看到电视上的小朋友哭时,也会跟着哭起来。

在日常生活和实际教学中,教师和父母要为学前儿童提供丰富的环境刺激和丰富多彩的游戏活动机会,注重儿童的感觉统合训练,培养儿童的观察力。

幼儿园教师资格证书考试大纲要点提示:

《幼教保教知识与能力》考试大纲"学前儿童发展"部分第5点指出:掌握幼儿认知发展的基本规律和特点,并能够在教育活动中应用。

真　　题　下面几种新生儿的感觉中,发展相对最不成熟的是(　　　)

　A. 视觉　　　　B. 听觉　　　　C. 嗅觉　　　　D. 味觉

模　拟　题　1. 吃了糖之后再吃橘子,会感觉橘子更酸;而吃了柠檬之后再吃橘子,会感觉橘子更甜,这是(　　)。

　A. 感觉适应　　B. 感觉对比　　C. 感受性的提高　　D. 感觉间的相互作用

　2. 幼儿对下列几何图形辨别最容易的是(　　)。

　A. 长方形　　　B. 正方形　　　C. 三角形　　　D. 圆形

第二节　学前儿童注意的发展

无意注意的作用

小华所在的幼儿园大班正在室内组织语言教育活动。正当大家聚精会神地听老师讲故事时,外面出来一群别的班的孩子,他们玩耍与喧闹的声音马上把小华他们的注意吸引过去,大家开始相互交谈,老师大声提醒保持安静,也没有吸引小华他们的注意。这时老师突然停了讲话,小华和同学们马上注意到老师这种变化,于是安静下来继续听老师讲故事。

小华和同学们为什么容易被外面的孩子的喧闹声吸引过去呢?在大家开始相互交谈时,为什么老师大声提醒没有作用但是突然停止讲话可以使同学们安静下来呢?学习这一节内容,你将详细了解学前儿童注意的发展特点。

一、注意的相关概念

（一）注意

注意是心理活动或意识对一定对象的指向和集中。注意有两个特点:指向性和集中性。指向性是指人在每一个瞬间心理活动或意识选择了某个对象而忽略了另一些对象。例如,当老师给幼儿看一个新奇的玩具,幼儿的心理活动或意识选择了那个玩具,而忽略了周围的人和事。注意的集中性是指当心理活动或意识指向某个对象的时候,就会在这个对象上全神贯注起来。例如,科学家在做实验时,他的注意高度集中在实验材料的变化上,而与实验无关的事就被排除在他的意识中心之外。在某些意义上,注意的指向性和集中性是密不可分的,人在高度集中自己的注意时,对周围的一切可能"视而不见,听而不闻"。

注意是一种心理状态,而不是一种独立的心理过程,它总是在感觉、知觉、记忆、想象、思维、情感、意志等心理过程中表现出来。任何一个心理过程自始至终都离不开注意。

（二）注意的类型

我们根据注意有没有目的,需不需要意志努力把注意分为无意注意、有意注意和有意后注意。

1. 无意注意

无意注意是指事先没有目的、也不需要意志努力的注意,也称为不随意注意。例如,儿童在课上听老师讲故事时,突然一只小鸟从窗户飞进来,小朋友们不约而同地把视线朝向它。无意注意是一种消极被动的注意,是对环境变化的应答性反应。

引起无意注意的主要原因有以下两点。(1)刺激物自身的特点。刺激物自身的特点包括刺激物的新异性、刺激物的强度及运动变化等。例如"鹤立鸡群"、班级来的新同学、晚上街道上的霓虹灯更容易引起人们的无意注意。(2)人本身的状态。无意注意是与人自身的状态、需要、情感、兴趣、过去经验等有着密切的关系。需要既是人们主动的探索环境的内部原因,也是引起无意注意的重要条件。如某幼儿希望自己有一辆电动小汽车,一次他和妈妈一起去商场,他立刻就被卖电动小汽车的地方吸引过去了。无意注意既可帮助人们对新异事物进行定向,使人们获得对事物的清晰认识,也能使人们从当前进行的活动中被动地离开,干扰他们正在进行的活动。

2. 有意注意

有意注意是有预定目的的、需要一定意志努力的注意,也称为随意注意,是注意的一种积极、主动的形式。只有人才有随意注意。如当幼儿听到上课铃响,会立刻走进教室,安静下来,努力把自己的心理活动从课外游戏内容转向并集中到教师所讲授的内容上,这种把注意力坚持在要上的课上的注意就是有意注意。

引起有意注意的原因主要包括以下几点。(1)对注意的目的与任务的依从性。目的越明确、越具体,越易于引起和维持有意注意。(2)对兴趣的依从性。在有意注意的过程中,间接兴趣起着重要作用,为了让幼儿更好的学习英文字母,可以采用形体表现的方式,可以在游戏中学。(3)对活动组织的依从性。有良好学习习惯的学生课外玩耍和学习时都很有规律,他能在放学回家以后规定的时间内,全神贯注地完成作业。相反,一个没有良好学习习惯的学生,经常为了玩忘记写家庭作业。(4)对过去经验的依从性。当上课时老师讲的内容和自己已有的知识经验有联系时,就更容易理解它、接受它,维持注意就较容易,如果课上的内容和自己已有的知识经验没有联系,像听"天书",要维持注意就更加困难。(5)对于人格的依从性。一个具有顽强、坚毅性格特点的人,易于使自己的注意服从于当前的目的和任务。

3. 有意后注意

有意后注意是指有预定目的但是不需要意志努力的注意。它是注意的一种特殊形式,是有意注意向无意注意转化的一种形式,通常是由于多次练习使活动达到自动化的水平。它既服从与当前的活动目的与任务,又能节省意志的努力,因而对完成长期、持续的任务特别有利。

二、学前儿童注意发展的特点

(一)幼儿的无意注意占优势

幼儿期的注意主要还是无意注意,具有以下特点。

1. 刺激物本身的特点仍然是引起幼儿无意注意的主要因素

在整个幼儿期,刺激强烈、对比鲜明、新颖的、具体形象的、变化多端的刺激物都容易引起幼儿的无意注意。例如,刚上课时,大部分幼儿不注意听老师上课,比较吵闹,老师提高声音往往并不能吸引幼儿的注意,突然放低声音或停止说话,这样反而能引起幼儿的注意,幼儿也停止喧哗。

2. 与幼儿需要、兴趣密切相关的事物逐渐成为引起幼儿无意注意的原因

随着年龄的增长,幼儿的活动范围不断扩大,生活经验比以前丰富,对一些事物逐渐表现出自己的兴趣和爱好,使得幼儿对更多的事物产生无意注意。只要符合幼儿兴趣和爱好的事物,都容易引起儿童的无意注意。因此,以游戏为主的教学方式,也最容易吸引幼儿的注意。

(二)幼儿的有意注意初步发展

幼儿的有意注意处于发展的初级阶段,水平低、稳定性差,而且要依赖成人的组织和引导。幼儿有意注意具有以下几方面的特点。

1. 幼儿的有意注意受大脑发育水平的局限

有意注意是由大脑皮质的额叶部分控制的。而额叶在大约在7岁时才能达到成熟水平,所以幼儿期有意注意还没有充分发展。

2. 幼儿的有意注意是在外界环境下发展的

随着经验的增加以及成人的教育、引导,进入幼儿园阶段后,幼儿需要发展自己的有意注意,使注意有预定目的并服从任务的要求。他不能像在家里那样自由随便,必须遵守幼儿园的各种行为和活动规则,同

时还要完成老师布置的任务,对集体也承担着一定的责任和义务。

3. 幼儿逐渐学习一些有意注意方法

即使幼儿的有意注意能够产生并保持一段时间,但他们的保持时间不长,而且注意力容易分散。幼儿在成人的教育指导下,能够逐渐学会一些保持有意注意的方法。例如用手指指着书上的文字以集中注意看书,用手捂住耳朵以抵御外界声音干扰。

4. 幼儿的有意注意是在一定的活动中实现的

把智力活动与实际操作结合起来,让注意对象成为幼儿直接行动的对象,使幼儿处于积极的活动状态,有利于幼儿有意注意的形成和发展。例如,大班幼儿可以用数手指的方法进行简单的加法运算。

三、学前儿童注意发展的趋势

(一) 定向性注意的发生先于选择性注意的发生

定向性注意是人与动物共有的无条件反射,它是一种不学而能的生理反应。定向性注意是儿童最早出现的最初级的注意,它在新生儿期出现,在婴儿期较明显,在成人身上也常可以观察到。从生理上说,这是一种本能的无条件反射,但同时也是无意注意的最初形态。这种定向性注意随着年龄的增长而占据的地位日益缩小。

选择性注意是指儿童偏向于对一类刺激物注意得多,而在同样情况下对另一类刺激物注意得少的现象。"感觉偏好"现象就是选择性注意的一种表现。所谓"感觉偏好",是指婴儿对某些感觉信息比较喜爱,注意他们的时间比较长。研究发现,出生几天的儿童就能表现出视觉偏好,对某些视觉刺激的注视时间更长一些。

在儿童发展过程中,注意的选择性最初决定于刺激物的物理特点,以后逐渐转变为主要决定与刺激物对儿童的意义。随着年龄的增加,选择性注意范围的扩大,注意的事物日益增加。同时,选择性注意从更多地注意简单事物发展到更多地注意较复杂的事物。

(二) 无意注意的发生发展先于有意注意的发生发展

儿童最初只有无意注意。定向性注意和婴儿的选择性注意都属于无意注意。在整个学前期,儿童无意注意的性质和对象不断变化,稳定性不断增长,注意对象的范围不断扩大。

无意注意是不自觉的、被动的注意;有意注意是人有意识去支配的、主动的注意,因而出现得较晚。婴儿期有意注意还没有发生。两岁以后,有意注意开始萌芽。随着言语和认识过程有意性的发展,在幼儿期,有意注意开始发展,使儿童的注意发生很大变化,心理能动性也大大增强。

四、学前儿童注意品质的发展

(一) 注意广度的发展

注意的广度,又称注意的范围,是指在同一时间内能清楚地把握对象的数量。感知对象的数量越多,注意的广度越大;反之,注意的广度就越小。幼儿视觉注意的范围比成人小。在0.1秒内,成人一般能把握8～9个黑色的圆点,或4～6个无联系的外文字母,或4～5个无联系的汉字。73.5%的4岁幼儿能辨认2个圆点,66.6%的6岁幼儿能辨认4个圆点。

总的来说,幼儿注意的广度还比较小,随着年龄和知识经验的增长以及生活实践的锻炼,注意的广度也会逐渐扩大。因此,教师在教育活动中要针对幼儿的特点而教学,要求同时出现的刺激物数量不能太多,而且应有规律的排列,这样有利于扩大幼儿注意的广度。

(二) 注意稳定性的发展

注意的稳定性是指注意集中于同一对象或同一活动中所能持续的时间的长短。持续的时间越长,注意的稳定性越高。注意的持续性是衡量注意品质的一个重要指标。幼儿对于有趣生动的对象可以较长时间的注意,但对乏味枯燥的对象难以维持注意。在良好的教育中,幼儿注意的稳定性随着年龄的增加而逐渐增加。3岁幼儿能够集中注意3～5分钟,4岁幼儿能够集中注意10分钟,5～6岁幼儿的注意可延长到10～15分钟。

(三) 注意转移的发展

注意的转移是指当环境或任务发生变化时,注意从一个对象或活动转到另一个对象或活动上。这反映了注意的灵活性。幼儿还不善于调动注意。随着幼儿年龄的增长、幼儿语言和自制力的发展,以及活动目的性不断提高,幼儿的注意转移能力也不断提高。幼儿年龄越小,注意转移越慢。小班儿童不善于灵活转移自己的注意,以至转向注意的另一个对象时,却难以从原来的对象移开。大班儿童则能够随要求比较灵活地转移自己的注意。

(四)注意分配的发展

注意的分配是指在同一时间内,注意指向两种或几种不同的对象或活动。注意分配的基本条件就是同时进行的两种或几种活动中,最多有一种不熟练,其余都必须是熟练的,甚至达到自动化程度。在良好的教育中,随着年龄的增长,幼儿注意分配的能力逐渐提高。例如,3 岁幼儿自己活动时,顾及不到别人,所以只能单独玩;4 岁幼儿则可以和别的小朋友联合做游戏;5～6 岁幼儿就能参加较复杂的集体游戏和活动。教师组织幼儿排练文艺节目时,既要求幼儿边唱边跳,还要求幼儿同时具有丰富的表情,这对幼儿注意分配能力的发展是有帮助的。

五、注意在学前儿童心理发展中的作用

注意具有三种功能。

第一,选择功能。它使心理活动有选择的指向符合自己所需要或与当前活动相一致的事物,而避开或排除那些无关事物的影响,使心理活动具有一定的方向性。

第二,保持功能。注意使心理活动稳定在选择的对象上,直至活动达到目的为止。

第三,调节和监督功能。它能使人及时觉察事物的变化,并调节自己的心理和行动以适应这种变化,同时能随时发现自己行动的错误,并对自己的心理、行为及时调整,对错误及时纠正。

注意在学前儿童心理发展中的作用包括以下三点。

第一,注意使儿童对环境中的各种刺激做出选择性的反映,并接受更多信息。

第二,注意使儿童的心理活动对所选择的对象保持一种比较紧张、持续的状态,从而维持着儿童的游戏、学习等活动的顺利进行。

第三,注意使儿童能够发觉环境的变化,并及时调整自己的动作,为应付外来刺激作出相应的准备,从而能更好地适应周围环境的变化。

在整个学前期,尽管儿童的注意能力逐渐提高,但是他们的注意力发展水平总体上还很差,特别容易出现注意分散现象。教师应该采用适当方式防止注意分散。上课时,老师的装束要整洁大方,不能有太多的装束。上课时运用的挂图等教具不要过早呈现,用过应立即收起。让幼儿保持充分的睡眠和休息,让幼儿的生活有规律,培养幼儿集中注意学习的良好习惯,保证幼儿有充沛的精力从事学习等活动。教师应该灵活地运用无意注意和有意注意,交替运用,同时提高自己的教学质量,让幼儿能持久地集中注意。

真　　题	1. 儿童一进商场就被漂亮的玩具吸引,儿童在这一刻出现的心理现象是(　　　)。
	A. 注意　　　　　　B. 想象　　　　　　C. 需要　　　　　　D. 思维
	2. 小班集体教学活动一般都安排 15 分钟左右,是因为幼儿有意注意时间一般是(　　　)。
	A. 20～25 分钟　　B. 3～5 分钟　　　C. 15～18 分钟　　D. 10～11 分钟
模拟题	1. 幼儿在课堂上注意听老师讲故事,这时的注意是(　　　)。
	A. 无意注意　　　　B. 有意注意　　　C. 有意后注意　　D. 无意后注意
	2. 婴儿的感觉偏好现象属于(　　　)的表现。
	A. 定向注意　　　　B. 选择性注意　　C. 有意注意　　　D. 注意分散

第三节　学前儿童记忆的发展

无意记忆的作用

我们经常发现这样一种现象:幼儿教师花大力气教幼儿记住某首儿歌,有时候孩子们不能完全记牢,但他们偶尔听到的某个童谣、看到的某个电视广告,只需一两次他们就熟记心中。

为什么学前儿童容易记住偶尔听到的童谣、电视广告,而不能记牢老师花大力气教的儿歌呢?是不是

在幼儿阶段,他们的无意记忆占优势呢?学习这一节内容,你将详细了解学前儿童记忆的发展特点。

一、记忆的相关概念

(一)什么是记忆

记忆是在头脑中积累和保存个体经验的心理过程。它是人脑对外界输入的信息进行编码、存储和提取的过程。人们感知过的事情,思考过的问题,体验过的情感或从事过的活动,都会在人们头脑中留下不同程度的印象,其中有一部分作为经验能保留相当长的时间,在一定条件下还能恢复,这就是记忆。只有在人脑中保存个体经验的过程才叫记忆,它是一种积极、能动的活动。

记忆表象是保持在记忆中的客观事物的形象,即感知过的事物不在眼前时在脑中呈现出来的形象。

(二)记忆的类型

1. 根据信息保持时间的长短分类

根据信息保持时间的长短,将记忆分为感觉记忆、短时记忆、长时记忆。

感觉记忆是当客观刺激停止作用后,感觉信息在一个极短的时间内被保存下来。它也叫感觉登记、瞬时记忆。感觉记忆是记忆系统的开始阶段,他是记忆系统在外界信息进行进一步加工之前的暂时登记。它的存储时间大约为0.25~2秒。它具有鲜明的形象性,它的编码形式主要依赖于信息的物理特征。感觉记忆有较大的容量,其中大部分信息因为来不及加工而迅速消退,只有一部分信息由于注意而得到进一步加工,并进入短时记忆。

短时记忆是三级记忆系统的中间环节,它是信息从感觉记忆到长时记忆之间的一个过渡阶段。短时记忆的保持时间为5秒~2分钟。一般包括两个成分:一是直接记忆,即输入的信息没有经过进一步的加工,它的容量相当有限,大约是7±2个组块。编码方式以言语听觉形式为主,也存在视觉和语义的编码;二是工作记忆,即输入信息经过再编码,使其容量扩大,由于与长时记忆中已经储存的信息发生了意义上的联系,编码后的信息进入了长时记忆。必要时还能将存储在长时记忆中的信息提取出来解决面临的问题。

长时记忆是经过充分的和有一定深度的加工后,在头脑中长时间保留下来的信息。它是存储时间在一分钟以上的记忆,容量没有限制。信息的来源大部分是对短时记忆内容的加工,也有由于印象深刻而一次获得。长时记忆可以通过语义类别、语言的特点为中介以及主观组织进行编码。

2. 根据记忆的目的性分类

根据记忆的目的性可将记忆分为有意记忆和无意记忆。

有意记忆是有预定的目的,并且需要运用一定方法进行的记忆。如课堂上幼儿老师要求幼儿记忆儿歌,就是有意记忆。无意记忆是指没有预定的目的,也不需要运用特定方法就能记住的现象。如幼儿看过动画片之后所能记得的动画情景就属于无意记忆。

3. 根据意识参与程度和能否用语言表达分类

根据记忆过程中意识的参与程度和能否用语言表达,将记忆分为外显记忆和内隐记忆。

外显记忆是指当个体能意识到自己记住某信息,并且能够说出来,这种记忆是外显记忆。如自由回忆、线索回忆等都是外显记忆。

内隐记忆是指当个体不能意识到自己记住某信息,或者有点知道但是说不出来,在特定的状态下可以表现出来的,这种记忆属于内隐记忆。如某些"只可意会不可言传"的记忆,或者不知道自己记得但是通过诸如"联想测验"可以测得的记忆。

4. 根据对记忆材料是否理解分类

根据对记忆材料是否理解将记忆分为机械记忆和意义记忆。

机械记忆是指对记忆材料不理解,依靠反复复述的方式进行的记忆。意义记忆是在对学习材料进行理解的基础上的记忆。一般来说,意义记忆比机械记忆效果好。但是幼儿由于知识经验的缺乏,对许多材料不能够理解,所以他们对学习材料的记忆多是机械记忆。机械记忆在学习和生活中也是必要的,因为有的信息本身没有意义,无法进行意义记忆;另外有的信息虽然有意义,但是学习者难于理解,只能采用机械记忆。机械记忆对于训练儿童的记忆能力是有帮助的。

5. 根据记忆内容分类

根据记忆内容的不同,将记忆分为运动记忆、情绪记忆、形象记忆和语词逻辑记忆。

运动记忆,又称为动作记忆,是以人们操作过的运动状态或动作形象为内容的记忆。运动记忆易保持和恢复,不易遗忘。运动记忆在婴儿出生后两周就已经出现,如婴儿喝奶时对吸吮动作的记忆。人的各种生活技能的形成和发展都离不开动作记忆。

情绪记忆是以体验过的情绪或情感为内容的记忆。例如,老师第一次上课的激动心情,多年后仍然能记得。情绪记忆大概在半岁左右开始出现。积极愉快的情绪记忆对人的活动有激励作用,而消极不愉快的情绪记忆对人的活动有负面影响。

形象记忆是以感知的事物的形象为内容的记忆,它主要依靠的是表象。例如,我们所感知过的物体的颜色、体积、形状,人物的音容笑貌,自然景观,天籁之音等,以表象的形式储存着,所以也称为表象记忆。形象记忆在婴儿 6 个月到 12 个月之间发生,它具有鲜明的直观性。一般人以视觉和听觉方面的形象记忆为主。

语词逻辑记忆,又称语义记忆,是以语词所概括的逻辑思维结果为内容的记忆,它包括公式、概念、定理等。语词逻辑记忆具有高度的概括性、理解性、逻辑性和抽象性、形式化等特点,它在婴儿 1 周岁以后才出现。

(三)记忆的过程

记忆过程包括识记、保持、再认(或回忆)三个环节。

1. 识记

识记是一种反复认识某种事物并在脑中形成一定印象的过程,它是记忆过程的开端。识记也可分为不同的种类。根据在识记时有无明确的目的性可将识记分为无意识记和有意识记。无意识记是指事先没有预定的目的,也不需要任何意志努力的识记;有意识记是指按一定目的、任务和需要采取积极的思维活动和意志努力的识记。根据识记时对识记材料的理解程度,可将识记分为机械识记和意义识记。机械识记是在对识记材料没有理解的情况下,依据材料的外部联系机械重复进行的识记;意义识记是在对识记材料理解的基础上,依据事物的内在联系进行的识记。

2. 保持

保持是已获得的知识经验在头脑中储存和巩固的过程。在保持过程中,识记材料会发生质或量的变化。这种变化是一个复杂的、有意义的内部活动过程,是心理活动主观性的一种表现。在质的方面的变化是多种多样的。在实验中,通过把识记的画和回忆的画进行比较,有的变得简略、概括,有的变得完整合理,有的变得更详细具体,有的某些特点变得更夸张、突出、更有特色。量的方面的变化主要是保持内容的减少或增多。保持内容的增多表现为记忆恢复现象。所谓记忆恢复,是指学习某种材料后间隔一段时间所测到的保持量比学习后立即测量到的保持量要高。在一些实验中,第二、第三天的保持量都比第一天的回忆量多。这种现象在儿童期比较普遍,随着年龄的增长,这种记忆恢复现象将逐渐消失。这可能是由于当时没有很好理解,因而回忆少,后来理解了,回忆就增多了。

3. 再认和回忆

再认是指感知过的事物再次出现时感到熟悉,并能识别的过程。如在考试中做选择题的过程就是再认的过程。回忆是指过去经历的事物不在面前时,在脑中重新呈现其印象的过程,也称为再现。如在考试中做简答题的过程就是回忆过程。

再认的速度和准确性主要取决于对事物识记时的巩固程度和精确程度。根据回忆是否有预定目的,可把回忆分为无意回忆和有意回忆。无意回忆是没有明确回忆目的和意图,也不需要意志努力的回忆,完全是自然而然地想起某些旧经验,如"触景生情"。有意回忆是有预定的目的,并在回忆任务的推动下自觉主动地进行的回忆,如考试、背诵。

(四)遗忘

遗忘是记忆的内容不能保持或者提取时有困难。遗忘是与保持相反的过程。遗忘有四种情况:能再认不能回忆叫不完全遗忘;不能再认也不能回忆叫完全遗忘;一时不能再认或重现叫暂时性遗忘;永久不能再认或回忆叫永久性遗忘。

遗忘的进程是最初发展得很快,以后逐渐缓慢。艾宾浩斯(H. Ebbinghaus)认为遗忘和保持是关于时间的函数。艾宾浩斯遗忘曲线(如图 6-2 所示)上显示,遗忘的总进程先快后慢。

遗忘的进程不仅受时间因素的影响,还受以下五方面

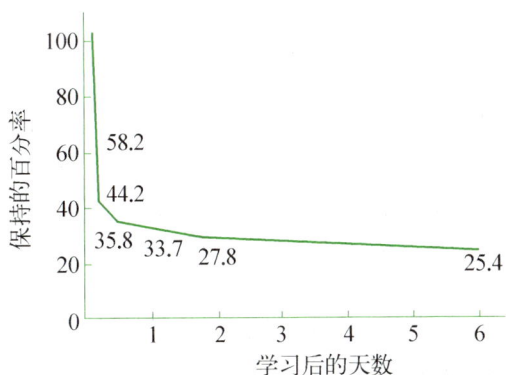

图 6-2　艾宾浩斯遗忘曲线

89

因素的影响。(1) 识记材料的性质与数量。对熟练的动作和形象材料遗忘得慢;对有意义的材料比对无意义的材料遗忘要慢得多;在学习程度相等的情况下,识记材料越多,忘得越快。(2) 学习程度。学习程度低的学习容易遗忘,过度学习(超过100%的学习)比恰能背诵的学习(学习程度为100%)记忆效果要好。心理学研究表明,学习程度为150%,即过度学习50%时,记忆效果最好,学习程度超过150%以后,学习效果不再显著增加。(3) 识记材料的系列位置。材料的顺序对记忆效果有重要影响。在回忆的正确率上,最后呈现的词遗忘得最少,其次是最先呈现的词,遗忘最多的是中间的词,这种现象叫做系列位置效应。最后呈现的材料最易回忆,遗忘最少,叫近因效应;最先呈现的材料较易回忆,遗忘较少,叫首因效应。(4) 识记者的态度。识记者对识记材料的需要、兴趣等对遗忘的快慢也有一定的影响;在人们生活中不占重要地位的、不引起人们兴趣的、不符合一个人需要的事情容易出现遗忘。(5) 学习材料间的干扰。学习材料间的干扰有两种形式:前摄抑制和倒摄抑制。前摄抑制是指先学习的材料对识记和回忆后学习材料的干扰作用。例如幼儿先学习的汉语拼音对后学习的英文字母的干扰作用是前摄抑制。倒摄抑制是指后学习的材料对保持和回忆先学习材料的干扰作用。如后学习的英文字母对于先学习的汉语拼音的干扰是倒摄抑制。

二、学前儿童记忆的发展

(一)学前儿童记忆发展的趋势

新生儿的记忆主要表现在建立条件反射和对熟悉的事物产生习惯化两个方面上。新生儿的记忆是短时记忆。有研究表明,出生一周的新生儿已能辨别母亲的气味和其他人的气味。学前儿童记忆发展的趋势有以下几个特点。

1. 记忆保持时间的延长

1~3个月是长时记忆开始发生的阶段。3~6个月婴儿的长时记忆有很大发展。8个月左右的婴儿开始出现工作记忆。记忆的潜伏期是指从识记到能够再认或回忆之间的时间。儿童长时记忆保持的时间逐渐延长。1岁前再认的潜伏期只有几天,2岁可能延长到几周。回忆的潜伏期也逐渐延长。3岁前儿童的记忆一般不能永久保持,这种现象称为"幼年健忘"。3~4岁后出现了可以保持终生的记忆。

2. 记忆提取方式的发展

儿童最初出现的记忆全都是再认性质的记忆。回忆是2岁左右逐渐出现的,这一阶段出现的延迟模仿是儿童回忆能力发展的显著表现。在整个学前期,再认都比回忆发展得好。

再认依赖于感知,而感知是儿童自出生以后就已经具有或开始发展的,因此再认形式的记忆发展较早。1岁以后,由于语言的发展,儿童得以用符号进行表征,从而产生了符号表象记忆。回忆依靠的是表象,表象则在1岁半至2岁才开始形成。回忆和再认的差距随着年龄的增长而缩小。例如,让儿童看12张图片,4岁儿童能再认12张,却只能回忆2~3张,10岁儿童能再认12张,只能回忆8张。

3. 记忆容量的增加

人类短时记忆的广度为7±2个信息单位。儿童不是一开始就具有人类的记忆广度,儿童记忆广度的增加受大脑皮质的成熟度的局限。婴儿期,由于接触的事物数量和内容都很有限,记忆的范围极小。随着儿童动作的发展,和外界交往范围的扩大,活动的多样化,记忆范围也随之越来越扩大。总之,儿童记忆容量的增加,主要不在于记忆广度的扩大,而在于把识记材料联系和组织起来的能力有所发展。

4. 记忆内容的变化

儿童记忆内容随年龄而变化。儿童出生2周左右出现运动记忆,6个月左右出现情绪记忆,6~12个月左右出现形象记忆,1岁左右出现语词记忆。1岁前的形象记忆和动作记忆、情绪记忆紧密联系。在幼儿阶段的记忆中,形象记忆占主要地位,比重最大。儿童这几种记忆的发展,是一个相当复杂的相互作用的过程。

5. 记忆策略的发展

记忆策略包括对记忆的计划和使用记忆的方法。常见的记忆策略包括认知策略和元认知策略。认知策略是学习者在学习过程中对信息进行加工的方式方法。认知策略主要包括复述策略、精加工策略和组织策略三种。复述策略是指在工作记忆中为了保持信息而对信息进行反复复述的过程,如及时复习、分散复习等,它是短时记忆信息进入长时记忆的关键。精加工策略是指把头脑中的新、旧信息联系起来,寻求字面意义背后的深层次意义,或者增加新信息的意义,从而帮助学习者将新信息储存到长时记忆中去的学习策略,如形象联想法、谐音法、首字连词法等。组织策略是将经过精加工提炼出来的知识点加以构造,形成知识结构的更高水平的信息加工,如归类策略、纲要策略等。元认知策略是学习者对认知过程进行计划、监控、调节和反思所采用的策略。弗拉维尔(J. H. Flavell)的研究认为,儿童记忆策略的发展可分为三个阶段:第一阶段,没有策略,通过训练也不能产生策略;第二阶段,不能主动使用策略,但经过诱导可以使用策略;第三阶段,能自发地产生和使用策略。一般来说,2岁以后的儿童能够开始形成记忆策略。4~5岁前儿童的记忆过程比较被动,没有策略、计划和方法;5~7岁是一个转变期,7~8岁以后运用记忆策略的能力比较稳定。

(二)学前儿童记忆发展的特点

1. 无意记忆占优势,有意记忆逐渐发展

幼儿初期无意记忆表现明显。幼儿的记忆带有很大的无意性。直观、形象、具体、鲜明的事物容易引起幼儿的无意注意,也容易被幼儿在无意中记住;同时,对幼儿生活具有重要意义的事物、符合幼儿兴趣的、能激起幼儿强烈情绪体验的事物都比较容易成为幼儿注意和感知的对象,也容易成为幼儿无意记忆的内容;多种感官的参与有助于提高无意记忆的效果;幼儿在竞赛性的游戏活动中的积极性较高,无意记忆的效果比较好。

有意记忆的发展是幼儿记忆发展中最重要的质的飞跃。随着语言调节机能的增强和成人有意识记的训练,到幼儿晚期(5岁以后),幼儿的有意记忆逐渐发展起来。幼儿不仅努力去记需要记住的事物,还能运用一些简单的方法帮助自己记忆。

随着年龄的增长,幼儿无意记忆和有意记忆的效果都在提高,但在幼儿期,有意记忆的效果不如无意记忆的效果,无意记忆占优势。

2. 形象记忆占优势,语词记忆逐渐发展

形象记忆是根据具体的形象来记忆各种材料,它主要依靠的是表象。语词记忆是通过语词的形式来识记材料。

幼儿的记忆带有很大的直观形象性,语词记忆能力还很差。幼儿容易记住具体的、直观的、形象化的材料,其次易于记住那些关于某些实物的名称、事物的形象等词语材料,最难记住的是概括性强的抽象的词语材料。这主要是由于幼儿经验少,第一信号系统占优势,所以往往需要借助具体形象来识记。1岁半以后第二信号系统才开始发展,而在整个幼儿阶段第二信号系统发展都比较差,所以年龄越小,形象记忆的效果和语词记忆的效果相差就越明显。

随着年龄的增长,幼儿形象记忆和语词记忆的能力都在逐步提高,而且语词记忆的发展速度快于形象记忆的发展速度。但在整个幼儿期,形象记忆的效果仍然高于语词记忆的效果。

3. 机械记忆占优势,意义记忆逐渐发展

由于幼儿知识经验少,分析综合和理解能力差,词汇量有限,又缺乏有效的记忆策略,所以幼儿的机械记忆占优势。幼儿在使用机械记忆的同时,幼儿的意义记忆随着儿童言语的发展和社会交往的增多也在快速发展。4岁以后,幼儿的生活内容更加丰富,理解能力有了提高,幼儿开始会对记忆的材料进行分析、加工、改造。思维的发展促使儿童由机械记忆向意义记忆转变。

三、记忆在学前儿童心理发展中的作用

(一)记忆促进儿童感知觉的发展

记忆是在感知觉的基础上进行的。知觉中包括经验的作用,记忆能促进儿童感知觉的发展。知觉的恒常性与记忆有着密切的关系。

(二)记忆是想象、思维产生的直接基础

想象和思维离不开"表象",而表象作为婴幼儿经验的基本存在形式,是记忆的结果。记忆是联系感知与想象、思维的桥梁,是想象、思维过程产生的直接前提。

(三)记忆影响儿童行为的倾向性

人有一种基本的行为倾向:追求快乐,逃避痛苦;趋近安全,远离危险。奖励和惩罚之所以能起到控制和调节儿童行为的作用,是以儿童的记忆(直接或间接经验)为中介发生作用的。先前保留在记忆中的经验,在一定程度上决定着儿童今后的行为倾向。

教师和父母需要为学前儿童的记忆创设良好的环境,激发培养幼儿学习的兴趣和信心,形成积极的情绪,有充分的自信心,让幼儿在愉快的学习环境中提高记忆效果。在幼儿园的各项活动中,教师要使教学内容具体生动,富有感情色彩,同时帮助幼儿理解,经常采用教学游戏、演木偶戏等形式,培养发展幼儿的形象记忆、情绪记忆。给幼儿布置识记的任务后,根据遗忘的规律及时复习,合理分配复习时间,排除学习

材料之间的干扰和疲劳的因素。尊重幼儿的个体差异,避免靠重复机械识记来复习。结合教学和生活活动,用游戏、谈话、讨论等方式让幼儿在活动中对需要识记的材料进行强化,提高记忆效果。

真　题　按顺序呈现"护士、兔子、月亮、救护车、胡萝卜、太阳"图片让儿童回忆,儿童回忆说:刚看到了救护车和护士,兔子与胡萝卜,太阳与月亮,这里儿童运用的记忆策略为(　　)

A. 复述策略　　　　B. 精细加工策略　　　　C. 组织策略　　　　D. 习惯化策略

模 拟 题　心理学研究结果显示,过度学习(　　)时记忆效率最高。

A. 50%　　　　　B. 100%　　　　　C. 150%　　　　　D. 200%

第四节　学前儿童思维的发展

变"多"的水

蕾蕾看老师在倒水。老师把一个矮而宽的杯子里的水,倒入另一个高而窄的杯子中,蕾蕾就认为水变多了,因为水看起来"长"了。有一次,她想帮妈妈洗鞋子,就把满满一杯水倒进盆中,却好像只有一点点。

相同的水,为什么换了一个看起来高的杯子,蕾蕾就认为水变"多"了呢?满满一杯水为什么倒在盆里就显得只有一点点呢?这说明蕾蕾还没有掌握守恒的概念。那么,学前儿童思维发展的特点是什么呢?皮亚杰的认知发展阶段理论也许能给你答案。

一、思维的相关概念

(一)什么是思维

思维是借助语言、表象或动作实现的、对客观事物概括的和间接的认识,是认识的高级形式。它能揭示事物的本质特征和内部联系,并主要表现在概念形成和问题解决活动中。

思维和感知觉都是人脑对客观现实的反映,它是人类认识的高级阶段,是在感知基础上实现的理性认识形式。然而,思维和感知觉又有着根本的区别。第一,感知觉是对当前事物的直接反映,是对事物的接受和识别;思维是对事物的间接的、概括的反映,是对信息进行加工的过程。第二,感知觉反映的是客观事物的外部特征和外在联系;思维反映的是客观事物的本质特征和内在规律性联系。第三,感知觉属于感性认识,反应范围很小,是对事物现象的认识,是认识过程的初级阶段;思维属于理性认识,它可以反映任何事物,反映范围很广,是对事物的高级认识,是认识过程的高级阶段。

(二)思维的特性

1. 概括性

思维的概括性是指在大量感性材料的基础上,把一类事物共同的特征和规律抽取出来,加以概括。例如看到月亮周围出现"晕"的时候,就会刮风,太阳周围出现"晕"的时候就会下雨,从而得出"月晕而风,日晕则雨"的结论。概括在人们的思维活动中有着重要的作用,它使人们的认识活动摆脱了具体事物的局限性和对事物的直接依赖。

2. 间接性

思维的间接性是指人们借助于一定的媒介和一定的知识经验对客观事物进行间接地认识。例如,医生通过听诊判断、推测病情。由于思维的间接性,人们才可能超越感知觉提供的信息,认识那些没有直接作用于人的感官的事物和属性,从而揭示事物的本质和规律。

(三)思维的类型

1. 根据思维的形态和方式分类

根据思维的形态和思维的方式可将思维分为直观动作思维、形象思维和逻辑思维。

直观动作思维是指借助实际动作进行的思维,也称实践思维,是幼儿的主导思维形式。如幼儿在拆卸玩具时的思维活动就是动作思维。形象思维是指借助物体的形象或头脑中物体的表象进行的思维,它是小学儿童的主导思维,如小学低年级儿童用手指或头脑中的表象进行运算,就是运用形象思维。逻辑思维是指运用语词、概念、判断、推理等形式进行的思维,它是中学生和成人的主导思维。

2. 根据思维的主动性和创造性程度分类

根据思维的主动性和创造性程度将思维分为常规思维和创造性思维。

常规思维是指人们运用已获得的知识经验，按照现成的方案和程序直接解决问题。例如，学生做物理题时按照公式解决问题。创造性思维是指人们重新组织已有的知识经验，提出新的方案或程序，并创造出新的思维成果的思维活动。如爱迪生发明电灯。创造性思维是人类思维的高级形式。创造性思维的核心是发散思维。

3. 根据探索问题的方向分类

根据探索问题的方向将思维分为辐合思维和发散思维。

辐合思维是指人们根据已知的信息，利用熟悉的规则解决问题。例如 $A<B$，$B<C$，那么 $A<C$。发散思维是人们沿着不同的方向思考，重新组织当前的信息和记忆系统中储存的信息，产生大量独特的新思想。人们可以从不同的方向思考问题，如怎么更好地学习学前儿童心理学，我们可以想出多种方法，这种思维是发散思维。

（四）思维的过程和形式

人在头脑中运用存储在长时记忆中的知识经验，对外界输入的信息进行分析、综合、比较、抽象和概括的过程就叫思维过程。分析和综合是思维的基本过程。分析是指在头脑中把事物的整体分解为各个部分或各个属性。综合是在头脑中把事物的各个部分、各个特征、各种属性结合起来，了解它们之间的联系，形成一个整体。比较是把各种事物和现象加以对比，确定它们的相同点、不同点及其关系。抽象是在思想上抽出各种事物与现象的共同的特征和属性，舍弃其个别特征和属性的过程。在抽象的基础上，人们就可以得到对事物的概括的认识。概括分为初级概括和高级概括，初级概括是在感知觉、表象水平上的概括；高级概括是根据事物的内在联系和本质特征进行的概括。

思维的基本形式有概念、判断和推理。概念是人脑对客观事物本质属性的认识。判断是概念与概念之间的联系，是事物之间或事物与它们的特征之间的联系的反映。推理是从具体事物或现象中归纳出一般规律，或者根据一般原理推出新结论的思维活动。前者叫归纳推理，后者叫演绎推理。

二、学前儿童思维的发展

学前儿童处于皮亚杰认知发展阶段中的前运算阶段（2～7 岁）。在前运算阶段中，儿童的言语与概念以惊人的速度发展。儿童在感知运动阶段获得的感觉运动行为模式，在这一阶段已经内化为表象或形象模式，具有符号功能，开始能运用语言或符号来代表他们经历过的事物。前运算阶段儿童的心理表象是直觉的图像，他们还不能很好地把自己与外界世界区分开来。幼儿还存在"泛灵论"思想，他们认为外界的一切事物都是有生命、有感知、有情感、有人性的，例如，幼儿会说"不要踩在小草身上，它会疼的"。在这个阶段，幼儿的思维存在自我中心性，认为别人眼中的世界和他所看到的一样。

（一）学前儿童思维发展的一般趋势

从思维的萌芽到成熟，中间经历了一系列的演变。学前儿童思维发展的趋势表现在下列几个方面。

1. 思维发展方式的变化

从思维发展的方式看，儿童的思维从直观动作思维到具体形象思维，最后发展起来的是抽象逻辑思维。

直观动作思维是最低水平的思维，它具有狭隘性。直接动作性是学前儿童思维的基本特征，也是直观动作思维的重要特征。学前儿童的直观动作思维具有两个特点。（1）思维是在直接感知中进行的，并且思维不能离开直观的事物，要紧紧依靠对事物的直接感知。（2）思维是在实际行动中进行的，不能离开儿童自己的动作。这一点在 2～3 岁儿童身上表现最为突出，在 3～4 岁儿童身上也常有表现。直观动作思维活动的典型方式是尝试错误，其活动过程依靠具体动作，是展开的，而且有许多无效的多余动作。

具体形象思维是在直观动作思维之中孕育出来并逐渐分化的。这时儿童不再依靠动作而是依靠表象来思考。学前儿童具体形象思维有三个特点。（1）思维动作的内隐性。随着知识经验的增加，儿童不再依靠"尝试错误"，而开始依靠关于行动条件以及行动方式的表象进行思维，思维的过程从外显转变为内隐。（2）具体形象性。主要表现在儿童依靠事物在头脑中的形象进行思维。儿童的头脑中充满着颜色、形状、声音等生动的形象。同时，学前儿童的具体形象思维还有表面性和绝对性。（3）自我中心性。自我中心性是指主体在认识事物时，从自己的身体、动作或观念出发，以自我为认识的起点或原因的倾向，而不能从客观事物本身的内在规律以及他人的角度认识事物。

抽象逻辑思维是高级的思维方式。学前晚期，儿童出现了抽象逻辑思维的萌芽，在整个学前期都还没有出现这种思维方式。随着抽象逻辑思维的萌芽,儿童的自我中心的特点逐渐开始消除,开始"去自我中心性",开始学会从他人以及不同的角度考虑问题,开始获得"守恒"观念。

2. 思维工具的变化

思维是和语言相联系的。在思维发展中,动作和语言对思维活动的作用不断发生变化。这种变化可以分为三个阶段:(1)思维活动主要依靠感知和动作进行,语言只是行动的总结;(2)思维主要以表象为工具,边做边说,语言和动作不分离;(3)思维依靠语言进行,语言先于动作而出现,并起着计划动作的作用。

3. 学前儿童思维发展的特点

学前儿童的思维特点是从以直观动作思维为主过渡到以具体形象思维为主。具体表现为:(1)学前早期(4岁之前)儿童以直觉动作思维为主;(2)学前中期(4岁以后)儿童以具体形象思维为主;(3)学前晚期(特别是5岁以后)儿童开始出现抽象逻辑思维的萌芽。

真　题　　1. 选择题

(1) 小班幼儿玩橡皮泥时,往往没有计划性。橡皮泥搓成团就说是包子,搓成条就说是面条,长条橡皮泥卷起来就说是麻花。这反映了小班幼儿(　　)。

    A. 具体形象思维特点　　　　　　　　　B. 直观行动思维特点

    C. 象征性思维特点　　　　　　　　　　D. 抽象逻辑思维特点

(2) 幼儿典型的思维方式是(　　)。

    A. 直观动作思维　　　　　　　　　　　B. 抽象逻辑思维

    C. 直观感知思维　　　　　　　　　　　D. 具体形象思维

(3) 午餐时餐盘不小心掉在地上,看到这一幕的亮亮对老师说:"盘子受伤了,它难过得哭了。"这说明亮亮的思维特点是(　　)。

    A. 自我中心　　　B. 泛灵论　　　C. 不可逆　　　D. 不守恒

2. 材料题

情境一:一天晚上,莉莉和妈妈散步时,有下列对话:

    妈妈:月亮在动还是不动?

    莉莉:我们动,它就动。

    妈妈:是什么使它动起来的呢?

    莉莉:是我们。

    妈妈:我们怎么使它动起来的呢?

    莉莉:我们走路的时候它自己就走了。

情境二:老师给莉莉出示两排一样多的纽扣,莉莉认为一一对应排列的两排一样多;而当老师把下面一排聚拢,上面一排保持不变时,她就认为两排不一样多了……

问题:(1) 莉莉的行为表明她处于思维发展的什么阶段?举例说明这个阶段思维的主要特征及表现。

    (2) 幼儿这种思维特征对幼儿园教师的保教活动有什么启示?

(二)学前儿童思维形式的发展

1. 学前儿童概念和分类的发展

儿童掌握概念的主要方式,是向成人学习社会上已经形成的概念。幼儿对概念的掌握与其概括能力的发展是密切相关的。一般来说,学前儿童概括能力的发展可分为三种水平:动作水平的概括、形象水平的概括和抽象水平的概括,它们分别与三种思维方式相对应。幼儿的概括能力主要属于动作水平和形象水平,后期出现抽象水平的萌芽。学前儿童概念发展的一般特点有以下几个方面。

(1) 学前儿童掌握的概念,其内涵不精确,外延不适当。概念的内涵是指概念所反映的事物的本质含义,外延指的是概念适用的范围。学前儿童掌握的概念只反映事物外部的表面特征,而不能反映事物的本质特征。例如,幼儿认为长头发的是女生,短头发的是男生。同时幼儿的概念外延可能过宽或过窄。例如"儿子"只包括孩子,不会指大人。

(2) 学前儿童以掌握实物概念为主,向掌握抽象概念发展。学前儿童所掌握的概念大量是实物概念,他们掌握的实物概念以低层次概念和具体特征为主。幼儿初期所掌握的实物概念主要是他们熟悉的事物,例如指着地上的玩具说"这是猫";幼儿中期已能掌握实物概念某些比较突出的特征,由此获得实物的概念,例如看到猫,就发出"喵喵喵"的声音;幼儿晚期开始初步掌握某一事物的较为本质的特征,如共有的特征或若干特征的总和,如知道"猫抓老鼠"。

（3）学前儿童掌握数概念晚于实物概念。3 岁前儿童对数的认识主要处于知觉阶段，出现数概念的萌芽；数概念在 3 岁以后开始形成；4～5 岁是儿童掌握数概念的关键期。儿童数概念的形成经历了口头数数→给物说数→按数取物→掌握数概念四个阶段。幼儿掌握数概念包括三个成分：掌握数的顺序、数的实际意义、数的组成。

（4）学前儿童的空间概念和时间概念发展与其掌握相应的词相联系。学前儿童对空间概念中的"上下""前后"较易掌握，而对"左右"概念较难掌握。在整个学前阶段，儿童只出现最初的"左右"概念。学前儿童对时间顺序的概念明显地受时间循环周期长短的影响。4～5 岁幼儿还常常分不清事物的空间关系和时间关系，在估计时间和再现时距时往往用空间关系代替时间关系。7 岁以后儿童基本上能够区分时间关系和空间关系。

学前儿童在分类上体现出的阶段特点是：4 岁以下儿童基本不能分类；4～6 岁是儿童处于由不会分类到初步学会分类发展的过渡期；6 岁以后，儿童开始逐渐摆脱具体感知和情境性的束缚，能够依物体的公用及其内在联系进行分类，说明他们的概括水平开始发展到一个新阶段。

2. 学前儿童判断的发展

判断是概念与概念之间的联系，是事物之间或事物与它们的特征之间联系的反映。判断有肯定与否定判断、全称与特称判断之分。

学前儿童判断的发展具有以下几个特点。（1）判断形式间接化。从判断形式看，学前儿童的判断从以直接判断为主，开始向间接判断发展。（2）判断内容深入化。从判断内容看，儿童的判断首先反映事物的表面联系，在幼儿期开始向反映事物本质联系发展。（3）判断根据客观化。从判断根据看，幼儿以对待生活的态度为依据，开始向以客观逻辑为依据发展。（4）判断论据明确化。从判断论据看，幼儿起先没有意识到判断的根据，以后逐渐开始明确意识到自己的判断依据。

3. 学前儿童推理的发展

推理是判断与判断之间的联系，是由一个判断或多个判断推出另一个判断的思维过程。学前儿童在其经验可及的范围内，已经能进行一些推理，但水平比较低。推理过程随年龄增长而发展。3 岁幼儿基本不能进行推理活动；4 岁幼儿推理能力开始发展；5 岁幼儿大部分可以进行推理活动；6 岁和 7 岁儿童全部可以进行推理活动。

儿童推理方式的发展由展开式向简约式转化。"展开式"是指儿童的推理是一步一步进行的，推理过程缓慢，主要通过外部语言和动作表现出来。"简约式"是指儿童的推理活动是独立而迅速地在头脑中进行的。展开式的推理过程在 5 岁之前迅速发展，5 岁之后发展速率减慢。简约式的推理过程是从 4～5 岁开始发展，5～6 岁是两种推理过程迅速转化的时期，5 岁以前的推理以展开式为主，6 岁开始简约式占优势。

推理的形式有传导推理、归纳推理、演绎推理、传递推理、类比推理等。

传导推理是从个别到个别的推理，往往是从一些特例到另一些特例的推理。儿童最初拥有的推理就是传导推理，它不属于逻辑推理，而属于前概念推理。研究发现，2 岁儿童已经出现传导推理，3～4 岁儿童身上经常发现传导推理。例如，父母对幼儿说，"橘子黄了才能吃"，幼儿就得出"橘子黄了才能吃，那么青菜也要等黄了才能吃"。由于这时期的儿童还没有形成"类概念"，因而不能区分同类与非同类之间的区别，这才出现这种无逻辑的推理。

归纳推理是从个别到一般的推理。学前儿童已经具备一定的归纳推理，如他们根据"麻雀会飞，鸽子会飞，小燕子也会飞"，推导出"鸟儿会飞"。可见，学前儿童的归纳推理还处于根据表面特征进行的推理，还没有完全抓住概念的本质。

演绎推理是从一般到个别的推理。演绎推理的典型形式是三段论。三段论是从两个反映客观事物的联系和关系的判断中推出新的判断，通常包括大前提、小前提和结论三部分。研究证明，学前晚期（5～6岁）儿童经过专门教学训练，能够正确运用三段论式推理。如儿童根据"水果可以生吃"（大前提）和"苹果是水果"（小前提），可以推出"苹果可以生吃"的结论。

传递推理是一种关系推理，是对传递关系的推理。例如，儿童可以根据"长江比黄河长，黄河比淮河长"，可以推导出"长江比淮河长"的结论。皮亚杰认为，只有具体运算阶段的儿童才具有传递推理，而有研究表明，5～6 岁是儿童传递推理能力发展迅速的时期，大多数 6 岁儿童已具有真正意义上的传递推理能力[①]。例

---

① 胡清芬，陈桃.5～6 岁儿童传递推理能力的发展特点[J].心理发展与教育，2007（1）：10—17.

如,学前晚期儿童能够根据"小明比小红高,小红比我高",推导出"小明肯定比我高"的结论。

类比推理是对事物或数量之间关系的发现与应用。典型的类比推理如"师傅—徒弟,老师—?";"笔—写字,筷子—?";"大—小,黑—?"等。3~6岁儿童的类比推理水平随年龄增加而提高。从年龄上看,3岁儿童还不会进行类比推理;4岁儿童的类比推理开始发展,但水平很低,这个年龄的儿童出现根据两种事物之间外部的、功用的或部分的特征来进行初级形式的类比推理;5~6岁儿童主要处于由低水平推理向较高水平推理过渡的阶段,大部分儿童没有达到高水平类比推理的发展阶段。

真 题

1. 选择题

(1) 幼儿对科学概念掌握的特点为(　　　)。

  A. 可通过日常交往掌握   B. 可通过个人积累经验掌握

  C. 需经过专门教学才能掌握   D. 以上都对

(2) 桌面上一边摆了三块积木,另一边摆了四块积木。教师问:"一共有几块积木?"从幼儿的下列表现来看,数学能力发展水平最高的是(　　　)。

  A. 把三块积木和四块积木放在一起,然后一个一个点数

  B. 看了一眼三块积木,说出"3",暂停一下,接着数"4、5、6、7"

  C. 左手伸出三根手指,右手伸出四根手指,然后掰手指数出总数7块

  D. 幼儿先看3块积木,后看了4块积木,暂停一下,说7块

(3) 儿童开始能够按照物体某些比较稳定的主要特征进行概括,说明儿童已出现了(　　　)。

  A. 直观的概括   B. 语词的概括   C. 表象的概括   D. 动作的概括

(4) 下雨天走在被车轮碾过的泥泞路上,晓雪说,"爸爸,地上一道一道的是什么呀"? 爸爸说,"是车轮压过的泥地儿,叫车道沟"。晓雪接着说,"爸爸脑门儿上也有车道沟(指皱纹)"。晓雪的说法体现的幼儿思维特点是(　　　)。

  A. 传导推理   B. 演绎推理   C. 类比推理   D. 归纳推理

2. 材料题

材料:茵茵已经上了中班,她知道把两个苹果和三个苹果加起来,就有五个苹果。但是问她"2+3等于几"? 她直摇头。

问题:根据上述案例简述中班幼儿数学学习的思维特点以及教育的启示。

三、思维的发生发展对学前儿童心理发展的意义

(一) 思维的发生标志着儿童的认识活动已经达到较高的水平

思维是复杂的心理活动,在个体心理发展中出现较晚。它是在感觉、知觉、记忆等心理过程的基础上形成的。思维的发生说明了儿童已达到较高的心理发展水平,可以初步认识事物的本质特征。

(二) 思维的发生发展使其他认识过程产生质变

思维是人类认识活动的核心。思维一般不是孤立地进行活动,它参与感知和记忆等较低级的认识过程,而且使这些认识过程发生质的变化。由于思维的参加,知觉成为在思维指导下的理解了的知觉。同样,思维的产生使儿童的机械记忆发展成为意义记忆。

(三) 思维的发生发展使情绪、意志和社会性行为得到发展

思维使儿童的情绪活动越来越复杂化,例如儿童出现了道德感。思维的发生和发展使儿童出现了意志行动的萌芽,同时也使儿童开始理解人与人之间的关系,理解自己的行为所产生的社会性结果。

(四) 思维的发生标志着意识和自我意识的出现

思维的发生使儿童具备了对事物进行概括、间接反映的可能,从而出现了意识特征的初级形态,开始出现不同于动物的心理特征。自我意识的发生与思维的发生密切联系,儿童通过思维活动,在理解自己与别人的关系中,逐渐认识自己。

(五) 思维的发生发展使儿童的个性开始萌芽

理解学前儿童思维的发展特点,培养儿童的思维能力,开发儿童的智力,关系到儿童的成长和对未来社会的适应与作为。幼儿园教师要针对幼儿思维从以直观动作思维为主过渡到以具体形象思维为主的特点,有意识、有计划地组织各种活动训练儿童的思维。教师应该有计划地不断丰富学前儿童的词汇,帮助学前儿童正确理解和使用各种概念,组织幼儿开展分类学习。同时在日常生活中,父母和教师应该鼓励学前儿童多想、多问,激发幼儿的求知欲,保护其好奇心,同时开展各种推理和智力游戏,发展幼儿的观察力,

丰富幼儿的感性知识及其表象,促进幼儿思维能力的发展。

第五节 学前儿童想象的发展

奥特曼送汽油

某天,小华的爸爸妈妈开车带5岁的小华到郊外去玩耍。车到高速公路上,突然车慢慢停下来了。小华的爸爸查看后,发现是没有汽油了。当孩子知道后,高兴地对爸爸说:"不要着急,奥特曼会给我们送过来汽油的!"奥特曼真的会给小华送去汽油吗?显然不会,这是小华想象的结果。这是无意想象,它无预定目的,由外界刺激直接引起。在这一节里,我们将详细学习学前儿童在各年龄段里想象发展的特点。

一、想象的相关概念

(一)想象的内涵

想象是对头脑中已有的表象进行加工改造,形成新形象的过程。想象与思维有着密切的关系,同属于高级的认识过程。形象性和新颖性是想象活动的基本特点。想象主要处理图形信息。想象不仅可以创造人们未知觉过的事物形象,还可以创造现实中不存在的或不可能有的形象。想象的形象在现实生活中都能找到原型,它同其他心理活动一样,都有现实的依据。

(二)想象的类型

根据想象活动的目的性将想象分为无意想象和有意想象。

1. 无意想象

无意想象是一种没有预定目的、不自觉地产生的想象。无意想象是最简单、最初级的想象。它是当人们的意识减弱时,在某种刺激的作用下,不由自主地想象某种事物的过程。例如睡觉时做的梦、精神病患者头脑中产生的幻觉都是无意想象。

2. 有意想象

有意想象是按一定目的、自觉进行的想象。根据想象内容的新颖程度和形成方式的不同,可分为再造想象和创造想象。

再造想象是根据言语的描述或图样的示意,在头脑中形成相应的新形象的过程。再造想象的形成要求有充分的记忆表象做基础,表象越丰富,再造想象的内容也就越丰富,同时再造想象离不开词语思维的组织作用。再造想象有一定程度的创造性,但其创造性较低。例如,建筑工人根据建筑师画的图想象出建筑物的形象。幼儿在听老师讲《小红帽》的故事时,头脑中会浮现出小红帽和大灰狼的形象。

创造想象是在创造活动中,根据一定的目的、任务,在人脑中独立地创造出新形象的过程。创造想象具有首创性、独立性和新颖性等特点。它需要对已有的感性材料进行深入地分析、综合、加工、改造,在头脑中进行创造性的构思。例如作家创作新作品的想象。在新作品创作和创造时,人脑中构成的新形象属于创造想象。如鲁迅先生创作"阿Q"形象的过程属于创造想象。

幻想是创造想象的一种特殊形式,是指向未来的并与个人愿望相联系的想象。幻想又分为积极幻想和消极幻想。符合事物发展规律的有可能实现的幻想叫理想;不符合事物发展规律,根本不可能实现的幻想是空想。

(三)想象的综合形式

想象过程是对形象的分析综合过程,它的综合有以下几种独特的形式。

1. 黏合

黏合是把客观事物中从未结合过的属性、特征、部分在头脑中结合在一起而形成新的形象。这种创造都是把客观事物的某些特征分析出来,然后按照人们的要求,将这些特点重新配置,综合起来,构成人们渴求的新形象,以满足人们的某种需要。例如美人鱼、白龙马和阿凡达等。

2．夸张

夸张是通过改变客观事物的正常特点，或者突出某些特点而略去另一些特点在头脑中形成新的形象。例如千手观音、小人国等。

3．典型化

典型化是根据一类事物的共同特征创造新形象的过程。它是文学、艺术创造的重要方式。如小说中"阿Q""闰土"等人物形象的创造。

4．联想

联想是由一个事物想到另一个事物，也可以创造新的形象。例如一位诗人在某种情绪状态下，看到"修理钟表"便会想到"修理时间"，进而想出"请修理一下年代吧，它已不能按时间度过！"

二、学前儿童想象的发展

（一）学前儿童想象发展的一般趋势

儿童的想象在婴儿期就开始发生。

1岁半～2岁的儿童出现想象的萌芽，主要是通过动作和语言表现出来。儿童最初的想象可以说是记忆材料的简单迁移。

2岁儿童的想象几乎完全重复曾经感知过的情景，只不过是在新的情景下的表现。

2～3岁是学前儿童想象发展的初级阶段。想象活动完全没有目的，过程进行缓慢，想象依靠感知动作和成人的语言提示，内容简单贫乏，与记忆的界限不明显。

3～4岁是学前儿童想象发展的迅速阶段。这时期的想象基本上是无意想象，是一种自由联想。这个时期的想象活动没有目的，没有前后一贯的主题。想象内容零散，无意义联系，内容贫乏，数量少而单调。

4～5岁儿童的无意想象中出现了有意想象的成分，但是仍以无意想象为主。想象的目的计划非常简单，想象内容比较丰富，但仍然零碎。

5～6岁儿童有意想象和创造想象已经有了明显的表现。想象的有意性相当明显，内容进一步丰富，有情节。想象内容新颖程度增加，幼儿的想象形象力求符合客观逻辑。

（二）学前儿童想象发展的特点

1．以无意想象为主，有意想象开始发展

无意想象是最简单的、初级的想象。在幼儿的想象中无意想象占重要地位，小班幼儿便显得尤其突出。有意想象在幼儿期开始萌芽，幼儿晚期有了比较明显的表现。幼儿的无意想象主要有以下特点。

（1）想象无预定目的，由外界刺激直接引起。幼儿想象的产生常常是由外界刺激物直接引起，想象往往并不指向某一预定目的，在游戏中想象往往随玩具的出现而产生。例如，一位4岁幼儿绘画时，无意中画了一个圆圈，一看很像月饼，于是她便高兴地说："哈哈，月饼真香真好吃！"

（2）想象的主题不稳定。幼儿想象进行的过程往往也受外界事物的直接影响。幼儿初期的孩子，想象不能按一定的目的坚持下去，很容易从一个主题转到另一个主题。例如，玩游戏时，一会喜欢玩芭比娃娃，一会喜欢小老虎。

（3）想象的内容零散、不系统。由于想象的主题没有预定目的，幼儿想象的内容总是零散的，所以想象的形象之间不存在有机的联系，没有系统性。幼儿绘画常常有这种情况，画了"小猫"，又画"飞机"最后又画"面包"。总之，他们往往想到什么就画什么。

（4）以想象过程为满足。幼儿想象往往不追求达到一定的目的，只满足想象进行的过程。例如小班幼儿往往对某个故事百听不厌。一个幼儿常常给小朋友讲故事，乍看起来有声有色，既有动作又有表情，实际听起来毫无中心，没有说出任何一件事情的情节及其来龙去脉。

（5）想象受情绪和兴趣的影响。幼儿的想象容易受情绪和兴趣的影响，如果受到大人表扬和支持的想象活动，就能长时间地坚持下去。而当幼儿的想象受到冷落或没有及时被大人肯定的话，想象活动就变得兴趣索然或者放弃了。

在教育的影响下，随着儿童动作和语言的发展，到了幼儿晚期，有意想象逐渐发展起来。在活动和游戏中，出现了有目的、有主题的想象。想象的主题逐渐稳定，为了实现主题，能够克服一定的困难。但总的来说，6岁儿童的有意想象水平还很低。

2. 以再造想象为主,创造想象开始发展

在整个学前时期,再造想象占主要地位。在再造想象发展的基础上,创造想象开始发展起来。

再造想象在幼儿的生活中占有主要的地位。幼儿期的想象,大量是再造想象。幼儿期是大量吸收知识的时期,幼儿依靠再造想象来了解间接知识。幼儿期再造想象的主要特点如下。

(1)幼儿的想象常常依赖于成人的语言描述或根据外界情境的变化而变化。幼儿想象具有很大的无意性,缺乏独立性。如果老师不提示,单纯看图像,幼儿常常不能独立展开想象,进行游戏。幼儿在听故事时,想象随着成人的讲述而展开。幼儿的无意想象从想象的发生和进行来说是无意的、被动的,从想象内容来说是再造的。幼儿由于头脑中的表象比较贫乏,水平较低,它的无意想象一般是再造性的。

(2)幼儿的再造想象常常是记忆表象的极简单加工,缺乏新异性。幼儿常常没有目的地摆弄物体,改变着它的形状,当改变了的形状正巧比较符合幼儿头脑中的某种表象时,幼儿才能把它想象成某种物体。这种无意想象的形象与头脑中保存的有关事物的"原型"形象相差不多。

幼儿期是创造想象开始发生的时期。随着幼儿知识经验的丰富和抽象概括能力的提高,幼儿创造想象的水平逐渐提高。他们常常提出一些不平常的问题,有时会自己编新的故事,创造性的绘画,游戏内容也日益丰富,游戏想象的空间距离日益扩大。幼儿期创造想象的主要特点如下。

(1)最初的创造想象是无意的自由联想,可称为表露式创造,这是最初级的创造。

(2)幼儿创造想象的形象和原型只略有不同,或者在常见模式的基础上有一点改造。

(3)情节越来越丰富,从原型发散出来的数量和种类增加,以及能够从不同中找出相同。

3. 幼儿想象容易夸张,容易将想象与现实混淆

幼儿想象容易夸张,喜欢夸大事物某个部分或某种特征。幼儿在想象中常常把事物的某个部分或某种特征加以夸大。例如,幼儿会说"我爸爸是世界上最强的人"或"我们家有很多很多的牛和羊"。

幼儿常常将想象与现实混淆。幼儿的想象常常脱离现实,又常与现实相混淆。小班幼儿把想象当做现实的情况比较多,也会把自己臆想的事物、渴望的内容当成真的。例如,儿童非常喜欢变形金刚,妈妈答应儿童等到过年时给他买一个变形金刚,于是他就告诉别的孩子:"我妈妈给我买了一个很大的变形金刚。"中小班幼儿想象与现实混淆的情况已减少,孩子们听到一些事情后,常问"这是真的吗"?

教师和家长应该正确对待儿童"说谎"现象。学前儿童的记忆正确性差,容易受暗示,容易把现实和想象混淆,用自己虚构的内容来补充记忆中的残缺部分,把主观臆想的事情当作自己亲身经历过的事情来回忆,这种现象常常被人们误认为是儿童在说谎,这是一种误区。幼儿如果由于记忆失实而出现言语描述与实际情况不符,不能将这种行为看作说谎,因为这是幼儿心理不成熟的表现。因此,家长要耐心地帮助儿童弄清楚事实、区分开记忆材料与想象的内容。

真　题

1. 选择题

(1)幼儿常把没有发生或期望的事情当作真实的事情,这说明幼儿(　　)。

  A. 好奇心强   B. 说谎

  C. 移情   D. 将想象与现实混淆

(2)一个小女孩看到"夏景"说:"小姐姐坐在河边,天热,她想洗澡,她还想洗脸,因为脸上淌汗。"这个小女孩的想象是(　　)。

  A. 经验性想象   B. 情境性想象

  C. 愿望性想象   D. 拟人化想象

(3)在同一桌上绘画的幼儿,其想象的主题往往雷同,这说明幼儿想象的特点是(　　)。

  A. 想象无预定目的,由外界刺激直接引起

  B. 想象的主题不稳定,想象方向随外界刺激变化而变化

  C. 想象的内容零散,无系统性,形象间不能产生联系

  D. 以想象过程为满足,没有目的性

2. 材料题

材料:离园时,三岁的小凯对妈妈兴奋地说:"妈妈,今天我得了一个'小笑脸',老师还贴在我脑门儿上了。"妈妈听了很高兴,连续两天小凯都这样告诉妈妈。后来妈妈和老师沟通后才得知,小凯并没有得到"小笑脸"。妈妈生气地责怪小凯:"你这么小,怎么就说谎呢?"

问题:小凯妈妈的说法是否正确?试结合幼儿想象的特点,分析上述现象。

三、想象在学前儿童心理发展中的作用

（一）想象在学前儿童认知、情绪、学习和游戏中的作用

1. 在认知方面

儿童的想象并不是凭空产生的，要用在头脑中已有的表象作为原材料，才可能进行。想象的产生是学前儿童认知发展的标志之一。想象依靠记忆，幼儿想象时所依靠的原有表象，是过去感知的事物依靠记忆在头脑中保持下来的形象。同时想象的发展有利于记忆活动的顺利进行。儿童的想象越丰富，水平越高，越有利于儿童对识记材料的理解、加工，也就越有利于儿童识记材料的保持和回忆。

2. 在情绪方面

孩子的情绪情感常常是由想象引发的。幼儿的想象容易受自己的情绪和兴趣影响。幼儿的情绪常常能够引起某种想象的过程，或者改变想象的方向。由于情绪的作用，幼儿虽然知道想象与现实不符，仍然迷恋于想象过程。

3. 在学习方面

想象是学习新知识所必需的认知基础。人们在认识客观事物的过程中，可以通过直接感知获得对事物的认识，但人不可能每件事都去亲自实践。人们在获取间接认识的过程中，没有想象是无法构建出新形象、新知识的。想象可以帮助学前儿童在学习活动中更好地理解那些当前感知不到的信息，或者完成一些简单的创造性学习任务。

4. 在游戏方面

学前儿童的想象起着极为重要的作用。学前儿童的主要活动是游戏。在角色游戏中，角色的扮演、材料的使用、游戏的整个过程等都要依靠儿童的想象过程。如果没有想象，这些"虚构的"活动都无法开展。在结构游戏中，幼儿必须对结构材料、结构物体进行想象，通过一定的建构技能才能"创造"出一定的结构活动。在游戏中，儿童可以不断地根据想象变换物体的功能、人物、游戏的情节。

（二）想象是学前儿童创造力发展的重要成分

人的创造力主要表现在一个人的创造性思维上，创造力主要包括直觉、灵感和想象三个方面。对于学前儿童来说，想象是学前儿童创造力发展的重要成分。丰富的想象是儿童创造思想的表现。

在婴幼儿时期开始，针对儿童想象的发展特点，教师应该努力扩大幼儿视野，丰富幼儿感性知识和生活经验，提高幼儿的言语水平，充分利用美术、音乐、剪纸、游戏等活动，抓住日常生活中的契机，创造条件，积极组织创设宽松、和谐、自然和开放的学习环境，鼓励和引导幼儿进行大胆想象。

第六节　学前儿童言语的发展

简单的小杰

小杰一天早上起床时，自己穿好了衣服。妈妈看见了很高兴，夸奖地说："真不简单！小杰都会自己穿衣服了。"但是出乎妈妈的意料之外，小杰大哭起来，他喊道："我简单！我简单嘛！"

为什么小杰听到妈妈的表扬，反而会大哭起来呢？因为小杰对"不简单"这个词作了笼统的理解，他并不理解"简单"的含义，加之妈妈经常批评他"不听话"等，他以为凡是带"不"字的都是不好的！那么学前儿童的言语发展是什么样的呢？学习这一节内容，你将会对学前儿童言语的发展有详细的了解。

一、言语的相关概念

（一）言语的内涵

语言是一种社会现象，是人类通过高度结构化的声音组合，或通过书写符号、手势等构成的一种符号系统。

言语是个体使用语言的过程，包括理解别人运用语言和自己运用语言的过程。人们通过言语活动互相交往、交流思想。

言语和语言是两个不同的概念,但是两者又密不可分。一方面,语言是在人们的言语交流活动中形成和发展的。儿童如果不进行言语活动,也就不能掌握语言。另一方面,言语活动是依靠语言作为工具进行的。儿童掌握语言的水平,也影响他的言语活动水平。

（二）言语的类型

根据活动的目的和是否发声,将言语分为内部言语和外部言语。

内部言语是一种不出声的言语活动。当人们计划自己的外部言语时,内部言语常常起着重要作用,它是在外部言语的基础上产生的,具有简略性和压缩性。

外部言语又包括书面言语和口头言语。书面言语是指一个人借助文字来表达自己的思想或阅读来接受别人言语的影响。它具有随意性、开展性和计划性。日常生活中,有人擅长书面言语,有人擅长口头言语。口头言语包括对话言语和独白言语。对话言语是指两个或几个人直接交流时的言语活动,它是一种最基本的言语形式,如聊天、辩论等。对话言语是一种情境性的、简略的言语,它是对话双方的直接交流,是一种反应性言语。独白言语是个人独自进行的,与叙述思想、情感相联系的,较长而连贯的言语,如演讲、作报告等。儿童在独自游戏过程中的自言自语也可以看成是独白言语,严格地说,是外部言语向内部言语过渡的形式。

二、学前儿童言语的发生与发展

（一）学前儿童言语发生与发展的阶段

1. 前言语阶段

在儿童真正掌握语言之前,有一个准备阶段,称为前言语阶段。出生后第一年是前言语阶段。前言语阶段又可以分为简单发音、连续发音和学话萌芽三个阶段。

（1）简单发音阶段（1～3月）。哭是儿童最早的发音。新生儿的哭声中,特别是哭声稍停的时候,可以听出"ei""ou"的声音。2个月以后,婴儿不哭时也开始发音,当成人引逗他时,发音现象更明显。但是婴儿在这个阶段的发音不需要较多的唇舌运动。这阶段的发音是一种本能行为,天生聋哑的儿童也能发出这些声音。

（2）连续发音阶段（4～8月）。在这一阶段,当婴儿吃饱、睡醒、感到舒适时,常常自动发音。如果有人逗他,或者他们看到什么鲜艳的东西感到高兴时,发音更频繁。这个阶段的声音不具有任何符号意义。这个阶段发音的有些音节与语音相似,如"ma-ma",有时成人常常认为婴儿在叫自己。如果成人将这些音节与具体事物相联系,那么就可以形成条件反射,使这些音节具有意义。

（3）学话萌芽阶段（9～12个月）。这一阶段,儿童所发的连续音节不只是同一音节的重复,而且明显地增加了不同音节的连续发音,音调也开始多样化。同时,儿童开始模仿成人的语音,如"le-le"（乐乐）,这标志着儿童学话的萌芽。

2. 言语发生阶段

1～3岁是言语发生阶段。言语发生的标志是说出最初的词和掌握其意义。言语发生包括两个阶段。

（1）理解语言迅速发展阶段（1～1岁半）。在这个阶段,儿童理解的语言大量增加,但是说出的语词很少,甚至出现了一个短暂的相对停顿或沉默期。儿童只用点头、摇头或手势和行动示意,不开口说话。

（2）积极说话发展阶段（1岁半～2、3岁）。儿童似乎突然开口说话,说话的积极性很高,语词大量增加,语句的掌握也迅速发展。

3. 基本掌握口语阶段

2岁以后,特别是3岁到入学前（6～7岁）,是儿童基本掌握口语的阶段。儿童在掌握语言、词汇、语法和口语表达能力方面都迅速发展,为入学后学习书面语言打下基础。

（二）学前儿童内部言语的发生发展

幼儿前期,儿童没有出现内部言语。4岁以后,幼儿开始出现内部言语。幼儿时期的内部言语在发展过程中,常出现一种介乎外部言语和内部言语之间的过渡形式,即出声的自言自语。出声的自言自语大约出现在4岁左右。它既有外部言语说出声音的特点,又有内部言语对自己说话的特点。皮亚杰将儿童的自言自语看作自我中心言语,维果茨基将其看作从外部言语向内部言语转化过程中的一种过渡言语。幼儿的自言自语包括两种形式,即游戏言语和问题言语。

1. 游戏言语

游戏言语是一种在游戏、绘画活动中出现的言语。这种言语的特点是比较完整、详细,有丰富的情感和表现力。幼儿经常在游戏、绘画活动中一边做动作、一边说话,用言语补充和丰富自己的行动。例如,幼儿一边画,一边说:"猫咪在钓鱼,你看它多开心呀!"

2. 问题言语

问题言语是比较简单、零碎的,在行动中遇到困难或问题时出现,是表现困惑、怀疑、惊奇的言语,一般3～4岁时即可出现,在4～5岁时较为突出。4～5岁儿童的"问题言语"最多、最丰富。例如,儿童在搭积木时,一边搭,一边说:"把这个放在哪呢?……这是怎么回事呢……"当幼儿找到解决问题的办法时,也会用这种言语表示所采取的办法。例如,幼儿在玩魔方时也会自言自语地说:"朝这边转还是朝那边转呢?还是朝这边转更好一些。"随儿童年龄增长,自言自语会逐渐减少,逐渐转化为内部言语。

(三)学前儿童书面言语的发生发展

儿童的书面言语的产生,如同口头言语一样,是从接受性的言语活动开始,先会认字,后会写字,先会阅读,以后慢慢才会说出符合语法的完整句子。由于对言语交际的态度积极和口头言语的进一步发展,到学前晚期,儿童往往主动要求识字、读书。这个时期的幼儿,形象知觉、图像识别能力较强,适当学习书面语言,并不困难,也很有兴趣。

幼儿掌握书面言语的一个最大特点是:他们开始以词、言语本身为分析综合的对象。这是一种复杂的能力,一般要到幼儿晚期才能具备这种能力。有研究表明,4～5岁是学习书面言语的关键期。

(四)学前儿童口头言语的发生发展

1. 幼儿语音的发展阶段

语音的形成大致经历四个阶段:0～2个月出现噪音;3～4个月出现啊咕声;4～8个月出现喃喃语声;9～12个月开始发出语音。

(1)语音的意识开始形成。2岁以前的儿童尚未形成对语音的意识,2岁之后的幼儿逐渐出现对语音的意识,开始能自觉地辨别发音是否正确,自觉地模仿正确发音,纠正错误的发音,说明对语音的意识开始形成。语音意识的发生和发展使儿童学习语言的活动成为自觉和主动的活动。

(2)幼儿期(3～6岁)是能够掌握本民族全部语音的年龄。随着发音器官的成熟和语言知觉的精确化,学前儿童的发音能力迅速发展。3～4岁是语音发展的飞跃阶段,在这个阶段,幼儿已经接近掌握全部语音。4岁以上的幼儿基本什么话都会说了。一般来说,幼儿期的儿童已能初步掌握本民族、本地区语音的全部发音,甚至可以掌握任何民族语言的语音,但在实际说话时,儿童对于有些语音往往不能准确发出。学前儿童语音发展表现出以下特点:① 3～6岁城乡儿童的韵母、声母发音正确率随年龄增长而逐渐提高;② 3岁儿童发音的正确率明显低于4岁儿童;③ 语音的发展除受发音器官和神经系统成熟的制约外,更受环境和教育条件的影响,如农村儿童语言的发展落后城市儿童。三四岁后,发音逐渐方言化。

幼儿发音的错误,大多数发生在辅音上。幼儿辅音发音的错误,集中在"zh""ch""sh""z""c""s"等辅音。幼儿发音的难点在于掌握发音部位和发音方法。特别对于3～4岁幼儿,可以采用儿歌、绕口令等方法,引导他们多做发音练习。在日常生活中,也要要求幼儿努力做到发音清楚。学前末期的儿童只要不是生理缺陷,在正确教育的影响下,都能正确发出各种语音。

2. 学前儿童词汇的发展

言语是由词以一定的方式组成的,因此,词汇的发展可以被看做言语发展的重要标志之一。幼儿词汇的发展主要表现在以下方面。

(1)词汇数量迅速增加。学前期是人一生中词汇量增加最快的时期。在学前期,词汇数量成直线上升趋势。据资料表明,3岁儿童词汇为800～1 100个,4岁为1 600～2 000个,5岁则增至2 200～3 000个,6岁时词汇数量可达3 000～4 000个。其中4～5岁是词汇量增长的活跃期。

(2)词类范围日益扩大。根据词类抽象概括程度不同,将词分为实词和虚词。实词代表较具体的事物,虚词的意义比较抽象。如果从数量方面看,在幼儿的词汇中,实词是大量的,虚词的量很小。从质量方面看,掌握虚词可间接说明幼儿智力发展相对达到较高的水平。

(3)词的类型不断增加。儿童先掌握实词,后掌握虚词。掌握实词沿着"名词→动词→形容词"的顺序发展,幼儿对其他实词如副词、代词、数词掌握得较晚。幼儿的词汇中,各类词的比例也不同。其中,名词占总量的50%左右,动词占总量的20%～25%,形容词占10%。幼儿对虚词如连词、分词、助词、语气词等掌握得较晚。幼儿词汇中使用频率最高的是代词,其次是动词、名词。

（4）各类词汇的内容不断扩大。在掌握词的类型不断扩大的同时,学前儿童掌握同一类词的内容也在不断地扩大。他们从与日常生活有关的词逐步发展到与日常生活较远的词。实词在 3～4 岁增长速度较快,虚词在 4～5 岁增长较为迅速。总的来说,4～5 岁是词汇丰富的活跃期,5～6 岁是儿童的言语表达能力明显提高期。

（5）对词义的理解逐步确切并深化。由于各年龄阶段儿童心理发展水平特别是思维水平的不同,他们对词汇的理解水平是不相同的。3 岁前的儿童对词的理解经常不是失之过宽就是失之过窄。学前儿童对词义的理解表现为两个特点：① 从理解具体意义的词到理解抽象的词；② 从理解词的具体意义到理解词的抽象意义。幼儿掌握词义越来越丰富和深刻,他运用该词的积极性也越来越高。这时,词可以从消极词汇转为积极词汇,既能理解,又能正确使用。

3. 学前儿童对语法的掌握

语法是组词成句的规则,儿童要掌握语言,进行言语交际,还必须要掌握语法体系。儿童开始学习说话的同时,也就开始既学习语词,又学习语法了。

幼儿对语法的意识从 4 岁开始明显出现。这时,幼儿会提出有关句法结构的问题,逐渐能够发现别人说话中的语法错误。当他们听到不符合语言习惯的、感到刺耳的说法时,他们就会说出来。例如,一个幼儿听到别人说"一条人",便会说"你怎么说'一条人'？不是应该说'一个人'吗"？从我国学前儿童说出的句子类型来看,幼儿语法的发展具有以下趋势。

（1）从不完整句到完整句。最初,儿童句子的结构是不完整的,儿童的不完整句包括单词句和电报句。在 1～1 岁半,儿童只能用单词句说话,一个词代表一个句子。所用的词并不是单独和某种对象相联系,而是和某种情境相联系。它的含义不够明确,语音往往也不够清晰,成人除了根据儿童说话时的表情和动作外,还必须根据说话的情境来推测其意义。一般只有与儿童特别亲近的人才能听懂他们所说的话。例如,当儿童说"爸爸"这个词时,可能是代表要爸爸帮他拿东西。1 岁半到 2 岁半左右,儿童开始说电报句。电报句又称双词句,它是由两个单词组成的不完整句。电报句表达的意思比单词句明确,它已具备句子的雏形。例如"妈妈抱""爸爸坐"。2 岁以后,儿童逐渐出现比较完整的句子。完整句的数量和比例随年龄的增长而增加。到 6 岁左右,儿童 98% 使用完整句,复合句也比较完整。

（2）从简单句到复合句。2 岁后,简单句逐渐增加,虽然也出现一些复合句,但是复合句的比例比较小。2 岁时复合句只占 3.5%。幼儿期,简单句仍占多数,但随着年龄的增长,复合句所占的比例逐渐增加。4 岁以后,儿童出现了各种从属复合句,还能运用适当的连接词构成复合句,例如,"如果……那么……"。复合句包括偏正复句和联合复句。幼儿的复合句数量较少,比例不大,结构松散,联合复句出现较早,由于偏正复句反映比较复杂的逻辑关系,幼儿较难掌握,所以偏正复句出现得比较晚。

（3）从无修饰句到修饰句。儿童最初的句子是没有修饰语的,2 岁半儿童已经开始出现一定数量的简单修饰语,如"大灰狼抓小白兔"。3 岁以后出现复杂修饰句,如"漂亮的娃娃"。3～3 岁半是儿童复杂修饰句的数量增长最快的年龄。到 4 岁,有修饰的语句开始占优势。

（4）从陈述句到多种形式的句子。儿童最早掌握的是陈述句。在整个学前期,简单的陈述句都是基本的句型。幼儿常用的句型除陈述句外,还有疑问句、祈使句、感叹句等。由于日常生活的需要,其中疑问句产生最早。例如,幼儿问"为什么小狗不说话？"

（5）句子从短到长。随着年龄的增长,儿童说话的句子含词量逐渐增加。最初的句子只有一个词,然后到两个词的句子。3 岁儿童主要用三词句,3 岁半儿童句子长度发展到 6～10 个词,4 岁儿童使用句子的长度可达 11 个词以上。

4. 学前儿童口语表达能力的发展

儿童的言语是为交往而产生,在交往中发展的。随着词汇的丰富和语法结构的逐渐掌握,幼儿的口语表达能力也逐渐发展起来,具体表现如下。

（1）从对话言语逐渐过渡到独白言语。3 岁以前,儿童基本上都是在成人的帮助下和成人一起进行活动的。儿童的言语基本上都是采取对话的形式,他们的言语往往只是回答成人提出的问题或是向成人提出要求。独白言语是在幼儿期产生的。由于儿童独立性的发展,活动范围的扩大,在与成人、同伴的交往中,幼儿需要独立地向别人表达自己的思想情感,讲述自己的知识经验。同时,儿童的认识能力尤其是思维的发展,也使他的独白言语有可能产生和发展。3～4 岁幼儿只能主动讲述自己生活的事情,表达时常显不流畅,在集体面前说话时,经常不自然,不够大胆。4～5 岁能够独立讲故事或各种事情。5～6 岁不但能够系统地讲述,而且能够有声有色地描述看过或听过的事情。

(2) 从情境**言语**过渡到连贯言语。对话言语是在交谈的主体之间相互进行的,大家对所谈的内容都有所了解,不需要连贯和完整。对话时常使用情境言语。情境言语只有在结合具体情景时,才能使听者理解说话者的思想内容。情境言语是儿童言语从不连贯言语向连贯言语发展过程中的一种言语方式。连贯言语则指句子完整、前后连贯,能反映完整而详细的思想内容,使听者从语言本身就能理解所讲述的意思的语言。连贯言语的发展使幼儿能独立地、完整地、详细地表达自己的思想。3 岁前儿童的言语主要是情境言语。3～4 岁儿童的言语仍带有情境性,他们在说话中运用许多不连贯的、没头没尾的短句,并且辅以各种手势和面部表情。4～5 岁儿童说话常常是断断续续的,不能说明事物形象、行为动作之间的联系,只能说出一些片段。6～7 岁儿童已能完整地、连贯地说话,开始从叙述外部联系发展到叙述内部联系。随着年龄的增长,儿童情境言语的比重逐渐下降,连贯性言语的比重逐渐上升。

真　题

1. 冬冬边玩魔方边自己小声嘀咕:"转一下这面试试,再转这面呢?"这种语言被称为(　　)。
　　A. 角色语言　　　　　　B. 对话语言　　　　　　C. 内部语言　　　　　　D. 自我中心语言

2. 一名 4 岁幼儿听到教师说"一滴水,不起眼",结果他理解成了"一滴水,肚脐眼"。这一现象主要说明幼儿(　　)。
　　A. 听觉辨别力较弱　　　　　　　　　　　B. 想象力非常丰富
　　C. 语言理解凭借自己的具体经验　　　　　D. 理解语言具有随意性

3. 1 岁半～2 岁的儿童使用的句子主要是(　　)。
　　A. 单词句　　　　　　B. 电报句　　　　　　C. 完整句　　　　　　D. 复合句

4. 1 岁半的儿童想给妈妈吃饼干时,会说:"妈妈""饼""吃",并把饼干递过去,这表明该阶段儿童语言发展的一个主要特点是(　　)。
　　A. 电报句　　　　　　B. 完整句　　　　　　C. 单词句　　　　　　D. 简单句

5. 一般条件下,哪个年龄段的幼儿能结合情境理解一些表示因果、假设等关系的相对复杂的句子(　　)。
　　A. 托班　　　　　　B. 小班　　　　　　C. 中班　　　　　　D. 大班

6. 一名从未见过飞机的幼儿,看到蓝天上飞过的一架飞机说:"看,一只很大的鸟!"从幼儿语言发展的角度来看,这一现象反映的特点是(　　)。
　　A. 过渡规范化　　　　　　B. 扩展不足　　　　　　C. 过度泛化　　　　　　D. 电报式言语

7. 2～6 岁的儿童掌握的词汇数量迅速增加,幼儿掌握词汇的先后顺序通常是(　　)。
　　A. 动词,名称,形容词　　　　　　　　　　B. 动词,形容词,名称
　　C. 名称,动词,形容词　　　　　　　　　　D. 形容词,动词,名称

三、言语在学前儿童心理发展中的作用

(一) 言语的交流作用

人的思想、愿望、需要、情感、体验等内部心理活动,必须要凭借言语才能表达出来,使人感知和理解。言语是人与人之间进行交际、沟通思想情感的桥梁,是人们相互影响、进行交际的工具,也是传递世代经验的途径。

学前儿童掌握言语的过程,也是社会化的过程。儿童的言语因为交际而产生,也是在交际过程中发展的。随着言语的发展,儿童能够表达自己的想法,表示不满、请求或命令,保持自己和别人之间的关系,获得知识,发表自己的意见等,都是社会化的过程。

(二) 言语的概括作用

言语中的词是客观事物的符号,它代表着一定的对象或现象。言语不仅标志着个别对象或现象,还标志着某一类的很多对象或现象。言语的概括作用使儿童加快了对事物的认识。儿童不需要逐个的、具体的认识某一类事物,而可以根据一类事物的共同特征,概括地认识同类事物。言语的概括作用,促进了人的认识能力特别是抽象思维能力的发展。

(三) 言语的调节作用

言语对儿童心理活动和行为的调节功能,使儿童有了心理的自我调节能力。年龄较小的儿童最初是按照成人的言语指示做出各种行动或制止各种不适宜的行动。随着年龄的增长,儿童逐渐会按照要求,自觉地调节自己的心理和活动。

学前儿童可能会出现音准差和口吃现象。音准差可能是由于受到方言的影响,或者不能正确掌握发音部位和发音方法。在日常教育活动中,教师一定要用普通话教学,对小班儿童可以采用儿歌和绕口令的方式,引导他们多做发音练习。同时父母也应配合教育,为儿童创设良好的语音环境,在日常生活中要求儿童努力做到发音清楚。

口吃出现的年龄在 2~4 岁,学前儿童的口吃可能是由以下三种因素造成。(1) 生理原因。由于 2~4 岁儿童的言语调节机能还不完善,造成连续发音的困难,随着年龄的增长,这种情况会有缓解。(2) 心理原因。这是由于说话时过于急躁、激动和紧张造成的。在学前儿童将思想转为言语的过程中,可能会因为找不到合适的词汇和更好的表达方式而感到焦急,也可能会因为发音的速度赶不上思考的速度而造成两者脱节,这使儿童产生一种"紧张"状态。经常性的紧张会成为习惯,以至于每次遇到类似的语词或情境时,都会出现同样的症状。(3) 模仿。幼儿的好奇心强,爱模仿,当周围某同伴偶尔出现口吃现象,他们觉得有趣就加以模仿,最后不自觉形成习惯。

对于幼儿的"口吃",主要方法是消除幼儿的紧张心理。父母和教师应该安慰他们,用平静、从容、缓慢、轻柔的语调和他们说话,来感染他们说话时不着急、呼吸平稳、全身放松、不再去注意自己是否口吃。同时可以通过多练习朗诵和唱歌来矫正口吃。

根据学前儿童言语发展的规律和特点,在培养学前儿童的言语时,父母和教师在日常生活和教学中,激发儿童言语交往的需要,结合实物,组织丰富多彩的活动,调动儿童的积极性和兴趣,使儿童扩大眼界,丰富知识面,增加词汇,鼓励儿童的创造性。教师在教学中,要以身作则,给儿童提供正确的榜样,让儿童通过模仿学习,同时通过在练习中根据儿童的个体差异,制定不同的标准以强化儿童,指导儿童学说话、练习说话和纠正不良的说话习惯。对于书面言语来说,学前期是准备时期,重要的是培养读写兴趣,对学前儿童读写的要求,不要太严格,多采用赏识教育的方式。

▶ **阅读书目**

1. 陈帼眉. 学前心理学[M]. 北京:北京师范大学出版社,2000.

2. 李红. 幼儿心理学[M]. 北京:人民教育出版社,2007.

3. 彭聃龄. 普通心理学[M]. 北京:北京师范大学出版社,2004.

4. 李燕. 学前儿童发展心理学[M]. 上海:华东师范大学出版社,2008.

第7章　学前儿童情绪情感发展

学习目标

※ 了解儿童情绪的发生与分化；
※ 掌握儿童原始情绪的特点以及儿童几种基本情绪的分化理论；
※ 掌握学前儿童情绪情感发展的一般规律及各年龄段儿童情绪发展的特点；
※ 掌握儿童情绪情感社会化、丰富化和深刻化、自我调节化；
※ 重点掌握学前儿童高级情感的发展及其培养方法。

学习导引

　　本章由四节组成。第一节介绍儿童情绪的发生与分化，学习时要注意识记华生、布里奇斯、林传鼎、伊扎德四人理论的相关知识点；第二节简述学前儿童情绪发展的一般趋势，学习重点是识记并理解学前儿童情绪的三个发展趋势；第三节简述学前儿童的基本情绪表现，学习重点是掌握培养儿童良好情绪的方法；第四节介绍学前儿童高级情感的发展及培养，学习重点是识记并理解儿童的三种高级情感，并结合实际运用理论培养儿童的高级情感。

知识结构

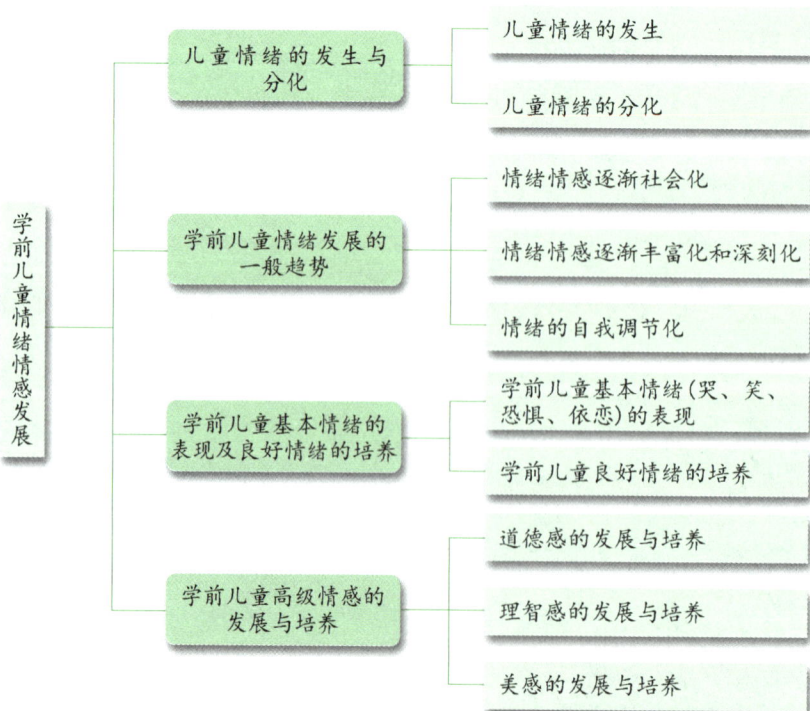

引子

入园适应问题

每到 9 月 1 日,幼儿园就会出现阵阵哭声,这样的日子会连续一两个星期,甚至更长的时间。在幼儿园,老师会发现孩子有各种各样的表现。有的孩子整天哭,有的孩子喜欢独处——不跟老师和其他小朋友说话,有的喜欢一直拿着一件自己喜欢的东西不放手,有的拒绝吃东西、睡觉等,还有的常常以跳脚、打滚等方式来表示不满。老师和家长都知道这是新入园的小班孩子在适应期的正常反应,也是幼儿情绪表现的一方面。那么如何让幼儿学会适应新环境呢? 又怎样培养幼儿良好的情绪? 这一章就与你分享婴幼儿情绪情感发展方面的知识。

第一节 儿童情绪的发生与分化

新生儿很爱哭怎么办?

新生儿很爱哭怎么办? 这是很多年轻的爸爸妈妈想要知道的,因为新生儿一哭起来可是没完没了,让人很抓狂。80 后的小夫妻会经常遇到这样的问题。孩子出生不到一个月,一旦哭了就停不下来,他们不明白孩子哭的含义,每次都忙手忙脚筋疲力尽。为什么孩子那么爱哭呢? 其实,新生儿表现了一种弥散性的情绪发作,他们对大声、疼痛、饥饿、惊吓、湿尿布或痛痒的反应几乎是同样的。但是随着年龄的增长,引起婴儿情绪的情景复杂化起来,婴儿的情绪也逐渐变得丰富而多样了。这时,细心的父母要仔细辨别婴儿的哭声,以了解婴儿的情况。

一、儿童情绪的发生

根据前人的观察和研究普遍表明,儿童出生之后就有情绪。新生儿或哭,或安静,或四肢舞动等,都是情绪的表现,可以称为原始的情绪反应。

经过多年的研究,现在人们普遍认为,原始的、基本的情绪是进化来的、天生的,儿童先天就有情绪反应。而这种情绪反应与生理需要是否得到满足有直接关系。

二、儿童情绪的分化

对初生婴儿的情绪是否分化,是仅仅只有一般性的、未分化的情绪,还是具有各个分化的、不同的情绪,这一直是个有争议的课题。下面是几项有代表性的研究。

(一) 华生的研究

行为主义的创始人华生根据对医院 500 多名婴儿的观察提出:新生儿有三种主要情绪,即怕、怒和爱。华生还详细描述了这些情绪的原因和表现。

1. 怕

华生认为新生婴儿的怕是由于大声和失持引起的。当婴儿安静地躺着时,在其头部附近敲击钢条,会立即引起他的惊跳,肌肉猛缩,继之以哭;当身体突然失去支持,或身体下面的毯子被人猛抖,婴儿会发抖、大哭、呼吸急促、双手乱抓。

2. 怒

怒是由于限制儿童运动引起的。如,用毯子把孩子紧紧地裹住,不准活动,婴儿会发怒,他把身体挺直,或手脚乱蹬。

3. 爱

爱由抚摸、轻拍或触及身体敏感区域产生。如抚摸孩子的皮肤,或是柔和地轻拍他(她),会使婴儿安静,产生一种广泛的松弛反应,或是展开手指、脚趾。

随着行为主义的兴起,关于新生儿有三大基本情绪的推论也随着流行起来。但是后来的一些研究都未能证实华生对原始情绪的划分。有人将新生儿自由落下2尺的距离，发现：85个新生儿只有2个哭，有些新生儿根本就没有发生明显的身体反应。谢尔曼(Shermen)曾用四种不同的刺激情境(针刺、过时不喂、身体突然失去支持、束缚手和脚的运动)来引起新生儿的情绪反应，然后叫医生、大学生进来观察新生儿的反应情况，要求他们指出婴儿的哭有什么不同，这些不同的哭是由什么原因引起的。结果这些观察者对婴儿表现出来的情绪以及造成这些反应的可能原因，都未能取得一致意见。因此，一些学者认为新生儿的情绪状态是笼统的。

(二) 布里奇斯的情绪分化理论

布里奇斯(K. M. Bridges)于1932年提出一个新的观点：新生儿的情绪只是一种弥散性的兴奋或激动，是一种杂乱无章的未分化的反应。主要由一些强烈的刺激引起，包括内脏与肌肉间不协调的反应。在以后学习和成熟的作用下，各种不同的情绪才逐渐分化出来。

布里奇斯根据自己的研究提出的情绪分化理论是早期比较著名的理论。布里奇斯认为，初生婴儿只有未分化的一般性的激动，表现为皱眉和哭的反应；3个月时分化为快乐、痛苦两种情绪；到6个月时，痛苦又进一步分化为愤怒、厌恶、害怕三种情绪；到12个月时，快乐情绪又分化出高兴和喜爱；到18个月时，分化出喜悦与妒忌。

布里奇斯的理论在20世纪80年代伊扎德等提出其理论前，一直为较多的人所接受。但现在这一理论由于缺乏有效判断情绪反应的客观指标，难以根据婴儿情绪反应本身来判别婴儿情绪，因而受到不少批评。

(三) 伊扎德的情绪分化理论

伊扎德(Izard)是当代美国和国际著名的情绪发展研究专家，他运用录像技术和其两套面部肌肉运动和表情模式测查系统，将新生婴儿的面部表情进行了全面、详细的录像，并进行了精细、深入的分析，提出了人类婴儿在其出生时，就展示出了各种不同的面部表情和情绪。

伊扎德关于婴儿情绪发展的研究及据此提出的情绪分化理论，在当代情绪研究中有很大的影响。伊扎德认为婴儿出生时具有五大情绪：惊奇、痛苦、厌恶、最初步的微笑和兴趣。4~6周时，出现社会性微笑；3~4个月时，出现愤怒、悲伤；5~7个月时，出现惧怕；6~8个月时，出现害羞；半岁~1岁，出现依恋、分离伤心、陌生人恐惧；1岁半左右，出现羞愧、自豪、骄傲、操作焦虑、内疚和同情等。

伊扎德特殊的贡献在于编制了面部肌肉运动和表情模式测查系统——最大限度辨别面部肌肉运动编码系统(Max, 1979年)和表情辨别整体判断系统(Affex, 1980年)，给表情识别提供了一个客观依据。他把面部分为三个区域：额眉-鼻根区，眼-鼻-颊区，口唇-下巴区，共列出29种肌肉活动单位，编辑成号，表情是由面孔这三个区域的肌肉运动组合而成的。例如：No. 25为额眉区——双眉下压、聚拢；No. 33为眼鼻区——双眼变窄、微眯；No. 54为口唇区——口张大呈矩形，三个组合起来，从表情辨别整体判断系统(Affex)中辨别为愤怒的表情。

伊扎德的研究较之前人的研究，无论在科学性和可测性上都大大提高了一步，每一种新出现的情绪反应都有一定的具体、客观指标，易于鉴别、判断。

(四) 林传鼎的情绪分化理论

我国的心理学家林传鼎于1947~1948年观察了500多个出生1~10天的新生儿的动作变化，他根据其观察结果提出了自己的观点。他认为，新生儿已具有两种完全可以区分的情绪反应。一种是愉快情绪反应，代表生理需要的满足(如吃饱、温暖和舒适等)，愉快的反应是一种积极生动的反应，它表现为某些自然动作，尤其是四肢末端的自由动作的增加，且不僵硬；一种是不愉快的情绪反应，代表生理需要的未满足(饥饿、寒冷、疼痛等)，表现为自然动作的简单增加，如连续哭叫、脚蹬手刨等。

近年，随着情绪研究技术，特别是早期婴儿情绪研究技术的发展，借助于新的现代化的研究仪器和客观化、量化的测量工具，特别是伊扎德利用婴儿被试所制订的两个面部肌肉运动和面部表情模式的测查、分析工具，使得人们得以对早期婴儿情绪进行广泛的、客观的研究。这些年我国相继有许多心理学家在这方面做了大量的研究工作，获得了许多实质性的进展。其中最突出、有代表性的是林传鼎在自己的研究基础上提出了情绪的三阶段分化理论。

1. 泛化阶段(0~1岁)

这一阶段儿童的情绪反应比较笼统，而且往往是生理需要引起的情绪占优势。0.5~3个月，出现了六种情绪：欲求、喜悦、厌恶、忿急、烦闷、惊骇。但这些情绪不是高度分化的，只是在愉快与不愉快的基础上增加了一些面部表情。4～6个月,开始出现由社会性需要引起的喜欢、忿急。

2. 分化阶段(1～5岁)

这一阶段儿童情绪开始多样化,从3岁开始,陆续产生了同情、尊重、爱等20多种情感,同时一些高级情感开始萌芽,如道德感、美感。

3. 系统化阶段(5岁以后)

这一阶段的基本特征是情绪生活的高度社会化。这个时期道德感、美感、理智感等多种高级情绪达到一定的水平,有关世界观形成的情绪初步建立。

林传鼎的情绪发展理论对我国情绪发展研究和理论产生过很大的影响,直到今日,他的不少观点——如新生儿已有两种完全可以分清的情绪反应,4～6个月婴儿出现与社会性需要有关的情感体验,社会性需要逐渐在婴儿情感生活、交流中起着越来越大的作用等,始终为人们所接受,并不断为今天的研究所证实。

第二节　学前儿童情绪发展的一般趋势

为什么欢欢喜欢值日?

欢欢上中班一个月后,妈妈发现他跟以前不一样了。每周三是欢欢值日的日子,他都早早起床让妈妈早点送他去幼儿园,妈妈还听说他在幼儿园都抢着打扫卫生,是老师眼中的"懂事宝宝"。

对于上中班的幼儿来说,情绪社会化越来越明显。幼儿渴望被人注意,特别是老师,他们希望与别人交往。这种社会性需要得到满足,幼儿的情绪就会比较积极。这是学期儿童情绪发展社会化的表现。

一、情绪情感逐渐社会化

儿童最初出现的情绪是与生理需要相联系的,随着年龄的增长,情绪逐渐与社会性需要相联系。社会化成为儿童情绪情感发展的一个主要趋势。

(一)情绪中社会性交往的成分不断增加

学前儿童的情绪活动中,涉及社会性交往的内容,随着年龄的增长而增加。例如,有研究发现,学前儿童交往中的微笑可以分为三类:第一类,儿童自己玩得高兴时的微笑;第二类,儿童对教师微笑;第三类,儿童对小朋友的微笑。这三类微笑中,第一类不是社会性情感的表现,后两类则是社会性的。该研究所得1岁半和3岁儿童三类微笑的次数比较如表7-1所示。

表 7-1　1岁半与3岁儿童的三类微笑的比较

年　龄	自己笑		对教师笑		对小朋友笑		总　数	
	次数	%	次数	%	次数	%	次数	%
1岁半	67	55.3	47	38.84	7	5.79	121	100
3岁	117	15.62	334	44.59	298	39.79	749	100

从表7-1中可以看到,从1岁半到3岁,儿童非社会性交往微笑的比例下降,社会性微笑的比例则不断增长。

(二)引起情绪反应的社会性动因不断增加

引起儿童情绪反应的原因,称为情绪动因。婴儿的情绪反应,主要是和他的基本生活需要是否得到满足相联系的。例如,温暖的环境、吃饱、喝足、尿布干净等,都常常是引起愉快情绪的动因。1～3岁的儿童情绪反应的动因,除了与满足生理需要有关的事物外,还有大量与社会性需要有关的事物。但总的来说,在3岁前儿童情绪反应动因中,生理需要是否满足是其主要动因。3～4岁幼儿,情绪的动因处于从主要为满足生理需要向主要为满足社会性需要的过渡阶段。在中大班幼儿中,社会性需要的作用越来越大。幼儿非常希望被人注意,为人重视、关爱,要求与别人交往。与人交往的社会性需要是否得到满足,以及人际关系状况如何,直接影响着幼儿情绪的产生和性质。成人对幼儿不理睬,之所以可以成为一种惩罚手段,原因即在于此。不仅与成人的交往需要及状况是制约幼儿情绪产生的重要社会性动因,而且,与同伴交往的状况也日益成为影响幼儿情绪的重要原因。

由此可见,幼儿的情绪情感与社会性交往、社会性需要的满足密切联系,幼儿的情绪情感正日益摆脱与生理需要的联系,而逐渐社会化,其与成人(包括教师、家长)和同伴的交往密切联系。社会性交往、人际关系对儿童情绪影响很大,是左右其情绪情感产生的最主要动因。

(三)表情逐渐社会化

表情是情绪的外部表现。有些表情是生物学性质的本能表现。儿童在成长过程中,逐渐掌握周围人们的表情手段,表情日益社会化。儿童表情社会化的发展主要包括两个方面:一是理解(辨别)面部表情的能力,二是运用社会化表情手段的能力。

1. 理解(辨别)面部表情的能力

表情所提供的信息,对儿童与成人交往的发展与社会性行为的发展起着特别重要的作用。近1岁的婴儿已经能够笼统地辨别成人的表情。例如对他微笑,他会笑,如果紧接着立即对他拉长脸,作出严厉的表情,婴儿会马上哭起来。有研究表明,小班的幼儿已经能够辨认别人高兴的表情,对愤怒表情的识别,则大约在幼儿园中班开始。

2. 运用社会化表情的能力

富切尔(Fulcher)对5~20岁先天盲人和正常人面部表情后天习得性的研究发现,最年幼的盲童和正常儿童相比,无论是面部表情动作的数量,还是表达表情的适当程度,都没有明显的差别。但是,正常儿童的表情动作数量和表达表情的逼真性,都随着年龄增长有进步,而盲童则相反。这说明,先天的表情能力只能保持一定水平,如果缺乏后天的学习,先天的表情能力会下降。盲童由于缺乏对表情的人际知觉条件,其表情的社会化受到了障碍。

研究表明,随着年龄的增长,儿童解释面部表情和运用表情手段的能力都有所增长。一般而言,辨别表情的能力一般高于制造表情的能力。

二、情绪情感逐渐丰富化和深刻化

从婴幼儿情绪所指向的事物来看,其发展趋势越来越丰富和深刻。

(一)丰富化

随着幼儿年龄的增长,活动范围不断扩大,因而有了许多新的需要,继而也就出现了多种新的情绪体验。例如,幼儿中期逐渐出现的友谊感,幼儿晚期进一步表现出的集体荣誉感等。原来并不引起儿童情绪体验的事物,可随着年龄增长,不断引起幼儿的各种情绪体验。例如,周围成人对幼儿的态度会引起幼儿愉快、自豪或委屈等情绪体验。周围的动物、植物甚至自然现象同样也可以引起幼儿的同情、惊奇等体验。情绪的日益丰富包括两种含义:其一,情绪过程越来越分化;其二,情绪所指向的事物不断增加。

1. 情绪过程越来越分化

这一点在前面的情绪的分化中已经涉及,刚出生的婴儿只有少数的几种情绪,随着年龄的增长,情绪类型不断分化、增加。

2. 情绪所指向的事物不断增加

有些先前不引起儿童情绪体验的事物,随着年龄的增长,引起了情绪体验。例如,2~3岁的儿童,不太在意小朋友是否和他共玩;而对幼儿(3~4岁),小朋友的孤立、不和他玩,以及成人的不理会,特别是误会、不公正对待、批评等,会使幼儿非常伤心。

(二)深刻化

所谓情感的深刻化是指指向事物的性质的变化,从指向事物的表面到指向事物更内在的特点。如,年幼儿童对父母的依恋,主要由于父母是满足他的基本生活需要的来源,而年长儿童则已包含对父母的尊重和爱戴等内容。又如,幼儿对行动有不同的体验,对自己的行动成就可能表现出骄傲,而对别人的行动成就表现出羡慕。

学前儿童情感的深刻化,与其认知发展水平有关。根据与认知过程的联系,情绪情感的发展可以分为以下几种水平。

1. 与感知觉相联系的情绪情感

与生理性刺激联系的情绪,多属此类。例如,儿童听到刺耳的声音或身体突然失持,都会引起痛苦和恐惧。

2. 与记忆相联系的情绪情感

陌生人表示友好的面孔,可以引起3～4个月儿童的微笑,但对于7～8个月的儿童,则可能引起惊奇或恐惧。这是因为前者的情绪尚未和记忆相联系,而后者则已有记忆的作用。没有被火烧灼过的儿童,对火不产生害怕情绪,而被火烧灼过的儿童,则会产生害怕情绪。儿童的许多情绪都是条件反射性质的,也就是和记忆相关联的情绪。

3. 与想象相联系的情绪情感

两三岁以后的儿童,常常由于被告知蛇会咬人、黑夜有鬼等,而产生怕蛇、怕黑等情绪,这些都是和想象相联系的情绪体验。

4. 与思维相联系的情绪情感

5～6岁儿童理解病菌能使人生病,从而害怕病菌;理解苍蝇能带病菌,于是讨厌苍蝇。这些惧怕、厌恶的情绪,是与思维相联系的情绪。

幽默感是一种与思维发展相联系的情绪体验。3岁儿童看到鼻子很长的人,眼睛在头后面的娃娃都报之以微笑。这是儿童理解到"滑稽"状态,即不正常状态而产生的情绪表现。幼儿会开玩笑,即出现幽默感的萌芽,是和他开始能够分辨真假相联系的。

5. 与自我意识相联系的情绪情感

受到别人嘲笑而感到不愉快,对活动的成败感到自豪、焦虑,对别人的怀疑和妒忌等,都属于与自我意识相联系的情感体验。这种情感的发生,更多地不决定于事物的客观性质,而决定于主观认知因素。

三、情绪的自我调节化

从情绪的进行过程看,其发展趋势是越来越受自我意识的支配。随着年龄的增长,婴幼儿对情绪过程的自我调节越来越强。这种发展趋势主要表现在以下三个方面。

(一) 情绪的冲动性逐渐减少

幼儿早期由于大脑皮层的兴奋容易扩散,加上大脑皮层下中枢的控制能力发展不足,幼小儿童常常处于激动的情绪状态。在日常生活中,婴幼儿往往由于某种外来刺激的出现而非常兴奋,情绪冲动强烈。儿童的情绪冲动性还常常表现在他用过激的动作和行为表现自己的情绪。比如,幼儿看到故事中的"坏人",常常会把它抠掉。

随着幼儿脑的发育及语言的发展,情绪的冲动性逐渐减少。幼儿对自己情绪的控制,起初是被动的,即在成人要求下,按照成人的指示控制自己的情绪。到幼儿晚期,对情绪的自我调节能力才逐渐发展。成人经常反复的教育和要求,以及幼儿所参加的集体活动和集体生活的要求,都有利于逐渐养成控制自己情绪的能力,减少冲动性。

(二) 情绪的稳定性逐渐提高

婴幼儿的情绪是非常不稳定的、短暂的。随着年龄的增长,情绪的稳定性逐渐提高,但是,总的来说,幼儿的情绪仍然是不稳定、易变化的。

婴幼儿的情绪不稳定,与其情绪情感具有情境性有关。婴幼儿的情绪常常被外界情境支配,某种情绪往往随着某种情境的出现而产生,又随着情境的变化而消失。例如,新入园的幼儿,看着妈妈离去时,会伤心地哭,但妈妈的身影消失后,经老师引导,很快就愉快地玩起来。如果妈妈从窗口再次出现,又会引起幼儿的不愉快情绪。

婴幼儿情绪的不稳定还与情绪的受感染性有关。所谓受感染性是指情绪非常容易受周围人的情绪影响。新入托的一个孩子哭着找妈妈,会引起其他孩子也哭起来。

幼儿晚期情绪比较稳定,情境性和受感染性逐渐减少,这时期幼儿的情绪较少受一般人感染,但仍然容易受亲近的人,如家长和教师的感染。因此,父母和教师在幼儿面前必须注意控制自己的不良情绪。

(三) 情绪情感从外显到内隐

婴儿期和幼儿初期的儿童,不能意识到自己情绪的外部表现。他们的情绪完全表露于外,丝毫不加以控制和掩饰。随着言语和幼儿心理活动有意性的发展,幼儿逐渐能够调节自己的情绪及其外部表现。儿童调节情绪外部表现的能力的发展比调节情绪本身的能力发展得早。往往有这种情况,幼儿开始产生某种情绪体验时,自己还没有意识到,直到情绪过程已在进行时,才意识到它。这时幼儿才记起对情绪及其表现应有的要求,才去控制自己。幼儿晚期,能较多地调节自己情绪的外部表现。但其控制自己的情绪表现还常常受周围情境左右。

婴幼儿情绪外显的特点有利于成人及时了解孩子的情绪,给予正确的引导和帮助。但是,控制调节自己的情绪表现以至情绪本身,是社会交往的需要,主要依赖于正确的培养。同时,由于幼儿晚期情绪已经开始有内隐性,要求成人细心观察和了解其内心的情绪体验。

幼儿园教师资格证书考试大纲要点提示:

《幼教保教知识与能力》考试大纲"学前儿童发展"部分第 6 点指出:掌握幼儿情绪、情感发展的基本规律和特点,并能够在教育活动中应用。

模 拟 题　幼儿看见滑稽的怪相会笑,这种情绪体验是(　　　)。

A. 与记忆相联系的情绪体验　　　　　　B. 与思维相联系的情绪体验

C. 与想象相联系的情绪体验　　　　　　D. 与自我意识相联系的情绪体验

第三节　学前儿童基本情绪的表现及良好情绪的培养

乐乐什么时候开始怕生?

乐乐妈妈上周抱着一岁的乐乐逛街,碰见了同事。同事想和乐乐亲热,可是乐乐一直往后躲,同事去摸了摸他的脸蛋,他立马就大哭起来,弄得妈妈很尴尬,最后大家不欢而散。

怕生是婴儿恐惧的一种表现,是在儿童发展过程中的正常表现。家长要多创造机会让孩子和别人交往,对于孩子因被陌生人逗引而害怕以致哭泣千万不能数落,甚至打骂,而要抱紧他、安慰他,让他有安全感。

一、学前儿童基本情绪的表现

(一)哭

儿童出生后,最明显的情绪表现就是哭。哭代表不愉快的情绪。哭最初是生理性的,以后逐渐带有社会性。新生儿的哭主要是生理性的,幼儿的哭已主要表现为社会性情绪。

新生儿啼哭的原因主要是饿、冷、痛和想睡觉等。也有由其他刺激引起的,例如,环境变了要哭。新生儿还有一种周期性的哭,许多孩子每天晚上都要哭一阵子,这种哭是新生儿在表达内在的需要,也可以说是他的一种放松。刺激太多也容易引起新生儿啼哭。

婴儿啼哭的表情和动作所反映出来的情绪日益分化。随着儿童长大,啼哭的诱因会有所增加。随着年龄的增长,儿童的啼哭会减少。一方面是由于婴儿对外界环境和成人的适应能力逐渐增强,周围成人对婴儿的适应性也逐渐改善,从而减少了婴儿的不愉快情绪。另一方面,儿童逐渐学会了用动作和语言来表示自己的不愉快的情绪和需求,取代了哭的表情。

(二)笑

笑是愉快情绪的表现,儿童的笑比哭发生的晚。主要有自发性的笑和诱发性的笑两种。

1. 自发性的笑

婴儿最初的笑是自发性的,或称内源性的笑,这是一种生理表现,而不是交往的表情手段。内源性的笑主要发生在婴儿的睡眠中,困倦时也可能出现。这种微笑通常是突然出现的,是低强度的笑。其表现只是卷口角,即嘴周围的肌肉活动,不包括眼周围的肌肉活动。这种早期的笑在 3 个月后逐渐减少。出生后一个星期左右,新生儿在清醒时间内,吃饱了或听到柔和的声音时,也会本能地嫣然一笑,这种微笑最初也是生理性的,是反射性微笑。

2. 诱发性的笑

诱发性的笑和自发性的笑不同,它是由外界刺激引起的。它可以分为反射性的诱发笑和社会性的诱发笑两大类。

（1）反射性的诱发笑。儿童最初的诱发笑也发生于睡眠时间。比如，在儿童睡着时，温柔地碰碰儿童的脸颊，或者是抚摸儿童的肚子，都可能使其出现微笑。新生儿在第三周时，开始出现清醒时间的诱发笑。例如，轻轻触摸或吹其皮肤敏感区4～5秒，儿童即可出现微笑。这些诱发性的微笑都是反射性的，而不是社会性微笑。

（2）社会性的诱发笑。研究发现，从第五周开始，儿童对社会性物体和非社会性物体的反应不同，人的出现，包括人脸、人声，最容易引起儿童的笑，即婴儿开始出现"社会性微笑"。

婴儿3～4个月前的诱发性社会性微笑是无差别的。这种微笑往往不分对象，对所有人的笑都是一样。研究发现，3个月儿童甚至对正面人的脸，无论其是生气还是笑，都报以微笑。但如果把正面人的脸变成侧面人脸，或者把脸的大小变了，儿童就停止微笑。4个月左右，儿童出现有差别的微笑。儿童只对亲近的人笑，他们对熟悉的人脸比对不熟悉的人脸笑得更多。有差别的微笑的出现，是儿童最初的有选择的社会性微笑发生的标志。

（三）恐惧

婴幼儿的恐惧是不断分化的，大致经历了以下四个阶段。

1. 本能的恐惧

恐惧是儿童出生就有的情绪反应，甚至可以说是本能的反应。最初的恐惧不是由视觉刺激引起的，而是由听觉、肤觉、肌体觉刺激引起的，如刺耳的高声等。

2. 与知觉和经验相联系的恐惧

儿童从4个月左右开始出现与知觉发展相联系的恐惧。引起过不愉快经验的刺激会激起恐惧情绪。也是从这个时候开始，视觉对恐惧的产生逐渐起主要作用。

3. 怕生

所谓怕生，可以说是对陌生刺激物的恐惧反应。怕生与依恋情绪同时产生，一般在6个月左右出现。伴随婴儿对母亲依恋的形成，怕生情绪也逐渐明显、强烈。研究表明，婴儿在母亲膝上时，怕生情绪较弱，离开母亲，则怕生情绪较强烈。可见，恐惧与缺乏安全感相联系。人际距离的拉近或疏远，影响到儿童安全感的减少与增大。

4. 预测性的恐惧

2岁左右的儿童，随着想象的发展，出现了预测性恐惧，如怕黑、怕坏人等。这些都是和想象相联系的恐惧情绪，往往是由环境的不良影响而形成。与此同时，由于语言在儿童心理发展中作用的增加，也可以通过成人讲解及其肯定、鼓励等来帮助儿童克服这一种恐惧。

（四）依恋

依恋是儿童寻求并企图保持与另一个人亲密的身体联系的一种倾向。这个人主要是母亲，也可以是别的抚养者或与婴儿联系密切的人，如家庭其他成员。

1. 婴幼儿依恋的特点

婴幼儿依恋突出表现为三个特点：（1）婴幼儿最愿意同依恋对象在一起，与其在一起时，儿童能得到最大的舒适、安慰和满足；（2）在痛苦和不安时，婴幼儿的依恋对象比任何他人都更能抚慰孩子；（3）依恋对象使孩子具有安全感，当在依恋对象身边时，孩子较少害怕；当其害怕时，最容易出现依恋行为，寻找依恋对象。

2. 婴幼儿依恋的类型

埃斯沃斯（M. Ainsworth）采用陌生人情境技术考察婴幼儿的依恋情况，根据婴幼儿在实验情境中的表现，将婴幼儿的依恋分为安全型、回避型和反抗型三种类型。

（1）安全型（约占70%）。母亲在时积极地探索环境，在与母亲分离后，明显感到不安，母亲回来后立即寻求与母亲接触。可见，母亲是儿童探索环境的安全基地。

（2）回避型（约占20%）。母亲在时对探索不感兴趣，母亲离开也没有多少忧伤，母亲回来后常常避免与母亲接触。对陌生人也没有特别的警惕，常常采取回避和忽视的态度。这类儿童对母亲与陌生人的反应差别不大，与母亲没有建立依恋关系。

（3）反抗型（约占10%）。母亲在时表现非常焦虑，母亲分离后则非常忧伤，母亲回来后试图留在母亲身边，但对母亲的接触又表示反抗，对母亲曾经的离开非常不满。这类儿童对母亲的依恋表现出矛盾的行为,故该依恋类型又称为矛盾型依恋。[①]

3. 婴幼儿依恋的发展

依恋不是突然产生的,而是在婴儿同主要照看者在较长时期的相互作用中逐渐建立的。根据鲍尔比(J. Bowlby)和埃斯沃斯(M. Ainsworth)的研究,依恋发展可以分为四个阶段。

(1) 无差别的社会反应阶段(出生～3个月)。这个时期儿童对人的反应最大特点就是不加区别、无差别。婴儿对所有的人反应几乎都一样,喜欢所有的人,喜欢听到所有人的声音,注视所有人的脸,只要看到人的面孔或听到人的声音都会微笑、手舞足蹈、牙牙学语。

(2) 有差别的社会反应阶段(3～6个月)。这时期婴儿对人的反应有了区别,对母亲和他所熟悉的人及陌生人的反应是不同的,婴儿对母亲更为偏爱。婴儿在母亲面前表现出更多的微笑、牙牙学语、偎依、接近,而在其他熟悉的人面前这些反应就要相对少一些,对陌生人这些反应更少,但依然有这些反应。

(3) 特殊的情感联结阶段(6个月～2岁)。婴儿进一步对母亲的存在特别关切,特别愿意和母亲在一起,当母亲离开时,哭喊着不让离开,别人不能替代母亲使婴儿快活。同时,只要母亲在身边,婴儿能安心玩,探索周围环境,好像母亲是其安全基地。婴儿出现了明显的对母亲的依恋,形成了专门的对母亲的情感联结。与此同时,婴儿对陌生人态度变化很大,产生怯生,感到紧张、恐惧甚至哭泣等。

7～8个月时,婴儿形成对父亲的依恋。再以后,与主要抚养者的依恋关系进一步加强,儿童依恋范围进一步扩大。以后随着儿童进入集体教养机构,儿童还对老师形成依恋情感。

(4) 目标调整的伙伴关系阶段(2岁以后)。2岁以后,婴儿能够认识并理解母亲的情感、需要、愿望,知道她爱自己,不会抛弃自己,这时,婴儿把母亲作为一个交往的伙伴,并知道交往时要考虑到她的需要和兴趣,据此调整自己的情绪和行为反应。这时与母亲的空间上的邻近性就变得不那么重要了。例如,母亲需要干别的事情,要离开一段距离,婴儿会表现出能理解,而不会大声哭闹。[②]

真　题

1. 婴儿寻求并企图保持与另一个人亲密的身体和情感联系的倾向被称为(　　)。
  A. 依恋　　　　　　　B. 合作　　　　　　　C. 移情　　　　　　　D. 社会化

2. 在婴儿表现出明显的分离焦虑对象时,表明婴儿已获得(　　)。
  A. 条件反射观念　　　B. 母亲观念　　　　　C. 积极情绪观念　　　D. 客体永久性观念

3. 在陌生环境实验中,妈妈在婴儿身边,婴儿一般能安心玩耍,对陌生人的反应也比较积极,儿童对妈妈的依恋属于(　　)。
  A. 回避型　　　　　　B. 无依恋型　　　　　C. 安全型　　　　　　D. 反抗型

4. 初入园的幼儿常常有哭闹、不安等不愉快的情绪,说明这些幼儿表现出了(　　)。
  A. 回避型依恋　　　　B. 抗拒性格　　　　　C. 分离焦虑　　　　　D. 黏液质气质

5. 如果母亲能一贯具有敏感、接纳、合作、易接近等特征,其婴儿而容易形成的依恋型是(　　)。
  A. 回避型依恋　　　　B. 安全型依恋　　　　C. 反抗型依恋　　　　D. 紊乱型依恋

二、学前儿童良好情绪的培养

学前儿童存在着或多或少的情绪问题,如与父母分离焦虑、害怕一个人、怕黑、羞怯、胆小等,长期的这种消极情绪会严重影响幼儿身心的健康发展。因此,父母和教师应注意及时发现幼儿的消极情绪,尽量保持幼儿积极情绪的发展,培养良好的情绪。

(一)提供充足的交往机会

使孩子直面自己的情绪,帮助解释别人的行为;加深孩子对范围不断扩大的情绪的理解;使孩子能够与他人分享情绪体验。例如,给孩子提供适当的活动、交往的自由,多去公园等同龄儿童多的地方,鼓励幼儿大胆交往,同时与伙伴分享自己快乐的情绪体验,一起玩玩具、玩游戏等,让幼儿从中获得满足与开心。

文学艺术作品最富有感染力,能够培养孩子的高级情感,选择适合孩子年龄特征的、优秀的儿童文学艺术作品,对培养孩子的高级社会情感有独到的作用。

(二)创建愉快的氛围环境

父母和教师不要给儿童繁重的学习压力,要适当减轻孩子的负担。父母和教师有责任和义务为孩子

---

① 王艳玲,裴元庆,毛志新. 学前心理学[M].北京:北京师范大学出版社,2017:219.
② 陈帼眉. 学前儿童发展心理学[M].北京:北京师范大学出版社,1995:282—283.

114

创建愉快的生活和活动环境。例如,在家时可与孩子一起设计属于他们自己的房间,鼓励幼儿自己动手画画或折纸来布置环境;在幼儿园,教师可根据主题不同来设计不同的装饰物,认识海洋就可以和小朋友一起幻想蔚蓝的海洋是怎样的,通过发挥小朋友们的想象力,创建生动有趣的活动环境。

和谐的家庭生活、良好的情绪示范、科学的教养态度也是养成幼儿良好情绪的重要因素。愉快、和谐的家庭生活,亲情的给予对幼儿情绪发展影响极大。事实证明,家庭不和、父母离异容易造成孩子恐惧、悲观等不良情绪,乃至形成不良个性。幼儿的情绪易受感染、模仿性强,因此成人的情绪示范非常重要。日常生活中,若成人经常显示积极热情、乐于助人、关心爱护孩子的良好情绪,对孩子良好情绪的发展起着潜移默化的积极作用。父母同时也要对孩子的教育持科学的态度,如公正地对待孩子,满足孩子的合理需求,帮助孩子变化适应新环境,坚持正面教育,采取肯定为主、多鼓励进步的方式;耐心倾听等策略,不要恐吓威胁孩子,也不能过分严厉对待孩子。

(三)允许儿童适当宣泄

现在的家长都比较注重对孩子进行早期教育,这是好现象,但是有些家长为了培养孩子广泛的兴趣,给孩子报了许多兴趣班,使孩子负担很重。当幼儿的不合理要求不被满足时,可能会产生一种紧张的状态,或表现在行为或言语上,家长切不可发火生气,应予以理解,在幼儿适当宣泄后,父母和教师再进行说服和教育。例如,孩子没有得到他喜欢的玩具,回家后把书包摔到地上以示不满,家长不可大声训斥孩子,也不要马上哄孩子,应给孩子一点时间宣泄冷静,再对其进行说服教育——没有给他买玩具是因为他已经有很多了,如果表现好的话,以后可以选择一件他没有的玩具。

面对孩子的不良情绪,家长和教师可以为孩子创设发泄情绪的环境和情境,培养孩子多样化的发泄方法并学习自我疏导。如给孩子设一个"情绪小屋",让孩子有一个自由的发泄空间,在那里可以跟朋友说说自己的苦闷或者小秘密。

(四)帮助儿童控制情绪

学前儿童不会控制自己的情绪,成人可以用各种方法帮助他们控制情绪,主要有以下三种方法[1]。

1. 转移法

3 岁的孩子在超市哭闹着要玩具,大人经常会用转移注意力的方法,说"等一会,我给你找一个更好玩的",孩子就会不闹了。可是该方法有时并不奏效,往往家长后来并没有兑现自己的许诺,以后孩子就不会"受骗"了。对 4 岁以后的幼儿,当他情绪受困扰时,可以采用精神转移法。例如,孩子哭时,对他说:"现在正干旱缺水呢,你这么多泪水正好可以用来灌溉。"这时爸爸真的拿来一个杯子,孩子就破涕为笑了。

2. 冷却法

当孩子情绪十分激动时,可以采取冷却法,对其置之不理。这样孩子自己就会慢慢停止哭喊,所谓"没有观众看戏,演员也没劲了"。当孩子处于激动状态时,成人切忌激动,比如对孩子大喊:"你再哭,我打你!"之类的话,这样会使孩子情绪更加激动,无异火上浇油。有时候冷处理比一时冲动的处理效果要好。

3. 消退法

对孩子的消极情绪可采用消退法,即忽视其消极情绪。比如,有个孩子上床睡觉要母亲陪,否则就哭。后来母亲对他的哭闹不予理睬,孩子第一个独自睡的晚上哭了整整一个小时,哭累了也就睡了。第二天只哭了 15 分钟,以后哭闹的持续时间越来越少,最后不哭也安然入睡了。

真　题

1. 选择题

下列哪种方法不利于缓解或调控幼儿激动的情绪(　　)?

A. 安抚　　　　　B. 转移注意　　　　　C. 冷处理　　　　　D. 斥责

2. 材料题

材料一:4 岁的成成上床睡觉前非要吃糖不可。妈妈一个劲儿地向他解释睡觉前不能吃糖的道理,成成就是不听,还扯着嗓子哭起来。妈妈生气地说:"再哭,我打你。"成成不但没停止哭叫,反而情绪更加激动,干脆在床上打起滚来。

问题:请运用有关幼儿情绪的理论,谈谈小明为什么会这样,成人应如何引导与培养幼儿的良好情绪。

---

① 常青.学前心理学[M].南昌:江西高校出版社,2009:162—163.

材料二：星期一，已经上小班的松松在午睡时一直哭泣，嘴里还一直唠叨，说："我要打电话叫爸爸来接我，我要回家。"教师多次安慰，他还是一直哭。老师生气地说："你再哭，爸爸就不来接你了。"松松听后情绪更加激动，哭得更加厉害了。

问题：请简述上述教师的行为，并提出三种帮助幼儿控制情绪的有效方法。

材料三：3岁的阳阳，从小跟奶奶生活在一起。刚上幼儿园时，奶奶每次送他到幼儿园准备离开时，阳阳总是又哭又闹。当奶奶的身影消失后，阳阳很快就平静下来，并能与小朋友们高兴地玩。由于担心，奶奶每次走后又折返回来。阳阳再次看到奶奶时，又立刻抓住奶奶的手，哭泣起来。

问题：针对上述现象，请结合材料进行分析。

（1）阳阳的行为反映了幼儿情绪的哪些特点？

（2）阳阳奶奶的担心是否有必要？教师该如何引导？

第四节　学前儿童高级情感的发展与培养

苗苗喜欢表现美

4岁的苗苗现在最喜欢做的事情就是画画，每天都要画三四幅画，画完之后会跟妈妈说画的内容，还会自己为画作取一个名字。平常看电视节目，看到小朋友在跳舞唱歌，苗苗也会跟着扭动身体唱几句。如果有人观看，她会更卖力。得到他人的表扬，她会喜笑颜开。可见，4岁的苗苗已经具有美感了，已具备一定表现美的能力。

儿童对美的体验是一个逐步发展的过程，逐渐对绘画、舞蹈和音乐等艺术形式产生兴趣。美感是儿童高级情感之一。

一、道德感的发展与培养

（一）道德感的内涵

道德感是由自己或别人的举止行为是否符合社会道德标准而引起的情感。儿童形成道德感是比较复杂的过程。3岁前只有某些道德感的萌芽。3岁后，特别是在幼儿园的集体生活中，随着儿童掌握了各种行为规范，道德感逐渐发展起来。小班幼儿的道德感主要指向个别行为，往往是由成人的评价而引起。中班幼儿比较明显地掌握了一些概括化的道德标准，他们可以因为自己在行动中遵守了老师的要求而产生快感。中班幼儿不但关心自己的行为是否符合道德标准，而且开始关心别人的行为是否符合道德标准，由此产生相应的情感。例如，他们看见小朋友违反规则，会产生极大的不满。大班幼儿的道德感进一步发展和复杂化。他们对好与坏、好人与坏人，有鲜明的不同感情。在这个年龄，爱小朋友、爱集体等情感，已经有了一定的稳定性。

（二）幼儿道德感发展的表现

道德感是因自己或他人的言行举止是否符合社会道德标准而引起的情绪体验。儿童的道德感主要表现为责任感、义务感、爱国主义和集体主义等方面。幼儿3岁前只有某些道德感萌芽，如2岁的孩子知道评价自己是不是好孩子、乖孩子。随着幼儿园的集体生活，儿童慢慢地掌握了各种行为规范，道德感也逐步发展起来，所以说班集体在儿童道德感形成和发展中起着重要的作用。如小班的幼儿知道咬人、打人等是不对的，道德感是指向个别行为的；中班的幼儿会对他人的行为作出评价——告状现象，他们不但关心自己的行为是否符合道德标准，而且也关心别人的行为；大班幼儿的道德感会得到进一步发展，他们有了好与坏的区分，在他们看故事书和动画片时，会对恶毒的皇后表示厌恶、对弱小的动物表示同情，有时会用画笔涂画书上坏人的图片。同时幼儿的羞愧感或内疚感也开始发展起来，幼儿明显地为自己的错误行为感到羞愧，如把水杯打碎了、不小心碰到了正在写字的小朋友等，他们虽然马上会道歉但又回到自己专注的事情上，不予理睬。总之，幼儿期的道德感大多是模仿成人、听从成人的"命令"，并随着日后的集体活动和在成人道德评价的影响下慢慢发展起来的。

（三）如何培养幼儿的道德感

1. 晓之以理，动之以情

在进行道德教育的过程中，教育者应该注意"晓之以理，动之以情"，以激发幼儿的情感共鸣，形成正确的集体舆论。如在幼儿园集体活动中,及时表扬幼儿做的好人好事,批评幼儿的不良行为,从小就建立起对符合社会道德的行为产生愉快、自豪的情感体验,对不符合社会道德的行为表现厌恶、羞耻等,最终使得幼儿正确的道德行为得到道德上的满足。

2. 树立榜样,积极学习

随着幼儿年龄的增长,道德认识也逐渐发展起来,教育者应该在具体的道德情感上阐明道德理论和规范标准,使幼儿的道德情感体验不断地具体、深刻,这时可根据幼儿认知学习能力的发展,树立积极正确的榜样,让幼儿模仿学习,如培养爱国主义精神,可以给孩子讲述和观看"爱国小英雄"的故事;爱教师、爱小朋友,首先父母和老师要以身作则,讲礼貌、懂文明;通过讲述小朋友喜欢的"阿凡提"的故事来培养幼儿助人为乐的精神等。

真 题
1. 中班幼儿告状现象频繁,这主要是因为幼儿( )。
   A. 道德感的发展　　B. 羞愧感的发展　　C. 美感的发展　　D. 理智感的发展
2. 幼儿看见同伴欺负别人会生气,看见同伴帮助别人会赞同,这种体验是( )。
   A. 理智感　　　　　B. 道德感　　　　　C. 美感　　　　　D. 自主感

二、理智感的发展与培养

(一) 理智感的内涵

理智感,是由是否满足认识的需要而产生的体验,是人类所特有的高级情感。儿童理智感的发生,在很大程度上决定于环境的影响和成人的培养。适时地向婴幼儿提供恰当的知识,主要发展他们的智力,鼓励和引导他们提问等教育手段,有利于促进儿童理智感的发展。对一般儿童来说,5 岁左右,这种情感明显地发展起来,突出表现在幼儿很喜欢提问题,并由于提问和得到满意的回答而感到愉快;同时,幼儿喜爱进行各种智力游戏,或者动脑筋、解决问题的活动,如下棋、猜谜语、拼搭大型建筑物等,这些活动既能满足他们的求知欲和好奇心,又有助于促进理智感的发展。

(二) 幼儿理智感发展的表现

理智感是在认识客观事物的过程中所产生的情感体验,它与人的求知欲、认识兴趣和解决问题的需要等被满足与否相联系。儿童的理智感表现在对学习的兴趣、对事物的好奇和强烈的求知欲,并从中体会到获得知识的快乐。幼儿期也正是儿童理智感开始发展的时期。如三四岁的幼儿不再满足于此,他们会长时间专注于一些创造性活动,如搭建更加复杂的积木图形、塑造千奇百怪的橡皮泥形状、用沙子堆砌假山和大桥等;6 岁多的幼儿更加喜欢益智类的游戏,如棋类、猜谜、拼图等。这些活动既给他们带来了愉悦,同时也促进了幼儿智力的良好发展。当然,这时期的幼儿对什么都很好奇,所以大多数都是"好奇好问的破坏之王",凡是他们感兴趣的都会围着你转个不停,从"这是什么"发展到"为什么啊""怎么样",当幼儿得到了满意的解决答案,他们就会感到极大的满足,否则就会不高兴。如刚买的玩具、书本,没过几天就会"七零八落",他们还会无辜地说:"我只想看看它里面是什么样子的"。这让父母和教师哭笑不得,这时家长切不可打击他们的好奇心,应保持幼儿这种探求知识的热情,满足他们的好奇心。

(三) 如何培养幼儿的理智感

1. 鼓励探索,培养兴趣

心理学家布鲁纳(J. S. Bruner)认为,婴儿生下来就有一种好奇的驱动力,只不过婴儿是先用"嘴"来探索世界的。刚出生的婴儿就开始积极地探索周围的环境,随着年龄的增长,看见吸引他的玩具,就伸手、伸脚来抓。幼儿时期更是好奇心不断,什么都想知道,常常问:"为什么?"这时教育者可以根据日常生活的特点,耐心地解答孩子提出的千奇百怪的问题,也可以和孩子共同观察以探究问题的答案,切不可责怪"会破坏"的孩子,应恰当地教育孩子合理地探索与发现。

2. 广泛阅读,扩大视野

养成良好的阅读习惯,引导孩子知晓书中有无穷尽的知识,多多阅读,开阔无限的视野。教育者可根据幼儿年龄特点,从简单的寓言、童话故事慢慢地过渡到文艺作品和通俗的科普读物等。

3. 快乐游戏,培养能力

游戏是开发幼儿智力、培养幼儿动手能力的理想途径。儿童利用各种玩具和材料进行游戏,在游戏中,儿童通过想象来模拟周围的事物,如用积木搭建楼房、捏泥人等,促进动手能力以及增强动作的协调性和灵活性。家长平时可以注意引导孩子善于观察、分析周围事物,然后通过游戏再现周围事物。当孩子游戏失败时,切不可代替孩子完成游戏,而要及时鼓励孩子不怕困难,从头做起。

4. 以趣促学,科学提问

孩子对生活中千变万化的事物和现象总是充满好奇,利用孩子对事物的兴趣,以兴趣促进学习,科学而巧妙地提问,能够促进孩子进一步探索,培养孩子的理智感。幼儿教师可以引导孩子对结果进行猜想,利用猜想和结果的矛盾激发孩子的探索欲。例如,在玩"球球下山"的游戏时,教师先让孩子运用材料玩一会儿在斜坡上滚球的游戏,接着拿出两个一样大的球,搭了两个一样高的斜坡,让孩子们猜:这两个球同时从斜坡顶端往下滚,结果会怎么样呢? 孩子们凭经验猜想:肯定是两个球一起滚至斜坡下面。可孩子们惊奇地发现,结果是两个球一个快一个慢,这便激起了他们强烈的好奇心,问题也就自然而然产生了:为什么这两个球一样大,又在一样高的斜坡上滚,滚的速度会不一样呢? 问题激发起他们进一步探索的欲望。在日常生活中也蕴藏着科学活动的契机,家长也可多观察孩子感兴趣的事物,及时提问,科学引导。

三、美感的发展与培养

(一)美感的内涵

美感是人对事物审美的体验,它是根据一定的美的评价而产生的。儿童对美的体验,也有一个逐步发展的过程。儿童从小喜好鲜艳悦目的东西,以及整齐清洁的环境。有的研究表明,新生儿已经倾向于注视端正的人脸,而不喜欢五官凌乱颠倒的人脸,他们喜欢有图案的纸板多于纯灰色的纸板。幼儿初期仍然主要是对颜色鲜明的东西、新的衣服鞋袜等产生美感。他们自发地喜欢相貌漂亮的小朋友,而不喜欢形状丑恶的任何事物。在环境和教育的影响下,幼儿逐渐形成审美的标准。比如,对拖着长鼻涕的样子感到厌恶,对于衣物玩具摆放整齐产生快感。同时,他们也能够从音乐、舞蹈等艺术活动和美术作品、活动中体验到美,而且对美的评价标准也日渐提高,从而促进了美感的发展。

(二)幼儿美感发展的表现

美感是人根据一定的美的标准而产生的对事物审美的体验。人的美感体验具有两个特点:(1)对审美对象的感性面貌特点,如线条、色彩、形状等感知,是产生美感的基础;(2)对美的对象的感知与欣赏能引起人的情感共鸣并给人以鼓舞和力量。例如,画家对于色彩有他自己的绘画美感;服装设计师对于线条有他自己的设计美感;儿童对于形状和色彩也有他自己的欣赏美感。如幼儿园中的幼儿有时也会根据教师的穿戴打扮来评价老师的外表。所以,幼儿一般喜欢衣服穿着鲜艳的教师。在教师的教育影响下,幼儿从音乐、绘画、舞蹈和唱歌等活动中得到美的享受,并愿意参与其中。

(三)如何培养幼儿的美感

1. 加强艺术熏陶促进美感欣赏

通过音乐、体育、绘画、舞蹈等设计艺术的活动,培养幼儿对美的欣赏与感受。在欢快的音乐背景下,幼儿跳起快乐的舞蹈;在愉悦的心情下,幼儿画出色彩缤纷的绘画;在集体欢笑的氛围下,幼儿开心地律动,积极地锻炼身体、健康成长。通过对音乐、美术和舞蹈等方面的欣赏,表达出自己内心的感受,丰富自己的美感体验。

2. 拥抱自然以体验优美

优美的大自然是幼儿培养美感的主要环境背景,把儿童带到自然的怀抱,既能享受到大自然的柔美,又能激发儿童热爱祖国山河的感情。家长和教师应利用节假日多带孩子到自然中去走走、看看,利用当地各民族的风俗与文化气氛,体验和享受大自然的美,相信这样的旅行体验会丰富幼儿无限的成长经历。

▶ 阅读书目

1. 陈帼眉. 学前心理学[M]. 北京:北京师范大学出版社,2000.

2. 常青. 学前心理学[M]. 南昌:江西高校出版社,2009.

3. 汪乃铭,钱峰. 学前心理学[M]. 上海:复旦大学出版社,2005.

4. 王萍. 学前心理学[M]. 长春:东北师范大学出版社,2011.

第8章　学前儿童个性社会性发展

学习目标

※ 了解学前儿童个性与社会性的意义；

※ 掌握学前儿童自我意识发展的过程与特点；

※ 识记学前儿童需要和兴趣的发展及其特点；

※ 识记学前儿童能力、气质与性格的发展及其特点；

※ 运用学前儿童个性社会性发展的特点，分析相关教育问题。

学习导引

　　本章由五节组成。第一节介绍了学前儿童个性的形成与发展及其意义，学习时要识记儿童个性开始形成的主要标志及其发展的阶段和特点，了解儿童个性形成和发展对其心理和行为发展的意义；第二节简述了学前儿童自我意识发展的过程与特点；第三节介绍了儿童个性倾向性的发展，着重介绍了儿童需要和兴趣的发展；第四节阐述了学前儿童个性心理特征的发展，主要从能力、气质、性格三方面来说明儿童个性心理特征的发展；第五节是学前儿童社会性的发展，分别介绍了学前儿童人际关系、性别角色和社会性行为的发展及其特点，以及如何培养儿童的社会性。

知识结构

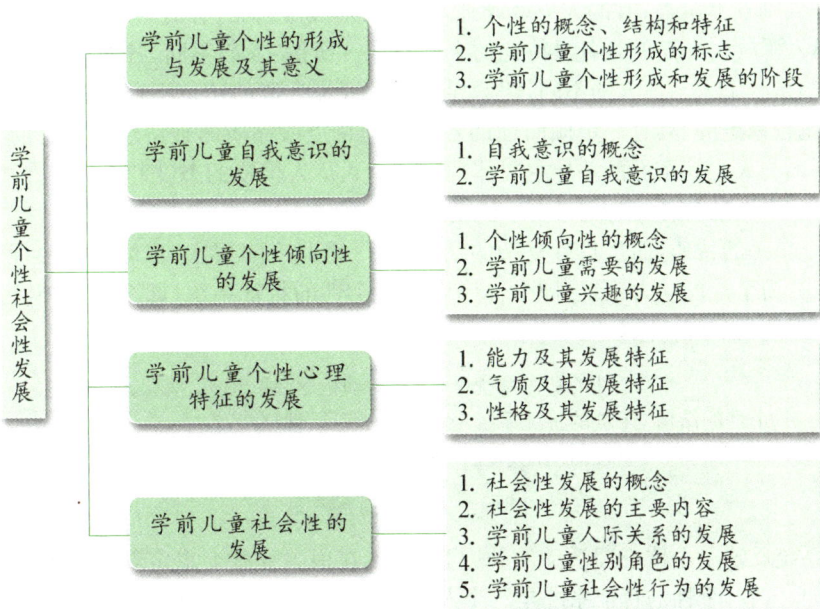

学前儿童个性社会性发展

- 学前儿童个性的形成与发展及其意义
  1. 个性的概念、结构和特征
  2. 学前儿童个性形成的标志
  3. 学前儿童个性形成和发展的阶段

- 学前儿童自我意识的发展
  1. 自我意识的概念
  2. 学前儿童自我意识的发展

- 学前儿童个性倾向性的发展
  1. 个性倾向性的概念
  2. 学前儿童需要的发展
  3. 学前儿童兴趣的发展

- 学前儿童个性心理特征的发展
  1. 能力及其发展特征
  2. 气质及其发展特征
  3. 性格及其发展特征

- 学前儿童社会性的发展
  1. 社会性发展的概念
  2. 社会性发展的主要内容
  3. 学前儿童人际关系的发展
  4. 学前儿童性别角色的发展
  5. 学前儿童社会性行为的发展

引子

内向的学生与外向的学生

有位幼儿园老师说："我们班这 36 个孩子,有些学生比较外向,有些学生比较内向,还有些学生不能说外向也不能说内向。外向的学生好交际,跟同学关系都比较好,另外有些还比较有组织能力,玩游戏啥的能够领导大家去做,同学有困难时,会主动去帮助,跟老师之间的关系也非常融洽,和老师接触的时间比较多;而比较内向的学生,在班上很安静,很少主动与别人交流,做事情常常是被动的,也不会主动去和老师接触;居于中间的学生,没有像外向的学生那么热情,也没有像内向的学生那么冷漠,有时会主动和大家交流,有时却比较被动,和老师之间的关系也比较好,老师管起来也还比较轻松。"

为什么小孩子之间性格有内向与外向之分呢?内向和外向的学生的行为差异为什么又是如此之大呢?因为每个孩子都有自己的个性特征,而孩子与孩子之间又存在个体差异。这一章是关于学前儿童的个性社会性发展,学习这一章后你便会了解学前儿童的个性社会性发展特征了。

第一节　学前儿童个性的形成与发展及其意义

强强的要求

强强对妈妈提出了一个要求,让他独自在洗衣机中洗自己的一双袜子,并且要把手伸到洗衣机里去操作,他说大人都是这样做的,他也要这样做。妈妈告诉他小孩子是不可以去弄洗衣机的,这样很危险。强强不愿意听,偏要去弄,妈妈只得拔掉了洗衣机的电源插头。半天,这边扳扳摸摸,那边敲敲打打,发现洗衣机没能转动起来,于是他大怒了,哭闹着:"我自己来""我要"。

强强对妈妈提出要求,说明强强已经表现出了自身的个性。每个孩子都有自己的个性,学前期是其个性形成的重要时期,家长要注重培养孩子良好的个性。那什么是个性?个性有哪些特征?又是如何发展的?请认真阅读和思考本节内容。

一、个性的概念、结构和特征

如果我们留意观察周围的人,就会发现,有的人经常是愉快活泼的,有的人则经常是多愁善感的;有的人善于交际,有的人则安然沉静;有的人勇敢顽强,有的人则怯懦软弱;有的人性情刚烈、易于激动,有的人则性情温和、不易发脾气……这就是各具特色的个性特征。所谓"人心不同,各如其面"就是这意思。心理学中的个性强调的是一个人与他人的不同,即差异性。不管是合群的还是不合群的,都是有个性的。所谓个性就是一个人比较稳定的、具有一定倾向性的各种心理特点或品质的独特组合。有的书中将其称为人格(personality)。人与人之间个性的差异主要体现在一个人待人接物的态度和言行举止中,它无时无刻不在发生作用,使得一个人的各种行为都带有个性的色彩。

个性不是一个单一的特质,而是具有复杂的结构,是一个具有多层次、多侧面的心理动力系统。一般来说,个性可以区分为个性的动力系统(即个性倾向性)、个性的特征系统(即个性心理特征)、个性的调控系统(即自我意识系统)三个部分(如图 8-1 所示)。

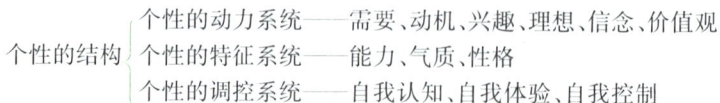

```
                个性的动力系统——需要、动机、兴趣、理想、信念、价值观
   个性的结构    个性的特征系统——能力、气质、性格
                个性的调控系统——自我认知、自我体验、自我控制
```

图 8-1　人格结构系统图

个性的动力系统反映了个体心理活动的动力和选择,在很大程度上决定着一个人对客观事物采取的态度和行为的方向、内容;个性的特征系统是一个人身上经常表现出来的本质的、稳定的心理特征,它影响个人活动的效能和风格,这是个性的核心成分;个性的调控系统是指一个人与周围世界打交道过程中所表

现出的对自己有意识的认识、体验和控制。个性的动力系统决定着人的行为积极性,个性的特征系统决定着人的行为方式,个性的调控系统决定着人的行为过程。个性结构的这三个部分既是相对独立的,又是相互渗透、相互制约的。每个人都有自己的个性系统,但由于各人的这些系统在强度和质的特点方面存在稳定的差异,就构成了人与人之间千差万别的个性特点。

个性作为一种区别于他人的稳定的心理品质,具有稳定性、整体性、独特性、功能性以及社会性的特征。

一个人出生后,通过教育和社会实践活动,逐渐形成一定的需要、动机、兴趣、理想、信念和价值观等,这些个体心理面貌在不同的情境中都显出一贯的品质,这样就构成稳定的个性特征。"江山易改,禀性难移"就形象地说明了个性的稳定性。正因为个性具有稳定性,才能预测一个人在特定情境中将会怎样行动。个性是相对稳定的,但并不是一成不变的。因为现实生活中是非常复杂的,现实生活的多样性和多变性带来了个性的可变性。对于一个处于成长发育期的孩子来说,即使是已经形成了的一些比较稳定的个性特点,在一定的外界作用下,也会发生不同程度的改变。所以可以把个性看成是稳定性和可变性的统一。

个性作为一种稳定的心理特征系统,包含着人的心理现象的整体特性,是不可分割的。人格结构中的任何一个成分的变化都会引起系统内的其他成分的变化。例如,人的兴趣的转换,必然引起活动性质的改变,从而导致能力的改变,这是整体性的第一层含义;整体性的第二层含义是个性形成后,不可避免地影响着人的心理过程。如一个人的认知特点、交往风格、情感色彩、意志品质都受到人格的影响。

而个性的独特性是其最显著的特征,人和人之间没有完全相同的心理面貌。人们的兴趣爱好是极其多样的,人们的能力各异,人们在气质和性格的表现上更是各有特色,正是这些各不相同的心理特征,构成了一个人的个性。另外,个性的独特性并不排除人与人之间的共同性。虽然每个人的个性是不同于他人的,但对于同一民族、同一性别、同一年龄的人来说,个性中往往存在着一定的共性。一个国家、一个民族的人心理都有一些比较普遍的特点,如中国人的性格都或多或少地打上儒家思想的烙印。而同一年龄的人身上更是存在一些典型特点,如幼儿期的儿童有一些明显的共同特征:好动、好奇心强等。从这个意义上说,个性是独特性与共同性的统一。

个性决定着一个人的生活方式,甚至有时会决定一个人的命运。当面对挫折与失败时,坚强的人发奋拼搏,懦弱的人一蹶不振。当个性发挥正向功能时,表现为健康而有力,当个性功能失调时,就会表现出软弱、无力、失控,甚至变态,所以个性具有功能性。

个性还具有社会性,个性是在社会生活实践中对各种社会关系的反映而形成的。正如马克思所指出的那样:"人格的本质不是人的胡子、血液、抽象的肉体的本性,而是人的社会特质。"虽然人的各种自然属性、生理构造和机能是心理发展的重要前提,但它们在个性系统中并不能形成一个单独的结构,个性所体现出的最本质特点是社会性而不是生物性。

二、学前儿童个性形成的标志

个性是在个体的各种心理过程、各种心理成分发生发展的基础上形成的。2 岁左右,幼儿的各种心理过程都已出现,并已开始表现出初步的个性特点,这就是个性的萌芽。进入 3 岁以后,幼儿的个性逐渐开始形成,出现比较稳定的个性特征。一般认为 3～6 岁是个性开始形成的时期,这表现在以下五方面[①]。

(一)心理活动整体性的形成

幼小婴儿的心理活动还是零散的、混乱的,这与心理过程没有完全发展起来有关。比如,当婴儿的记忆没有充分发展起来时,感知的东西不能长时间保存在头脑中,因而先前的感知活动不可能成为后来感知活动的基础。我们经常会看到婴儿刚才还在哇哇大哭,脸上挂着泪珠,现在又咯咯地笑起来了,这是婴儿心理活动没有组织成整体的典型表现。所以,我们会经常看到婴儿心理活动前后矛盾的现象。

但是到了 3 岁以后,幼儿的各种心理过程逐渐组织起来。随感知觉的发生发展,幼儿记忆也发展

---

① 陈帼眉.学前心理学[M].北京:人民教育出版社,1989:324.

起来,以后又出现了动作思维,有了想象、意志的萌芽。幼儿的这些心理过程的产生和发展,逐渐推动了幼儿在低级心理机能的基础上产生了语言、思维等高级心理机能。当各种心理活动在幼儿身上出现齐全的时候,幼儿心理活动的整体性便日益表现出来。3~6岁是心理活动整体性或系统性迅速形成的时期。

(二)心理活动倾向性的形成

个性倾向性的形成是个性形成的另一重要标志,因为个性倾向性表现为人的心理活动的方向,决定一个人心理活动经常出现的特点。个性倾向性的形成与需要、动机有关。婴儿的心理活动之所以零散,是因为他们活动的动机水平很低,只是为了满足生理需要。如婴儿饿了会哭,渴了也会哭。这时婴儿的活动没有内部动机,完全处于外界控制之下。如果看见玩具,就表现出渴望得到玩具的动机;看见了糖果,就要拿来吃。而当这些东西从视野范围消失之后,相应的动机也消失了。到了幼儿期,各种活动动机逐渐形成了内部联系,既有需要,又有动机、兴趣,幼儿形成了明显的活动倾向。

(三)心理活动稳定性日益增长

稳定性是个性的基本特征,没有心理活动的稳定性,就不能组成个体的整体。婴儿的心理活动变化多端,随着年龄的增长,心理活动的稳定性逐渐增长。如婴儿的注意保持时间非常短,而到了两三岁后,幼儿的注意时间日益增长,注意的稳定性逐步提高,其他心理机能也逐步成熟稳定下来,这为幼儿性格的形成奠定了基础。

(四)心理活动独特性的发展

在新生儿期,幼儿的气质差异就已十分明显。到幼儿期,幼儿的能力、性格差异已经开始出现。幼儿期的这种差异成为儿童日后发展的基础,俗话说的"三岁看大,七岁看老",虽然有些绝对化,但它肯定了幼儿期个性的特点及基础作用。

(五)心理活动积极能动性的发展

婴儿的心理活动的主动性不高,随着幼儿自我意识的萌芽与发展,幼儿心理活动的积极能动性也随之发展。幼儿对自己的评价及相应的自信心已经表现出了差异,如有的幼儿对自己充满信心,有的退缩;有的幼儿能够控制自己,有的则自制力差。而自我意识水平的高低直接影响着幼儿的学习、生活、兴趣爱好方面。幼儿自我意识的发展是幼儿心理活动积极能动性表现的内在因素。由于有了自我,幼儿就有了自己的想法、兴趣爱好,幼儿的主动性就得以表现。

三、学前儿童个性形成和发展的阶段

学前儿童个性的形成是一个较为缓慢的过程,经由不完整到完整,不稳定到稳定的过程,学前儿童个性的形成与发展可分为三个阶段[①]。

(一)先天气质差异(出生~1岁前)

婴儿从出生开始,就显示出个性特点的差异,如在医院的产房里从婴儿的哭声中就可以明显地看出。对新生儿的研究发现,新生儿对个别刺激的行为反应有差别,如把金属盘放到新生儿的大腿内侧,有的新生儿反应强烈,有的则没什么反应,有的悄悄往回缩等。这就是与生理联系密切的气质类型的差异。这种先天气质类型的差异作为幼儿间的差别而存在,同时又影响着父母对孩子的抚养方式,并在与父母的日常交往中越来越明显地成为孩子的个性特点。

(二)个性特征的萌芽(1~3岁前)

在此阶段,随着婴儿的各种心理过程包括想象、思维等逐渐齐全,婴儿的气质、性格、能力等个性特征也开始萌芽,差异性开始表现出来。到3岁左右,在先天气质类型差异的基础上,在与父母及周围人的相互作用中,婴儿间出现了较明显的个性特征的差异,成人可以从婴儿的言行举止中看到这一特点。

(三)个性初步形成(3~6岁)

到幼儿期,儿童的心理水平逐渐向高级发展,特别是随着幼儿心理活动和行为的有意性的发展,幼儿个性的完整性、稳定性、独特性及倾向性各方面都得到了迅速的发展,标志着学前儿童个性初步形成。

---

① 陈帼眉.学前心理学[M].北京:人民教育出版社,1989:325—326.

第二节　学前儿童自我意识的发展

红红的用词变化

红红在两三岁的时候经常说"这个东西是我的"。有一次跟她年龄差不多大的楠楠玩了红红的布娃娃，红红很不高兴，对着楠楠大声嚷着："这个娃娃是我的，你不能动。"这时候的红红还不喜欢人家动她的东西。经过一段时间以后，红红的用词出现了变化，之前常用"我的"来表示这东西是自己的，并且也很喜欢说这两个字，可是现在却更喜欢说"我"这一个字，什么动不动就说"我怎样怎样的"，"我什么什么的"。这些变化体现了红红随着年龄的增大出现了自我意识。

儿童会说"我"这是自我意识萌芽的重要指针。1 岁前的儿童是没有自我意识的，不能把主体与周围的客体区分开来，自我意识的真正出现是和儿童言语的发展相联系的。当儿童学会正确使用"我"这个词时，可以说儿童的自我意识产生了，想了解有关学前儿童自我意识的相关问题，请认真阅读本节内容。

一、自我意识的概念

自我意识是主体对其自身作为客体存在的各方面的意识，它是个性的重要组成部分，是个性发展水平的标志。自我意识是一个多维度结构，可以从形式和内容两方面来认识。从形式上，自我意识的结构分为认知成分、情感成分和意志成分。其中认知成分表现为自我认识，它是个体对自己身心特征和活动状态的认知和评价。它包括自我观察、自我觉知、自我概念和自我评价等，其中自我概念和自我评价是自我认识最主要的方面。自我意识的情感成分是自我体验，是个体对自己所持有的一种态度，包括自尊、自信、自卑、自豪感、内疚感和自我欣慰等，其中自尊是自我体验的重要体现。自我意识的意志成分是自我调控，是指个体对自己思想、情感和行为的调节和控制，包括自制、自立、自主、自我监督和自我控制等。

从内容上看，自我意识包括物质自我、心理自我和社会自我。物质自我是指自己的身体外貌、衣着装束、言行举止以及所有物的认识与评价，也包括自己的家庭环境和家庭成员等。心理自我是指自己的智力、情感与人格特征以及所持有的价值取向和宗教信仰等。社会自我是指在人际交往中对自己所承担的角色和权利、义务、责任等，以及自己在群体中的地位、声望和价值的认识和评价。

二、学前儿童自我意识的发展

（一）学前儿童自我意识发展的阶段

学前儿童自我意识的发展是一个渐进的过程，通常将其分为四个阶段。

1. 自我感觉的发展（0～1 岁）

1 岁前的婴儿还不能把自己与客体分开，常常咬自己的手指或脚趾，到 1 岁末时才能慢慢意识到手脚是自己的，这就是自我感觉阶段。

2. 自我认识阶段（1～2 岁）

1 岁以后，随着婴儿会叫"妈妈"，就表明婴儿能把自己作为一个独立的客体看待，15 个月以后，婴儿能根据面部特征区分自己与他人。

3. 自我意识的萌芽（2～3 岁）

大约 3 岁时，儿童会用代名词"我"，表明儿童自我意识开始萌芽。

4. 自我意识各方面的发展（3 岁以后）

学前儿童自我意识包括自我认识、自我评价、自我体验、自我控制等方面，3 岁以后，这些方面都开始逐步发展。

（二）学前儿童自我意识各方面的发展

1. 自我认识的发展

自我认识的对象包括自己的身体、自己的动作、自己的心理活动等。学前儿童自我认识的发展表现在对这几方面的认识和发展。学前儿童对自己身体的认识需要经过一个长久的过程，一般认为需经历以下五个阶段。

（1）不能意识到自己的存在。几个月大的婴儿不能意识到自己，不能把自己当做主体与周围的客体区分开，甚至不能意识到自己身体的存在，不知道自己身体的各个部分是属于自己的。

（2）认识自己身体各部分。儿童到1岁后逐渐认识到自己身体的各个部分。比如，当婴儿在学说话时，成人指着他的身体某部位教他说"鼻子""耳朵""嘴巴"等。婴儿通过自己的触摸和动作，逐渐形成了对自己身体各个部分的认识。

（3）能认识自己的整体形象。心理学家用"点红测验"证实，9～10个月的婴儿只是对镜子感兴趣，而对镜中的自我映象并不感兴趣，12～14个月的婴儿对镜中的自我映象比较感兴趣，15～18个月大婴儿特别注意镜子里的映象与镜子外面的东西的对应关系，对镜中映象的动作伴随着自己的动作更是显得好奇，18～24个月大的婴儿会借助镜子去摸自己嘴巴或耳朵等部位。

（4）意识到身体内部状态。对于自己身体内部状态的认识，大概到2岁左右才开始发生，比如会说"宝宝痛"或"宝宝痒"，这是最开始的表现。

（5）能将名字与身体联系在一起。2～3岁的婴儿能用名字称呼自己，把自己和名字联系在一起。

学前儿童对自己动作的意识也是逐步的，他们通过自己的动作将动作与动作对象区分开来，并逐渐形成动作意识。学前儿童对动作的意识表现在以下两个方面。（1）区分动作和动作的对象。1岁左右，婴儿通过偶然性的动作逐渐能够把自己的动作与动作的对象区分开来，如婴儿踢球，球向前滚，婴儿从这里似乎感受到自己的存在和力量。以后，婴儿便会主动去踢球，用手去拍打东西，或用手去推车等。（2）出现了最初的独立性。在许多场合下，他们拒绝成人的直接帮助，而要"自己来"，比如吃饭，他要抢着自己吃。这就表明儿童已经开始意识到由自己发出的某种动作。

学前儿童对自己心理活动的意识比对自己身体和动作的意识更为困难、更滞后。儿童从3岁左右开始，出现对自己内心活动的意识。例如，他们开始意识到"愿意"和"应该"的区别。以前他们只知道"我愿意"怎样做就怎样做，现在开始懂得了"愿意"要服从"应该"。这就意味着儿童开始了对自己心理活动的意识。随着年龄的增长，儿童知道代名词"我"，这意味着儿童成为主体，意识到自己是各种行动和心理活动的主体，由此导致儿童自我意识的发展。4岁以后开始出现了对自己的认识活动和语言的意识，他们开始知道怎样去注意、观察、记忆和思维，能够根据要求来管理自己的活动，并在活动中运用一定方法。

2.自我评价的发展

学前儿童自我评价的发展表现为以下趋势。

（1）从依从性评价发展到自己的独立评价。婴儿还没有自我评价，他们往往依赖成人对他们的评价，如他们常说："奶奶说我是好孩子。"到4、5岁以后，幼儿才慢慢学会评价自己，犯了错误知道是自己不对。

（2）从对个别方面的评价发展到对多方面的评价。4、5岁左右的幼儿还多是从个别方面评价自己，6岁以后能够从多方面评价自己。

（3）从对外部行为的评价向对内在品质的评价过渡。四五岁的幼儿还只能从外部评价自己，6岁以后才出现向对内在品质的评价过渡，但是总体来说，在整个幼儿阶段都还不能对内心品质进行深入评价。

（4）从具有情绪色彩的评价发展到根据行为规则的理智评价。4岁前的幼儿对事物的评价往往根据自己的喜好，而不是根据具体事实，到4岁以后，才开始初步运用规则进行评价，而且只能根据具体的、简单的规则进行评价。

3.自我体验的发展

学前儿童的自我体验表现出从生理性体验向社会性体验、从暗示性体验到独立体验方向发展的特点。儿童的愉快和愤怒的体验往往是生理需要的表现，而委屈、自尊、羞愧则是社会性体验的表现。儿童自我意识中的各个因素的发生和发展并不是同步的，比如，愉快和愤怒体验发展较早，而委屈、自尊和羞愧感发生比较晚。

4.自我控制的发展

学前儿童自我控制的发展包括对动作和运动的控制、对认知活动的控制和对情绪情感的控制等方面。学前儿童对自身动作和运动的控制是自我控制发展的第一步。一般认为，学前儿童自我控制发展的转折年龄在4～5岁，5～6岁已具有一定的自控能力，但总体来说，学前儿童的自控能力还是较弱的。普莱尔（Prior）通过实验认为儿童对动作有意抑制的发展与表象和观念的发展有关。儿童首先要学会按要求停止某些行为，然后才能学会自己控制自己的行为，这对年幼儿童来讲并非易事。学前儿童对自己认知活动和情绪的控制更难。在认知活动中,学前儿童是属于冲动型的;在情绪活动中,也是缺乏自我控制。20 世纪 70 年代初,美国斯坦福大学心理学教授沃尔特·米歇尔(Walter Mischel)等人设计了"延迟满足"的实验(即为了得到以后更有价值的东西,愿意延缓立即得到的奖励)来探讨学前儿童的自我控制能力发展情况。如让儿童在两样东西之间作一个选择:一种是立即可以得到的但吸引力不太大的东西;另一种是需延缓一段时间才能得到的、但是更有吸引力的东西。实验者认为选择立即要得到东西的儿童缺乏自我控制。研究结果表明,学前儿童抵制眼前奖励的诱惑而有耐心地等待是相当困难的。

幼儿园教师资格证书考试大纲要点提示:

《幼教保教知识与能力》考试大纲"学前儿童发展"部分第 7 点指出:掌握幼儿个性、社会性发展的基本规律和特点,并能够在教育活动中应用。

真　题

1. 选择题

(1) 2 岁半的豆豆还不会自己吃饭,可偏要自己吃;不会穿衣,偏要自己穿。这反映了幼儿(　　　)。
　　A. 情绪的发展　　　　B. 动作的发展　　　　C. 自我意识的发展　　　D. 认知的发展

(2) 渴望同伴接纳自己,希望自己得到老师的表扬,这种表现反映了幼儿(　　　)。
　　A. 自信心的发展　　　B. 自尊心的发展　　　C. 自制力的发展　　　D. 移情的发展

(3) 让脸上抹有红点的婴儿站在镜子前,观察其行为表现,这个实验测试的是婴儿哪方面的发展?
　　(　　　)
　　A. 自我意识　　　　　B. 防御意识　　　　　C. 性别意识　　　　　D. 道德意识

(4) 研究儿童自我控制能力和行为的实验是(　　　)。
　　A. 陌生情景实验　　　B. 点红实验　　　　　C. 延迟实验　　　　　D. 三山实验

2. 材料题

材料:在一项行为试验中,教师把一个大盒子放在幼儿面前,对幼儿说:"这里面有一个很好玩的玩具,一会我们一起玩,现在我要出去一下,我回来前,你们不能打开盒子看,好吗?"幼儿回答:"好的!"老师把幼儿单独留在房间,下面是两名幼儿在接下来的两分钟内独处时的不同表现。

幼儿一:眼睛一会看墙角,一会看地上,尽量让自己不看面前的盒子,小手也一直放在自己的腿上。教师再次进来问:"你有没有打开盒子?"幼儿说:"没有。"

幼儿二:忍了一会,禁不住打开盒子偷偷看了一眼。教师再次进来问:"你有没有打开盒子?"幼儿说:"没有,这个玩具不好玩儿。"

问题:请分析上述材料中两名幼儿各自表现的行为特点。

第三节　学前儿童个性倾向性的发展

小琴与小诗的不同

小琴和小诗是好朋友,小琴家境比较富裕,而小诗家里经济比较拮据,两位虽然在老师的眼里都很优秀,但是他们优秀的地方很不相同。小琴数学成绩很好,而小诗语文成绩很棒。两个人虽然是好朋友,但性格相差很大,小琴是一位活泼开朗、比较外向的女孩子,而小诗相对来说文静些,在同学眼里是一个比较安静的女孩子。小琴由于家境比较好,平常除了吃得好、穿得好,还经常去买些小玩意儿玩玩;而小诗平常很节约钱,吃得也很节省,是一个很会为家里着想的孩子。

作为好朋友的小琴和小诗虽然学习成绩都很好,但是他们的擅长科目不一样,一个数学好,另一个语文好。取得好成绩除了本身的智商之外,其实后天的努力与兴趣起着不可忽视的作用。他们两人由于家境不同,导致对生活的需求不一样,这也正是个人需要的体现。这一节主要讲述需要和兴趣相关方面的内容。

一、个性倾向性的概念

一个人在与周围现实相互作用的过程中,由于经历不同的生活,参加不同的实践活动,接受不同的教育,因而对周围现实形成了不同的态度、观点和行为趋向,这些态度、观点、趋向如果经常表现,逐步稳固,就会形成活动的基本动力,即个体倾向性。个性倾向性主要包括需要、动机、兴趣、理想、信念、世界观等。其中需要是基础,对其他成分起调节、支配作用;信念、世界观居最高层次,决定一个人总的思想倾向。个性倾向性是决定人们对事物的态度,是行为的动力系统,决定了人的心理活动的动力和积极性。

学前儿童期是个性开始形成的时期。对于他们来说,影响他们活动积极性的主要因素是需要和兴趣。需要是基础,儿童年龄越小,其生理的需要却强烈;兴趣对学前期儿童来说也很重要,主要表现为对游戏的兴趣,它们直接影响着学前儿童的行为。比如,对游戏的需要是学前儿童的普遍特点,满足了学前儿童的这个需要,他们的情绪就愉快,活动积极性就高。喜欢游戏的儿童会经常和同伴一起游戏。所以,这里主要就学前儿童的需要和兴趣进行阐述。

二、学前儿童需要的发展

(一)需要的概念

需要是机体内部的一种不平衡状态,它反映人的某种客观需求,并成为人活动积极性的源泉。首先,需要是有机体内部的一种不平衡状态。这种不平衡状态包括生理上的和心理上的不平衡。如血液中水分的缺乏,会产生喝水的需要;血糖成分下降,会产生饥饿求食的需要;失去亲人的孩子会产生爱的需要;社会秩序不好会产生安全的需要等。需要得到满足,这种不平衡状态暂时得到消除。当出现新的不平衡时,新的需要又会产生。需要是人对某种客观要求的反映。这种要求可以来自机体的内部(内环境),也可以来自个体周围的环境。如人渴了需要喝水,这种需要是由机体内部的要求引起的;儿童没有人陪伴,就有寻求同伴一起玩的需求,这种需求在头脑中的反映就是交往的需要。需要是人的活动的基本动力,是个体积极性的重要源泉。需要永远带有动力性,人的活动总是受某种需要所驱使,当需要一旦被意识到并驱使人去行动时,就以活动动机的形式表现出来。需要激发人去行动,并使人朝着一定的方向去追求,以求得到自身的满足。

通过以上分析可知,需要具有对象性、紧张性、动力性的特征。需要具有对象性,如口渴了就有解渴的需要,其对象是水;需要具有紧张性,当个体的缺失需要不能得到满足时,就会产生一种内部的紧张状态;需要具有动力性,需要一旦出现,就会成为一种支配行为的动机推动人去从事各种活动。

(二)需要的类型

人类的需要是多种多样的,其分类方式也是多种多样的。以下介绍几种常用的分类方式。

1. 根据需要的起源,可以把需要分为生理性需要和社会性需要

生理性需要是与个体的生命安全和种族繁衍相联系的,是指所有有机体为维持生命和种族延续所必需的,这类需要包括如下方面。(1)内部稳定性的需要。生活着的有机体内部要有一定稳定性的需求,当维持这种内部稳定性的物质不足时,就需要补给物质,当它们过剩时,就需要排除多余的物质。这种恢复平衡的需要(如饥、渴、呼吸、排泄、休息、睡眠等)机制称作内部稳定性需要。(2)回避危险的需要。有机体对有害的,或不愉快刺激的回避或排除的需要。(3)性的需要。为了种族的保存,需要"性"的荷尔蒙的分泌,这是生理的需要。但是维持个体的生存,并不一定要有充分的"性"需求,从这种意义上说,"性"的需求很大程度接近社会的需要。(4)内发性需要。这是一种生来就有的,是为了满足愉快而引起行动的内在原因,它与外界刺激没有直接关系,如好奇、趋向愉快等都属于这种需要。

社会性需要是在与生俱得的生理性需要的基础上派生的,是人们在一定社会成长过程中,通过种种经验习得的需要,是人类所特有的高级需要。社会性需要比较复杂,如认识的需要、学习的需要、劳动的需要、交往的需要、成就的需要、爱的需要、尊重与荣誉的需要、恭顺与支配的需要、攻击与防御的需要、法律的需要、美的需要、道德的需要等,都属于社会性需要。

2. 根据需要对象的性质,可以把需要分为物质需要和精神需要

物质需要是指为维持个体和社会的生存和发展对物质产品的需要,它既包括衣食住行等所需的物品,也包括生产劳动、学习、研究等所需要的各种工具。精神需要是指个体参与社会精神文化生活的需要,包括对交往的需要、认识的需要、审美的需要、道德的需要、创造的需要、劳动的需要、求知欲等。

物质需要和精神需要与生理性需要和社会性需要的划分是相对的,两者是相互交叉的。物质性需要既有生理性需要,也有社会性需要;精神需要既有生理性需要,也有社会性需要。两者只是从不同的角度划分而已。

3. 马斯洛的需要层次理论

美国著名的人本主义心理学家亚伯拉罕·马斯洛(Abraham H. Maslow)在1943年他的著作《人类动机的理论》一书中,提出了需要层次理论。马斯洛认为,人的一切行为都是由于需要引起的,而需要又是分层次的。他把人的需要归为五类,从低到高排列(如图8-2所示)。

第一,生理需要。人为了生存,首先需要饮食、空气、配偶、排泄、睡眠等。这是人类最原始、最基本的需要。这些需要得不到满足就会影响人的生存延续。

第二,安全需要。这种需要表现为人们要求稳定、安全、受到保护、有秩序、能免除恐惧和焦虑等。其目的是降低生活中的不确定性,保障个体生活在一个免遭危险的环境中。例如,人们要求有安身之处、有稳定的工作和社交场所、人际关系可靠等。

图 8-2 马斯洛需要层次图

第三,归属与爱的需要。指人们希望得到家庭、朋友、同事的关心与爱护,希望归属于一定的群体,为群体所接纳和认同,否则就会感到失落、空虚。

第四,尊重的需要。包括自尊和受到他人的尊重两个方面。自尊得到满足会使人相信自己的力量和价值,从而有利于发挥自己的潜能,否则会使人自卑,使人丧失信心去处理面临的问题;受到他人尊重是指需要他人给予名誉、地位、权力、赞赏,希望得到他人的赏识。

第五,自我实现的需要。这种需要表现为个人充分发挥自己的潜力,不断充实自己,不断完善自己,使自己达到完美的境地。这种需要是人生追求的最高境界。马斯洛在他的著作《动机与人格》一书中写道:"音乐家必须演奏音乐,画家必须绘画,诗人必须写诗,这样才会使他们感到最大的满足。是什么样的角色就应该干什么样的事情,这一需要就称为自我实现。"事实上,自我实现对于大多数人来说是一种人生的奋斗目标。

马斯洛认为这五种需要不是并列的,是按层次逐级上升的。生理需要与安全需要是最基本的,当它们得到一定程度的满足之后,归属与爱的需要、尊重的需要以及自我实现的需要才可能依次出现并得到满足。马斯洛在他的后期研究中,对人的基本需要理论进行新的扩张,发现了更高层次的全新需要,他在尊重的需要与自我实现的需要之间增加求知的需要和审美的需要两个,这样马斯洛的需要层次理论包括七种需要。

马斯洛的需要层次论对幼儿教育工作具有一定的参考价值。只有满足幼儿的合理的可以实现的最基本的需要,幼儿才会有更高层次的新的需要。幼儿教师在教学中只有满足幼儿的认知需要,才能调动他们的学习积极性。在行为习惯的训练中,只有满足幼儿自尊的需要、爱的需要和美的需要,丰富他们的精神生活,才能养成他们良好的习惯。

马斯洛的需要层次论也有其局限性。首先,它只强调了个人的需要、个人意识自由、个人的自我实现,而没有提到社会现实对个人需要的制约作用。其次,马斯洛的需要层次理论认为只有低层次的需要获得满足后,才可能产生高层次的需要,这带有机械论色彩。马斯洛在后期也承认,人有可能在低层次需要没有获得满足时就产生高层次需要。最后,该理论缺乏科学实验的依据和客观的测量指标,还有待在社会实践中进一步检验。

(三)学前儿童需要的发展特征

1. 学前儿童需要的发展是以生理性需要为主,社会性需要逐渐增强

对于学前儿童来说,需要的发展遵循着一个规律,即年龄越小,生理需要越占主导地位。对于新生儿来说,生理需要占绝对主导地位。到1岁左右,由于和成人交往的增多,婴儿出现了比较明显的与成人交往的需要。1~3岁期间,幼儿的社会性需要逐渐增加,出现了模仿成人活动的探索性需要、游戏需要及与伙伴交往的需要等。但在这个阶段,生理需要仍然占主要地位。社会性需要随着年龄的增加,与成人交往的增多而逐渐增强,并表现出多种社会性需要。

2. 不同年龄阶段其优势需要不同

学前儿童占主导地位的优势需要由几种强度较大的需要组成,同时,每种需要在整体中所占的地位也在发生变化。如3~4岁时,幼儿的优势需要是生理需要、安全需要、母爱的需要、玩游戏和听故事的需要;从5岁开始,儿童的社会需要迅速发展,求知需要、劳动和求成需要开始出现。而6岁时,儿童希望得到尊

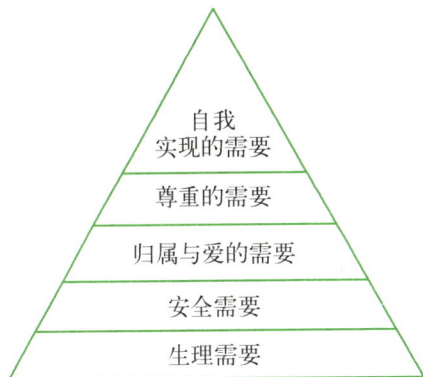

重的需要比较强烈,同时对友情的需要开始出现。

3. 开始形成多层次、多维度的需要结构

在学前儿童的需要中,既有生理与安全需要,也有交往、游戏、尊重、学习等社会性需要,并且各种需要的水平都在提高,学前儿童的需要中,比较突出的有以下几种。(1)生理的需要。如对饮食、睡眠、休息等的需要。这类需要如果得不到满足婴儿便焦虑不安,甚至哭闹。(2)安全的需要。学前儿童具有强烈的安全需要,例如,"我希望爸爸、妈妈不要打我、骂我""我希望爸爸不要老出差,家里冷冷清清的,我害怕"等。(3)活动的需要。学前儿童具有强烈的游戏、娱乐的需要,喜欢参加唱歌、画图、捉迷藏、玩沙、玩水等。(4)交往的需要。学前儿童一般都喜欢与别人交往,不喜欢一个人独处。在交往中,他们获得了爱抚和友谊,也学会关心别人、关心集体等。(5)受人尊重的需要。学前儿童自我意识有了发展,他们希望受到成人或其他学前儿童的赞扬和尊重。当他们感到被嘲笑、呵斥、责骂时,"自尊心"便受到损伤,会感到委屈。(6)求知的需要。学前儿童好奇喜问,常向成人提出诸如"为什么鸟能飞""山那边有什么"等问题,要求成人解释。喜欢看图书、听故事等。(7)欣赏美的需要。学前儿童喜爱美丽的图画、优美的歌曲、漂亮的衣服。而幼儿园的美术、音乐、语言和体育等活动更直接培养了这种需要。

(四)学前儿童需要的引导

教师和家长要关注和正确处理学前儿童的需要,从而引导和促进个性积极性的正确发展。

1. 满足学前儿童合理的需要,引导他们把个性积极性指向自身发展方面

需要总是指向某种具体事物,总是对一定对象的需求。对于学前儿童的各种需要,成人首先应对它的合理性作出判定。对于合理的需要,成人应尽量加以满足。例如针对学前儿童的生理需要,成人应制定合理的作息制度,按时定量地准备富于营养的食物,指导他们安静地就寝,养成良好的卫生习惯,使他们健康成长;如针对学前儿童的尊重需要,教师和家长应和儿童建立民主、平等的关系,要尊重关心儿童,不嘲笑儿童,更不要在众人面前呵斥、责骂或者体罚儿童。为了满足儿童的认识需要和欣赏美的需要,要组织学习音乐、图画、表演等。在满足儿童各种合理的需要的基础上,注意引导儿童把个性积极性投入到有利于自身发展上面来,如上面提到的音乐、绘画、表演等都有利于他们的身心发展。

2. 纠正学前儿童的不合理需要,引导其个性积极性朝向正确的方面

学前儿童在外界环境的不良影响下,如父母的娇纵溺爱以及其他儿童的不良"榜样"等,可能会产生一些不合理的需要。例如有的学前儿童自我中心,常要独占一切;有的不愿意独立活动,事事需要教师和家长的照料等。这些不合理的需要往往使他们的个性积极性偏离正确的方向,做出一些不良的行为。因此,教师和家长对于这些不合理的需要要及时纠正,引导其个性积极性朝向正确的方向发展,如学习兴趣的培养、良好的行为习惯的养成等。

3. 引导学前儿童形成新的需要,促进个性积极性继续发展

学前儿童新的需要的丰富和发展,可以推动他们个性积极性的进一步发展。教师和家长要丰富儿童的精神生活或向儿童不断提出新的要求,以激起他们新的需要。如教师对于初入幼儿园的儿童,要求他们自己吃饭、自己穿自己的衣服等;对于中班的儿童,不仅要求他们自己能做的事情自己做,而且还要求他们能为同伴做些好事;对于大班的儿童要求他们认真地、有始有终地做自己能做的事,且为同伴、集体服务。这些要求能促使儿童产生新的需要,不断激发儿童的个性积极性。

4. 鼓励学前儿童的交往需要,引导学前儿童学会交往

婴儿一出生就爱看人脸,喜欢对父母、对亲人牙牙学语、微笑,能够行走时就会追随、依恋家长。3岁儿童尤其喜欢与家长一起做游戏,要求家长给他讲故事、看图书。4岁以后,儿童明显地表现出对同伴交往的兴趣。在与成人交往的过程中,儿童逐步学会了待人接物的礼貌行为,学会表达自己的情感和意见,学会调节自己与他人的关系。在正确的引导下,大多数孩子活泼开朗,乐于交往;但也有的少数儿童胆小、退缩,在人多场合常常表现紧张不安;有的儿童想交往却不会与别的孩子相处。因此,教师和家长要引导这些儿童主动与同伴交往,学会与人相处。

总之,教师和家长应当正确对待儿童的各种需要,满足其合理的需要,预防和纠正儿童的不合理需要,积极地培养良好的需要。

三、学前儿童兴趣的发展

兴趣是最好的老师。学前儿童的兴趣在个体很早的时候就已表现出来,它最初表现为个体对环境的

探究活动,并在此基础上逐渐形成了人对事物和活动的兴趣和爱好。

（一）兴趣的概念

兴趣是人积极地接近、认识和探究某种事物并与肯定情绪相联系的心理倾向。它反映了人对客观事物的选择性态度。例如学前儿童对游戏感兴趣,当他看到其他儿童在一起玩游戏时,就会接近他们,希望和他们一起玩;喜欢看动画片的儿童看到电视里放动画片对他吸引力就很大。当兴趣的进一步发展就是爱好,表现为经常从事这项活动,如对音乐的爱好,就会经常听音乐、演奏音乐等。兴趣与爱好是与人的积极的情绪体验联系在一起的,当人们对某种事物带有兴趣时,他们常常体验到快慰和满意等积极情绪。

（二）兴趣的品质

一个人兴趣的好与不好取决于兴趣的对象、范围、作用等多方面,所以并不是兴趣广泛就是好,兴趣狭窄就是不好。兴趣的品质有以下四个方面。

1. 兴趣的倾向性

兴趣的倾向性是指一个人的兴趣所指向的是什么事物。由于每个人的兴趣倾向性的不同,人与人之间出现很大的差异。例如,有的儿童对音乐感兴趣,有的儿童对运动感兴趣,这就是兴趣倾向性不同。兴趣的倾向性不是天生的,其差异性主要是由于人在后天所体验到的不同的生活实践所造成的。

2. 兴趣的广度

兴趣的广度是指一个人兴趣范围的大小或丰富性程度。兴趣的广度也存在明显的个别差异。有的人兴趣十分狭窄,对什么都不感兴趣;而有的人兴趣十分广泛,对什么事都有兴趣。如果一个人拥有广泛的兴趣,那么他的生活就会丰富多彩,如爱因斯坦是个伟大的物理学家,同时又非常喜欢音乐,小提琴拉得好,钢琴弹得也很出色,甚至能撰写文学评论。如果一个人兴趣狭窄,就难免会知识贫乏、生活单调。

3. 兴趣的稳定性

兴趣的稳定性是指兴趣保持在某一或某些对象时间上的久暂性。从这一品质考察,有的人兴趣是比较持久的,稳定性比较大,一旦对某种事物或活动产生兴趣,往往会保持很长的时间不会变;而有的人兴趣极不稳定,今天对这个产生兴趣,明天对那个产生兴趣,往往朝秦暮楚、见异思迁,这类人是很难在某个领域能够做出些成就的。如果一个人兴趣广泛,但是兴趣不稳定,那么就不会有多大成就。所以,兴趣的广泛性要与稳定性相结合。

4. 兴趣的效能性

兴趣效能性是指兴趣对活动产生的作用的大小。有的人兴趣只停留在浅层的感知水平上,偶尔弹弹钢琴、打打球等就能感到很满足,没有表现出进一步地认识和掌握它,于是对活动的促进作用不明显,兴趣的效能较低;而有的人兴趣表现出强烈的要求进一步探索、掌握它,这种兴趣的效能就高。

（三）兴趣的类型

1. 根据兴趣的内容,可以把兴趣分为物质兴趣和精神兴趣

物质兴趣是指人们对物质方面的兴趣,如对食物、衣服和玩具等的兴趣。对学前儿童的物质兴趣必须加以正确指导和适当控制,否则会发展成贪婪的兴趣。

精神兴趣是指人们对精神生活的兴趣。如学前儿童对音乐的兴趣、交往的兴趣等。

2. 根据兴趣所指向的目标,可以把兴趣分为直接兴趣和间接兴趣

直接兴趣是指对活动本身的兴趣,如对游戏过程本身的兴趣、对跳舞过程的兴趣等。

间接兴趣是指向活动结果的兴趣,如对为了得到小星星而表现出对某项活动的兴趣。

直接兴趣和间接兴趣在生活中都是不可缺少的。有了直接兴趣的支持,活动才会变得生动有趣;有了间接兴趣的支持,活动才能长久地持续下去。只有直接兴趣和间接兴趣恰当结合,才能充分发挥出儿童的积极性。

（四）学前儿童兴趣发展的特征

1. 兴趣比较广泛,但缺乏中心兴趣

学前儿童对这个世界充满好奇,对他们来说一切都是新鲜的,他们渴望认识这个五彩缤纷的世界,喜欢和周围的人们交流,对周围的一切事物和事件活动都表现出同样广泛的兴趣。例如,他们对儿歌、绘画、音乐、跳舞、游戏、小动物和花草树木等方面都感兴趣,这是由于儿童各方面发展还不成熟,这时的儿童还没有形成一个比较稳固的中心兴趣。

2. 多为直接兴趣

学前儿童的兴趣绝大多数是直接兴趣,即直接对当前的事物或活动过程感兴趣。只有年龄较大的儿童才会产生某些间接兴趣。例如幼儿对老师的活动课感兴趣,只是因为他们喜欢这个活动或喜欢该活动的方式,而并不了解该活动的意义;他们对游戏感兴趣,只是他们喜欢游戏的方式能给他们带来快乐,一般不会想到这样做会对他们的发展有什么影响。

3. 兴趣存在年龄和性别差异

由于各方面的原因,学前儿童的兴趣已经表现出明显的年龄差异和性别差异。例如,年龄小的儿童对简单的活动、重复性的动作感兴趣,而年龄较大的儿童对较复杂的活动、变化的活动感兴趣;就性别差异来说,一般女孩喜欢毛绒娃娃之类的玩具,男孩则喜欢枪、汽车之类的玩具;女孩一般喜欢跳橡皮筋、捉迷藏之类的游戏,男孩则更喜欢打斗之类的游戏。

4. 兴趣比较肤浅,容易变化

学前儿童由于知识经验和心理能力的限制,不会深入了解事物的本质,他们主要为事物的表面特点所吸引。他们的兴趣往往是由于事物的颜色、形状等引起,因而比较肤浅。经过几次接触之后,这些事物的外在特点逐渐失去新鲜感和吸引力,儿童的兴趣开始慢慢低落甚至完全消失。总之,学前儿童的兴趣容易变化,很难在一个领域保持长久的稳定性。比如,很多儿童刚得到一个新玩具时,非常喜欢,爱不释手,充满兴趣。但是玩了一阵子之后,他们可能对之渐渐失去兴趣。

5. 兴趣也可能表现出不良倾向性

由于儿童对一切事物都抱有同样的兴趣,再加上儿童缺乏对事物良好的辨别是非的能力,这使儿童很容易产生不良的兴趣。例如看到其他孩子对物质享乐方面的兴趣,他们也表现出需要和攀比。

(五)学前儿童兴趣的培养

心理学研究表明,孩子从一出生,就对环境抱着浓厚的兴趣,并会积极地去探索它。我们要运用多种力法和措施以引导和激发儿童的兴趣。

1. 提高幼教工作水平,引发学前儿童的兴趣

学前儿童兴趣形成的一个重要条件便是教师幼教工作水平,教师要认真学习有关幼教工作的知识和技能,努力提高自身教育幼儿的能力;教师可以利用学前期儿童兴趣广泛性的特点,尽量给儿童提供形式多样的活动,使他们踊跃参与其中;教师在与儿童的交往过程中应该尊重儿童的独立性与个性,鼓励他们在活动中发挥自身的创造性,以此引发儿童的兴趣。

2. 组织多种活动,发展学前儿童的兴趣

实践证明,学前儿童的兴趣往往是通过活动得到发展的,也只有在活动中才能发挥他对活动的推动作用。在幼教工作中,应该组织游戏、比赛、表演、参观等各种有趣的活动,引导学前儿童积极参与这些活动,并帮助他们在活动中取得成功。

3. 通过肯定性的评价,强化学前儿童的兴趣

肯定性的评价是指当学前儿童取得成功或进步时,教师要及时给予表扬与鼓励,使儿童体验到成功的喜悦。表扬和鼓励能为儿童提供及时反馈信息,是他们对自己的能力及个人价值有一个比较清楚的了解,从而使自己原来的兴趣得到进一步加强。但这种持肯定的评价要做到恰当和及时,使之发挥最大效能。同时对儿童的评价不能千篇一律,针对不同个性的儿童应该采取不同的表扬与鼓励方式。当然,对他们的肯定性评价应该与严格要求结合起来。

4. 激发和保护有益兴趣,纠正不良的兴趣

在学前儿童兴趣发展的过程中,有些兴趣对身心健康是有益的,对这些兴趣教师要善于激发和保护,并且把相关有益兴趣纳入培养目标并加以培养。而对那些对于学前儿童的身心健康不利的一些兴趣,教师要讲清道理,并用有益的兴趣替代这些不良的兴趣。另外,教师本人的兴趣对学前儿童也有直接的影响,为了培养和引导学前儿童的兴趣,教师自己也应该发展多方面的、对健康有益的兴趣。

5. 利用兴趣迁移,培养新的兴趣

兴趣的迁移是指学前儿童将已有的兴趣延伸到相关的事物上,并对该事物也产生兴趣。一般来说,兴趣的迁移要满足以下几个条件:首先,教师要善于发现儿童感兴趣的事物;其次,教师应寻找到使学前儿童感兴趣的新事物与原有兴趣的相同点;第三,教师要通过各种方法使学前儿童产生对新事物的认识需要,并把这种需要转化成强烈的动机。满足了这三个条件,就可以使学前儿童对某一事物的兴趣迁移到相关

的事物上来。教师要善于运用兴趣迁移方法,以培养学前儿童对更多新鲜事物的兴趣。

第四节　学前儿童个性心理特征的发展

你有几只眼睛

幼儿园小班开展计算活动,作业内容是手口一致地点数"2"。老师讲完后,带小朋友一起练习。老师问一个小朋友:"你数一数,你长了几只眼睛?"小朋友回答:"长了3只。"年轻老师一时生气,就说:"长了四只呢。"那小朋友也跟着说:"长了四只呢。"老师说:"长了5只。"那小朋友又说:"长了5只。"老师气得直跺脚,大声说:"长了8只。"小朋友也跟着猛一跺脚说:"长了8只。"老师忍不住笑了起来,那小朋友还以为对了,也咧开嘴天真地笑了。

以上事情说明小朋友表现出好模仿的性格特点。好模仿是幼儿突出的性格特点。幼儿最喜欢模仿别人的动作和行为。同时也说明,老师绝不能在幼儿面前做出错误示范,不能说反话,否则将引起极其不良的后果。而老师首先得了解幼儿的性格特点才能避免这类错误。

个性心理特征是一个人身上经常表现出来的本质的、稳定的心理特点,主要包括能力、气质和性格。

一、能力及其发展特征

(一) 能力概述

1. 能力的概念

能力是人成功地完成某种活动所必备的直接影响活动效率的个性心理特征。与其他心理特征相比,能力具有以下三个特点。(1)能力和活动密切联系。一方面,能力的形成和发展离不开活动,通常在活动中表现出来;另一方面,能力是活动的基础,能力的高低会影响活动完成的效率,某种活动所具备的能力的缺乏可能会导致该活动难以完成。能力与活动有着相辅相成的关系。(2)能力直接影响活动效率。能力能影响活动完成的效率,它是完成某种活动所必备的心理特征,活动效率的高低与能力的大小、强弱之间存在紧密的联系。对于同一种活动,能力强的人会很顺利地完成,能力弱的人就很费劲,而无能力的人往往难以完成任务。(3)完成一种活动需要多种能力的结合。某种活动的顺利完成,往往需要多种能力的结合与相互作用。保证某种活动顺利进行的多种能力的结合称为才能。我们常说谁谁很有才能,其实这就意味着这个人对完成某项活动所具备的各种能力能综合运用,并能取得很好的效果。

2. 能力的类型

能力从不同的角度分可以有不同的划分。按照能力使用范围分,可把能力分为一般能力和特殊能力;按照能力的功能分,可把能力分为认识能力、操作能力和社交能力;根据能力的创造性大小分,可把能力分为模仿能力和创造能力。

一般能力是各种活动普遍需要具备的能力,也叫智力。它保证人们有效地认识世界,包括注意力、观察力、记忆力、想象力、思维能力等,其中思维能力是核心。特殊能力又称专门能力,是顺利完成某种专门活动所必备的能力,如音乐能力、绘画能力、数学能力、运动能力等。它只在特殊活动领域内发挥作用,是完成有关活动必不可少的能力。

认识能力是个体用于学习、理解、分析和概括的能力。它对掌握知识、完成各种活动起着最基本、最重要的作用。操作能力是个体用于操纵、制作和运动的能力,如劳动能力、运动能力、跳舞能力、制作能力等。社交能力是参加社会生活、与他人相处交往、保持协调的能力,如组织能力、管理能力、领导能力、言语感染力等。

模仿能力是指效仿他人的言行举止而引起的与之相类似活动的能力。例如,模仿大人说话的语气、模仿舞蹈老师所做出的动作等,都需要相应的模仿能力。创造能力是指产生新思想、发现和创造新事物的能力,如小发明、想一个新颖的游戏等都需要创造能力的参与。

(二) 学前儿童能力发展的特征

1. 学前儿童多种能力的初步形成

学前儿童在幼儿园跟着老师学习和大家一起做游戏的过程中,积累了知识,形成了一些技能,同时也发展了多种能力。操作能力在婴儿出生后很早表现出来了。如婴儿从无意识抓握动作到有意识的抓握动作,再到双手协调能力的发展等,婴儿的操作能力得到不断发展。1 岁开始,婴儿开始进行各种游戏活动,走跑跳等能力逐渐完善。到幼儿期,游戏在学前儿童的生活中占据主要地位,这使儿童的操作能力进一步发展、表现。学前儿童的言语能力是从婴儿期开始,幼儿期是口语发展的关键期。到幼儿晚期,儿童的口语表达能力已经很强了,特别是言语的连贯性、完整性和逻辑性迅速发展,为幼儿的学习和交往创造了良好的条件。学前儿童的模仿能力也在不断地发展。大约 18~24 个月,婴儿表现出延迟模仿能力。儿童从出生到幼儿末期,认识能力迅速发展,主要表现为记忆、注意能力、想象能力、直觉思维能力和认识活动的有意性等方面的发展,这为儿童的学习、个性发展提供了必要的前提。同时某些特殊能力也已有所表现,如音乐、绘画、运动能力等都有所表现。儿童的创造能力发展较晚,在幼儿晚期才出现创造力的萌芽。

2. 学前儿童的能力表现出个体差异

学前儿童所形成的能力不是每个人都一样的,具有个体差异。例如有的儿童交流能力较强,与大家的关系相处得很融洽;有的儿童运动能力较强,更能够积极且活跃地参与到游戏当中来;有的儿童动手能力较强,搭积木、剪纸等时比较灵活;有的儿童绘画能力较强,能够画出美丽、逼真的画像。即使是音乐能力,不同的人也有差异。有人对音乐成绩最好的三个幼儿进行分析,发现有一个孩子有强烈的曲调感和很好的听觉表象能力,但节奏感差一些;另一个孩子有很好的听觉表象能力和强烈的节奏感,但曲调感比较弱;还有一个孩子有强烈的曲调感和音乐节奏感,但听觉表象能力较弱。可见,三个孩子在音乐活动中表现出了各自不同的特点。这些差异是我们教育的前提。

3. 学前儿童的智力发展迅速

大量研究表明,学前期是智力发展的重要时期。布卢姆(B. S. Bloom)的研究表明,如果以 17 岁为智力发展为标准(即假定其智力发展水平为 100%),那么其各年龄智力发展的百分比分别为:1 岁为 20%,4 岁为 50%,8 岁为 80%,13 岁为 92%,17 岁为 100%。该研究说明出生后头 4 年儿童的智力发展最快,已经发展到 50%,获得了成熟的一半;4~8 岁,即出生后的第二个 4 年,又发展了 30%,其发展速度显然缓慢;13~17 岁发展了 20%,发展速度更慢。

(三)学前儿童能力的培养

学前儿童能力的形成与发展受遗传等先天因素和教育与实践活动等后天因素的影响,其中后天因素所起的作用更大,教师和父母应重视对学前儿童能力的培养。

1. 对学前儿童的能力培养要及早进行

根据布卢姆的研究,儿童出生后头 4 年儿童的智力发展最快,已经发展到 50%,到 6 岁时,大约发展了 70% 多。从儿童脑的发育也可以找到相应的证据,7 岁儿童的脑重已达到 1 280 克,达到成人脑重的 90% 以上,可见学前期是儿童智力发展的关键期。因此对学期儿童的能力培养要及早进行,抓住在关键期充分发展幼儿的能力。

2. 根据学前儿童的能力发展水平进行培养,适当照顾特殊才能的儿童

要培养儿童能力,首先要正确了解儿童现在的实际能力发展水平。在日常生活中,成人通过对儿童的观察,可以粗略的评定一个儿童能力发展的特点和水平。例如某个儿童具有绘画能力,某个儿童有音乐才能,某个儿童具有较强的交际能力等。但这种评定往往是初步的,不够精确,而且评定者的主观因素往往影响对儿童能力的评定,不够客观。心理学研究者编制的特殊能力测验和智力测验,可以比较客观地测定儿童能力的发展水平。

有些儿童具有特殊的才能,对这些儿童应采取特殊的教育方法。比如对于在音乐、绘画、体育、计算或语言等方面有特殊才能的儿童,应创造条件,使他们从小能接受到特殊的专业的培养。对于智力超常儿童可以采取加快教学进度,增加教学内容等方法使他们的智力充分发展,求知欲得到满足。而对于智力落后的儿童要一视同仁,耐心教育,可以减少作业的内容,放慢教学进度,减轻学习负担,要给予更多的支持和帮助,使他们在原有的基础上取得进步或成功。

3. 组织儿童参加各种活动

实践出真知,实践长才干。学前儿童的能力是在相应的实践活动中形成和发展的。学前儿童的实践活动是他们能力发展的基础。成人要根据学前儿童应具备的能力,为他们安排相应的活动,并引导他们积极参加。比如,为了发展幼儿的语言能力,教师可以安排一些可以促进语言发展的游戏,或者讲故事、复述故事等,都可以使幼儿的语言得到发展。

4. 丰富学前儿童知识,培养学前儿童的兴趣和爱好

能力与知识、技能有着密切的联系,掌握了与能力有关的知识和技能,有助于相应能力的发展。例如,知道学前儿童掌握丰富的词汇和说话时应该注意的要点以及正确的发音技能,可以促进学前儿童口头表达能力的发展。

能力和兴趣有着密切联系,儿童如果对某项活动具有浓厚兴趣,就会积极持久地参加这一活动,逐渐获得相关知识技能,逐步改进活动的方法。这样,能力就会得到发展。兴趣和爱好是促使人们去探索实践,进而发展各种能力的重要条件。当人们迷恋于自己感兴趣的工作时,就会给能力的发展提供巨大的内部力量。

5. 家园合作,共同促进学前儿童能力的发展

培养儿童能力是教师的一项重要任务,同时也是儿童家长的一项重要任务。一个人能力发展的方向、快慢和水平,主要取决于后天的教育条件。家庭环境、生活方式、家庭成员的职业、文化修养、兴趣、爱好以及家长对孩子的教育方法与态度,对儿童能力的形成与发展有极大的影响。所以,若家长和学前儿童教师密切配合、共同培养,儿童的能力将得到更好的发展。

二、气质及其发展特征

学前儿童个体差异最早表现的是气质差异。气质是一个人所特有的心理活动的动力特征,是一个人个性和社会性发展的生物基础,气质与社会性发展之间相互影响,气质还能够影响智力活动的方式。

(一)气质的概念

心理学中的气质概念与日常生活中所说的"脾气""秉性""性情"等词意义近似。现代心理学把气质定义为:气质是个体表现在心理活动的强度、速度、灵活性与指向性等方面的一种稳定的心理特征。气质具有以下三方面的特点:(1)先天性。气质是一出生就有的,在新生儿期就有表现;(2)遗传性。气质与人的神经系统密切联系,因此,和其他心理现象相比,气质和遗传的关系更为密切;(3)稳定性。气质与性格、能力等其他心理特征相比,更具有稳定性。俗话说的"禀性难移"指的就是气质稳定的特点。

(二)学前儿童的气质类型

气质类型是指表现在某一人身上的共同的或相似的心理活动特征的典型结合。由于在气质定义、内容和生理基础等问题上存在着各种不同的理论或流派,对气质的类型划分也各不相同。

1. 典型的四种气质类型

传统的气质类型是古希腊医生希波克拉底(Hippokrates)提出的气质体液说。他认为人体中存在四种体液:黄胆汁、黑胆汁、血液、黏液。根据这四种体液哪个占优势,将人的气质分为四种类型:胆汁质、抑郁质、多血质、黏液质。然而今天的四种气质类型只是沿用希波克拉底给气质的命名,内涵已经不同了。下面所阐述的是四种典型的气质类型的含义及心理表象。

(1)多血质。这种人的行动有很高的反应性,他们会对一切吸引他注意的东西,作出生动的、兴致勃勃的反应;这种人行动敏捷,有高度的可塑性,容易适应新环境,也善于交结新朋友;他们一般属于外倾,情感易发生,姿态活泼,表情生动;言语具有表达力和感染力。他们还具有较高的主动性。在活动中表现出精力充沛、有较强的坚定性和毅力等。但有时候,他们在平凡而持久的工作中,热情易消退,表现出萎靡不振。

(2)胆汁质。这种气质的人,反应速度快,具有较高的反应性和主动性;他们脾气暴躁、不稳重、好挑衅,但态度直率,精力旺盛;他们能以极大的热情埋头工作,并克服前进道路上的障碍,但有时表现出缺乏耐心,当困难太大而需要持续努力时,有时显得意气消沉、心灰意懒;他们的可塑性差,但兴趣较稳定。

(3)黏液质。这种人反应性低,情感不易发生,也不易外露;他们态度持重,交际适度,对自己的行为有较大的自制力,他们的心理反应缓慢,遇事不慌不忙;他们的可塑性差,表现也不灵活;这一方面使他们能有条理地、冷静地、持久地工作,另一方面又使他们容易因循守旧、缺乏创新精神;他们的行为一般表现为内倾,很少对对外界的影响作出明确的反应。

(4)抑郁质。这种人具有较高的感受性和较低的敏捷性,他们的心理反应速率缓慢,动作迟钝,说话慢慢吞吞;他们多愁善感,情绪容易发生,但表现微弱而持久;他们一般属内倾;不善于与人交往;在困难面前常优柔寡断,在危险面前常出现恐惧和畏缩;在受挫折以后,常心神不安,不能迅速转向新的工作;他们的主动性较差,不能把事情坚持到底;但这种人往往富于想象,比较聪明,对力所能及的任务,表现出较大的坚忍精神,能克服一定困难。

可见,四种气质类型的典型特征有明显差别。当然,现实生活中,并不是每个人都能归入某一气质类

型,除了少数人具有四种气质类型的典型特征外,大多数人都属于中间型或混合型。

2. 托马斯和切斯的气质类型

目前对婴幼儿气质的划分中,亚历山大·托马斯(Alexander Thomas)和斯特拉·切斯(Stella Chess)的划分方法是比较有代表性的,他根据婴幼儿是否容易抚养,将婴幼儿的气质分为容易型、困难型、迟缓型。

(1)容易型。许多婴幼儿属于这一类,这类婴幼儿吃、喝、睡、大小便等生理机能活动有规律,节奏明显,容易适应新环境,也容易接受新事物和不熟悉的人。他们情绪一般积极、愉快,对成人的交流行为反应适度。这类婴儿占儿童总数的40%。

(2)困难型。这一类婴幼儿的人数较少,在托马斯、切斯的研究对象中大概占10%。他们的情绪很不稳定,经常大声哭闹、烦躁易怒、爱发脾气、不宜安抚。在饮食、睡眠等生理机能活动方面缺乏规律性,很难快速接受新事物和新环境,需要很长的时间去适应新的安排和活动,成人需要费很大力气才能使他们接受抚爱,很难得到他们的正面反应。

(3)迟缓型。约有15%的婴幼儿属于这一类型。他们的活动水平很低,行为反应强度很弱。情绪总是消极而不愉快,但也不像困难型儿童那样总是大哭大闹难以安抚,而是常常安静地退缩、畏缩、情绪低落,逃避新刺激、新事物。对外界环境与事物的变化适应缓慢,在没有压力的情况下,他们会对新刺激慢慢地产生兴趣,在新情境中能逐渐活跃起来,这类儿童随着年龄的增长以及成人抚爱和教育情况不同而朝不同的方向发展。

以上三种类型只涵盖了65%的研究被试,另外35%的儿童不能简单地划归为上述任何一种气质类型中去,他们往往具有上述两种或三种气质类型混合的特点。

3. 巴斯的活动特性说

巴斯和普罗敏(Buss & Plomin)根据儿童在各种类型活动中的不同倾向性,将儿童划分为情绪性、活动性、社交性和冲动性四种气质类型,并且各类型具有不同的行为特征。

(1)情绪性儿童。这类儿童常通过行为或心理、生理变化而表现出悲伤、恐惧或愤怒的反应。与其他儿童相比,他们可能会对更细微的厌恶性刺激作出反应并且不易被安抚下来。

(2)活动性儿童。这类儿童一天中总是忙忙碌碌的,对外在世界充满好奇,并想去探个究竟,喜欢并经常从事一些运动性游戏。其中,有一些活动性儿童会显得很霸道,经常与人争吵;而另一些儿童则常从事一些有益而富有刺激性、启发性但不带攻击性的活动。活动性儿童经常会与他人产生冲突,因而成人有时会对他们采取限制、干预或强制性行为。

(3)社交性儿童。这类儿童常愿意与不同的人接触,不愿独处。在社会交往中反应积极,在追求家庭成员或不相关人员的接纳上都同样积极。但是他们这种强烈的社交要求常会受到挫折或伤害,有时甚至被作为神经过敏而遭拒绝。

(4)冲动性儿童。突出表现在各种场合或活动中极易冲动,情绪、行为缺乏控制,行为反应的产生、转换和消失都很快。这类儿童的活动、情绪不稳定,多变化,冲动性强。

(三)学前儿童的气质对其心理和行为的意义

1. 学前儿童气质是其个性形成和发展的基础

学前儿童气质对其能力、性格的发展都有一定影响。气质不能影响他们的智力发展水平,但影响智力活动的方式。气质对性格的影响包括两个方面:一方面是在性格的表现上带有各自的气质特点;另一方面是某种气质可以促进某些性格特征的发展。

2. 学前儿童气质会通过影响父母的教养方式,从而影响其心理和行为的发展

学前儿童的气质类型对父母亲的教养方式有较大影响,所谓"好哭的孩子有奶吃",母亲以不同的行为方式对待不同类型的孩子。如果孩子的适应性强、乐观开朗、注意持久,则母亲的民主性表现突出,这最有利于孩子心理发展。而诸如较高的反应强度(如平时大哭大闹)、高活动水平(如爱动、淘气)、适应性差及注意力不集中等消极的气质因素会诱导母亲不良的教养方式。可见,幼儿自身的气质类型,通过父母亲教养方式而间接影响自身的发展。因此,父母和教师要避免幼儿气质中的消极因素对自己教养方式的影响。

3. 不同的气质特点是孩子接受有针对性地教育的基础

了解了孩子的气质特点,可以采取有针对性的教育措施。如对胆汁质的孩子,要培养勇于进取、豪放的品质;对多血质的孩子,要培养热情开朗的习惯及稳定的兴趣,防止粗枝大叶,虎头蛇尾;对黏液质的孩子,要培养其灵活性,避免死板;对于抑郁质的孩子,要培养机智敏锐和自信,防止疑虑和孤独。

真　题

1. 选择题

(1) 培养机智、敏锐和自信心,防止疑虑、孤独,这些教育措施主要是针对(　　)。

A. 胆汁质的儿童　　　B. 多血质的儿童　　　C. 黏液质的儿童　　　D. 抑郁质的儿童

(2) 有的幼儿遇事反应快,容易冲动,很难约束自己的行动,这个幼儿的气质类型比较倾向于是(　　)。

A. 多血质　　　　　B. 黏液质　　　　　C. 胆汁质　　　　　D. 抑郁质

2. 材料题

材料:小虎精力旺盛爱打抱不平,做事急躁马虎爱指挥人,稍有不如意就大发脾气动手打人,事后也后悔但难克制。

问题:你认为小虎的气质属于什么类型? 为什么? 如果你是小虎的老师,你准备如何根据气质类型的特征对其实施教育与引导。

三、性格及其发展特征

性格是个性中最重要的心理特征。它表现在对客观现实的稳固态度和惯常的行为方式中。学前期是儿童性格形成和稳定时期,了解儿童的性格特点,采取适当的方式对学前儿童的性格加以塑造,将会使儿童受益无穷。

(一) 性格的概念

性格是个性中最重要的心理特征。它表现在人对现实的态度和惯常的行为方式中的比较稳定的心理特征。有的人把性格归纳为两个方面,即"做什么"和"怎样做"。前者表明一个人追求什么,拒绝什么,反映人对现实的态度;后者表明一个人如何去追求他所要得到的东西,如何去拒绝他所唾弃的东西,反映人的行为方式。性格和气质有密切联系,二者相互渗透、相互制约。不同气质类型可以形成相同的性格特征,相同气质类型也可以形成不同的性格特征。

(二) 性格的类型

1. 按照个体心理机能分,可以把性格分为理智型、情感型和意志型

这是英国心理学家培因(A. Bain)和法国心理学家李波(T. Ribot)提出的分类观点。他们认为,依据智力、情绪和意志这三种心理机能在具体人身上何者占优势,可将性格划分为理智型、情绪型和意志型。理智型的人常以理智衡量一切,并支配自己的行为,做事能三思而后行,很少受情绪影响;情绪型的人不善于思考,行为易受情绪左右,常感情用事;意志型的人行动目标明确,富有主动性和自制力,行为不易受外界因素干扰。在现实生活中,只有少数人是这三种典型类型的代表,大多数人都属于中间类型。

2. 按照心理活动的倾向性分,可以把性格分为内倾型和外倾型

这是一种最有影响力的观点,起初是由瑞士心理学家荣格(Carl G. Jung)提出来的。外倾型的人活泼开朗,情感外露,热情大方,不拘小节,善于交际,独立性强,领导能力强,易适应环境的变化,不介意别人的评价,有时易轻率、散漫、感情用事;内倾型的人深沉稳重,办事谨慎,三思而后行,不善于交往,反应迟缓,较难适应环境的变化,很注重别人的评价,有时显得拘谨、冷漠和孤僻。现实生活中,大多数人属于中间类型。

3. 按照个体独立性程度分,可以把性格分为独立型和顺从型

这种观点源自美国心理学家赫尔曼·威特金(Herman Witkin)的场理论。独立型的人具有坚定的个人信念,善于独立思考,自信心强,不易受暗示和干扰,喜欢将自己的意见强加于人。顺从型的人遇事缺乏主见,易受暗示和干扰,不加分析地执行一切指示,屈服于他人的权势,不能适应紧急情况。

(三) 学前儿童性格发展的特点

随着年龄的增长,学前儿童不断地受周围环境的影响和教育的熏陶,加上亲身的实践活动,使得性格不断地发展。学前儿童性格发展的特点主要表现在以下几方面。

1. 活泼好动

活泼好动是儿童的天性,也是儿童性格的最明显特征之一。即使那些很内向,比较羞怯的儿童,在家里或和小伙伴们一起玩时,也会自然而然地表现出活泼好动的天性。

2. 喜欢交往

幼儿期的儿童在行为方面最明显的特征之一是喜欢和同龄或年龄相近的小伙伴们交往。不管在什么地方,大多数孩子都会很快、自然而然地融入大家,不需要他人刻意地去做介绍,并一起做游戏。研究发

现,那些被拒绝、被忽视的儿童,虽然他们表面上很少和伙伴们交往,但他们会因为没有小伙伴一起玩耍而倍感孤独。换言之,对于所有儿童来说,他们都希望有小伙伴一起做游戏,并被别人接纳。

3．好奇好问

学前儿童有着强烈的好奇心和求知欲,主要表现在探索行为和好奇好问两方面。好奇,表现在儿童对客观事物,特别是未见过的、新鲜的事物非常感兴趣,什么都想看看、摸摸。好问,是学前儿童好奇心的一种突出表现。学前儿童天真幼稚,对于提问毫无顾忌。他们经常要问"是什么""怎么样"和"为什么"的问题。

4．模仿性强

模仿性强是学前儿童的典型特点,对于小班幼儿来说尤为如此。成人或同伴都可能是幼儿模仿的对象。对成人的模仿主要是对教师或父母行为的模仿,这些人是幼儿心目中的"偶像",幼儿希望通过对成人的模仿而尽快长大,从而能够进入成人世界。幼儿之间的模仿更多。模仿的内容多是社会性行为,还有一部分是学习知识方面的模仿。

5．好冲动

学前儿童性格在情绪方面的突出表现就是情绪不稳定,好冲动。与小学生相比,学前儿童的性格发展中具有明显地表现出外露性、冲动性。他们不会掩饰自己的表情、心中的喜怒哀乐,对于高兴和气愤的事都会叫起来。

（四）学前儿童性格的塑造

学前儿童的性格还未定型,学前期正是富于可塑性的时期,因而要特别重视学前儿童的性格教育。

1．注意培养学前儿童对生活的积极态度

性格是对现实的稳定的态度中表现出来的特征,在日常生活中要注意培养幼儿乐观、向上、开朗、热情等积极的生活态度,以及对大自然的热爱、对动植物的热爱、对生活的热爱。这些积极的态度慢慢会成为人格的一部分,成为人格中积极向上的品质。

还要培养他们从小爱探索、爱动脑、自己动手等习惯,逐步形成良好的性格。

2．引导儿童参加集体生活和集体游戏活动

集体生活是塑造性格的重要条件,对于学前儿童性格的发展具有积极意义。集体的意见和要求,制约着学前期儿童对待周围事物的态度和行为方式。同时,集体生活也能遏止或纠正儿童已经形成的畏怯、自负或自私等不良的性格特征,使性格趋于完善。在集体游戏中,学前儿童慢慢学会合作、分享、竞争等精神,这有利于其性格的成熟。

3．给学前儿童树立良好的榜样

教师和父母要重视榜样在学前儿童性格塑造中的作用。学前儿童好模仿,容易模仿别人的态度和行为方式。现实生活中的家长和教师本身就是学前儿童模仿的榜样。电视、电影及故事中所呈现的人物的高尚品德和英勇行为也是学前儿童性格塑造的榜样。表现良好的同伴也是儿童的榜样。因此教师和父母要机智地给他们提供榜样,并指导和鼓励他们向榜样学习。

4．注重良好行为习惯的培养

性格表现为一种习惯化的行为方式。因此良好行为习惯的培养不仅是品德塑造所强调的,也是性格塑造所重视的。家长和教师要重视培养儿童独立自主、乐于助人、勤快等行为习惯。在日常生活中,当幼儿表现出良好的行为时就给予强化,表现出不良的行为时就给予纠正,让儿童明白什么是好的行为,什么是不好的行为,慢慢地儿童就会形成良好的行为习惯。这种行为习惯会成为儿童人格的一部分,对儿童以后的学习、生活、交往等都产生重要影响。

第五节　学前儿童社会性的发展

班里的那些事

王强是某幼儿园大班的孩子,在该幼儿园里,他是出了名的"身强体壮"的顽皮鬼,和其他小朋友矛盾

不断,今天上午又挨了老师一顿狠批。事情是这样的:前几天,王强所在的班刚转来了一个小朋友李明,李明个子也比较高,如此,王强和李明成为该班仅有的两个"高个子"。王强主动找李明一块玩,可李明不太喜欢动,尤其不爱和王强这样风风火火的孩子玩。今天上午刚到班里,王强又找李明教他"玩魔术",李明不同意,这样就动起手来⋯⋯在老师眼中,王强总是这样:总是主动和小朋友接触,可好景不长,一来二去,也就没人愿和他玩了。然而,他自己仍别出心裁地玩得有滋有味。

王强在同伴交往方面属问题儿童,具有攻击性。那什么是攻击性?其又有哪些特点?攻击性属于儿童社会性发展的部分,儿童的社会性发展除了攻击性之外还有其他哪些方面呢?教师必须得了解以上的相关问题,对儿童的问题行为对症下药,才会取得良好的效果。本节主要讲述关于婴幼儿社会性发展方面的内容,请认真阅读。

社会性发展是学前儿童心理发展的重要组成部分,它与体格发展、认知发展共同构成儿童发展的三大方面,对儿童的心理健康、学习、智力发展等具有重要影响。现代社会所需要的人才,不仅应当具有智慧、健康的身体、丰富的社会经验,更应当具有良好的人格、个性品质和社会适应能力。

一、社会性发展的概念

社会性是社会成员为适应社会生活所表现出的心理和行为特征,也就是人们为了适应社会生活所形成的符合社会传统习俗的行为方式。人的社会性不是一成不变的,随着他们交往范围的逐渐扩大,交往能力和认识水平的不断发展,社会性也在不断变化,越来越适应周围的环境,越来越能够满足新的交往需要,这一过程就是社会性发展的过程。

学前儿童的社会性发展就是他们在一定的社会条件下逐渐独立地掌握社会规范、正确处理人际关系、妥善自制,从而适应社会生活的心理发展过程。社会性发展也就是儿童社会性水平不断提升的过程。学前儿童从入园时的哭哭啼啼,到后来与同伴和老师的正常交往,再到拥有自己的朋友、形成父母以外的交往圈,这就是社会性的发展。

二、社会性发展的主要内容

学前儿童社会性发展主要包括社会认知能力、人际关系、性别角色、亲社会行为和攻击性行为等方面的发展。

(一)社会认知能力的发展

社会认知是社会心理学、发展心理学和认知心理学共同研究的课题。发展心理学家关于社会认知的研究主要包括三个方面:对个体的认知、对人与人关系的认知和对群体与社会系统的认知。关于社会认知的概念,这里采用心理学家尚茨(Shantz)对社会认知的界定:社会认知是指对关于人、自我、人际关系、社会群体、角色和规则的认知,以及这些认知与社会行为的关系的认识和推论[1]。

社会认知能力的发展是儿童社会性发展与智力发展的交集。社会认知能力发展既是儿童社会性发展的重要表现,也是广义的智力发展的重要组成部分。目前关于儿童社会认知能力发展的研究,主要表现在儿童心理理论的发展和儿童观点采择能力的发展两大方面。

(二)人际关系的发展

人际关系既是学前儿童社会性发展的重要内容,又是影响学前儿童社会性发展的重要影响因素。学前儿童的人际关系主要包括三个方面:亲子关系、同伴关系和师幼关系。亲子关系是指父母与子女的关系,也可包含隔代亲人的关系,主要包括父母与子女的情感联系。同伴关系是指儿童与其他孩子之间的关系,是年龄相同或相近的儿童之间的一种共同活动并相互协作的关系,具有平等、互惠的特点。师幼关系是指进入幼儿园的儿童与幼儿园保教人员之间的关系,是与父母之外的成人建立的密切关系,是一种教养关系。

(三)性别角色的发展

性别角色是由于人们的性别不同而产生的符合于一定社会期望的品质特征,包括对两性所持的不同态度、人格特征和社会行为模式。性别角色是作为一个有特定性别的人在社会中的适当行为的总和,是社会性的主要方面。性别角色的发展是人们依据自己的性别特征获得特定文化中性别角色特征的过程,它

---

① 钱文.3~6岁儿童社会认知及其发展[J].幼儿教育,2015(Z4):4—6.

构成了人的社会化过程的一个十分重要并延续终身的内容。

（四）亲社会行为的发展

亲社会行为是指个体帮助或打算帮助他人的行为及倾向，包括同情、分享、合作、谦让、援助等。一般来说，亲社会行为与侵犯行为相对应，它的最大的特征是使他人或群体受益。亲社会行为对人类文明与社会进步具有至关重要的意义。亲社会行为的发展状况是个体社会性发展过程成败的最重要的一个指标。儿童亲社会行为的发展与他们的道德发展有着密不可分的关系，是学前儿童道德发展的核心问题。

（五）攻击性行为的发展

攻击性行为也称侵犯行为，就是任何形式的以伤害他人为目的的活动，如打人、咬人、故意损坏东西等。攻击性行为是一种不受欢迎却经常发生的行为，是一种不为社会提倡和鼓励的行为。攻击性行为发展状况会影响一个人的人格和品德的发展，故可以看成是一个人社会性发展的一个重要指标。

三、学前儿童社会认知能力的发展

（一）学前儿童心理理论的发展

心理理论是指个体对自己或他人的心理状态（如意图、愿望、信念等）的认知和理解，并以此对他人的心理状态和行为进行解释和推理的能力。心理理论有两个成分：一是社会知觉系统，是指从他人的面部表情、声音和行为中迅速判断其意图、愿望、情绪等心理活动的能力，这是一种快速的、内隐的加工能力；二是认知加工系统，是指在头脑中对他人的意图、愿望、信念、情绪等心理状态进行表征、推理、解释的能力，这是一种外显的加工能力。

学前儿童的心理理论是随年龄增长而不断发展的。心理理论研究的主要代表人物 H. 威尔曼（H. Wellman），他将学前儿童心理理论的发展分为三个阶段：2 岁左右是愿望心理学（desire psychology）阶段，在这一阶段，儿童是依据愿望来解释行为的；3 岁左右是愿望—信念心理学（desire-believe psychology）阶段，在这一阶段，儿童仍用愿望来解释行为，但是已经开始讨论信念问题；4 岁左右是信念—愿望心理学（believe-desire psychology）阶段，在这一阶段，儿童已经认识到信念和想法对行为的影响。

对心理理论研究采用的主要范式是错误信念任务（false-believe task）范式，包括意外地点任务（unexpected location task）和意外内容任务（unexpected content task）范式两种。意外地点任务是让儿童（3～6 岁）看一段视频："某小孩把他的巧克力放入厨房的壁橱里，然后离开房间出去玩了。在他离开后，他妈妈把巧克力从壁橱里取出来放进抽屉里。过了一会儿，该小孩回来了，他想吃巧克力……"然后问看视频的儿童，该小孩会到哪里去取他的巧克力？是抽屉里还是壁橱里？研究者通过儿童的回答来判断儿童的心理理论发展情况。意外内容任务是设置这样一种情境："主试向被试（儿童）展示一个糖果盒，然后问儿童'盒子里装的是什么'，在被试回答是'糖果'后，主试把盒子打开给儿童看，原来里面装的是铅笔，然后把铅笔放回盒子里……"像前面一个实验一样问儿童问题：其他小朋友在打开盒子之前，会认为盒子里装的是什么？糖果还是铅笔？研究表明，3 岁儿童不具有错误信念，他们认为小孩知道巧克力放在抽屉里，或知道糖果盒里放到是铅笔；而 4 岁儿童能够区分表明与真实、信念与现实，即具有错误信念。这表明，3 岁儿童还没有"心理理论"，4 岁儿童才开始具有"心理理论"。

（二）学前儿童观点采择能力的发展

我想偷吃巧克力

3 岁的咪咪想吃一块巧克力，于是她对妈妈说："妈妈，你到外面去一下。"妈妈问咪咪为什么要叫我出去，咪咪回答妈妈说："我想偷吃巧克力。"

很显然，咪咪并不知道她把自己的想法告诉妈妈与妈妈亲自看见她偷吃巧克力的后果是一样的，这说明咪咪还没有把自己的观点与妈妈的观点区分开来，即不具有观点采择能力。

观点采择能力是一种重要的社会认知能力，是指个体站在他人的角度看待问题和处理问题的能力。简单地说，观点采择能力是指从他人的眼光看世界，或站在他人的角度看问题的能力。观点采择能力要求个体能够抑制自己的想法，从他人的角度思考问题，对他人的观点、情感和动机进行理解。在皮亚杰的"三山实验"中，具有自我中心的儿童认为自己看到的"三座山"就是别人看到的"三座山"，他不能够区分自己观点与他人观点的不同，即自我中心的儿童不具有观点采择能力。

观点采择能力研究的代表人物 R. 塞尔曼(R. Selman)将学前儿童的观点采择能力发展分为四个阶段:第一阶段在幼年早期,儿童能够觉知到他人,但是还不能区分自我与他人的思想,不能理解自我与他人观点的差异,2 岁儿童根本不能回答观点采择问题;第二阶段在 4 岁左右,儿童能够觉知到自我与他人的区别,但是意识不到自我与他人的共性和不同,约有 60% 的儿童能够正确回答观点采择问题;第三阶段在 5 岁左右,儿童能够站在他人的位置考虑问题,同时也知道自己与他人具有共性,约有 80% 的儿童能够正确回答观点采择问题;第四阶段在 6 岁左右,儿童知道他人有建立在其推理基础上的观点,知道自己与他人有共性也有差异性,大部分 6 岁儿童都能够完全通过观点采择任务[①]。前三个阶段,儿童的观点采择都或多或少带有自我中心的思维特征;而在第四个阶段,儿童的观点采择则具有去自我中心的思维特征。

四、学前儿童人际关系的发展

(一) 亲子关系的发展

亲子关系是一种血缘关系,指父母与子女的关系,也可以包含隔代亲人的关系。亲子关系有狭义和广义之分,狭义的亲子关系是指儿童早期与父母的情感联系;而广义的亲子关系是指父母与子女的相互作用方式。

儿童与父母的交往对其各方面心理发展均有着重要影响,这些影响都是通过父母的示范,行为强化和直接教导等途径实现。儿童社会化形成和发展的首要途径是父母示范,儿童大多数行为的习得都是通过对父母行为的模仿完成的。社会学习理论家班杜拉的一系列研究给这一观点提供了充分的证据。班杜拉用"观察学习"来解释模仿过程,认为在社会情境中,儿童直接观察别人的行为就能获得并仿造出一连串新的行为,并且观察到他人行为产生的后果,也就受到了一种"替代强化"。行为强化是指父母在与幼儿的交往过程中,通过对其行为的不同反应采取不同的行为方式和态度习惯来巩固或改变儿童的行为。斯金纳认为,无论是人还是动物,都会为了达到某种目的而采取某种行为,当行为的结果对他有利时,儿童就会重复这种行为;当行为的结果不利时,儿童就会渐渐地不再出现这种行为。在亲子交往中,父母经常对儿童进行行为强化来控制儿童的行为表现,促使其完成社会化发展。直接教导是以一种或多种方式,对目标进行某些知识或经验的教育和导向其能正确地理解或应用所传授知识或经验的一种行为。在亲子关系中,通常父母对孩子掌握着权利和限制,儿童的合作就意味着其对父母权威的顺从和尊重。父母直接向孩子传授行为规范以改变儿童的态度,促进儿童社会化进步。

学前儿童的亲子关系是其人际关系中最主要的方面,是居于主导作用的方面,它具有独有的特点:(1) 母子关系比父子关系对早期儿童依恋发展更具有影响力。自古以来,中国就有"男主外、女主内"的历史定势,教养子女是女性的天职。目前在孩子依恋发展中有更重要的作用。其次,由于母亲和父亲个性心理特征的不同,使他们在语言、情感、性格特征等方面存在很大的差异。而传统的观点认为,跟父亲相比,母亲的性格特征对于早期儿童形成良好的依恋更加有利。(2) 父子关系的交往有助于儿童安全依恋的形成和社会性的发展。父亲与学前儿童之间通常玩肢体运动游戏,使孩子受到强烈的活动刺激,从而促进其身体的发育。在社会性发展方面,年幼的儿童通常对父亲的行为和性格特点进行有意、无意的观察,学习和模仿。故父亲的行为和教养方式会影响孩子性别角色的正常发展。在智力方面,父爱是孩子智力发展的特殊催化剂。由于父亲与孩子的交往具有开放性,常与父亲交往的孩子可以从父亲那里获取更多的知识、经验、想象力和创造意识,有利于激发孩子的求知欲、好奇心、自信心与多方面的兴趣爱好。同时,在孩子空闲时,父亲充当了他的游戏伙伴、心里烦闷的调节者,这也有利于儿童个性的发展。

影响学前儿童亲子交往的因素有很多,这里主要探讨父母与学前儿童自身的因素的影响。(1) 父母的因素。首先父母的性格、爱好、教育观念及对儿童发展的期望对儿童教养行为有直接影响。比如,性格急躁,脾气不怎么好的人容易成为专断型的父母,而望子成龙、望女成凤的父母常会采用高控制的教养方式,成为权威型的父母。相反,脾气温和、性格平稳的父母会尊重孩子的想法与观念比,而对子女期望过低的父母,则可能放任孩子,表现出过分宽容的态度。其次,父母的受教育水平、社会经济地位、宗教信仰以及父母之间的关系状况等都会影响亲子交往。国外一些研究表明,母亲是否参加工作以及从事什么类型、性质的工作,影响其与子女之间的关系。有工作的母亲,尤其是从事知识性、层次较高工作的母亲,在孩子交往中多采用引导、说理和鼓励的抚养方式,亲子间关系比较融洽,儿童发展也比较顺利。相反,若母亲没有

① 张丽锦,吴南,王玲,梁熠. 幼儿心理学[M]. 杭州:浙江教育出版社,2015:220.

工作,家庭经济比较紧张,或者母亲从事层次较低的体力工作,则母亲与儿童交往中容易缺乏耐心,多采用简单化的训斥、拒绝的教养态度,影响亲子关系和儿童发展。(2) 儿童自身的发育水平和发展特点。每个孩子从新生儿期起就开始表现出其独特的个性,有的安静,有的活跃;有的强壮,有的弱小等。这些气质、体质上的差异往往引起父母不同的教养方式。儿童经常性的行为表现,不仅决定着其父母采取何种教养方式,而且可能使父母产生对儿童的某些"成见",从而影响父母对子女将来发展的期望以及教育方法的运用。

(二)同伴关系的发展

同伴关系是指年龄相同或相近的儿童之间的一种共同活动并相互协作的关系,或者主要是指同龄人间或心理发展水平相当的个体间在交往过程中建立和发展起来的一种人际关系。儿童在与同伴的交往中可以形成两种关系,分别称之为同伴群体关系和友谊关系。前者表明儿童在群体中彼此喜欢或接纳的程度;后者是指儿童与朋友之间的相互的、一对一的关系。学前儿童尚不能形成稳定的、相互的、一对一的友谊关系,因此在此谈的同伴关系主要是指前者。

学前儿童同伴交往的发展具有自身的特点。因为儿童与同伴之间的绝大多数社会性交往是在游戏情境中发生的,以下主要以游戏中的同伴关系为例。3岁左右,儿童游戏中的交往主要是非社会性的,儿童以独自游戏或平行游戏为主,彼此之间没有联系,各玩各的。4岁左右,联系性游戏逐渐增多,并逐渐成为主要游戏形式。但这种联系是偶然的、没有组织的,彼此间的交往也不密切,这是学前期儿童游戏中发展的初级阶段。5岁以后,合作性游戏开始发展,同伴交往的主动性和协调性逐渐发展。学前儿童游戏中社会性交往水平最高的就是合作性游戏。学前期同伴交往主要是与同性别的儿童交往,而且随着年龄的增长,越来越明显。女孩更明显地表现出交往的选择性,其偏好更加固定。女孩游戏中的交往水平高于男孩,表现在女孩的合作游戏明显多于男孩。男孩对同伴的消极反应明显多于女孩。

学前儿童的同伴交往有多种类型,根据儿童被同伴接纳的程度,可以把学前儿童的同伴交往分为四种类型。(1) 受欢迎型。受欢迎型儿童喜欢与人交往,在交往中积极主动,且常常表现出友好、积极的交往行为,因而受到大多数同伴的接纳、喜爱,在同伴中享有较高的地位,具有较强的影响力。(2) 被拒绝型。这类儿童与受欢迎型儿童一样,喜欢交往,在交往中活跃、主动,但常常采取不友好的交往方式。例如,强行加入其他小朋友的活动等。这类儿童攻击性行为较多,友好行为较少,因而常常被多数儿童所排斥、拒绝,在同伴中地位较低,关系紧张。(3) 被忽视型。与前两类儿童不同的是,这类儿童不喜欢交往,他们常常独处或一人活动,在交往中表现得退缩或畏缩,他们既很少对同伴做出友好、合作的行为,也很少表现出不友好、侵犯性的行为。因此既没有很多同伴主动喜欢他们,也没有很多同伴主动排斥他们,他们在同伴心目中似乎是不存在的,被大多数同伴所忽视或冷落。(4) 一般型。这类儿童在同伴交往中行为表现一般,既不是特别主动或友好,也不是特别不主动或不友好;同伴有的喜欢他们,有的不喜欢他们,在同伴心目中的地位一般。从发展的角度看,在4~6岁范围内,随着儿童年龄增长,受欢迎儿童人数呈增多趋势,而被拒绝儿童、被忽视儿童人数呈减少趋势。在性别维度上,在受欢迎儿童中,女孩明显多于男孩;在被拒绝儿童中,男孩显著多于女孩;而在被忽视儿童中,女孩多于男孩。

影响学前儿童同伴交往的因素有很多,主要有儿童自身的因素和外在因素两大方面。(1) 学前儿童自身的因素。学前儿童的行为特征影响同伴交往。研究发现,影响儿童同伴交往的主要性格的特点有:是否友好、帮助、分享、合作、谦让、性子急慢、脾气大小、活泼程度、爱说话程度、胆子大小等。例如,受欢迎的男孩亲社会行为较多,而攻击性行为较少;被排斥的男孩是攻击性比较强、过度活跃等。学前儿童的外表也会影响同伴交往。在婴儿时期,儿童就开始显示出对身体外部特征的偏好。对于年幼儿童来说,外表是影响同伴交往的一个明显因素。幼儿园的孩子更喜欢和那些长得漂亮、穿得漂亮、干净整齐的孩子一起玩。还有研究发现,漂亮在对于女孩的同伴接纳中比对于男孩占有更重要的地位。(2) 外在因素。外在因素包括教师方面因素和家庭因素。学前儿童在教师心目中的地位如何,会间接影响到同伴对他的评价,在同伴中的评价标准出现之前,教师是影响儿童最强有力的人物。此外,家庭教养方式、排行、性别、年龄等也会影响同伴关系。

(三)师幼关系的发展

师幼关系是教师和幼儿在教育教学和交往过程中形成的比较稳定的人际关系,其特殊之处在于它蕴涵着教育的因素,是一种特殊的"教育关系"。然而,从根本上来说,师幼关系仍是一种具有情感色彩的人际关系。

师幼关系不但影响教育教学活动的进程与效果,对幼儿的学习和幼儿园适应造成影响,而且会通过教师与幼儿之间的情感交流和行为交往对幼儿自我意识、情绪情感等身心各方面的发展产生重大影响。

（1）师幼关系对幼儿的学习和幼儿园适应发挥着重要作用。和谐的师幼关系是高质量教学的基础和前提条件。它能够为幼儿提供有助于学习的情感氛围，使幼儿心情愉快，学习的积极性提高。研究也表明，那些感受到教师支持和温暖的幼儿更可能具有强烈的学习动机，对自己的能力更自信。和谐的师幼关系给幼儿提供的是支持、帮助和安全感，有助于他们更好地适应幼儿园。（2）师幼关系对幼儿社会性各方面的发展具有不可低估的作用。教师是幼儿社会知识的传授者和社会行为的指导者。在和谐的师幼关系中，通过师幼间的积极交往，幼儿能够拓展社会认知，学习一定的社会行为规范和价值标准，学会分享、合作、同情、谦让等亲社会行为，并发展积极的社会性情感。

鉴于师幼关系对幼儿心理发展的重要性，因此要建立良好的师幼关系，而建立良好师幼关系的重点是教师。教师要树立正确的教育观念，尊重儿童的权利，不歧视儿童，不伤害儿童的自尊心；教师要与幼儿平等地交流，了解他们的想法和需要，真切地关爱他们，满足他们的需要；教师要参与到儿童的游戏和活动中去，与他们一起活动、游戏，体验儿童的感受，这样才能知道如何与幼儿交往。只要教师真诚关爱儿童、了解和满足他们的需要，就能与他们建立亲密和谐的关系。

五、学前儿童性别角色的发展

性别是学前儿童最早掌握并用于对他人进行分类的社会范畴之一。儿童要成为合格的社会成员，首先必须明确自己的性别角色。性别角色是社会对男性和女性在行为方式和态度上期望的总和。

（一）学前儿童性别角色发展的阶段
学前期儿童性别角色的发展一般要经历三个发展阶段[①]

1. 第一阶段（2～3 岁）：知道自己的性别，初步掌握性别角色知识

儿童的性别概念包括对自己性别的认识和对他人性别的认识。儿童对他人的性别认识是从 2 岁开始的，但这时还不能准确地说出自己是男孩还是女孩。大约到 2 岁半至 3 岁左右，绝大多数孩子能准确说出自己的性别。同时，这个年龄的孩子已经有了一些关于性别角色的初步知识，例如，女孩要玩娃娃，男孩要玩汽车等。

2. 第二阶段（3～4 岁）：自我中心地认识性别角色

这个阶段的儿童已经能明确分辨出自己的性别，并且对性别角色的知识逐渐增多，如男孩和女孩在穿衣服和游戏、玩具方面的不同等。但这个时期的孩子能接受各种与性别习惯不符的行为偏差，如认为男孩穿裙子也很好。

3. 第三阶段（5～7 岁）：刻板地认识性别角色

这个阶段的儿童不仅对男孩和女孩在行为方面的区别认识越来越清楚，同时开始认识到一些与性别有关的心理因素，如女孩应该温柔等。但对性别角色的认识也表现出刻板性，他们认为违反性别角色习惯是错误的，如一个女孩子经常和男孩子混在一起，像个假小子，会遭到同性别孩子的反对等。

（二）影响学前儿童性别角色获得的因素
影响学前儿童性别角色获得的因素有生物因素和社会因素。生物因素主要是指受性激素和大脑功能分化的影响；社会因素包括父母、幼儿教师及社会舆论等因素。

1. 生物因素

生物因素是性别角色获得与发展的基础。雄性激素和雌性激素虽然同时存在于男女两性的体内，但是二者在男女两性的体内分布则是不均等的。性激素对于性行为和攻击行为会产生影响。研究发现，在胎儿期雄性激素过多的女孩，在抚养过程中虽然按女孩来养，但仍然具有典型的"假小子"的特征，她们喜欢消耗较多精力的体育活动，这种女孩在学前期也不喜欢玩娃娃。

2. 社会因素

在承认生物因素对学前儿童性别行为的影响的同时，人们普遍认为，社会因素，特别是家庭因素对儿童的性别角色及相应的性别行为的形成起着更重要的作用。在家庭因素中，父母的行为对学前儿童性别角色和行为起着引导、被模仿和强化的作用。这是因为父母是孩子性别行为的引导者，也是孩子性别行为的模仿对象。在孩子还不知道自己的性别及应该具有什么样的行为之前，父母就已经开始对孩子性别行为进行引导了。例如现在还有很多家庭都还抱有生男孩的期望，等孩子出生后，父母又从孩子的名字、衣着、玩具等方面进一步区分了男女角色。在日常生活中，当孩子表现出正确的性别角色时家长就给予强

---

① 陈帼眉.学前心理学[M].北京：北京师范大学出版社，2000：368.

化,而当孩子表现出不正确的性别角色时,就及时纠正。所以说父母的强化对孩子的性别角色塑造产生重要影响。在幼儿园,教师也同时扮演着家长的角色,给予幼儿正确的角色引导,当幼儿表现出不当的角色行为时,就立即指出来:"(对小男孩)你怎么像个小女孩?"或"(对小女孩)你怎么像个小男孩?",并且在幼儿园里可以通过组织角色扮演游戏的方式进行有意识的性别角色引导。此外,家长还要注意通过儿童看动画片、打游戏等形式引导他们对性别角色的认同和接纳。

真 题 幼儿如果能够认识到他们的性别不会随着年龄的增长而发生改变,说明他已经具有(　　)。

A. 性别倾向性　　　　B. 性别差异性　　　　C. 性别独特性　　　　D. 性别恒常性

六、学前儿童社会性行为的发展

社会性行为是指人们在交往活动中对他人或某一事件表现出的态度、语言和行为反应。它在交往中产生,并指向交往中的另一方。根据其动机和目的的不同,可以分为亲社会行为和反社会行为两大类。亲社会行为又称积极的社会行为,指一个人帮助或打算帮助他人,做有益于他人的事的行为和倾向,儿童的亲社会行为主要有:同情、关心、分享、合作、谦让、帮助、抚慰等。反社会行为也称消极的社会行为,是指可能对他人或群体造成损害的行为和倾向。其中最具代表性、在学前儿童中最突出的是攻击性行为。

(一)学前儿童亲社会行为的发展

儿童在很小的时候就能够通过多种方式表现出亲社会行为。1岁之前的儿童当看到别人处于困境,如摔倒、哭泣时,他们会加以关注,并出现皱眉、伤心的表情。1岁左右的儿童还会做出积极的抚慰动作,如轻拍或抚摸等。2岁的儿童越来越明显地表现出同情、分享和助人等利他行为。尽管这个年龄的孩子很难弄清别人遭受困境的原因,但是他们却明显地表现出对处于困境的人的关注。2岁以后,随着生活范围和交往经验的增多,儿童的亲社会行为进一步发展,他们渐渐能够根据一些不太明显的细微变化来识别他人的情绪体验,推断他人的处境,并作出相应的抚慰或帮助行为。近年来,一些研究表明,儿童的亲社会行为并非一定随着儿童年龄的增长而增多,有时可能出现减少的情况。儿童亲社会行为的发展需要教育的参与,儿童不可能离开教育而自发地形成亲社会行为。

1. 学前儿童亲社会行为的发展特点

学前儿童亲社会行为是在成人的引领下不断发展的,表现出以下特点。

(1) 2岁左右的婴儿就已经表现出亲社会行为的萌芽。对于15～18个月的婴儿就有分享、助人、合作等亲社会行为的表现,虽然有的是模仿性的,但也有的是自己主动的。

(2) 合作、分享等亲社会行为发展迅速。学前儿童亲社会行为发生频率最高的是合作行为。有研究表明,在学前期,儿童的亲社会行为中,合作行为的发生频率最高,占一半以上,并且可以从儿童同伴交往的发展中看出。分享行为也是学前儿童亲社会行为发展的主要方面。分享行为随物品的特点、数量、分享的对象的不同而变化。目前国内有研究发现,儿童分享行为的发展具有如下特点:第一,儿童的"均分"观念占主导地位。其中,4～5岁时分享观念增强,表现为从不会均分到会均分。5～6岁时分享水平提高,表现为慷慨行为的增多。第二,儿童的分享水平受分享物品数量的影响。当分享物品与分享人数相等时,几乎所有儿童都做出均分反应。当分享物品不足或只有一件时,表现出慷慨的反应最高。随分享物品数量的递增,儿童的分享水平逐次下降,满足自我的反应逐次提高,这说明儿童利他观念不稳定。第三,当物品在人手一份之外有多余的时候,儿童倾向于将多余的那份分给需要的儿童,非需要的儿童则不被重视。第四,当分享对象不同时,儿童的分享反应也不同。当分享对象是家长,且物品少的时候,儿童慷慨反应较对同伴的多。但当物品有多余时,则慷慨反应下降。第五,儿童更注重于食物,对这些东西,儿童的均分反应较高,而慷慨反应较少,而对玩具,儿童的慷慨反应稍多。

(3) 出现明显的个性差异。有人观察3～7岁儿童对同伴困境的反应,记录一个儿童大哭引起他附近儿童的反应。结果发现,毫无反应的儿童极少;目睹事件的儿童有一半呈现面部表情;有17%的儿童直接去安慰大哭着;其他同情行为包括10%的儿童去寻找成人帮助,5%的儿童去威胁肇事者,但有12%的儿童回避,2%的儿童表现出明显的非同情性反应,表明儿童的亲社会行为存在个别差异[①]。

2. 影响学前儿童亲社会行为的因素

(1) 家庭环境的影响。家庭是儿童形成亲社会行为的主要影响因素。家庭对孩子亲社会行为的影响

---

① 王保林,寰广采.幼儿心理学[M].郑州:郑州大学出版社,2007:172.

通过父母的教养方式实现,民主型家庭有利于培养孩子的亲社会行为。儿童的亲社会行为,如分享、谦让等是在父母的指导下逐渐形成和发展的。此外,父母的榜样作用对孩子的亲社会行为产生重要影响,父母经常表现出的亲社会行为会成为孩子模仿学习的榜样,孩子会有意无意地模仿父母的行为。

(2) 社会文化环境。社会文化环境包括社会文化传统及大众传播媒介等。社会文化属于宏观的社会环境,对儿童的亲社会行为有重要作用。如东方文化强调团结、和谐、分享、谦让等,这使得在儿童早期,父母和老师就鼓励儿童形成这类亲社会行为,成为社会所赞许的人,所以可以说,亲社会行为是社会文化的产物。

大众传媒是幼儿学习亲社会行为的主要途径。像葫芦娃、黑猫警长等动画片都是幼儿学习亲社会行为的优秀电影。有实验表明,观看亲社会行为动画片的幼儿比看中性节目的幼儿表现出更多的亲社会行为。

(3) 同伴关系。同伴关系对儿童的亲社会行为具有非常重要的影响。有调查表明,对儿童亲社会行为的影响有 60% 来自同龄人,40% 来自成人[①]。同伴的作用在于模仿和强化两个方面。社会学习理论认为,儿童之所以能在特定情境中表现出亲社会行为,是因为他们在先前类似的情境中学会了怎样去做。

(4) 儿童自身的内在因素。儿童对他人亲社会行为的认同、理解和模仿能力会影响他自己亲社会行为的形成和表现,尤其是儿童的移情能力对于其亲社会行为的形成具有重要作用。移情是体验他人情绪情感的能力,是一种替代性的情绪情感反应,也就是一个人设身处地为他人着想、识别并体验他人情绪和情感的心理过程。移情是儿童亲社会行为的重要内在因素。移情对儿童亲社会行为具有动机功能和信息功能,移情使人更容易意识到另一个人的需要,并产生情感上的共鸣反应,所以能促使亲社会行为的发生。

(二) 学前儿童的攻击性行为

攻击性行为是一种以伤害他人或他物为目的的行为,是一种不受欢迎但却经常发生的行为。攻击性行为泛指违背、破坏、触犯、损坏等行为的性质,但攻击性行为未必是反社会行为的。但是有些学前儿童由于在交往中常常有攻击性行为,或与其他儿童关系处理不好,常会受到别人的排挤。长此以往,就会影响儿童身心健康发展以及人格和良好品德的发展。

1. 学前儿童攻击性行为的发展特点

学前儿童攻击性行为的发展具有其自身的特点。1 岁左右儿童开始出现工具性攻击行为,到 2 岁左右儿童之间表现出一些明显的敌意攻击,如打、推、咬等,即从工具性攻击向敌意性攻击转化。小班儿童的工具性攻击行为多于敌意性攻击行为,而大班儿童的敌意性攻击显著多于工具性攻击。到幼儿期,其攻击性行为在频率、表现形式和性质上发生了很大的变化。从频率上看,4 岁之前,攻击性行为的数量逐渐增多,到 4 岁时最多,之后数量就逐渐减少。总体来说,学前期儿童发生攻击性行为的频率较高。如争抢玩具、争游戏角色、无意攻击、报复性攻击和为吸引老师注意而进行的攻击等。从具体表现上看,多数儿童采用身体动作的方式,而不是言语的攻击的方式,如推、拉、踢等,尤其是年龄小的儿童。随着语言的发展,从中班开始逐渐增加了语言的攻击。语言攻击在人际冲突中表现得越来越多,而身体动作的攻击反应逐渐减少。同时,学前儿童的攻击性行为存在明显的性别差异。男孩比女孩更容易在受到攻击以后发动报复行为,碰到对方是男性比对方是女性时更容易发生攻击性行为。

2. 影响学前儿童产生攻击性行为的因素

学前儿童攻击性行为的产生既有外在因素,又有内在因素。外在因素如父母的惩罚、父母的强化等,内在因素包括儿童的模仿、对所遭受到挫折的反应等。

(1) 父母的惩罚。研究表明,惩罚对非攻击性的儿童能抑制其攻击性,但对于攻击性的儿童不能抑制其攻击性,反而会加重其攻击性行为,那些具有攻击性而时常受到家长惩罚的儿童具有更大的攻击性。

(2) 父母的强化。在孩子出现攻击行为时,父母或教师不加制止或听之任之,就等于强化了孩子的侵犯行为。如有的父母看见自己的孩子打人,还夸自己家的小孩厉害,甚至敢打比他年龄大的孩子。同伴之间的替代性强化也会使儿童学会攻击性行为。如果一个孩子成功地引用了攻击策略来控制同伴,可以加强和增加他以后的攻击性,同时其他小孩通过观察会受到替代性强化而在以后的情境下采用相似的攻击性策略。

(3) 儿童的模仿。模仿是学前儿童攻击性行为产生的一个原因,看过攻击性行为的儿童更容易产生攻击性。班杜拉曾经做过一个实验:一组儿童观看成人对充气塑料娃娃的攻击行为,而另一组儿童观看成人平静地玩同样的充气娃娃。然后让两组儿童单独玩这些娃娃,观察其行为表现。结果发现,前者攻击性行为是后者的 12 倍以上。实验研究表明,经常观看暴力电视节目的儿童表现出更多的攻击性行为。

---

① 陈帼眉.学前心理学[M].北京:北京师范大学出版社,2000:378.

（4）对挫折的反应。攻击性行为产生的直接原因主要是挫折。一个受挫折的孩子可能比一个心满意足的孩子更具攻击性。家长或教师的不公正是挫折感产生的主要原因之一。有研究认为，儿童在童年受虐或被忽视，会积累一种挫折经验，这可能导致成年后的反社会性攻击行为。

3. 学前儿童攻击性行为的矫正

由于攻击性行为是一种反社会行为，是受同伴以及社会排斥的行为，因此，要对儿童的攻击性行为进行预防和矫正，以下方法可供参考。

（1）要给儿童创设一个尽量避免冲突的空间。幼儿园各活动区域应稍有间隔，防止儿童因空间过分拥挤，引起无意的碰撞造成冲突和摩擦。玩具数量要充足，以减少儿童彼此争抢玩具的矛盾冲突。应尽量避免给儿童造成过多的挫折感和压抑感，从而减少儿童产生攻击性行为的心理因素。要注意消除儿童的障碍情绪，培养他们的积极情感。

（2）允许儿童合理宣泄。有攻击性行为的儿童往往面对的是被同伴回避、拒绝，或遭受挫折，对于他们，我们应允许他们采取合理的方式进行心理宣泄，如安排可以发泄的游戏来满足他们的攻击性冲动，从而取代攻击行为，这样有利于儿童把不良情绪释放出来，从而维持心理平衡。

（3）培养儿童的助人、合作、分享等亲社会行为。对于有攻击性行为的儿童，可以通过培养其助人、合作、分享等亲社会行为来抵消其不良的行为，教师可以有意识地安排活动，让他们去帮助他人，接受别人的感谢，体验到受感激的快乐，这有利于儿童理解交往的快乐，从而抑制其攻击性行为。教师还可以有意识地安排合作、分享的游戏，使他们在与其他伙伴的共同游戏中，更多地了解合作与分享的乐趣，同时因势利导地引导他们理解攻击他人的害处，教育他们在以后的交往中要多助人、合作、尝到分享的甜头。

（4）通过游戏等方式提高儿童的社会认知能力。教师通过组织游戏让儿童了解自己、了解他人、了解自己的行为与后果间的关系，从而提高辨别好坏、是非的能力，从而更好地调整自己的行为，使自己能更好地得到同伴的接受。在游戏中，孩子其实是在扮演不同游戏角色，使自己有机会体验不同角色的情感和态度，学习社会角色应有的行为方式，从而理解其他人，理解社会，提高认识。另外，孩子在游戏中，也可以学会相互适应，共同遵守活动规则，在角色转换中促进孩子克服中心化的过程。除了游戏外，像参观、艺术欣赏等活动也可以提高学前儿童的社会认知能力。此外，在日常活动中，当儿童遇到问题时，我们要帮助儿童学会正确解决问题的方法，避免采用攻击性行为的方式解决问题。

（5）培养儿童的社交技能。研究证明，受欢迎的儿童掌握使用的策略多，有效性、主动性、独立性、友好型均较强；被拒绝儿童掌握和使用策略也较多，较主动，但策略有效性较差；被忽视儿童掌握和使用策略较少，主动性、独立性和有效性都比较差。交往不利的儿童需要得到交往策略与技能方面的指导，让他们懂得尊重他人是交往的前提。因此，首先，要教会儿童尊重他人。其次，要帮助儿童熟悉掌握倾听、强调、协商的技巧。最后，成人在与儿童相处时，不能过于宽容、放纵。

（6）培养儿童的意志力。儿童自我控制能力可以帮助他们抗拒诱惑，有效地克服自发性攻击行为。耐挫心理、勇敢自信、善于克制的心理可以帮助化解冲突，克服那些反应性攻击性行为。教师可以结合社会认知能力的训练有意识地培养儿童坚强的意志力。

（7）有效运用惩罚手段。首先，惩罚要及时，使儿童的攻击行为能得到迅速的反馈，在惩罚时应向儿童讲清楚错在哪里，应怎么去做；其次，惩罚要针对具体的行为，要就事论事，不要提高到道德品质方面，以免对儿童的自我评价产生影响；第三，惩罚要适度，不能伤害孩子的自尊心；第四，惩罚要讲究方式方法，注重效果。如让攻击他人的儿童接受被攻击者的惩罚，让其体验被攻击的痛苦，也可以通过角色扮演的形式（如扮演爱打人的坏蛋，或小偷）让儿童接受"惩罚"，从而感受到受攻击的不愉快体验。总之，运用惩罚手段要注意方式和效果，单纯的惩罚效果往往较差，不能持久，需要把惩罚与强化相结合使用，才能取得更好的效果。

▶ 阅读书目

1. 王振宇. 学前儿童心理学［M］. 北京：中央广播电视大学出版社，2007.

2. 李庶泉. 学前心理学［M］. 北京：北京师范大学出版社，2012.

3. 王保林，窦广采. 幼儿心理学［M］. 郑州：郑州大学出版社，2007.

4. 吴荔红. 学前儿童发展心理学［M］. 福建：福建人民出版社，2000.

5. 潘庆戎. 幼儿心理学［M］. 南京：河海大学出版社，2005.

第9章 学前儿童的差异心理与教育

学习目标

※ 了解幼儿发展中存在个体差异；
※ 了解学前儿童个体差异形成的原因；
※ 运用相关知识分析学前儿童教育中的有关问题。

学习导引

　　本章由三节组成。第一节介绍学前儿童智力发展存在差异，学习时要注意理解智力差异表现的四个方面：智力发展的水平差异，智力发展的类型差异，智力发展的表现早晚差异，智力发展的性别差异。第二节介绍学前儿童个性发展差异，学习时要注意理解个性差异的三个方面：学前儿童的自我意识差异，学前儿童的气质差异，学前儿童的认知风格差异。第三节介绍如何根据儿童的个体差异因材施教，要求学习者能在实践中运用相关知识，努力做到因材施教。

知识结构

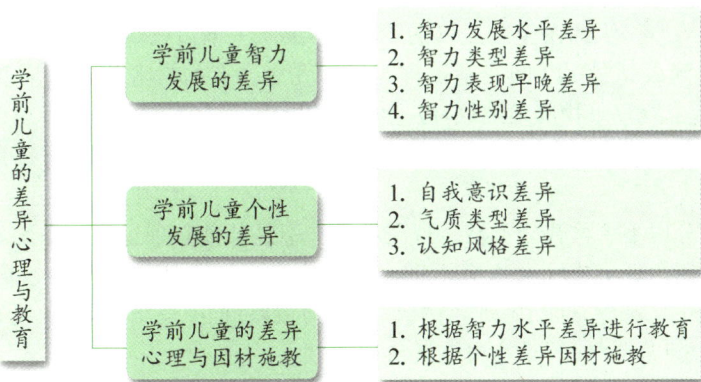

引子

儿童的个体差异

今天幼儿园组织孩子们参加户外拓展课,要求小朋友以最快的速度通过各个障碍。其中有一项是要通过高3米、长约5米的拱形桥,大部分孩子都能通过。但是老师发现欢欢在这个障碍面前却步了,表现出不安焦虑的表情,不过在老师的鼓励下,她调整好心态,通过了障碍;而另外一个小朋友乐乐,她也不敢跨出第一步,老师依旧鼓励她,为她打气,但是还是做了无用功。

为什么欢欢能通过拱形桥,而乐乐不能呢?是能力差异还是个性差异?了解幼儿的心理是有效教育的前提。这一章就谈谈如何根据幼儿的差异实施教育。

第一节　学前儿童智力发展的差异

超常儿童与智障儿童

萍萍是个4岁的超常儿童,智力测试的结果表明她的智力年龄是7岁,她的识字量相当于小学一年级的水平,这是萍萍和同学之间的个体差异,但是她的生理发展和社会成熟度和同龄的儿童都差不多。壮壮是智力障碍儿童,他的发展几乎在每个维度上都滞后于同龄儿童。尽管他的实际年龄是5岁,但是智力年龄是3岁,语言发展缓慢,反应迟钝,与同龄儿童交流有困难。他们之间的差异以及他们各自的个体内差异,使得他们与同龄儿童之间有所不同,需要特殊教育的帮助。

一、智力发展水平差异

个体的智力差异有多种表现形式,它既可表现在水平的高低上,又可表现在结构的不同上,还可表现在发展与成熟的早晚上。人的发展水平有高有底。在人口众多时,智力呈正态分布,即两头少,中间多。智力高度发展和智力低下者占人口的少数,绝大部分处在中间区域的不同层次。

(一) 超常儿童

智力的高度发展叫超常,大约占全部人口的1%。李维斯·推孟(Levis Terman)用智力测验来鉴别超常儿童,凡智商(IQ)达到或超过140的儿童被称为超常儿童。有的学者将 IQ 超过130者确定为超常儿童。这类儿童的特点是:观察事物准确细致,注意力容易集中,有较强的记忆力,思维灵活,有旺盛的求知欲和广泛强烈的兴趣,有突出的探索精神和顽强的意志,富有想象力和创造力,不易受具体情境局限。

(二) 低常儿童

一般把智商在70分以下者称智能不足。智商不足并不是某种心理过程的缺陷,而是各种心理能力的低下,其明显的特点是智力低下或社会适应不良。低常儿童的特点是:知觉速度缓慢,范围狭窄,内容贫乏;对词和直观材料的记忆都差,回忆困难,意义识记能力很差;抽象思维差,想象力也很贫乏;他们的言语发展迟缓、词汇量少、缺乏连贯性;严重丧失生活自理能力。

智力落后儿童可以分为三个等级:轻度,智商70～50,生活能够自理,能从事简单劳动,但应付新奇复杂的环境有困难,对抽象科目的学习有困难;中度,智商50～25,生活能半自理,工作基本可以或部分有障碍,只能说简单的字或词,数概念缺乏或极简单;重度,智商在25以下,生活不能自理,生活有困难,缺乏言语,或只会发单音,不识数。

二、智力类型差异

个体的智力差异不仅表现在水平上,而且还表现在智力类型上。如有的人观察力强,有的人记忆力强,有的人思维能力强,有的人创造力强,有的人动手操作能力强,等等。现代智力观认为,个体间的智力差异主要不是水平差异,而是类型差异。关于智力类型差异的理论最著名的是加德纳(Gardner)的多元智力理论。

加德纳认为,个体身上存在着相对独立的、与特定领域相联系的八种智力,这八种智力以不同的组合方式体现在每个个体身上,从而构成一个人的特殊才华。这八种智力具体如下。(1)语言智力:指听说读写的能力,表现为个人能够顺利而高效地利用语言描述事物、表达思想并与他人交流的能力;(2)逻辑-数学智力:指运算和推理的能力,表现为对事物间各种关系如类比、对比、因果和逻辑等关系的敏感以及通过数理运算和逻辑推理等进行思维的能力;(3)空间智力:在人脑中形成一个外部空间世界的模型并能够运用和操作该模式的能力;(4)音乐智力:指感受、辨别、记忆、改变和表达音乐的能力,表现为个人对音乐包括节奏、音调、音色和旋律的敏感以及通过作曲、演奏和歌唱等表达音乐的能力;(5)运动智力:人的身体的协调、平衡能力以及表现为用身体表达思想、情感的能力和动手的能力;(6)社交智力:理解他人的能力,即善于理解和认识他人的动机,与他人交往合作的能力;(7)反省智力:是个人反省智力,指的是个体认识、洞察和内省自身的能力;(8)自然观察智力:能够认识和欣赏大自然并善于把握自然中各种物体和物体之间关系的能力。

加德纳认为,每个人都同时拥有相对独立的八种智力,而这八种智力在每个人身上以不同方式、不同程度的组合使得每个人的智力各具特点,这就是智力的差异性,这种差异性是由于环境和教育造成的。尽管在各种环境和教育条件下个体身上都存在着这八种智力,但不同环境和教育条件下个体的智力发展方向和程度有着明显的差异性。

三、智力表现早晚差异

智力充分发展有早有晚。

有些人的智力表现得较早,在儿童时期就显露出非凡的智力和特殊能力,如音乐家莫扎特、唐朝诗人王勃等。这就是"人才早熟"或"早慧"。早慧儿童通常是在比较优异的自然素质基础上,经过早期家庭教育的精心培育而产生的,而并不是自发出现的,像王安石笔下的方仲永5岁时突然表现出杰出才华是比较少见的。所以,家长要及早发现,并创设优越的条件对早慧儿童进行教育,这是非常重要的,否则即使学前儿童有早慧表现,也可能会像方仲永那样最终"泯然众人矣"。

另一类人则大器晚成,智力的充分发展在较晚的年龄才会表现出来。能力晚成的原因是多方面的:(1)可能由于儿时不努力,后来加倍勤奋的结果,如《三字经》中有"苏老泉,二十七,始发愤,读书勤",苏洵27岁才开始发愤读书,最后成为一代大家;(2)也有可能是小时候智力平常,但经过长期的主观努力,潜能在各种因素作用下终于得到爆发;(3)可能是家庭、教育、社会制度等的原因。

人的智力虽有早晚的年龄差异,但就多数人来说,成才或出成果的最佳年龄是成年或壮年时期。美国学者莱曼·波特(Lyman Porter)曾研究了几位著名科学家、艺术家和文学家的年龄与成就的关系,认为25~40岁是成才的最佳年龄。

四、智力性别差异

智力的性别差异非常复杂。大量研究表明,在智力上,男女智力的差异不明显,男女智力的水平大致相等,性别差异更加体现在特殊能力上,如数学能力、言语能力及空间能力。

数学能力的性别差异。数学能力是对数学原理和数学符号的理解与运用能力,这种能力主要表现在计算和问题解决上。男生在算术理解、空间关系、抽象推理等方面较占优势。

言语能力的性别差异。对语言符号的加工、提取、操作的能力,表现在听、说、读、写四个方面。言语能力并非单一的结构,它包括对言语信息的记忆、转换、理解、识记和应用等方面。在言语方面,男女也各有优势。女孩言语获得比男孩早,在言语流畅性和读、写、拼等方面占优势,但男孩在言语理解、言语推理以及词汇丰富方面比女孩强。

空间能力的性别差异。空间能力是体现性别差异最明显的一种能力,也是较难描述和解释的一种能力。基于以前的研究,提取了空间能力的三个因素:空间知觉、心理旋转、空间想象。研究表明,在空间知觉和心理旋转测验中,男性明显优于女生;在空间想象力测验中,男女差异不显著。

智力的性别差异可能与男女两性大脑两半球的发育不同有关。男性的大脑左半球相对较发达,而女性的大脑右半球相对较发达。此外,智力的性别差异可能与社会文化、家庭的教养有关。社会文化影响父母的教养方式和内容,使得父母把男孩按照社会所期望的男孩角色去培养,把女孩按照社会所期望的女孩角色去培养,这样在兴趣爱好方面对男孩和女孩培养的侧重点是不一样的,而这些早期的不同教育训练影响了他们的智力和能力的发展方向。

幼儿园教师资格证书考试大纲要点提示：

《幼教保教知识与能力》考试大纲"学前儿童发展"部分第8点指出：理解幼儿发展中存在个体差异，了解个体差异形成的原因，并能运用相关知识分析教育中的有关问题。

真　题　　有的幼儿擅长绘画，有的善于动手制作，还有的很会讲故事，这体现的是幼儿（　　）。

A. 能力发展速度的差异　　　　　　　　　B. 能力水平的差异

C. 能力发展早晚的差异　　　　　　　　　D. 能力类型的差异

第二节　学前儿童个性发展的差异

人如其面，各不相同

上课时，老师讲了一个好听的故事《小蝌蚪找妈妈》，孩子们听得津津有味，随后老师说："故事讲好了，现在老师要考考你们了，看谁最聪明，能回答老师提出的问题。"话语刚落，悦悦就高高地举起手，踊跃回答老师的提问；当老师叫文文回答问题时，她涨红了脸，不敢开口说话。放学后，悦悦有礼貌地跟老师再见；可文文在奶奶的催促下也不肯说"老师再见"。悦悦和文文所表现出来的这种差异其实是个性差异。就像"世界上没有相同的两片叶子"一样，每个儿童也有着不同的个性特征。所谓"人如其面，各不相同"就是说明人的个性差异性的。个性是指一个区别于他人的，在不同环境中显现出来的、相对稳定的、影响人的外显和内隐性行为模式的心理特征的总和，包括需要、动机、能力、气质、性格、自我意识等，它反映一个人的整体心理面貌，影响人的精神生活和学习。

一、学前儿童自我意识差异

自我意识是关于个体对自己所作所为的看法和态度，包括对自己存在以及自己对周围的人或物的关系的意识。

幼儿期自我意识的发展主要表现在自我认识与自我评价、自我体验、自我控制的发展几个方面。自我认识是对自己的身体、心理特点和社会关系等各方面的了解；自我评价是一个人在自我认识的基础上对自己的优缺点进行评价；自我体验是一个人通过自我评价和活动产生的一种情感上的状态，如自尊心、自信心、羞愧感等；自我控制反映的是一个人对自己行为的调整、控制能力，包括独立性、坚持性和自制力等。

（一）自我认识与自我评价

全面地认识自我和客观地评价自我是一个人人格成熟和完善的标志之一。如果一个人不能正确地认识自我，只看见自己的不足，觉得自己处处不如人，就会产生自卑、丧失信心，做事畏缩不前；相反，如果一个人过高地估计自己，就会骄傲自大、盲目乐观，从而出现失误。因此，恰当地认识自我、实事求是地评价自己是自我调节和人格完善的重要前提。

幼儿对自我的认识与评价基本上是根据成人对他们的评价而获得的，这种认识与评价带有依从性和被动性，并不出于自发的需要。幼儿的自我评价都集中在自我的外部行为表现，他们还不会评价自己的内心活动和个性品质。因此，幼儿的自我评价具有表面性和局限性。此外，幼儿往往只看到自己的优点，看不到自己的缺点；受情绪的影响，幼儿自我评价的结果通常不稳定。

（二）自我体验

自我体验对人格发展也是非常重要的。当一个人对自己作积极的评价时，就会产生自尊感；如果作消极评价时，会产生自卑感。自我体验可以使自我认识转化成信念，进而指导一个人的言行。

自信的幼儿一般表现为：情绪愉快，行动积极，比较活泼；喜欢合作游戏；深信自己会玩，别的小朋友也喜欢和自己玩，能专心致志的去达到目的；在各项活动中，积极提出建议，并坚持自己的主张，有分歧时能据理力争；上课积极发言，有自己的见解；注意力集中，思维活跃，表现出较高的学习兴趣和自发的探索精神。

不自信的儿童一般表现为：情绪不够稳定，喜欢独自游戏，参加合作游戏时，不愿做领导者；对别的儿童是否喜欢和自己玩，没把握；极少提出意见建议，对别人干预自己的活动从不坚持；轻易让步，放弃主见。

当一个人对自己作积极的评价时，就会产生自尊感；作消极评价时，会产生自卑感。自我体验可以使自我认识转化成信念,进而指导一个人的言行。

(三)自我控制

自我控制是指儿童控制满足自己愿望的行为冲动,主动从事自己并不愿意但社会赞许行为的能力。比如,自己想要干的事情,想要自己喜欢的东西,但是现阶段是不能满足的,就需要延迟满足。

自我控制过低的儿童,通常在课堂上表现为分心、易冲动、攻击性强等特征,过度自我控制的儿童表现有较强的抑制性,与成人的要求保持很高的一致性,没有主见,不易分心,但容易抑郁、焦虑、不合群。而自我控制最适宜的儿童成为弹性儿童,他们的突出特点就是管得住、放得开,能随环境的变化而改变自己的控制程度,有很强的灵活性。

随着年龄的增长和社会化程度的不断加深,儿童必须学会服从规则,抵制诱惑,发怒时会抑制自己伤害他人或损坏财物的行为。他们必须学会在做事情时不让注意力分散,为了得到延迟满足而放弃富有吸引力的即时诱惑。总之,儿童必须学会自我控制,才能更好地适应社会生活。研究表明,一般有自我控制力的儿童比较成熟、有责任感、成就动机较高,即使在无人监督的情况下也能遵守规则。

自我控制可以通过以下训练得以提高。(1)自我暗示法:通过调整儿童认知策略来提高其自我控制水平。当在自我调控过程中出现干扰因素时,可以明确告诉儿童这是干扰你的东西,并指导儿童转移注意力。(2)榜样法:观察自我控制水平高的榜样,也能帮助儿童改善自我控制的水平。(3)积极鼓励法:对儿童表现好的行为给予正强化。有专家说过"无论是人还是动物,只要发出肯定的鼓励信号,行为一定会被改善"。当儿童自我控制能力提升时,我们可以给他相应的奖励,以巩固改善。总的来说,积极的鼓励比消极评价效果好。

二、学前儿童气质类型差异

根据心理活动的强度、平衡性及灵活性的不同,在日常生活中,有研究将气质划分为四种类型:胆汁质、多血质、黏液质及抑郁质。每种类型的人都有其各自的典型特征。传统的四种气质类型的划分对学前儿童同样适用,其外部表现典型,容易区分,因此从教育的角度而言具有实际应用价值。

近年来,对气质的研究已经不局限于对气质类型的简单划分,包括采用科学的测量方法,测量气质的各个方面特征,探讨气质发展的年龄趋势,及对儿童社会化的影响。具有代表性的如托马斯和切斯的气质类型的划分。他们以婴儿为研究对象,分离出九个相对稳定的维度——活动水平、生理节律、注意分散度、接近或退缩、适应性、注意广度和持久性、反应强度、反应阈限和心境,根据这九个维度的不同组合,将儿童的气质划分为三种类型:(1)容易型;(2)困难型;(3)迟缓型。托马斯的理论认为,人一出生就大致可以分成这三种类型。气质的早期差异同遗传有密切关系,但后天的生活环境仍可以不断地塑造气质,因此,先天的气质会随着经验的增加而改变,但这种改变是非根本性的,只是局部的改变。

学前儿童气质类型在本书第八章有较详尽的论述,本章不再赘述。

三、学前儿童认知风格差异

认知风格是指个人偏爱使用的信息加工方式,也叫认知方式。每个人的认知方式都不太一样。认知方式从不同视角划分有不同的类型,以下从三个方面分析。

(一)场独立型和场依存型

根据个体在认知加工中对客观环境所提供线索(场)的依赖程度,将认知风格分为场独立型和场依存型。学前儿童也存在场独立型和场依存型两种不同的认知方式。

场独立型的人在信息加工中对内在参照物有较大的依赖倾向,他们的心理分化水平较高,在信息加工时主要依据内在标准,独立性和自主性强,与人交往时也很少能体察入微。场独立型的人认知改组能力强,在认知中具有优势。从学习来看,在解决需要灵活思维的问题上,场独立型的人有优势,他们善于抓住问题的关键,能够灵活地运用已有的知识去解决没有遇到过的、新颖的问题。对于场独立型的儿童,希望教师在学习中能给他们留有一定的思维空间,让他们自己找到问题的答案。

场依存型的人在信息加工中对外在参照物有较大的依赖倾向,他们的心理分化水平较低,处理问题时往往依赖于场,缺乏主见,容易受暗示,在对别人交往时较能考虑对方的感受。这类儿童社会技能高,在人际交往中占优势。他们喜欢合作学习,或者按教师、家长的要求学习,在学习中需要教师对学习内容给予明确、具体的指导。场依存性的儿童在解决熟悉的问题时,不会发生困难,但是让他们去解决没有遇到过的问题时,则难以应付,缺乏灵活性。

这两种认知方式没有明显的优劣之分,只要是适合的方式就是最好的方式。张素兰和冯伯麟的研究表明,场独立型学生在集中识字方面显著地优于场依存型学生,场依存型学生不适合集中识字;而场依存型学生的分散识字成绩比集中识字成绩有较大幅度的提高,即场依存型学生适合分散识字[①]。

(二)冲动型和沉思型

卡根(Kagan)等人主要根据个体对问题思考速度的差异,将认知风格分为冲动型和沉思型。

冲动型认知的特点是反应快,但精准性差。他们对问题总是急于求成,不能全面细致地分析问题的各种可能性,不管正确与否就急于表达出来,有时甚至没弄清楚问题的要求,就开始解答问题。他们使用的信息加工策略多为整体性策略。当学习任务要求作整体性解释时,成绩较好。

沉思型认知的特点是反应慢,但精准性高。他们总把问题考虑周全后再做反应,他们看重解决问题的质量,而不是速度。但是,当他们回答熟悉、简单的问题时,反应比较快。这种人在加工信息时多采用细节性策略,在需要对细节进行分析时,他们的成绩较好。

在认知知识和认知策略方面,与冲动型的学生相比,沉思型学生更能认清任务的目标和使用策略的有效性。在学习能力上,沉思型的学生的阅读能力、记忆能力和创造力都比较好。而冲动型的学生往往有阅读困难,学习成绩也不大好。通过训练可以提高冲动型儿童的思考能力。当认知任务强调整体性的信息加工时,沉思型学生所犯的错误较多;当认知任务强调细节性的信息加工时,冲动型学生所犯的错误较多。

同样我们也可以把儿童分为冲动型儿童和沉思型儿童。冲动型儿童:回答问题不假思索,反应非常快,但常常不够准确,甚至出错;对于不太需要注意细节的材料的学习或需要应急的任务,冲动型的认知风格往往更有利于任务的完成。沉思型儿童:倾向于在深思熟虑之后再回答问题,反应较慢,但仔细,较少出错;对于需要进行详细分析才能学好的材料,沉思型的认知风格更利于学习。

可见,这两种认知风格各有优缺点,并无好坏之分。但是在传统的课堂教学中,教师一般容易肯定冲动型儿童,而容易忽视沉思型儿童,甚至可能将沉思型儿童当做迟钝型或智力落后的儿童来对待。作为教师应该善于发现沉思型儿童与智力落后儿童之间的区别:沉思型儿童考虑问题时思路较清晰、方向正确,解决问题的策略往往也正确;沉思型儿童完成作业时速度往往较慢,有时甚至不能在规定的时间内完成作业,但常常对一些问题有自己独特的看法;沉思型儿童对所学知识常常是经过较认真的思考后加以吸收的,因此他们常常能够根据具体情况比较灵活地运用。

(三)同时性和继时性

达斯(Das)等人根据脑功能的研究,区分了同时性加工和继时性加工两种认知风格。

继时性加工认知风格的特点是,在解决问题时,能一步一步地分析问题,每一步只考虑一种假设或一种属性,提出假设在时间上有明显的前后顺序,第一个假设成立后再检验第二个假设,解决问题的过程像链条一样,一环扣一环,直到找到问题的答案。言语和记忆都属于继时性加工,一般来说,女孩更擅长继时性加工,这也是女孩的记忆和语言能力比男孩好的原因之一。

同时性加工认知风格的特点是,在解决问题时,采用宽视野的方式,同时考虑多种假设,并兼顾解决问题的各种可能性,其解决问题的方式是发散式。许多数学操作、空间问题的操作都要依赖于这种同时性加工。一般来说,男性比较擅长同时性加工,这也可能是男孩在数学能力与空间能力方面优于女孩的原因之一。

继时性加工和同时性加工是认知方式的差异,而不是加工水平的差异。但是,当学习方式与认知方式互相匹配时,不同认知方式的优势就能显示出来了。

第三节　学前儿童的差异心理与因材施教

孔子因材施教的案例

子路问:"闻斯行诸?"子曰:"有父兄在,如之何其闻斯行之?"冉有问:"闻斯行诸?"子曰:"闻斯行之。"

---

①　张素兰,冯伯麟.场依存性对集中识字与分散识字效果的影响[J].心理科学通讯,1985(12):14—19.

公西华曰："由也问'闻斯行诸?'子曰'有父兄在';求也问'闻斯行诸?'子曰'闻斯行之'。赤也惑,敢问?"子曰:"求也退,故进之;由也兼人,故退之。"(《论语·先进》)孔子正是了解冉有和子路的性格特点,才能给予进和退的指导性建议。所以南宋理学家朱熹在注解《论语》这一段时说"孔子教人,各因其材"。现在我们对学生的教育也要像孔子一样根据学生的"材"进行教育。

在儿童期,幼儿园是以教师和儿童之间的相互关系为主轴构成的社会集体,它的基本功能就是促进儿童素质的发展、社会化的形成,而这一功能最终是由教师和儿童之间的双向交互作用来实现的。儿童发展并不是教师对儿童单向作用的结果,而是教师和儿童之间的双向交互作用的结果。实行素质教育的今天,更加注重研究儿童的个体差异性。世界上不存在两个相同的儿童,每个人都存在差异,不管是智力差异,还是个性差异。儿童中不存在聪明或者笨孩子,他们都有自己的优势智力领域,所以教育者要有一双善于发现的眼睛,注意儿童智力高低的差别,还应照顾到他们的特殊才能,以及能力发展上的不同倾向。教育者还应因势利导,尊重个体差异,从其心理特点和生理特点出发设计不同的教育方式,尤其关注培养、鼓励特殊才能的幼儿。学生的个性在学前期就初露端倪,如果教学者在学前教育阶段就能对学生个性给予充分的彰显和发展,无疑对儿童以后良好的个性发展有重要的促进作用。对于不同个性特征的儿童,教师要根据他们的差异,采用不同的教学方式,使之与其个性特征适应,有利于促进学习和各个方面的积极向上发展。

一、根据智力水平差异进行教育

(一) 超常儿童的教育

儿童智力的发展,特别是超常儿童智力的发展,既有先天的因素,又有后天教育的影响。先天素质是智力发展的前提,后天的生活环境和教育则起着决定作用。儿童存在着巨大的学习潜力和可能性,能否充分发挥,关键在教育。即使普通的学生,只要教育得法,也会成为不平凡的人。天资再好,若教育不得法也难以成才。因此,要对智力超常儿童进行教育。

1. 教育必须与孩子的"智力曙光"同时开始,开始时着重训练儿童的感知觉

所谓"智力曙光"是指幼儿智力发展开始萌芽的时期(即5岁前)。这是天才儿童卡尔·威特的父亲关于儿童教育应从什么时候开始的问题所提出的基本观点。他认为孩子的禀赋是各不相同的,如果所有孩子所受的教育一样,那么,他们的命运就决定于其禀赋。但是,多数孩子接受的教育是不够充分的,他们的禀赋连一半也发挥不出来。如果及早受到良好正确的教育,即使禀赋只有50%的普通孩子,也会优于生来禀赋是80%的孩子。对于幼儿智力的发展,首先是要发展其听觉、知觉,即儿童感知觉能力,此能力的发展对于他们以后认识世界、掌握知识以及从事各种改造世界的活动具有终生的实践意义。经常带孩子观赏大自然的风光,以扩大他们的视野及开阔他们的眼界,让孩子多看、多听、多摸、多闻以促进其各种感知觉功能的发展。

2. 及早地进行言语技能训练

言语与智力有密切联系。儿童通过言语活动与人交往,来获取知识,同时也促进智力发展。3~6岁是儿童熟练掌握口头言语的时期,良好的言语训练能加快这一进程。对儿童进行言语训练,首先从口语教起,可以通过游戏、实物、儿歌、识字卡等,教小儿说话,背诵简单的儿歌及复述简单的故事,注意正确的发音,培养孩子辨音能力,丰富孩子的词汇量。儿童入学前通过口头言语发展掌握了一批词汇,为他们入学后掌握书面言语、理解字义打下重要的基础。

3. 以游戏、讲故事、观察大自然的方式传授知识

人的想象力和思维能力是从小培养和发展起来的,学前期儿童的思维是形象思维,对儿童进行思维的训练越早越好,而这种训练以游戏为好。游戏是儿童的天性,每个孩子都喜欢游戏,游戏能帮助孩子掌握知识,发展智力。如在识字方面,看图找字游戏、配对游戏;给儿童一些木块,指导他们造房、修路、架桥、建造城市的游戏;玩各类戏剧性的游戏,如模仿电影、故事书上的情节进行表演。培养其思维能力时要注意与具体的形象相结合,如讲"动物"这个概念时,要联系孩子在动物园所见到的各种动物,说出这些动物各自特征及它们的共同点,使孩子真正懂得什么是动物。

儿童喜欢听故事,而且百听不厌,用讲故事的方式教育儿童会有显著效果。故事可以锻炼儿童的思考力、记忆力,启发想象,扩展知识。讲故事的方式儿童喜欢听,也记得牢。讲故事要培养儿童复述的能力,这样可以培养他们集中注意地听,又迫使他们有意记忆,还能达到语言训练的目的。为了扩大儿童的视

野,要有目的、有计划地引导儿童观察大自然的动、植物形状,生长特点和有关知识,让他们在大自然中熏陶,增长知识。

4. 启发求知欲,唤起探究世界的兴趣

当唤起了儿童的兴趣和求知的欲望时,教育是最有效的。用新颖的刺激、诱人的形象,以及满意的学习结果都能激发儿童的求知欲和认知兴趣。好奇心是儿童的天性,儿童渴望认识周围一切,他们常常提出各种幼稚的、奇特的,甚至难以解答的问题,这时家长和教师不要厌烦、拒绝、呵斥、取笑或讽刺,而要设法给以满足,以保护和巩固孩子的求知欲和积极性。而且还要提出一些新问题,引发他们思考。超常儿童的聪明才智往往在特殊的兴趣、爱好中表露出来。教师要创设条件,使儿童的特殊兴趣得到发展。

5. 注重培养儿童的创造力

纵观超常儿童,许多高智商者创造性较差,这与我们早期教育的偏失有关。家庭不民主,父母专制,对孩子不信任,事事包办代替,不给孩子独立锻炼的机会。但这些都不利于孩子创造力的发展。这与家长评价孩子的旧观念有关,以为老老实实、规规矩矩、顺从、听话的孩子才是好孩子。此外,由于动手能力的培养在早期教育实践中受到忽视,导致许多儿童智商不低,但心灵手不巧。因此要重视儿童创造力的培养,多给予他们鼓励、支持和引导。

6. 重视非智力因素的培养

超常儿童在智力上是超常的,但在非智力因素上则不一定超常,甚至也可能落后。非认知心理因素作为心理活动的动力系统和调控系统,直接影响到儿童的学习活动与智力活动,影响到儿童创造能力的发展。早期教育偏重文化知识的传授,忽视社会生活经验的传递,使得儿童社交能力低、社会适应性差。儿童的品行也不可忽视,一个人只有具备良好的道德素质,才有可能成为有益于社会的人。此外,还要注重对超常儿童意志力的培养,智力超常儿童最易滋长骄傲自满情绪,所以要特别重视锻炼他们的意志品质。

(二) 智力落后儿童的教育

智力落后儿童是指智力发展处于持续性迟缓状态,因而其智力水平和智力功能低于正常水平的儿童。在国外也叫低常儿童或智能落后儿童。根据初步调查,我国智力落后的儿童大多数是轻度和中度的。对于这些儿童,只要进行早期诊断,及时给予治疗,同时给予适当的训练,他们中的大多数是能够学会独立生活和从事某种简单劳动。在特殊教育条件下,配合直观因素进行教学,或者与多样化的实际活动和劳动密切联系起来,他们的思维也能得到明显的改变。

1. 智力落后的原因

影响智力落后形成的原因是多方面的,既有先天遗传基因形成的,也有后天疾病、环境教育等多方面因素。据研究,智力落后一般可分弱智型与病理型两类。弱智型也叫非临床型或家族性文化智力发育不全,有人认为这是由于制约智力的许多遗传因子偶然做出不好的组合而引起的。病理型的智力障碍是原疾患的一种局部性症状,其形成原因有两方面:遗传性与外因性。属于遗传性的有:由类似于唐氏综合征的染色体异常、代谢缺陷,或是小头畸形病,或是由类似于结节硬化症的病理遗传因子所引起的。属于外因性的原因是多种多样的:有性细胞期损伤以及风疹、弓形体病等引起的妊娠期损伤;分娩外伤、幼儿性脑麻痹等。

2. 对智力落后儿童的教育

从教育的观点看,根据对智力落后儿童进行教育的可能性,可作三种分类。一是可教育者,他们发展速度缓慢,但有可能掌握社会生活所需要的知识和技能。二是可训练者,他们没有能力在学校教育中掌握科学技术,即使长大成人,也不能参与社会生活,但可以在家庭或特设机构里进行处理身边琐事和适应生活等的训练。三是保护对象,需要终生在家庭或特设机构里接受保护。

对于轻度智力落后儿童,采用适合患者水平的教育措施,能促进智力进一步发展,并达到适应社会要求的水平。比如,对他们特别爱护、关心、热情,让他们进入一个更多变化、富有刺激、高度激动的情绪影响的环境,轻度智力落后是能够经过教育而好转的。

为智力落后儿童设立特殊班级或专门学校,把他们集中起来,编入特殊班进行系统的、适合他们特点的教学。也可采用诊断性补救教学,针对儿童缺陷的特点,缺什么教什么。例如,有的儿童抽象概括思维能力特别差,因而数学能力差,那就着重补数学;有的儿童语言能力差,因而学习语言文字有困难,就给他补习这方面的知识。特殊班是对智力落后儿童进行有针对性的系统教育,在学习初期,应加强培养学生的自信心和自觉性,学习内容要适合他们的水平,不宜过高。教学方法要特别注意采用具体、形象、生动的

看、听、摸、尝、演等直观手段,而且要进行更多的练习,知识才易被掌握。在学习知识时,需要辅以图片、幻灯、影片和戏剧性的扮演角色表演,以补充和代替抽象的概念。

如果是智力障碍严重的,则应送到专门治疗智力落后病人的医院去治疗,或在家里保护起来。在我国应加强对智力落后儿童的诊断、训练和治疗,以利于他们学业和智力的发展。

二、根据个性差异因材施教

一般认为,良好的个性素质应具有崇高的理想,广泛的兴趣爱好,自信、自强、自主的性格,活泼、开朗、平稳的气质等。良好的个性素质不是自发形成的,需要通过教育去熏陶、培养。学前儿童的个性发展影响其今后的人生发展,对其以后的事业、性格、心理等都有重要影响。因此,在学前阶段培养学生良好的个性有重要意义,具体可以从以下几方面着手。

(一)顺应儿童天性

皮亚杰认为:幼儿的教育必须是一个主动的过程,遵照幼儿的认知特点,幼儿只有在一个充满好奇的情境中、能实现好动的环境中、能满足好模仿的活动中才会有兴趣,才会将其主动性充分发挥出来。当兴趣发展成为从事某种活动的倾向时,就会成为爱好,从而有助于个性的形成和发展。原苏联教育学家苏霍姆林斯基(B. A. Cyxomjnhcknn)认为:没有兴趣,就没有可能形成爱好,就没有活的灵魂,没有人的个性。可见兴趣对幼儿个性发展有举足轻重的作用。我们要顺应幼儿的天性,设法培养幼儿的多种兴趣,因材施教。例如,教师可以根据孩子的兴趣点来设计活动教案或邀请孩子们共同设计活动并参与活动,让孩子从中获取知识及丰富认知经验。

(二)充分了解儿童的个性差异

充分了解儿童的个性差异是因材施教的基础。儿童有着千差万别的个性,有的孩子活泼、敏捷,有的却胆小、迟缓,有的做事仔细、一丝不苟,有的却马马虎虎、粗枝大叶,这些心理和行为差异,很大程度上构成了儿童的个性差异。在幼儿教育中因材施教,首先应了解幼儿之间的个体差异,对每个幼儿的爱好、脾气等情况了如指掌,才能有针对性地为其量身制定出适合的教学方式和方法。通过观察幼儿的平常表现、与幼儿沟通、与家长进行交流,可以了解幼儿的个性差异。教师每天都与孩子们在一起,平常应留心观察孩子的表现、与小伙伴和教师交往的特点。我们知道,不同的家庭环境、教养方式可能对幼儿造成影响。温暖、民主、和睦的家庭环境,在父母关爱环境下成长的孩子有更积极的态度。

(三)根据儿童个性差异因材施教

根据儿童个性差异因材施教是精髓。重视个性差异,教师就应该对学生的个性发展采取针对性教育,这就是说要从孩子实际出发,有的放矢地进行教育。我们可以粗略地把儿童分为四类:一是胆子大,主见型。这类儿童活泼好动,思维活跃,有较强的控制欲,敢指挥其他小朋友,有自己的想法。对这类儿童要赋予一定职位,同时一起要建立规则,对其进行约束。二是难以驾驭,好动型。这类儿童表现活跃,精力旺盛,做事三分钟热度,常坐立不安,注意力不够集中,容易开小差。这类儿童我们要从改善行为下手,可以用阳性强化法:当表现好的时候,给予一定的奖励,以增加该行为出现的频率,从而减少不良行为的出现。也可以有言语的鼓励,让儿童体会到被认同。三是胆小,内向型。这类儿童胆小,不愿与人沟通,容易害羞,行动缓慢。对此类儿童,要多进行鼓励,给予肯定。重复教授,多观摩,适时引导,一对一帮助,学会沟通。要给内向的儿童更多的爱,走进他们的内心世界,让他们敞开心怀,快乐生活。四是乖巧,大众型。这类儿童情绪稳定,从众性强,基本上能按老师的要求做事听教,教学组织管理也比较顺利。对这类孩子重要的是切不可因此而忽视,同样需要把握其细微的个性特点差异来针对性施教,此类孩子大多性格稍显内向,在过激的批评下,就会变得沉默不语,把自己封闭起来。因此,应使这类儿童拥有最大的安全感,很愿意很快乐地表达想法。

每个儿童都是独一无二的,每个儿童都是可塑之才。正确的学前教育,应该坚持个性教育的原则,即教育必须承认儿童的个性差异,必须尊重儿童的个性特征选择教育内容和教育方法,一定要了解每个学前儿童的个性特征,从而有的放矢地予以培养,使学前儿童在全面发展的基础上,成为拥有不同个性的新一代。

▶ 阅读书目

1. 陈帼眉. 学前心理学[M]. 北京:北京师范大学出版社,2002.
2. 彭聃龄. 普通心理学[M]. 北京:北京师范大学出版社,2004.

第10章 学前儿童身心发展过程中 易出现的问题及相应干预方法

学习目标

※ 了解学前儿童身体发育过程中易出现的问题；

※ 了解学前儿童心理发展过程中易出现的问题；

※ 掌握学前儿童身心发展过程中易出现的问题的原因及干预方法。

学习导引

　　本章由两节组成。第一节介绍学前儿童身体发育过程中易出现的问题，并探讨了出现这些问题的原因以及干预方法；第二节介绍了学前儿童心理发展过程中易出现的问题，学习的重点是识记并理解这些问题的表现、原因，以及干预方法。

知识结构

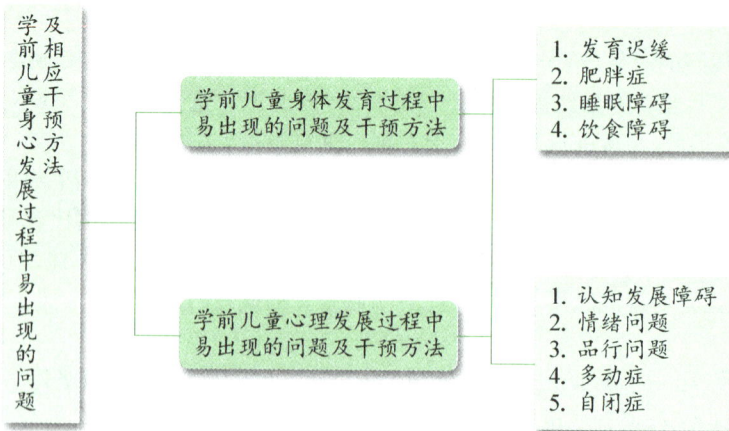

引子

口吃的威威

威威和表妹朵朵在客厅里捉迷藏，两人嘻嘻哈哈地又叫又跑，突然"吭当"一声，茶几上插满鲜花的花瓶碰翻在地，摔破了，看着流了一地的水和满地的花朵，朵朵首先尖叫喊起来："不是我干的，不是我！"

"我，我，我……也不是！我……"威威在涨红了脸，也一再表白不是他碰翻的。妈妈闻声跑过来，朵朵很快解释不是她碰翻的花瓶，可威威依然"我……我……我……"地说不清楚，急得他紧皱眉头，满脸通红。

"不要着急，慢慢说，威威，我知道不是你打翻的花瓶，也许谁不小心……"妈妈耐心地劝慰威威，他似乎得到一些解脱，使劲地点头。

威威虽然 5 岁了，可说话总是结结巴巴，比不上 3 岁半的朵朵。平静时他说话总是拖长音节，可每当碰到紧张、激动或者害怕的情况时，就反复重复着某个词，尤其总是在说"我"这个词时受阻。因为说话不流畅，威威在幼儿园里也很少与小朋友们交流，现在妈妈有意识地训练威威改变口吃的习惯。每当威威说话结结巴巴时，妈妈总是努力让他平静下来，引导他慢慢说话。妈妈从不嘲笑威威，也不会训斥他，尽量从各方面关心他，威威不愿在人多的场合说话，妈妈也从不勉强他，而是集中精神帮助威威树立信心，耐心听他讲话，提醒他慢慢说。每当威威流利地说出一句话时，妈妈就会表扬他，这样坚持下去，威威的口吃现象一天天减轻了。

在幼儿园里，儿童会表现出各种各样的行为。他们的绝大多数行为是适宜的，但也有一些行为是有问题的，如打人、扰乱课堂秩序、说谎、与其他儿童交往困难等。这样的一些行为看似很平常，却应该引起教师和家长的关注。家长和教师们不仅要及时识别这些问题，还要找到引起这些问题的原因并使用正确的干预方法。本章我们将对幼儿身心健康发展中易出现的问题进行深入的剖析，并指出干预的方法。

第一节　学前儿童身体发育过程中易出现的问题及干预方法

胖乎乎的鹏鹏

鹏鹏有胖乎乎的脸、胖乎乎的手、胖乎乎的脚、胖乎乎的身体，而且还有弥勒佛一样胖乎乎的小肚子，看起来实在是娇憨可爱。不过，鹏鹏每天晚上像定了时间的闹钟一样十点准时喊饿，看孩子可怜，妈妈每天都要做夜宵给他。鹏鹏的体重超过同龄儿童的 50％，而且还在不断长胖。幼儿园的小朋友看到胖胖的鹏鹏，都嘲笑他是"小胖子""小肥猪"，甚至在一些公共场合，还会有人指指点点。因而，鹏鹏变得越来越不爱说话了，其他小朋友做游戏的时候，他只是一个人在很远的地方看着，上课也不积极回答问题了。

本案例里，鹏鹏得了肥胖症。肥胖给孩子带来的危害不只是在身体方面，在心理方面也带来同样的危害。患肥胖症的幼儿易形成孤僻、自卑、胆小、拘谨等性格特征。所以，幼儿的身心健康问题应该引起家长和老师们的高度关注。教师与家长要及时发现这些问题，找出这些问题的原因并进行干预。这一节我们将从幼儿身体健康着手，探讨幼儿身体发育过程中易出现的问题，如发育迟缓、肥胖、睡眠障碍、饮食障碍等，以期给幼儿教师和家长一些启示和帮助。

一、发育迟缓

发育迟缓是指在生长发育过程中出现速度放慢或是顺序异常等现象。儿童的发病率在 6％～8％之间。在正常的内外环境下儿童能够正常发育，一切不利于儿童生长发育的因素均可不同程度地影响其发育，从而造成儿童的生长发育迟缓。

（一）发育迟缓的表现

幼儿身体发育迟缓主要表现在体格发育迟缓，与同龄儿童相比，身高、体重、头围都偏低，不符合正常孩子的发育指标。

（二）发育迟缓的原因

1. 营养不足

营养不足是指缺乏某种必需营养素。食物品种单调、食物摄入不足、肠胃消化吸收不良等都可能造成营养不足。

2. 全身疾病

慢性疾病如先天性心脏病、呼吸道疾病、贫血、肾脏病等均可引起小儿生长障碍，导致儿童矮小。

3. 家族性和体质性

这些与先天遗传因素或宫内的发育不良有关的发育迟缓，其生长速度基本正常，也不需要特殊治疗。

4. 精神因素

幼儿不良的生活环境导致其得不到精神上的安慰，从而导致幼儿消化吸收出现问题，影响其发育生长。另外，生活上的照顾不周也会造成幼儿发育迟缓。

5. 代谢性疾病

代谢性疾病即因代谢问题引起的疾病，包括代谢障碍和代谢旺盛等原因。而属于代谢性疾病的低血糖症、蛋白质—能量营养不良症、维生素 A 缺乏病、坏血病、维生素 D 缺乏病、骨质疏松症等极有可能会导致发育迟缓。

6. 甲状腺功能低、垂体性侏儒、先天性卵巢发育不全等

甲状腺功能低可导致食欲减退、便秘、腹胀，甚至出现麻痹性肠梗阻等，因此，甲状腺功能低会导致儿童营养不良，进而影响发育；垂体性侏儒是指垂体前叶功能障碍或下丘脑病变，使生长激素分泌不足而引起的生长发育缓慢；先天性卵巢发育不全会导致身矮、生殖器与第二性征不发育和一组躯体的发育异常。

（三）发育迟缓的干预方法

1. 安排营养平衡的膳食

营养平衡对学前儿童的正常发育和健康十分重要，合理安排幼儿膳食可以使他们获得身体生长发育所需要的一切营养。

2. 科学合理的运动锻炼

运动是学前儿童生长发育的重要环节之一。科学合理的运动能促进新陈代谢，使肌肉更粗壮有力，骨骼更坚固，从而促进身体长高；还可增强神经系统的调节作用，使大脑皮层的活动更迅速、准确、灵活；并可增加肺活量，提高心脏的收缩力，增强免疫力等。

3. 保证充足的睡眠

学前儿童充足的睡眠，对于保证其健康的生长发育有着重要的意义。睡眠期间人可以分泌更多的生长激素，有利于儿童的发育和健康成长。

二、肥胖症

（一）肥胖症的表现

儿童肥胖症是指儿童体内脂肪积聚过多，体重超过按身长计算的平均标准体重 20% 者。超过 20%～29% 为轻度肥胖，超过 30%～49% 为中度肥胖，超过 50% 为重度肥胖。儿童肥胖症有 40%～80% 将发展为成人肥胖症，并与高血压、冠心病、糖尿病及脑血管病的发生有密切关系[①]，因而应引起幼儿教师和家长们的高度关注。

（二）肥胖症的原因

1. 遗传因素

双生子研究发现，肥胖症与遗传因素有关，同卵双生子的发病率高于异卵双生子。

2. 社会经济环境

西方国家的富裕阶层人士比较注重自己的饮食控制问题。而中下层人士由于没有这方面的心理束缚，加之他（她）们喜欢和能够享受各种热量过高的快餐食品，容易导致肥胖症的发生。贫穷国家恰恰相反，许多穷苦人因为食物供应不足很少发生肥胖，而富裕阶层因为有钱很容易得到各类食物，再加上他们往往把肥胖视为与穷人相对立的一种人体"美"形象，于是在富裕阶层发生肥胖的人数较多。这也说明社

---

① 高岚.幼儿心理教育与干预[M].长春：东北师范大学出版社,2003：42.

会经济环境和文化环境对肥胖症发病有一定的影响。

3. 不适当的摄食行为

在婴儿期人工喂养者肥胖的患病率高。研究者发现,肥胖儿往往进食量大,进食速度快,爱吃含淀粉多的甜食,吃零食多,这使得摄入的热量高于身体需要量,这些超出部分的热量就转化为脂肪储存起来,于是逐渐肥胖起来。

4. 活动过少

不少研究发现,肥胖儿童活动少,参加体育活动少,学习作业多,而且看电视时间多,这样造成脂肪消耗少而在体内聚集。

5. 父母及患儿的心理问题

有研究发现,母亲的抑郁情绪使他们对患儿采取过度保护态度,她们总是怕患儿挨饿,又过分限制患儿的活动,因而导致患儿肥胖。而儿童自身的焦虑、抑郁也可引起饥饿感而多食,从而导致肥胖。

(三)肥胖症的干预方法

肥胖症的干预以控制饮食及增加体力活动为主。但由于控制饮食很难长期坚持,因而很多研究报告干预效果欠佳。在饮食治疗的同时,辅以心理治疗常可提高干预效果。

首先,要使患儿认识到肥胖的危害性,并建立其治疗的信心,然后可以采用行为干预方法,循序渐进,逐渐减少进食量,辅以必要的奖励措施。

其次,也可以采取短期集体治疗的方式,让患儿集体进食、生活、学习、互相评比,交流成功和失败的经验,提高自我意识水平。

最后,对于家庭关系存在问题者,应辅以家庭治疗,改变父母不当的教养方式,以使疗效更加巩固。

此外,肥胖症的预防较治疗更重要,对儿童从小培养正确、良好的进食习惯,加强身体锻炼,可以在饮食习惯尚未固定,脂肪组织细胞大量增生以前达到预防目的。以后还可根据儿童活动的强度不断调整食量和体育活动,预防体重增加。

三、睡眠障碍

儿童睡眠障碍表现为在临睡前不愿意上床,上床后不能入睡或浅睡、易醒,在睡眠时全身或四肢不停地翻动、讲梦话、磨牙,甚至有梦游的情况[1]。睡眠障碍包括睡眠不安、夜惊和梦魇、梦游(睡行症)。

(一)睡眠不安的表现、原因及干预方法

1. 睡眠不安的表现

睡眠不安多见于婴幼儿,睡眠时经常翻动,不能连续地整夜睡眠,夜醒,睡时伴有手脚或全身跳动,重复刻板地摇头、磨牙、说梦话、夜间哭闹、白天入睡等。

2. 睡眠不安的原因

(1)父母对孩子的抚养不当。如过分关注孩子的睡眠,孩子一醒,就马上去照护,孩子睡不着,就抱着或摇着入睡等。

(2)家庭环境中不良心理因素,孩子的身心特征和大脑发育的不成熟等均是可能病因。

3. 睡眠不安的干预方法

(1)从小培养孩子独睡的习惯。要让孩子自己睡,首先要在生活中建立孩子的安全感;同时父母不要过分担心,要给孩子信心,相信他能在夜里睡好。

(2)养成良好的就寝习惯。父母不要躺在孩子的床上陪睡,也不要让孩子睡在大人的床上,这样可能会使孩子以为他的床有危险。孩子一旦上床,所有的请求一概"不受理"。不要让孩子受到惊吓。

(二)夜惊和梦魇的表现、原因及干预方法

1. 夜惊和梦魇的表现

夜惊患儿通常发生在非快眼动时相(NREM)或入睡后不久,患儿突然尖叫、哭闹,表情惊恐,双眼直视或紧闭,呼吸紧促,心跳加快,出汗,瞳孔散大,持续时间1～10分钟,可再入睡,醒后完全遗忘,可频繁发作,一晚数次。

梦魇又称梦中焦虑发作,通常发生在快眼动时相(REM)或睡眠的后期,表现出从噩梦中惊醒,极度紧

---

① 龙吟,孙诚.幼儿心理与行为透视[M].合肥:安徽人民出版社,2002:228.

张焦虑,持续时间短,可回忆梦的内容,如诉说被怪兽追赶,想跑但迈不开腿,犹如被"鬼压住一般",不能很快再入睡,与夜惊相比,症状表现轻。

2．夜惊和梦魇的原因

病因多与儿童的身心状态有关,如患病发热、过饱过饥、脑发育延迟等均为可能病因,儿童睡前看了恐怖影片,听了鬼怪故事,或受到家长与教师的严厉惩罚,家庭和学校的环境压力过大也是可能病因。

3．夜惊和梦魇的干预方法

(1)平时应保证孩子生活有规律,白天要避免过度兴奋和劳累。

(2)临睡前不要让孩子听过分紧张的故事,或看惊险的影视片。

(3)日常生活中应注意的是要培养和塑造孩子勇敢、沉着、顽强的性格。

(4)如夜惊发生频繁,可在医生指导下酌情服用宁心合剂和安定等药物,可能起到良好的效果。

(三)梦游(睡行症)的表现、原因及干预方法

1．梦游的症状表现

反复多次在入睡后半小时至2小时熟睡中突然坐起来或起床,在意识蒙眬下进行某些活动,如东抚西摸、徘徊走动。患儿目光呆滞、动作笨拙、无言语反应,不易唤醒。每次发作持续数分钟至半小时,又可继续入睡,事后完全遗忘。

2．梦游的病因

梦游的病因可能包括:中枢神经系统发育不成熟,精神负担过重,养育方式不当,睡眠过深以及遗传等。

3．梦游的干预方法

(1)合理安排幼儿生活作息,养成良好睡眠习惯,避免引起惊恐与焦虑的精神紧张因素,减轻压力与负担。

(2)要帮助父母建立正确的养育方式,对患儿加强护理,防止意外事故发生。

(3)对正在梦游的患儿应将其牵回床上或叫醒,药物使用要遵医嘱,睡眠正常后逐渐停药。

四、饮食障碍[①]

饮食障碍是由心理情绪因素引起的一类反常摄食行为,包括神经性厌食、异食癖等。

(一)神经性厌食的表现、原因及干预方法

幼儿神经性厌食是指由于心理因素而引起的一种饮食障碍。

1．神经性厌食的表现

对食物缺乏兴趣、没有食欲、进食量少,强迫进食则容易引起呕吐。

2．神经性厌食的原因

(1)精神紧张。幼儿受到强烈的惊吓,遭遇了处罚,家庭关系紧张,离开亲人,家中发生意外等情况下,由于情绪过于低沉、紧张,会出现不思饮食现象。一些幼儿在入托初期或被转移至别处生活时,因一时不能适应新环境,情绪不够稳定,也可表现为吃饭不香、厌食。

(2)幼儿患有疾病及服用药物影响了食欲,导致厌食。大多数的疾病都可导致幼儿的食欲下降。幼儿在患胃肠炎、消化性溃疡、肝炎或结核病等时,厌食表现得尤为突出。

(3)饮食习惯不良或膳食配置不合理。饮食习惯不良是导致幼儿厌食的一个重要因素。

3．神经性厌食的干预方法

(1)消除引起幼儿精神紧张的因素,保持幼儿情绪的稳定。幼儿神经系统发育不成熟,交感神经性强而副交感神经兴奋性较弱,所以胃肠消化能力极易受情绪影响。因此,要给幼儿创造一种轻松、愉快的进餐环境,让幼儿在愉快心情下进食。

(2)激发幼儿良好的食欲。幼儿的饮食应多样化、避免单调,烹调食物要结合孩子的年龄特点和消化特点,做到食物色、香、味俱全。适当参加体育锻炼或户外活动,可使幼儿保持较好的食欲。但饭前或饭后不宜做剧烈的运动。

(3)培养幼儿良好的饮食习惯,做到不挑食、不偏食、按时进餐等。家长要以身作则,给幼儿做出好榜样。事实证明,如果父母挑食或偏食,则幼儿多半也是个厌食者。在孩子进食时,要对他们多诱导和鼓励。

---

① 龙吟,孙诚.幼儿心理与行为透视[M].合肥:安徽人民出版社,2002:235—240.

（4）提供合理的、营养平衡的膳食。幼儿膳食应多样化，做到主食与副食搭配、粗粮与细粮结合、荤食与素食相辅，保证幼儿每天都能摄取较多种类的食物，以获得充足的营养。

（5）针对因疾病或服用药物引起的幼儿食欲减退，家长应做到仔细观察、早发现病情、及时就诊、治疗，遵循医嘱合理服药。

（二）异食癖的表现、原因及干预方法

异食癖又称嗜异症，是指经常吞食非食用物品。

1. 异食癖的表现

幼儿表现为偏嗜异物，如报纸、泥土等，甚至一见到所喜欢嗜食的异物，便不顾一切地往嘴里塞。但一见到正常的饭菜，却没有一点食欲。

2. 异食癖的原因

（1）肠道寄生虫或铅中毒儿童容易发生异食现象。

（2）饮食中缺乏微量元素锌、铁也是导致幼儿异食癖的原因之一。

（3）模仿异食癖患儿的异食行为，偶尔的异食行为受到周围人的强化，也是幼儿逐渐形成异食癖的重要因素。

3. 异食癖的干预方法

（1）对于疾病因素引起的，应及时就医诊治，按医生要求服用药物。

（2）除了服药外，食疗是较好的辅助方法，适当调整幼儿的饮食结构，纠正不良饮食习惯，以补充多种维生素和微量元素硫酸锌，这对于缺锌等引起的异食癖具有较好的疗效。

（3）家长和教师加强对幼儿的护理与监督，教育幼儿，让他明白吞食异物的危害，不模仿以及不做这种行为，这对于预防异食癖的发生有一定作用。

幼儿园教师资格证书考试大纲要点提示：

《幼教保教知识与能力》考试大纲"学前儿童发展"部分第10点指出：了解幼儿身体发育和心理发展中容易出现的问题或障碍，如发育迟缓、肥胖、自闭倾向等。

模 拟 题　儿童肥胖症是指体内存储的脂肪过多，体重超过按身长计算的平均标准体重的（　　）。

A. 10%　　　　B. 20%　　　　C. 30%　　　　D. 50%

第二节　学前儿童心理发展过程中易出现的问题及干预方法

爱哭的桐桐

来园时，桐桐小朋友还没走进教室，就哇哇大哭起来，老师从他爸爸手里接过他的小手，他没有反抗，但是还是哭着，当他爸爸离开后，他赶紧跑到后窗口，一边哭一边说："我在这里看我爸爸，爸爸从这里走过的。"

其实，那里根本看不到他爸爸的。但是，孩子就这么幻想着期待着。老师没有破灭孩子的希望，对他说："你可以在这里看爸爸的，但是你不能哭，你哭的话老师就不让你看。"听了老师的话，桐桐果然降低了哭声，但是还是会断断续续传来的哭声："我爸爸等会来接我吗？"老师就对着他点点头，他也能很快明白。等他情绪稍微稳定后，老师就去开导他："现在爸爸肯定在上班了，你看不到了，我们先玩游戏吧，等爸爸下班了，老师再让你看，好吗？"他很信任老师，点点头，期待着爸爸下班的那一刻，暂时平息了他的哭闹。

桐桐的表现是典型的入园焦虑。入园焦虑的幼儿会担心所依恋的人会遭到伤害，或永远不回来；不愿独处，需有人陪伴；因害怕分离拒绝上幼儿园，反应十分强烈持久，行为表现为哭叫、发脾气、痛苦、淡漠或发生退缩。这就需要老师的耐心安抚和引导，让幼儿逐渐摆脱这种焦虑情绪。在孩子的实际成长过程中还会有其他各种各样的异常状况，家长和教师要确定哪些状况是正常的？是否需要治疗和纠正？下面就让我们一起来看一看幼儿心理发展过程中常见的问题有哪些以及如何进行干预。

一、认知发展障碍

(一)感觉统合失调的表现、原因及干预方法[①]

感觉统合失调(sensory integrative dysfunction)又称为神经运动机能不全症(neurobehavioral dysfunction),是一种中枢神经系统的障碍问题,指大脑细胞不能将各器官感觉信息统合起来,从而影响其对身体内外的知觉作出反应。

1. 感觉统合失调的表现

感觉统合失调可分为视觉系统失调、听觉系统失调、触觉系统失调、前庭感觉失调与本体感觉失调等。

(1)视觉系统失调。这类幼儿在阅读时会出现读书跳行,翻书页码不对;演算数学题目常会看错、抄错;在生活上还常常丢三落四,似乎经常在找东西,生活无规律。

(2)听觉系统失调。这类幼儿多表现为教师布置任务时他总是东张西望,一点也听不进去;平时家长喊他,他也不在意,以为与自己无关。

(3)触觉系统失调。这类幼儿对很轻微或别人通常无感觉的刺激,在情绪和行为上表现出强烈、过度的反应。他们不喜欢与别人接触或到人多的地方。这类儿童往往比较好动、容易分心,而且往往有不安全感。有些儿童不喜欢有绒毛或粗毛的玩具,而另外一些儿童却非常喜欢这种摸起来有安全感的毯子或绒毛做的玩具,甚至喜欢在这种毯子上面滚、爬、躺。往往对别人的触摸十分敏感。

(4)前庭感觉失调。多表现为喜欢自转,而且转很久不觉头晕;喜欢看、玩转动的东西。经常喜欢爬高,边走边跳;平衡差,走路东倒西歪,经常碰撞东西;颈部挺直时间较同龄儿童短,常垂头。

(5)本体统合失调。多表现为不会跳绳、跑步时动作不协调、不准确;上音乐课时,常常发音不准;甚至与人交谈,上课发言时口吃等。

2. 感觉统合失调的原因

(1)胎儿期原因。如果孕期准妈妈的工作节奏较快,始终处于一种紧张的心理状态,会对胎儿产生不利影响,其中就包括感觉失调。同样,饮酒、吸烟、狂欢等也会对胎儿的神经系统发育产生一定影响。剖腹产出世的儿童比顺产儿童出现感觉统合失调的比例高一倍,这是因为剖腹产出世的儿童没有经过产道的挤压,很容易对触觉的强弱分辨不清。另外,胎位不正所产生的固有平衡失常,出生时如出现脐带绕颈、窒息等现象,往往也是诱发因素。

(2)婴儿期抚育原因。保护过度或骄纵溺爱,造成了孩子身体操作能力欠缺。出生后的婴儿应多参加各种活动,更多地接受各种刺激,使其动作发展符合普遍的发展规律。

(3)现代生活环境的原因。现代城市,特别是大城市给幼儿的生活空间非常有限,家庭小型化,从而导致孩子在成长过程中应有的各种感觉刺激机会大大减少。更由于一些家长的原因,他们"望子成龙,望女成凤",对幼儿的早期教育投入很大,但往往却忽略了这些日常的感觉刺激。

3. 感觉统合失调的干预方法

(1)触觉方面。父母要多爱抚孩子,提供干净、自由的游戏空间等。

(2)肌肉关节动觉方面。要重视孩子的运动,孩子玩弄或舔咬自己的手、脚,摔东西,敲打玩具,搬弄桌椅或爬上爬下,都是在从事有益的活动。父母应以积极的态度来对待。

(3)精细动作方面。家长应该让孩子有许多涂鸦、剪贴、捏泥人、黏土、扣纽扣、握笔和做简单家务的机会。

(4)视知觉方面。提供有益的视知觉玩具,如积木分类、卡片、配对、走迷津、玩拼图等。

(5)听知觉方面。对听知觉辨别能力差的孩子,可多训练他们闭目倾听环境中的声音,或让他们戴上耳机听故事录音等,以提高他们对声音的敏感性。

(6)前庭平衡方面。父母要善于用摇篮,多做骑木马、玩电动玩具、滑滑梯、荡秋千、跳弹簧垫等活动。

(7)感觉统合游戏。感觉统合理论在幼儿园中实施开展,即在正常健康的园内幼儿中开展感觉统合游戏,已经不仅停留在研究的阶段,许多幼儿园以此作为园内的一项特色活动。在家庭中,父母也可以利用一些简单的器材,通过亲子游戏的方式来发展孩子的感觉统合能力。

---

① 龙吟,孙诚. 幼儿心理与行为透视[M]. 合肥:安徽人民出版社,2002:221—224.

（二）语言发展障碍及干预方法

1. 发展性语言障碍[①]

（1）发展性语言障碍的表现。发展性语言障碍可以分为表达性语言障碍和接受性语言障碍两类，前者能理解语言但不能表达，后者对语言的理解和表达均受限制。

（2）发展性语言障碍的原因。发展性语言障碍产生的原因目前还不十分明确，可能与脑组织相关部位的功能发育不完善或损伤有关。

（3）发展性语言障碍的干预方法。对患有表达性语言障碍的儿童着重训练他们模仿别人说话，父母最好也参与训练；而对患有接受性语言障碍的儿童，则着重训练他们的语言理解、听觉记忆等方面能力。

2. 发育性语音不清

（1）发育性语音不清的表现。儿童说话时语音不清，尤其对声母的发音不清或变调，不能成句讲话。

（2）发育性语音不清的原因。造成发育性语音不清的原因可能是与发音有关的神经系统的发育迟缓有关，也可能是与儿童模仿发音不清的人有关，还可能与遗传因素有关。

（3）发育性语音不清的干预方法。轻度发音不清的儿童会随着年龄的增长自动治愈。对于重度发音不清的儿童要进行言语干预，同时还要对他们进行心理疏导和心理治疗。

3. 口吃的表现、原因及矫正

口吃俗称结巴，是言语节律性和流畅性的障碍。

（1）口吃的表现。说话时有些字难以发出音、字音重复和语流阻滞。突出表现是说话时不正确的停顿和重复，说话吃力。有时伴有面部、躯体、四肢十分紧张，跺脚、摇头、上身摇晃或双手握拳等动作。

（2）口吃的原因。造成口吃的原因有多种，主要介绍以下几种。① 模仿。好奇、爱模仿是孩子的性格特征，如果孩子在开始说话的时候接触、模仿口吃的人，就会很容易导致口吃。② 家庭管教过于严厉。幼儿在刚开始学说话时，难免会发错音或偶尔有点儿口吃，家长如果不耐心纠正，而是急于求成、过于严厉，就会加重幼儿的紧张情绪，变得更加口吃。③ 其他因素。如强行矫正左利手、严重的疾病、情绪上的挫折等，造成说话重复、断断续续，使患儿心理压力过大，形成不良的条件反射。

（3）口吃的矫正。① 脱离口吃环境。尽量减少幼儿与口吃的人接触，减少幼儿模仿的机会。② 鼓励幼儿自由交谈发言。家长和教师，不要过分关注幼儿的口吃。教师应该尽量安排口吃的儿童多发言，并且阻止其他儿童嘲笑。③ 帮助幼儿树立自信。减轻幼儿的心理压力，让他们相信自己能够克服口吃。④ 唱歌、朗读等活动对口吃的幼儿具有很大的帮助，家长应该和儿童共同参与这些活动，帮助他们干预口吃。

（三）智力障碍的表现、原因及干预方法

智力障碍也可成为智力落后，指的是智力处于较低的水平，通常包括 IQ 分数较低和适应能力较差。

1. 智力障碍的表现

智力障碍者通常表现为感知不精确，注意和记忆困难，也不善于推理及判断，缺乏创造的能力，不能运用已获得的知识等。

2. 智力障碍的原因

（1）遗传。如果儿童的父母有智力障碍，那么该儿童与其他正常家庭的儿童相比，更易出现智力障碍。

（2）器质性遗传。包括：染色体病变，如唐氏综合征、代谢综合征，胎儿发育异常，胎儿通过母亲接触到了酒精或可卡因等毒素，营养不良，或者儿童早期的创伤，都有可能造成儿童智力障碍。

3. 智力障碍的干预方法[②]

（1）循序渐进法：此方法也可称为主题单元教学法。将各种课程围绕一个主题，分为若干个有顺序的小型学习单元，然后循序渐进地进行教学。

（2）诊疗教学法：也就是一对一的个别教学法。家长可根据教育诊断资料及特殊教育方案进行。

（3）任务分析：把智障儿童学习的目标任务分析成一连串小步骤的动作行为，让他循序渐进地学习每个小步骤，最终完成目标任务的学习。每学会一个小步骤，就立即给予其奖励。

（4）行为干预法：智障儿童往往伴有某些行为问题或特殊功能障碍，若按奖励学习原则对其行为进行

---

① 李红.幼儿心理学[M].北京：人民教育出版社，2007：416—418.
② 黄仁发，汤建南.儿童心理诊所[M].广州：花城出版社，2001：113—114.

干预,往往会取得较好的效果。

二、情绪问题

(一)学前儿童自卑心理的表现、原因与干预方法

1. 学前儿童自卑的表现

(1)自我评价较低。一些有自卑感的儿童总觉得自己"不能干""不如别人""不聪明"。

(2)人际交往紧张。自卑的儿童认为自己处处不如别人,因而与他人交往活动中,总会显得紧张。有的不敢在众人面前说话,上课从不举手回答问题;有的不愿参加集体游戏,即使参加也无主见,常常顺从别人。总之,他们害怕引起别人的注意,怕成为大家关注的焦点。

(3)不愿尝试新事物。自卑的儿童常常喜欢熟悉的环境和活动,对于未玩过的玩具和游戏会躲避,他们害怕有困难活动或任务,他们不相信自己能胜任它。

(4)对父母的依赖性强。对于一些由于家庭教育方式不得当,如过分溺爱、包办代替等导致自卑感强的儿童,他们在行为上较缺乏独立性,对父母有较强的依赖感,易形成懦弱、胆小、敏感、退缩等不良性格。

2. 学前儿童自卑的原因

(1)生理状况。一般而言,身体有残疾或明显缺陷的人易自卑,另外个人的身体素质、体形、长相都与自卑感的产生有关。如胖孩子不愿别人说他胖,丑孩子不愿别人说他丑。

(2)能力发展水平。在幼儿园里我们常看到幼儿能力发展各异的情况,有的擅长唱歌,有的擅长绘画,有的擅长弹琴,有的擅长舞蹈……当儿童认为自己在某些能力方面不如别人,甚至差距较大时,如果又缺乏老师或家长的正确评价和引导,儿童极易产生自卑。

(3)气质和性格特点。气质是人先天具有的心理特点。如果儿童形成了过分人性、依赖、退缩、脆弱等消极性格,则易引发自卑感。

(4)不良的家庭环境。过分溺爱和过分严厉的教养方式易导致孩子产生自卑感;单亲家庭儿童比正常家庭儿童自卑感强。

(5)教师的教育问题。儿童渴望成长,常常会主动去做一些自己认为能行的事情,因为缺乏经验,难免犯错误或失败,有的老师遇到这种情况就会训斥或责备孩子。他们没有看到孩子自身的主动性、积极性,没有给儿童留有探索的空间。在老师过分限制和压抑的教育下,儿童过多地服从权威,缺乏自信。

3. 学前儿童自卑的干预方法

(1)建立良好的教育环境。教育环境不仅包括物质环境,还包括精神环境,其中良好的师生关系、亲子关系、同伴关系是幼儿克服自卑的重要保证。

(2)帮助幼儿形成健康的自我意识。自卑儿童的自我评价常常是与实际不相符合的,他们过于看重自己的短处,而对自身的优势缺乏足够认识,而这种认识的产生与成人有密切关系。因此,教师和家长要高度重视对幼儿的评价,帮助他们形成健康的自我意识。

(3)家园结合,共同育儿。幼儿自卑心理的产生与家庭教育有着千丝万缕的联系,幼儿园应主动做好家长的教育工作,帮助他们创建良好的家庭教育环境。

(二)学前儿童的焦虑心理与干预方法

焦虑是一种较常见的情绪障碍,学前儿童的焦虑通常可分为分离焦虑和恐惧焦虑[1]。

1. 分离焦虑的表现、原因与干预

儿童的分离焦虑也称离别焦虑,是指发生在6岁以前,当与所依恋的人离别时产生的过度的、反复发作的苦恼和焦虑,常伴有躯体化症状。

(1)分离焦虑的表现。害怕所依恋的人会遭到伤害,或永远不回来;不愿独处,需有人陪伴;因害怕分离拒绝上幼儿园,反应十分强烈持久,行为表现为哭叫、发脾气、痛苦、淡漠或发生退缩,有些患儿还会有躯体化症状,如恶心、呕吐、头疼、胃疼、浑身不适等。

(2)分离焦虑的原因。① 遗传因素。焦虑症父母所生子女患焦虑症的比例较正常家庭高,家庭中有焦虑症病史,也会对后代产生一定影响。② 环境因素。父母不恰当的教养方式是幼儿产生分离焦虑障碍的重要因素。生活中突发的某些事件有时也会成为导致幼儿分离焦虑产生的直接原因。例如,父母离异,亲

---

① 龙吟,孙诚. 幼儿心理与行为透视[M]. 合肥:安徽人民出版社,2002:161—169.

人患病或亡故,自己在幼儿园受惊吓、受挫等。

(3) 分离焦虑的干预方法。① 家庭教育干预方法。分离焦虑障碍儿童的家庭应努力改善家庭教养方式,建立正常的亲子依恋,对儿童不溺爱不体罚,为儿童提供更多的户外活动和游戏,并尽可能保证家庭的和睦稳定。② 情感支持。教师、家长或心理医生应帮助患儿建立正确的认知,教会他们如何对待困难、挫折或环境的不适应,以及如何克服它们。③ 注意转移。即采用患儿喜爱的游戏或户外活动吸引他的注意力,使其关注并投入到活动中,降低对亲人的关注、依恋。④ 药物治疗。药物治疗并非适用于所有患儿。一般来说,若患儿躯体化反应强烈,饮食睡眠均不能正常进行,可考虑使用抗焦虑药物。但是药物治疗应该作为一种辅助手段,不能滥用。对待分离焦虑障碍儿童仍应以教育和心理辅导手段为主。

2. 恐惧焦虑的类型、原因与干预方法

幼儿恐惧症是一种焦虑障碍,是儿童对某些事物、情境或观念表现出不适当的、异常强烈的恐惧情绪。

(1) 幼儿恐惧焦虑的类型。通常我们将幼儿的恐惧症分为四类。① 动物恐惧症:指害怕特定的动物,如蛇、虫、猫、狗等。② 特殊境遇恐惧症:指对黑暗、登高、过桥、隔离场所等情境感到恐怖。③ 社交恐惧症:指害怕见陌生人,怕与人交往,常出现紧张、苦恼、眩晕、呕吐或颤抖。④ 入园恐惧症:指害怕上幼儿园,并伴有生理反应,如食欲不振、睡眠障碍及恶心、呕吐、腹泻、头痛等症状。

(2) 恐惧焦虑的原因。① 对特定对象缺乏了解。由于知识经验的局限,许多事物对幼儿来说都是陌生的,儿童并非真正了解它们,所以他们比成人有更多出自本能的害怕,如恐惧黑暗、巨大的声响、陌生的场景等。② 不恰当的联系和想象。幼儿的想象常与现实混淆,如果他们在头脑中想象出一幅恐怖情景,就会令他们自己感到十分恐惧。③ 成人的恐吓。许多家长在教育幼儿时,为了制止孩子的某些不当行为,常使用恐吓的手段。成人的恐吓会让幼儿感到世界到处充满危险,找不到安全感,而且还害怕父母遗弃他们,或不再喜欢他们。④ 挫折体验。一些有入园恐惧的儿童,常常偶在幼儿园的挫折体验,如被老师批评、遭同伴欺负、受到不公平对待、遇到意外损伤等,这些失败、挫折均可能使幼儿对幼儿园产生恐惧情绪,处理不当可发展成恐惧症。⑤ 父母的错误言行。父母是孩子的第一任教师,孩子从父母那里既能学到优点,也能学到缺点。家长不正确的认识和习惯也会潜移默化地影响孩子。⑥ 幼儿自身性格方面的缺陷。如过分胆小、害羞、内向、敏感等,也易引发恐惧症。

(3) 恐惧焦虑的干预方法。① 提高幼儿的认知水平。我们知道,幼儿的恐惧有的是源于错误的认知,因而提高其认识水平是降低恐惧的有效途径。② 培养积极、健康的情绪。恐惧症儿童的情绪大多是消极、退缩的,而积极、健康的情绪体验对他们的发展十分重要。③ 用事实消除恐惧。和孩子共同操作完成他认为恐惧的事情,用事实来证明恐惧实际上是不必要的,而且很多事情并非他原来想象的那样。④ 家长改变不当的教养方式。作为家长,要从日常生活中注意培养幼儿良好的性格品质,如乐观、坚强、开朗。不用恐吓的方法教育孩子,而且自己也给孩子做出良好的榜样。家长对患儿要有较强的耐心,积极配合医师对孩子的治疗工作。⑤ 系统脱敏法。系统脱敏法是当事人对某事物、某环境发生敏感反应时,同时发展起一种不相容的反应,使本来引起敏感反应的事物,不再发生敏感反应。⑥ 游戏治疗。游戏治疗由斯拉夫逊(S. R. Slavson)始创,根据儿童的记忆与幻想,询问儿童有关问题,借以了解儿童的心理冲突,从而治疗学校恐惧症或入园恐惧症。

三、品行问题

(一) 偷窃的表现、原因及干预方法

1. 偷窃的表现

偷窃不仅是一种品行问题,也是儿童青少年违法的重要表现之一。1~3 岁的婴儿由于不能完全分清"我的"和"别人的"东西,看见自己喜欢的就拿。不过,这还不算是偷窃,因为这么大的婴儿还没有"偷窃"概念,即还不知道"什么是偷窃",所以,对于学前儿童的偷窃行为要谨慎界定与评价,不能随意"扣帽子"。儿童有意识地窃取他人财物占为己有,才能算是偷窃。儿童开始偷窃的对象通常是父母、兄弟姐妹、同学或小伙伴。偷窃的动机多样,多数是为了满足私欲,如偷钱买糖吃或买玩具玩,少数偷别人心爱之物是为了报复对方。

2. 偷窃的原因

(1) 家庭教育不适当。父母袒护学前儿童拿别人东西的行为,甚至"表扬"孩子,"宝宝懂事,知道把东西往家里拿"。家长这种偏袒和不适当的强化等于鼓励孩子偷窃,孩子的胆量就会变得越来越大,慢慢就

会养成偷窃的习惯。

（2）以偷窃让他人担心来证明自己的价值。这是由社会角色认知错误造成的，一般来说这种儿童可能自卑或被忽视。

（3）受影视、书籍中的狭隘观念的影响，模仿影视作品中的角色行为，从而产生偷窃行为。

3. 偷窃的干预方法

对学前儿童偷窃行为的干预需要家庭、学校和社会的共同参与和努力。

（1）对于孩子的偷窃行为，父母要以正确的方式对待。发现孩子偷东西时不要大惊小怪，不要说他们是小偷，或者骂他们使家人丢脸，这些都无济于事。要严肃地跟孩子谈话，告诉他为什么不可以拿别人的东西，不要对孩子的偷窃行为不了了之。

（2）尽量满足孩子的心愿。如果孩子想要吃糖，父母不妨买一包糖满足他。父母如能帮助孩子达到心愿，孩子自然容易接受不可以偷窃的规矩。

（3）父母本身要有尊重所有权的观念。如果孩子知道没有人会乱动他的衣服玩具时，他就懂得不可以随便拿别人的东西。所以在家规里，最好规定拿别人的东西之前，一定要先得到对方的许可。通常孩子的权利越被尊重，孩子就越大方，也就懂得为什么偷窃是不好的行为。

（4）对偷窃癖患者，除了进行教育训练，还要结合心理治疗给予干预。可采用厌恶疗法和系统脱敏法，如强制偷窃者将"这不是我的东西，我不应该拿"这句话写上数百遍，使之对"拿人家的东西"产生厌恶感。

（二）说谎的表现、原因及干预方法

1. 说谎的表现

说谎是指幼儿有意或无意讲假话。年幼儿童由于认知能力较低，分不清自我与事物的真伪，常由无知而说谎。这常被视为天真幼稚，还不能定性为说谎。稍大的儿童常常为了满足自己的某些欲望而说谎，这就是一种品行问题。

2. 说谎的原因

（1）父母教育方式的不当。有的父母对儿童某些缺点采取过于粗暴的惩罚态度，使得他们为了逃避惩罚、取得父母欢心、获得某些奖励而说谎。

（2）特定的环境氛围。有些儿童由于环境氛围使之可从说谎中得到益处，常采用说谎的方式来达到自己的目的和愿望。

（3）说谎行为还可能会在一些病理状态下发生，如癔病性说谎、脑病引起的说谎、精神病性说谎等。

3. 说谎的干预方法

对于说谎的儿童如不加以干预，日后很难与社会环境相适应。所以要培养孩子诚实的性格品质，避免说谎。

（1）鼓励孩子说真话。父母要鼓励孩子表达自己真实的情感体验，无论这种体验是积极的还是消极的，都应按照孩子自己感受到的去说。有些儿童说谎可能是出于不信任，因此，父母应当向子女说明并以行动表明，如果孩子做错了什么事，他们是会给孩子以原谅的，从而杜绝孩子说谎的发生。

（2）父母要以身作则。父母平常应注意自己的言行一致，尤其要避免当着孩子的面撒谎。父母更不要以言语暗示或提示孩子说谎。

（3）正确使用强化与惩罚。对于说谎的儿童要给予适当的惩罚，对于孩子的诚实行为要给予强化。如果孩子说谎却获得好处，说真话却受到惩罚，那么孩子就会形成说谎的不良习惯。

（三）攻击性行为的表现、原因及干预方法

1. 攻击性行为的表现

攻击性行为一般以躯体攻击为主，言语攻击为辅。学前儿童大部分攻击行为是针对自己的父母，同时，也把小伙伴和教师作为其攻击对象。

2. 攻击性行为的原因

学前儿童产生攻击性行为的原因既有外因，又有内因。外因主要是家庭教育的不良。如果家长采取专制型教养方式，常常打骂孩子，就会使孩子得以模仿，也习惯采取暴力来解决问题；在溺爱型教养方式下，也容易使孩子形成攻击性行为。因为在这样的教养方式下，孩子会以自我为中心，不顾及别人，当自己的利益受到威胁时就会表现出攻击性行为。此外，当儿童最初表现出攻击或破坏性行为时，家长如果没有及时教育干预，实际上等于纵容和强化，这会加剧他们攻击性行为的发生。内因是儿童自身的人格因素，

如情绪冲动、自制力差等人格特征会使儿童更容易产生攻击性行为。

3. 攻击性行为的干预方法

（1）榜样示范法。将有攻击行为的儿童放在无攻击行为的儿童中，要他们向表现好的同伴学习，这可以减少其攻击行为，或者让他们看到其他有攻击行为儿童受到禁止或惩罚，也可起到同样效果。

（2）强化法。如果有攻击行为的儿童在规定时间内没有出现攻击行为，可适当对其进行奖励。

（3）消退法。对儿童的攻击行为不予过分关注，也可减少其攻击行为。

（4）暂时隔离法。即当儿童出现攻击行为时，让他暂时离开他感兴趣或喜欢的环境。

（四）破坏行为的表现、原因及干预方法

1. 破坏行为的表现

破坏行为是一种对象为物的侵犯性行为。一般表现为儿童经常恶作剧，故意损坏幼儿园或别人家的财物，并以此为乐。

2. 破坏行为的原因

（1）不良情绪的发泄。当幼儿情绪不好时，可能通过破坏性行为来发泄。

（2）对他人报复。有些儿童经常受到其他儿童的言语或身体欺负，自己又不敢正面反抗，便暗中搞些破坏行为来报复。

（3）显示自己"能干"。有的儿童认为搞破坏是很多儿童不敢做的，如果自己做了就证明很能干、很厉害。

3. 对破坏行为的干预方法

（1）对于为发泄情绪而产生破坏行为对儿童，家长既要关心安慰他们，还要严厉指出他们这种行为是不对的。

（2）对于报复性破坏的儿童，家长要帮助儿童学习社交技巧，并让他们知道搞破坏并不能解决问题。

（3）对于显示"能干"的儿童，家长要让儿童明白"能干"和"野蛮"的区别，搞破坏并不能表明自己很能干，而是一种野蛮行为。只有为大家做好事，才能得到大家的尊重和喜爱。

四、多动症

多动症是儿童期多动综合症的简称，又名注意缺陷与多动障碍或轻微功能失调。幼儿多动症是指幼儿表现出与其实际年龄和心理生理发育阶段明显不相称的、以活动过多为主要特征，以注意障碍为最突出表现的幼儿障碍[1]。

（一）多动症的表现

多动症儿童的心理和行为表现有下面几个特征。

1. 注意障碍

幼儿多动症最关键的症状是注意显著涣散，注意力不能集中，注意时间短，容易分心。

2. 活动过多

多动症患儿有的伴有多动，他们身上像装着马达一样，终日忙碌不停。

3. 任性冲动，情绪不稳

多动症幼儿常出现情绪不稳定、容易波动，忽高忽低。情感发展慢，不成熟。

4. 学习困难

由于多动症患儿注意力很难集中，且好动，因而影响了他们课堂上学习的效果和作业的及时完成，使得他们常常会出现学习困难。

5. 神经系统功能失调

一是感知缺陷，包括视觉、听觉、时间知觉等；二是记忆困难，记忆速度慢，容易遗忘；三是思维和想象力差，多动症反应的幼儿抽象思维的发展较缓慢，概括和推理能力较差，思维过程缺乏连贯性和稳定性，无意想象占优势，想象缺乏创造性。

6. 协调性差

动作笨拙，运动的协调性差；系扣子和鞋带时动作缓慢，容易出错。

---

① 龙吟，孙诚. 幼儿心理与行为透视[M]. 合肥：安徽人民出版社，2002：253.

（二）多动症发生的原因

关于儿童多动症发生的原因，目前认为主要有以下几方面的因素。

1. 遗传因素

从家族调查、双生子及寄养子的研究结果来看，一些患儿与遗传因素有关。

2. 神经生理学因素

中枢神经递质代谢缺陷导致自制能力不足，引起多动症的一系列症状。额叶功能失调也是导致多动症的原因之一。大脑额叶在抑制干扰方面起着重要作用，额叶的损伤导致注意力很容易分散，对无关刺激缺乏抑制。

3. 脑的因素

产前、围产期以及出生后各种原因所致轻微的脑损伤，影响神经系统的功能，可以导致幼儿注意力不集中和活动过度。此外，多动症幼儿的脑电图具有阵发性或弥散性 θ 波活动增加的特点，θ 波活动增多在睡眠时出现较多，显示多动症幼儿多有觉醒不足。

4. 进食因素

医学家们发现，含水杨酸过多的食品（如番茄、苹果等）、某些食品添加剂（如味精、某些食用色素等）以及高糖饮食都对多动症有影响。此外食入含铅、铝过多的食物（如油条、爆米花等）也可引起多动症。然而，这些关系还有待确定。

5. 心理社会因素

家庭、学校、社会的不良环境和不当的教养方式都有可能导致幼儿多动症的发生。

（三）多动症的干预方法

1. 感觉统合训练

包括"视、听、动"能力训练和注意力训练。可以通过走平衡木、拍球、荡秋千、跳绳等训练多动症幼儿的动作能力。

2. 教育引导

治疗幼儿多动症需要家长和老师的密切配合，对他们耐心地教育和管理，还要恰当运用以表扬、鼓励为主的方法，使患儿提高学习的自觉性，克服注意力涣散和多动的行为。多鼓励幼儿的恰当行为，而淡化惩罚违纪行为。

3. 合理饮食

儿童多动症与饮食营养关系密切，家长和教师要让孩子好好吃早饭，为他们准备多种食品，避免孩子挑食、偏食。

4. 药物治疗

中枢兴奋剂是治疗多动症首选的药物，能有效地改善患儿的多动、注意力不集中和冲动问题。但是，是否适用药物治疗以及如何服用，应根据患儿的病情和年龄状况遵医嘱。症状轻者、6 岁以下和 14 以上幼儿应尽量少用或不用中枢兴奋剂。

五、自闭症

自闭症是儿童自我意识发展障碍的精神症候，是广泛性发育障碍的一种亚型，起病于婴幼儿期，主要表现为不同程度的言语发育障碍、人际交往障碍、兴趣狭窄和行为方式刻板。约有 3/4 的患者伴有明显的精神发育迟滞，但是部分患儿在某方面具有较强的能力。

（一）自闭症的表现[1]

1. 社交交往方面的严重障碍

自闭症儿童因缺乏社会兴趣，对周围的人表现得很冷漠。他们不能建立伙伴关系，喜欢单独活动。对类似于亲近性的行为有很大攻击性。

2. 语言交往方面的障碍

很多自闭症幼儿终身有失语症或只能说极为有限的单词，其语言应用能力也很低。患儿在语言的声调、重音、速度、节律及音调等方面均可能表现出异常。

---

[1] 李红.幼儿心理学[M].北京：人民教育出版社，2007：434—435.

3. 兴趣和活动方面的狭隘、刻板和重复

自闭症幼儿常常在很长时间里专注于某种或几种游戏或活动,他们的兴趣和活动狭隘。自闭症患儿中普遍存在重复性肢体动作,如不断摇头等。

(二) 自闭症发生的可能原因

自闭症发生的真实原因目前还不能确定,通常认为下列原因可能导致儿童患自闭症。

1. 保育不当

自闭症主要是保育不当造成的。国外有人调查表明,这类孩子的父母大多是医生、艺术家、科学家等知识较丰富的人。他们由于工作比较忙,很少与孩子接触,缺乏亲子交流,家庭氛围比较冷漠。

2. 遗传因素

有研究表明,同卵双生子中,两个一起患自闭症的,占全部双生子对数的 36%;同卵双生子比异卵双生子的发病率高。

3. 怀孕期间的病毒感染

妇女怀孕期间可能得过麻疹或有流行性感冒等感染,使胎儿的脑部发育受损。

4. 新陈代谢疾病

如苯丙酮尿症等先天的新陈代谢障碍,造成脑细胞的功能失调和障碍,会影响脑神经信息传送的功能,而造成自闭症。

5. 脑伤

包括在怀孕期间窘迫性流产等因素而造成大脑发育不全,生产过程中早产、难产、新生儿脑伤,以及婴儿期因感染脑炎、脑膜炎等疾病造成脑部伤害等,都有可能增加患自闭症的机会。

(三) 自闭症的干预方法

对于自闭症的干预,目前有以下几种方法。

1. 药物治疗

药物常用的有舒必利、匹莫林等。

2. 行为教育方法

行为教育包括离散单元教法、自然教法、视觉教法、语言行为教育模式等。帮助患儿纠正异常行为,消除继发症状。

3. 家庭治疗

对于自闭症幼儿,家人要舒缓家庭压力,并且为他们创造合适的学习环境,对于孩子不会的技巧和行为,要帮助他们反复练习。同时,对自闭症患儿安排的活动要多样化。

4. 其他方法

对于自闭症的治疗可以用放松疗法和游戏疗法,还可以运用音乐疗法、感觉统合训练等,当然要视情况而定。

▶ **阅读书目**

1. 龙吟,孙诚. 幼儿心理与行为透视[M].合肥:安徽人民出版社,2002.
2. 李红. 幼儿心理学[M].北京:人民教育出版社,2007.

图书在版编目(CIP)数据

学前儿童发展心理学/刘万伦主编. —2 版. —上海：复旦大学出版社，2018.6(2023.7 重印)
普通高等学校学前教育专业系列教材
ISBN 978-7-309-13633-3

Ⅰ.学… Ⅱ.刘… Ⅲ.学前儿童-儿童心理学-发展心理学-幼儿师范学校-教材
Ⅳ.B844.12

中国版本图书馆 CIP 数据核字(2018)第 076716 号

学前儿童发展心理学(第 2 版)
刘万伦 主编
责任编辑/孙程姣

复旦大学出版社有限公司出版发行
上海市国权路 579 号 邮编：200433
网址：fupnet@ fudanpress.com http://www.fudanpress.com
门市零售：86-21-65102580 团体订购：86-21-65104505
出版部电话：86-21-65642845
杭州日报报业集团盛元印务有限公司

开本 890×1240 1/16 印张 14 字数 449 千
2023 年 7 月第 2 版第 8 次印刷

ISBN 978-7-309-13633-3/B·661
定价：48.00 元

融合型·新形态教材

普通高等学校学前教育专业系列教材

学前儿童发展心理学
形成性练习册 （第二版）

刘万伦 主编

学生姓名：＿＿＿＿＿＿

学　　号：＿＿＿＿＿＿

班　　级：＿＿＿＿＿＿

教师姓名：＿＿＿＿＿＿

复旦大学出版社

CONTENTS | 目 录

第1章　学前儿童发展心理学概述

一、选择题（每题 2 分，共 40 分）

1. 学前儿童发展心理学的研究对象是（　　）
   A. 儿童心理发展规律　　　　　　　B. 学前期儿童心理发展的特点与规律
   C. 个体心理发展的特点和规律　　　D. 个体心理的发生和发展规律

2. 发展心理学研究的时间段包括（　　）
   A. 0～6 岁　　　　　　　　　　　B. 0～18 岁
   C. 从出生到死亡　　　　　　　　　D. 从出生到成熟

3. 在发展心理学中，通常把儿童在某一年龄阶段所表现出来的一般的、典型的、本质的特征称为
   （　　）
   A. 年龄特征　　　　B. 心理特质　　　　C. 关键特征　　　　D. 典型特征

4. 科学儿童心理学的奠基者是（　　）
   A. 皮亚杰　　　　　B. 达尔文　　　　　C. 陈鹤琴　　　　　D. 普莱尔

5. 标志科学儿童心理学诞生的著作是（　　）
   A.《儿童心理学》　　　　　　　　　B.《一个婴儿的传略》
   C.《儿童心理之研究》　　　　　　　D.《儿童心理》

6. 学前儿童教育专著《母育学校》（1633 年）的作者是（　　）
   A. 卢梭　　　　　　B. 夸美纽斯　　　　C. 裴斯泰洛齐　　　D. 福禄贝尔

7. 法国启蒙思想家卢梭在教育方面的代表作是（　　）
   A.《理想国》　　　　　　　　　　　B.《林哈德与葛多德》
   C.《爱弥儿》　　　　　　　　　　　D.《母育学校》

8. 首先将幼儿学校命名为"幼儿园"的教育家是（　　）
   A. 福禄贝尔　　　　B. 蒙台梭利　　　　C. 普莱尔　　　　　D. 达尔文

9. 提出教育要适应自然的原则，还第一次提出"教学心理学化"思想，其代表作是《林哈德与葛多
   德》，这位教育家是（　　）
   A. 裴斯泰洛齐　　　　　　　　　　B. 赫尔巴特
   C. 卢梭　　　　　　　　　　　　　D. 杜威

10. 英国自然科学家达尔文根据对自己孩子心理发展的长期观察和记录，于 1876 年出版的婴幼儿
    心理发展的著作是（　　）
    A.《儿童心理学》　　　　　　　　　B.《一个婴儿的传略》
    C.《儿童心理之研究》　　　　　　　D.《儿童心理》

11. 1904 年，霍尔出版了《青少年：它的心理学及其生理学、人类学、社会学、性、犯罪、宗教和教育的
    关系》，将儿童心理研究的年龄扩展到（　　）
    A. 童年　　　　　　B. 少年　　　　　　C. 青年　　　　　　D. 青少年

12. 世界上第一本以发展心理学命名的著作《发展心理学概论》（1930 年）的作者是（　　）
    A. 霍尔　　　　　　B. 何林沃斯　　　　C. 普莱尔　　　　　D. 詹姆斯

13. 1957 年，美国《心理学年鉴》开始用"发展心理学"替代以前的"儿童心理学"，从此发展心理学研
    究领域开始注重人的毕生发展研究，发展心理学也被称为（　　）
    A. 生命全程发展心理学　　　　　　B. 个体发展心理学
    C. 年龄与教育心理学　　　　　　　D. 儿童发展心理学

14. 我国出版的第一本儿童心理学著作《儿童心理之研究》（1925 年）的作者是（　　）
    A. 陈鹤琴　　　　　B. 朱智贤　　　　　C. 王国维　　　　　D. 陈大齐

15. 1962 年朱智贤出版了代表当时我国儿童心理学研究成果的著作（　　）
    A.《儿童心理之研究》　　　　　　　B.《发展心理学》
    C.《思维发展心理学》　　　　　　　D.《儿童心理学》

16. 1879年,德国心理学家在莱比锡大学建立了世界上第一个心理学实验室,标志着心理学的正式独立,这位心理学家是( )
    A. 穆勒　　　　　B. 艾宾浩斯　　　　C. 布伦塔诺　　　　D. 冯特

17. 在自由资本主义时期许多教育家和心理学家都主张教育必须遵循儿童的"内在"生长法则,使之获得自然的、自由的发展。下列哪位不是持这种主张( )
    A. 卢梭　　　　　　　　　　　B. 福禄贝尔
    C. 裴斯泰洛齐　　　　　　　　D. 洛克

18. 在儿童心理学发展史上,有许多心理学家都是根据对自己孩子的观察记录整理出版了儿童心理学著作,下列哪个不属于这种著作( )
    A. 朱智贤的《儿童心理学》　　　　B. 达尔文的《一个婴儿的传略》
    C. 陈鹤琴的《儿童心理之研究》　　D. 普莱尔的《儿童心理》

19. 专门研究学前儿童心理发展的著作有许多,下列哪个不是( )
    A. 朱智贤的《儿童心理学》　　　　B. 达尔文的《一个婴儿的传略》
    C. 陈鹤琴的《儿童心理之研究》　　D. 普莱尔的《儿童心理》

20. 狭义的学前期是指( )
    A. 0～3岁　　　　　B. 0～6岁　　　　　C. 3～6岁　　　　　D. 5～6岁

二、简答题(每题10分,共60分)

1. 学前儿童发展心理学研究的具体内容包括哪几方面?
2. 为什么说普莱尔是科学儿童心理学的奠基者?
3. 列举西方五位著名的儿童心理学家及其代表作。
4. 列举我国三位著名的儿童心理学家及其代表作。
5. 谈谈如何学习学前儿童发展心理学。
6. 简述学前儿童发展心理学与发展心理学、儿童心理学的关系。

三、论述题(每题20分,共60分)

1. 举例说明学习学前儿童发展心理学的意义。
2. 试述学前儿童发展心理学研究的趋势。
3. 试述科学儿童心理学诞生的基础。

四、材料题(每题20分,共40分)

1. 阅读材料,回答问题。
   材料:
   　　4岁的女孩小红已经连续三天穿妈妈给她买的新花裙子而不愿意脱下来洗。妈妈说,裙子已经穿得很脏了,要脱下来洗一洗。可是小红就是不愿意,嘴上哼哼着,头摇得像拨浪鼓似的。妈妈有点儿生气了,说如果你不脱下来,下次就不给你买新衣服了,可是小红还是不干。这时妈妈真的生气了,就上去要强行把衣服脱下来。小红一边跑一边哭。这时,他们的邻居小张阿姨——小红的幼儿园老师正好走过来,看到这一幕,就走上前去。她蹲到小红的面前看着小红说道:"啊! 你的花裙子真漂亮! 是妈妈给你买的吗?"小红点了点头,心里有点儿得意。小张阿姨又问道:"你喜欢到外婆家去吗(小张阿姨知道小红喜欢去外婆家里,故意这么问)?"小红高兴地回答道:"愿意。"小张阿姨继续问道:"外婆一定很喜欢小红,是吗?"小红得意地说:"是的,外婆最喜欢我了。"说到外婆,小红已经把刚才妈妈强迫她脱衣服的不高兴抛到一边了。看到小红高兴起来,小张阿姨说道:"如果外婆看到小红穿着干净漂亮的花裙子,一定更喜欢小红了。把花裙子脱下来给妈妈洗干净,星期天穿上干净的花裙子让妈妈带你去外婆家好吗?"听到小张阿姨这么说,小红很乐意地说:"好。"并对妈妈说:"把花裙子洗干净,星期天我们到外婆家去吧。"妈妈笑着说:"好"。

   问题:
   (1)为什么小红不听妈妈的话,而听小张阿姨的话呢?(5分)
   (2)小红的妈妈和小张阿姨分别运用什么方法? 效果如何?(10分)

(3) 结合该事例说说学习学前儿童发展心理学的意义。(5分)

2. 阅读材料,回答问题。

材料:

　　在一所普通的幼儿园里,有位幼儿教师刚接一个新班,班上有一名幼儿是有名的"淘气包"。班上组织集体活动时,他要么满屋子乱跑,要么在地上乱爬,要么是钻到桌子底下,要么是爬到其他小朋友的座位旁边,使老师十分头疼。在一次音乐活动中,老师发现这个孩子节奏感非常强。在学习一段较难的按节奏谱拍手时,别人都没有拍对,唯独他拍得好。老师请他带小朋友拍,这时,他脸上立即表现诧异,当确认是请他时,他激动地站起来,把椅子都弄翻了。他紧张地看一看老师,见老师没有批评他的意思,于是走到老师身旁,认真地完成了任务。老师当众表扬了他,他高兴极了。从此,这个孩子突然地转变了,变得时时遵守规则、认真学习。慢慢地,这个"淘气包"变成了可爱的孩子。

问题:

(1) 分析这个"淘气包"变成可爱的孩子的原因。(7分)

(2) 运用儿童心理学原理分析老师改变这个"淘气包"的方法。(8分)

(3) 谈谈该事例给你的启示。(5分)

第2章 学前儿童发展心理学的研究方法

一、选择题（每题 2 分，共 40 分）

1. 在学前儿童发展心理学的研究任务中，描述和测量的任务主要是（   ）
   A. 确定"是什么"的问题　　　　　　　B. 探讨"为什么"的问题
   C. 探讨"怎样做"的问题　　　　　　　D. 确定"未来怎样"的问题

2. 在学前儿童发展心理学的研究任务中，揭示学前儿童心理发展的机制是探讨（   ）
   A. "是什么"的问题　　　　　　　　　B. "为什么"的问题
   C. "怎样做"的问题　　　　　　　　　D. "未来怎样"的问题

3. 关于学前儿童语言发展规律的研究属于（   ）
   A. 理论研究　　　　B. 应用研究　　　　C. 描述性研究　　　　D. 干预性研究

4. 关于如何促进婴幼儿语言发展的研究属于（   ）
   A. 理论研究　　　　B. 应用研究　　　　C. 描述性研究　　　　D. 因果性研究

5. 在学前儿童发展心理学研究中，课题的选择要根据研究者具备的主、客观条件，以保证所选课题保质保量地完成，这符合（   ）
   A. 科学性原则　　　　　　　　　　　B. 需要性原则
   C. 创造性原则　　　　　　　　　　　D. 可行性原则

6. 根据作者文章和书后所列的参考文献目录去追踪查找有关文献，这种方法是（   ）
   A. 顺查法　　　　　　　　　　　　　B. 追溯查找法
   C. 工具查找法　　　　　　　　　　　D. 目录索引查找法

7. 为了探讨学习成绩与自我效能感的关系，研究者在一个年级的成绩优秀者、中等者、较差者中各随机选取 10 名被试参加研究，这种取样方法是（   ）
   A. 简单随机取样法　　　　　　　　　B. 系统随机取样法
   C. 分层随机取样法　　　　　　　　　D. 整群随机取样法

8. 对因变量会产生影响但不是研究者感兴趣的变量被称为（   ）
   A. 自变量　　　　B. 无关变量　　　　C. 中介变量　　　　D. 机体变量

9. 为了研究儿童随年龄增长其追逐打闹游戏行为的变化，可分别对 3 岁、5 岁、7 岁儿童进行追逐打闹游戏的观察，通过不同年龄儿童的反应，探讨追逐打闹游戏发展的年龄趋势。这种研究设计属于（   ）
   A. 横向研究设计　　　　　　　　　　B. 纵向研究设计
   C. 聚合交叉研究设计　　　　　　　　D. 综合研究设计

10. 为了考察儿童慷慨行为的发展规律，提供给一组 4 岁的学前儿童对贫困儿童表现慈善的机会，并在这些儿童 6 岁、8 岁和 10 岁时再重复相同的实验来测量儿童的慷慨行为，探讨该行为随年龄而发生的变化。这种研究设计属于（   ）
    A. 横向研究设计　　　　　　　　　　B. 纵向研究设计
    C. 聚合交叉研究设计　　　　　　　　D. 综合研究设计

11. 假如要研究儿童假装游戏的发展，可分别对 2 岁、3 岁、4 岁的学前儿童进行以物代物的假装游戏的观察与测量；一年后再对这些被试进行第二次研究，两年后再进行第三次研究。这样，经过三年的追踪，获得了 2～6 岁儿童假装游戏发展的资料。这种研究设计是（   ）
    A. 横向研究设计　　　　　　　　　　B. 纵向研究设计
    C. 聚合交叉研究设计　　　　　　　　D. 混合研究设计

12. 有目的、有计划地注意儿童在日常生活、游戏、学习和劳动中的言语、表情和行为等表现，并根据这些表现分析儿童心理发展的规律和特征的一种研究方法，叫（   ）
    A. 观察法　　　　B. 实验法　　　　C. 访谈法　　　　D. 问卷法

13. 日记法或传记法也可以看成是（   ）
    A. 观察法　　　　B. 实验法　　　　C. 作品分析法　　　　D. 问卷法

14. 观察内容是统一设计的、有一定的结构的观察项目和要求,并严格按照观察结果进行数据处理得出结论,这种观察法是( )
    A. 自然观察法　　　　　　　　　　B. 实验观察法
    C. 结构观察法　　　　　　　　　　D. 非结构观察法

15. 通过操纵和控制儿童的活动条件,以发现由此引起的心理现象的有规律的变化,从而揭示特定条件与心理现象之间的联系,这种研究方法是( )
    A. 观察法　　　　B. 实验法　　　　C. 访谈法　　　　D. 问卷法

16. 在儿童的日常生活、游戏、学习和劳动等正常活动中,创设或改变某种条件,以引起并研究儿童心理的变化,这种研究方法是( )
    A. 自然观察法　　　　　　　　　　B. 实验观察法
    C. 自然实验法　　　　　　　　　　D. 实验室实验法

17. 通过分析学前儿童的绘画、手工、日记、作业等以了解其心理发展的方法是( )
    A. 观察法　　　　　　　　　　　　B. 测验法
    C. 作品分析法　　　　　　　　　　D. 问卷法

18. 按照统一的设计要求和有一定结构的访谈提纲而进行访谈,对选择访谈对象的标准和方法、访谈中提出的问题、提问的方式和顺序、被访谈者回答的方式、访谈记录的方式都有统一的要求,这种访谈是( )
    A. 结构访谈　　　B. 非结构访谈　　C. 半结构访谈　　D. 无结构访谈

19. 问卷中的问题虽然是统一的,但未列出任何可选择的答案,被试可根据自己的情况自由回答,这种问卷是( )
    A. 结构式问卷　　B. 封闭式问卷　　C. 开放式问卷　　D. 无结构访谈

20. 运用一套标准化量表,按照规定的程序,通过心理测量的手段来了解被试心理状况的方法,这是( )
    A. 考试法　　　　B. 心理测验法　　C. 作品分析法　　D. 问卷法

二、简答题(每题 10 分,共 60 分)

1. 一个好的研究假设应该符合什么标准?
2. 运用观察法研究学前儿童时应注意哪些问题?
3. 运用实验室实验法研究学前儿童心理时,应考虑到哪些问题?
4. 运用访谈法需要注意些什么?
5. 运用问卷法需要注意哪些问题?
6. 对学前儿童进行测验应注意哪些问题?

三、论述题(每题 20 分,共 60 分)

1. 试述学前儿童发展心理学研究的一般过程。
2. 试述研究设计的内容与意义。
3. 试述作品分析法在学前儿童心理发展研究中的意义。

四、材料题(每题 20 分,共 40 分)

1. 阅读材料,回答问题。
   材料:
   　　研究者为了解幼儿对男女的刻板印象,设计了 24 个问题让幼儿来评价他们对男性和女性的刻板印象。每个问题都是一个小故事,故事里面描写典型男性的形容词(如攻击性、强有力、粗暴)或描写典型女性的形容词(如情绪性、易激动),幼儿的任务是说出每个故事中所描述的是男性还是女性。研究结果发现,幼儿也能区分故事中所指的是男性还是女性,5 岁的孩子已经具备了有关性别角色刻板印象的不少知识。
   问题:
   (1) 该研究中运用什么研究方法?说出该研究方法的含义。(10 分)
   (2) 结合该例子说说这种研究方法的优缺点。(10 分)

2. 阅读材料,回答问题。

材料:

为了考察幼儿的合作意识和能力,一位幼儿教师有意识地把班里的孩子分成 4 人 1 组,要求他们玩只有合作才能完成的游戏任务,老师在暗中观察他们的表现。之后,对于合作意识和能力较差的组和同学,进行教育,要求他们合作,共同承担一定的任务,鼓励他们向表现好的同学学习。第二天,老师又要求他们玩同样的游戏,以探测教育的效果。结果发现,通过教育,完成任务的组明显增多,这说明教育可以增强幼儿的合作意识。

问题:

(1) 该研究中第一天和第二天各运用什么研究方法? 说出该研究方法的含义。(10 分)

(2) 结合该例子说说这两种研究方法的优缺点。(10 分)

第3章　儿童心理发展的主要理论流派

一、选择题（每题 2 分，共 40 分）

1. 行为主义的创始人是（　　）
   A. 桑代克　　　　B. 华生　　　　C. 斯金纳　　　　D. 巴甫洛夫

2. 行为主义者认为心理学研究的对象应该是（　　）
   A. 可观测的行为　　B. 意识　　　　C. 心理现象　　　D. 认知过程

3. 行为主义者认为学习的实质是（　　）
   A. 掌握知识技能　　　　　　　　B. 形成完整的人格
   C. 促进认知结构的改变　　　　　D. 形成 S－R 的联结

4. 环境决定论的代表人物是（　　）
   A. 桑代克　　　　B. 华生　　　　C. 斯金纳　　　　D. 高尔顿

5. 操作性条件反射的提出者是（　　）
   A. 桑代克　　　　B. 华生　　　　C. 斯金纳　　　　D. 巴甫洛夫

6. 只要老鼠按压杠杆就可以免除电击，通过尝试，老鼠逐渐学会通过不断按压杠杆以免除电击。这里免除电击对于按压杠杆是（　　）
   A. 正强化　　　　B. 负强化　　　　C. 正惩罚　　　　D. 负惩罚

7. 幼儿只要把玩具收拾好就可以获得看动画片的机会，这符合（　　）
   A. 替代性强化　　B. 负强化　　　　C. 普雷马克原理　　D. 习惯率

8. 看到同学买彩票中奖，你也想去买，这是（　　）
   A. 直接强化　　　B. 替代性强化　　C. 自我强化　　　D. 负强化

9. 班杜拉的三元交互作用理论强调观察者因素对学习的影响，其核心是重视（　　）
   A. 行为因素　　　B. 环境因素　　　C. 人为因素　　　D. 认知因素

10. 在弗洛伊德的人格结构中，弗洛伊德最为重视（　　）
    A. 本我的作用　　　　　　　　　B. 自我的作用
    C. 超我的作用　　　　　　　　　D. 意识的作用

11. 儿童表现出"恋父情结"或"恋母情结"的人格阶段是（　　）
    A. 口唇期　　　　　　　　　　　B. 肛门期
    C. 性器期　　　　　　　　　　　D. 生殖期

12. 关于影响人格发展的因素，相对于弗洛伊德，埃里克森更强调（　　）
    A. 生物因素　　　　　　　　　　B. 社会文化因素
    C. 自我因素　　　　　　　　　　D. 本我因素

13. 根据埃里克森的人格发展阶段理论，儿童早期（1～3 岁）发展的主要任务是（　　）
    A. 发展信任感，克服不信任感　　B. 获得自主感而克服羞怯和怀疑
    C. 获得主动感和克服内疚感　　　D. 获得勤奋感而克服自卑感

14. 根据埃里克森的人格发展阶段理论，学前期（3～6 岁）发展的主要任务是（　　）
    A. 发展信任感，克服不信任感　　B. 获得自主感而克服羞怯和怀疑
    C. 获得主动感和克服内疚感　　　D. 获得勤奋感而克服自卑感

15. 根据皮亚杰的发生认识论思想，知识来源于（　　）
    A. 动作　　　　　B. 思维　　　　C. 环境　　　　D. 图式

16. 关于儿童发展的实质和原因，皮亚杰是（　　）
    A. 既强调内因又强调发展　　　　B. 既强调外因又强调发展
    C. 强调内外因相互作用不强调发展　D. 强调内外因相互作用又强调发展

17. 儿童开始具有守恒概念的发展阶段是（　　）
    A. 感知运动阶段　　　　　　　　B. 前运算阶段
    C. 具体运算阶段　　　　　　　　D. 形式运算阶段

18. 在儿童高级心理发展过程中,维果茨基强调( )
   A. 成熟的作用
   B. 物理环境的作用
   C. 语言的作用
   D. 物质生产工具

19. 关于教学与发展的关系,维果茨基的观点是( )
   A. 教学要走在发展的前头
   B. 教学要走在发展的后头
   C. 教学要适应儿童的发展
   D. 教学难度越大对儿童的发展越有利

20. 下列哪个不是朱智贤的观点( )
   A. 强调内外因的相互作用
   B. 强调运用系统的观点研究心理学
   C. 强调在教育实践中研究发展心理学
   D. 认为儿童心理发展是由环境和教育决定的

二、简答题(每题10分,共60分)

1. 简述华生的儿童心理发展观。
2. 简述弗洛伊德的儿童人格发展阶段理论。
3. 简述维果茨基的教学发展观。
4. 简述班杜拉的社会学习理论对幼儿德育的意义。
5. 简述皮亚杰关于儿童认知发展的四个阶段。
6. 简述朱智贤关于心理发展基本问题的观点。

三、论述题(每题20分,共60分)

1. 试述斯金纳的强化理论在幼儿教育实践中的运用。
2. 比较与评价皮亚杰与维果茨基的认知发展观。
3. 比较与评价弗洛伊德与埃里克森的人格发展观。

四、材料题(每题20分,共40分)

1. 阅读材料,回答问题。

   材料:

   　　给我一打健康的儿童,在由我设计好的特定世界里把他们养育成人,我可以保证,无论其天赋、兴趣、能力、特长和他们祖先的种族等先天条件如何,能把他们都随机训练成任何一种类型的专家——医生、律师、艺术家、商人、政治家,当然也可以是乞丐、小偷。

   问题:

   (1) 这段话所体现的关于影响儿童发展的基本思想是什么?(5分)

   (2) 这段话所依据的是哪个心理学理论流派?其基本思想是什么?(8分)

   (3) 对这段话的基本理论观点进行评价。(7分)

2. 阅读材料,回答问题。

   材料:

   　　4岁女孩小红由于其肌肉的发展,对周围环境充满了好奇,喜欢到室外玩,不喜欢总在家里玩。同时,由于语言的发展,她还喜欢讲故事,喜欢问各种问题。

   问题:

   (1) 小红处于埃里克森所划分的人格发展阶段中的哪个阶段?该阶段人格发展的主要任务是什么?(10分)

   (2) 根据小红的人格发展特征,家长应该怎么做才能更好地促进其人格发展?(10分)

第4章 学前儿童发展的基本问题

一、选择题（每题2分，共40分）

1. 探讨个体从出生到成熟到衰老整个过程中心理的发生、发展与变化的历程，研究这方面的学科被称为是（　　）
   A. 人类心理学　　　　B. 民族心理学　　　　C. 发展心理学　　　　D. 儿童心理学

2. 从心理发展的内涵来看，个体心理发展包括（　　）
   A. 认知发展和个性社会性发展　　　　　　B. 身体发展和心理发展
   C. 认知发展和元认知发展　　　　　　　　D. 智力发展和情绪发展

3. 学前儿童的发展包括（　　）
   A. 认知发展和个性社会性发展　　　　　　B. 身体发展和心理发展
   C. 认知发展和元认知发展　　　　　　　　D. 智力发展和情绪发展

4. 狭义的学前期通常是指（　　）
   A. 0～3岁　　　　B. 1～3岁　　　　C. 3～6岁　　　　D. 1～6岁

5. 0～1岁被称为是（　　）
   A. 新生儿期　　　　B. 乳儿期　　　　C. 婴儿期　　　　D. 幼儿早期

6. 到某个年龄后，大部分婴儿的自我意识开始形成，有自己的意愿和想法，有时表现为"不听话"，即婴儿的独立意识开始出现。这个年龄大约是（　　）
   A. 1岁　　　　B. 1.5岁　　　　C. 2岁　　　　D. 4岁

7. 3～4岁幼儿的主要学习方式是（　　）
   A. 听老师说　　　　B. 自己阅读　　　　C. 合作　　　　D. 模仿

8. 儿童心理发展既有量变又有质变，这体现了儿童心理发展的（　　）
   A. 连续性与阶段性　　　　　　　　　　　B. 稳定性与可变性
   C. 普遍性与多样性　　　　　　　　　　　D. 不平衡性与个体差异性

9. 儿童的心理发展存在关键期，这说明了儿童心理发展具有（　　）
   A. 连续性与阶段性　　B. 稳定性与可变性　　C. 普遍性与多样性　　D. 不平衡性

10. 口语学习关键期是（　　）
    A. 0～2岁　　　　B. 1～3岁　　　　C. 3～5岁　　　　D. 4～6岁

11. 有的人观察力强，有的人记忆力强，有的人思维敏捷，有的人注意力稳定等，这体现了智力发展的（　　）
    A. 水平差异　　　　B. 类型差异　　　　C. 早晚差异　　　　D. 性别差异

12. 关于影响儿童心理发展的因素，下列哪种说法相对比较科学（　　）
    A. 儿童心理发展主要是由遗传决定的
    B. 儿童心理发展主要是由环境决定的
    C. 儿童心理发展一半由遗传决定一半由环境决定
    D. 儿童心理是在遗传与环境交互作用中形成与发展的

13. "龙生龙凤生凤，老鼠的儿子会打洞"这句话体现了（　　）
    A. 遗传决定论　　　　　　　　　　　　　B. 环境决定论
    C. 遗传与环境交互决定论　　　　　　　　D. 教育万能论

14. 美国心理学家霍尔认为"一两的遗传胜过一吨的教育"，这体现了（　　）
    A. 遗传决定论　　　　　　　　　　　　　B. 环境决定论
    C. 遗传与环境交互决定论　　　　　　　　D. 教育万能论

15. 为了能分离出遗传和环境对儿童心理发展的影响，心理学家采用（　　）
    A. 家谱调查法　　　　　　　　　　　　　B. 双生子爬梯实验
    C. 恒河猴隔离实验　　　　　　　　　　　D. 同卵双生子分开教养研究设计

16. 心理学家格塞尔的双生子爬梯实验结果说明（　　）

A. 遗传的作用　　　　B. 成熟的作用　　　　C. 环境的作用　　　　D. 训练的作用

17. 恒河猴隔离实验结果和孤儿院的儿童心理发展资料说明（　　　）

A. 早期生活经验对儿童心理发展的影响　　　B. 生活环境对儿童心理发展的影响

C. 母亲对儿童心理发展的影响　　　　D. 同伴对儿童心理发展的影响

18. 对儿童心理发展可能会产生积极影响的教养方式是（　　　）

A. 民主型　　　　　　B. 专制型　　　　　　C. 忽视型　　　　　　D. 溺爱型

19. 一般来说,幼儿园对幼儿心理发展的作用是（　　　）

A. 正向的　　　　　　　　　　　　　　　B. 负向的

C. 可能是正向的,也可能是负向的　　　　D. 无所谓正向或负向

20. 社会与成人向儿童提出的要求所引起新的需要与儿童原有的心理发展水平之间的矛盾是（　　　）

A. 儿童心理发展的外部条件　　　　　　B. 儿童心理发展的根本动力

C. 儿童心理发展的必要条件　　　　　　D. 儿童心理发展的充分条件

二、简答题（每题 10 分,共 60 分）

1. 简述学前儿童身心发展的趋势。

2. 简述儿童心理发展的稳定性与可变性对幼儿教育的意义。

3. 简述儿童心理发展的关键期对早期教育的启示。

4. 简述儿童心理发展的差异性对教育的要求。

5. 如何看待幼儿园在儿童心理发展中的作用?

6. 简述家庭教养方式对幼儿心理发展的影响。

三、论述题（每题 20 分,共 60 分）

1. 试论述影响儿童心理发展的因素。

2. 试论述儿童心理发展的基本特征和规律。

3. 比较遗传与环境对儿童心理发展的影响。

四、材料题（每题 20 分,共 40 分）

1. 阅读材料,回答问题。

材料:

　　在我国北方的一些地区,有一种沙袋育儿的方法,即把出生不久的孩子放入一个盛有细沙的布袋中喂养,以沙土代替尿布,一天换一次沙土。平时孩子就卧在沙袋内,每天除了按时给他喂奶外,既不抱他也不管他,并尽量减少对他的任何刺激和感官训练,也不允许别人去逗引他。经过一段时间这样的喂养,孩子变得不哭不闹,十分安静。这样喂养一年、一年半或两年,最后脱去沙袋,稍加训练,便可学会走路。这种育儿方式对于父母来说既省时间又省精力,但是不利于婴儿身心健康发展,养育出来的儿童智力一般比较低下。

问题:

（1）试根据影响儿童心理发展的因素来解释沙袋育儿失效的原因。（8 分）

（2）谈谈早期生活经验对婴儿心理发展的影响。（7 分）

（3）结合该事例谈谈早期教育的重要性。（5 分）

2. 阅读材料,回答问题。

材料:

　　1920 年,在印度的加尔各答发现一个"狼孩",大约 8 岁,取名卡玛拉,由专家辛格进行照料和教育。卡玛拉刚被发现时,用四肢爬行,用双手和膝盖着地休息,吃生肉,怕光、怕水,白天卷曲在墙角睡觉,晚上活跃,夜间号叫,生活习性与狼一样。经过辛格教授的教育和训练,卡玛拉两年学会了站立,四年学会了 6 个单词,六年学会了直立行走,七年学会了 45 个单词,同时学会了用手吃饭,用杯子喝水,到 17 岁去世时,她的心理发展水平大约相当于 3～4 岁儿童的心理发展水平。

问题:

（1）试根据影响儿童心理发展的因素来解释卡玛拉的"狼的心理"的形成。（10 分）

（2）为什么辛格专家花费了九年教育训练,卡玛拉的心理发展水平只有 3～4 岁?（10 分）

第5章　学前儿童身体和动作的发展

一、选择题(每题 2 分,共 40 分)

1. 衡量骨骼系统发育的一个最好的指标是(　　)
   A. 骨骺　　　　　　B. 骨龄　　　　　　C. 牙齿　　　　　　D. 肌肉

2. 小肌肉群开始迅速发育的年龄是(　　)
   A. 2 岁　　　　　　B. 3 岁　　　　　　C. 4 岁　　　　　　D. 5~6 岁

3. 在幼儿期快速生长,到青春期逐渐退缩的身体器官组织是(　　)
   A. 大脑　　　　　　B. 神经系统　　　　C. 淋巴系统　　　　D. 生殖系统

4. 到 3 岁时,儿童脑的重量大约是(　　)
   A. 390 克　　　　　B. 790 克　　　　　C. 1 010 克　　　　D. 1 280 克

5. 神经纤维的髓鞘化基本完成的时期是(　　)
   A. 婴儿期　　　　　B. 幼儿末期　　　　C. 学龄期　　　　　D. 少年期

6. 幼儿大脑随着年龄增长而逐渐发育成熟,大脑皮层发育成熟的正确顺序是(　　)
   A. 枕叶,颞叶,顶叶,额叶　　　　　　　B. 枕叶,顶叶,颞叶,额叶
   C. 颞叶,枕叶,顶叶,额叶　　　　　　　D. 枕叶,颞叶,额叶,顶叶

7. 皮质抑制机能是大脑皮质机能发展的重要指标,内抑制机能开始蓬勃发展的年龄是(　　)
   A. 2 岁　　　　　　B. 3 岁　　　　　　C. 4 岁　　　　　　D. 5 岁

8. 标志新生儿心理发展的是(　　)
   A. 儿童的本能　　　　　　　　　　　　B. 儿童的生理成熟
   C. 条件反射的形成　　　　　　　　　　D. 儿童感知觉的发生

9. 幼儿动作的发展遵循一定的发展规律,通常头、颈、上端的动作的发展要先于下端动作的发展,这体现的发展规律是(　　)
   A. 近远规律　　　　　　　　　　　　　B. 大小规律
   C. 首尾规律　　　　　　　　　　　　　D. 整体到局部规律

10. 儿童的动作发展具有一定的阶段性,基础动作阶段是指(　　)
    A. 条件反射动作　　　　　　　　　　　B. 精细动作
    C. 粗大动作和精细动作　　　　　　　　D. 专门化动作

11. 粗大动作技能是幼儿产生大动作的身体能力,能开始单足跳跃的年龄大约是(　　)
    A. 2 岁　　　　　　B. 3 岁　　　　　　C. 4~5 岁　　　　　D. 6 岁

12. 儿童开始画画,但是画的人是蝌蚪式的年龄是(　　)
    A. 2~3 岁　　　　　B. 3~4 岁　　　　　C. 4~5 岁　　　　　D. 5~6 岁

13. 儿童开始能模仿写出数目字和笔画简单字的年龄是(　　)
    A. 2~3 岁　　　　　B. 3~4 岁　　　　　C. 4~5 岁　　　　　D. 5~6 岁

14. 意志有三个特征,其中表现出对行动的自觉调节和支配的特征是(　　)
    A. 预定目标　　　　　　　　　　　　　B. 意识调节
    C. 克服困难　　　　　　　　　　　　　D. 意志动作

15. 意志行动包括两个阶段,其中体现意志强弱的阶段是(　　)
    A. 准备阶段　　　　　　　　　　　　　B. 执行阶段
    C. 确定目标阶段　　　　　　　　　　　D. 权衡动机阶段

16. 当儿童看到一个小物体,伸手想抓,但双手总是在物体周围打转,那么幼儿处于手眼协调发展阶段是(　　)
    A. 动作混乱阶段　　　　　　　　　　　B. 无意抚摸阶段
    C. 手眼不协调的抓握　　　　　　　　　D. 手眼协调能力

17. 幼儿意志行动比较成熟的时期是(　　)
    A. 1 岁　　　　　　B. 3 岁　　　　　　C. 4 岁　　　　　　D. 5 岁

18. 学前期是行动目的形成的时期,幼儿会在成人的要求中完成任务的时期处于( )

    A. 缺乏明确目的   B. 成人引导目标

    C. 形成自觉目的   D. 形成明确目的

19. 幼儿既不想上幼儿园,又不想一个人在家里待着,但必须选择其一。这种内心冲突被称为( )

    A. 双趋冲突   B. 双避冲突

    C. 趋避冲突   D. 多重趋避冲突

20. 幼儿坚持性发展的关键年龄是( )

    A. 3 岁   B. 3～4 岁   C. 4～5 岁   D. 5～6 岁

二、简答题(每题 10 分,共 60 分)

    1. 简述学前儿童大脑结构的发展。

    2. 举例说明学前儿童精细动作的发展。

    3. 简述学前儿童动作发展规律。

    4. 简述学前儿童意志行动发展的特点。

    5. 简述学前儿童眼手协调的发展。

    6. 简述学前儿童大脑机能的发展。

三、论述题(每题 20 分,共 60 分)

    1. 影响儿童身体发展的因素有哪些?该如何保证儿童身体的健康发展?

    2. 试述学前儿童动作发展阶段及特征,谈谈如何促进学前儿童动作发展?

    3. 试论述如何培养学前儿童良好的意志品质。

四、材料题(每题 20 分,共 40 分)

    1. 阅读材料,回答问题。

    材料:

        4 岁的苗苗不喜欢任何形式的大肌肉运动,如荡秋千、玩滑梯、骑三轮车等。即使在户外运动时间,苗苗还是喜欢听老师讲故事。苗苗进入幼儿园半年以来,她一直坚决拒绝使用任何大肌肉运动器械,她喜欢自由地参与其他活动。

    问题:

    (1) 幼儿期是儿童粗大动作发展的关键期,那么幼儿粗大动作是怎样发展的呢?(10 分)

    (2) 如果你是苗苗的老师,你怎样帮助苗苗进行户外运动呢?(10 分)

    2. 阅读材料,回答问题。

    材料:

        现在的家长,在孩子很小的时候就会给他们设立各种类型的目标,如"希望孩子以后能够读复旦大学","希望孩子以后能够孝顺父母"等。这些都是父母对孩子的美好期望,因此很多家长在不经意间就会对孩子提出很多要求。

    问题:

    针对上述情况,请你谈谈幼儿意志行动中行动目的的形成过程,以及在幼儿不同的阶段成人应该怎样帮助儿童更好地发展?(20 分)

第6章　学前儿童认知发展

一、**选择题**（每题 2 分，共 40 分）

1. 较小婴儿所具有的距离知觉是（　　）
   A. 以运动觉为主
   B. 以视觉为主
   C. 以听觉为主
   D. 以经验为主

2. 人生最早出现的认识过程是（　　）
   A. 思维　　　　　B. 想象　　　　　C. 感知觉　　　　　D. 注意

3. 幼儿晚期的思维是（　　）
   A. 以直觉动作思维为主
   B. 以抽象逻辑思维为主
   C. 以自我中心性为主
   D. 以具体形象思维为主

4. 4 岁幼儿有意注意的时间可达（　　）
   A. 3～5 分钟左右
   B. 10 分钟左右
   C. 15 分钟左右
   D. 20 分钟左右

5. 关于幼儿记忆的年龄特征不正确的是（　　）
   A. 记得快忘得也快
   B. 语词记忆占优势
   C. 较多运用机械记忆
   D. 容易混淆

6. 一小孩认为她所看到的一些小虫都是同一条小虫，根据皮亚杰的认知发展阶段理论，该幼儿处于（　　）
   A. 感知运动阶段
   B. 前运算阶段
   C. 具体运算阶段
   D. 形式运算阶段

7. 反映幼儿记忆发展中最重要的质的飞跃的是（　　）
   A. 有意识记的发展
   B. 无意识记的发展
   C. 机械记忆的发展
   D. 意义记忆的发展

8. 当人从暗处走到明处，在最初一瞬间，会感到耀眼，什么都看不清，经过几秒钟，才恢复正常。这种现象在心理学上被称为（　　）
   A. 明适应
   B. 暗适应
   C. 同时对比
   D. 继时对比

9. 关于学前儿童注意的发展，正确的说法是（　　）
   A. 定向性注意随年龄的增长而占据越来越重要的地位
   B. 有意注意的发展先于无意注意的发展
   C. 定向性注意的发生先于选择性注意的发生
   D. 选择性注意范围的扩大，定向性注意的范围缩小

10. 眼手-视触协调出现的主要标志是（　　）
    A. 抓握反射
    B. 伸手能够抓到东西
    C. 手的无意性抚摸
    D. 无意的触觉活动

11. 艾宾浩斯的遗忘曲线表明，在学习后遗忘进程最快的时间期限是（　　）
    A. 31 天内　　　　B. 6 天内　　　　C. 1 天内　　　　D. 20 分钟内

12. "视觉悬崖"是用来测查婴儿的（　　）
    A. 深度知觉　　　B. 方位知觉　　　C. 大小知觉　　　D. 形状知觉

13. 1 岁至 1 岁半儿童使用的句型主要是（　　）
    A. 单词句　　　　B. 电报句　　　　C. 简单句　　　　D. 复合句

14. 创造思维的核心是（　　）
    A. 形象思维　　　B. 发散思维　　　C. 辐合思维　　　D. 直觉思维

15. 幼儿词汇中使用频率最高的是（　　）
    A. 代词　　　　　B. 名词　　　　　C. 动词　　　　　D. 语气词

16. 标志幼儿心理发展的质变是（　　）

    A. 感知觉的发生　　　B. 记忆的发生　　　C. 注意的发生　　　D. 思维的发生

17. 儿童后学习的英文字母对先前学习的汉语拼音会产生干扰作用,这种现象在心理学上被称为（　　）

    A. 超限抑制　　　　B. 倒摄抑制　　　　C. 外抑制　　　　D. 前摄抑制

18. 小班幼儿往往对某个故事百听不厌,其原因主要是（　　）

    A. 以想象过程为满足　　　　　　　B. 想象的内容零散

    C. 想象受情绪影响　　　　　　　　D. 想象具有夸张性

19. 不属于3～6岁儿童记忆特点的是（　　）

    A. 无意识记效果随年龄不断增长　　　B. 无意识记效果优于有意识记

    C. 相对较多地采用理解记忆　　　　　D. 意义识记效果优于机械识记

20. 下列属于言语过程的是（　　）

    A. 听故事　　　　　B. 练习打字　　　　C. 弹琴　　　　D. 练声

二、简答题（每题10分,共60分）

1. 幼儿观察力发展主要表现在哪些方面?

2. 学前儿童记忆发展有哪些特点?

3. 5～6岁儿童想象发展的特点是怎样的?

4. 幼儿句型发展的趋势是什么?

5. 学前儿童感知发展的主要阶段有哪些?

6. 简述学前儿童注意发展的特点。

三、论述题（每题20分,共60分）

1. 试述学前儿童思维发展的一般趋势。

2. 试述注意在学前儿童心理发展中的作用及其实际运用。

3. 试述学前儿童概念发展的特点。

四、材料题（每题20分,共40分）

1. 阅读材料,回答问题。

    材料:

        婷婷是个幼儿园中班的孩子。一天她拿起纸和笔画画,画之前她自言自语地说:"我想画小猫咪。"先画了猫头、猫耳朵,再画猫眼。然后画了条线,说这是草地,在上面画了绿草小花,接着又画了只兔子。边画边说:"哎呀,不像不像!像什么呀?像小火车。"这时她又突然想起来:"小猫还没嘴呢! 也没画胡子。"于是又画了起来。

    问题:

    (1) 婷婷的画画行为,揭示了幼儿想象的什么特点? 为什么?（10分）

    (2) 谈谈如何培养幼儿的有意想象。（10分）

2. 阅读材料,回答问题。

    材料:

        在一次语言活动中,某教师给幼儿讲"小猫钓鱼"的故事。为了加深幼儿对故事的理解,教师利用活动玩具"猫"和"鱼"作为教具。她一边绘声绘色地讲解故事的情节,一边演示活动的教具,同时伴随相关的轻音乐。

    问题:

    请用感知觉规律理论对这次教学活动进行分析和评价。（20分）

第7章 学前儿童情绪情感发展

一、选择题(每题2分,共40分)

1. 认为新生儿有三种主要情绪,即怕、怒、爱的研究者是( )
   - A. 伊扎德
   - B. 华生
   - C. 林传鼎
   - D. 布里奇斯

2. 下面哪个不属于林传鼎的情绪分化理论阶段( )
   - A. 系统化阶段
   - B. 泛化阶段
   - C. 综合化阶段
   - D. 分化阶段

3. 下列不属于儿童情绪发展一般趋势的是( )
   - A. 社会化
   - B. 自我调节化
   - C. 易感化
   - D. 丰富和深刻化

4. 3岁前儿童情绪反应的主要动因是( )
   - A. 生理需要
   - B. 社会需要
   - C. 身心需要
   - D. 生存需要

5. 2～3岁年幼的儿童,不太在意小朋友是否和他共玩,而小朋友的孤立以及成人的不理,特别是误会、不公正对待、批评等,幼儿会特别在意。这体现了儿童情绪情感的( )
   - A. 易感化
   - B. 自我调节化
   - C. 深刻化
   - D. 丰富化

6. 布里奇斯的情绪分化理论认为婴儿分化出快乐、痛苦两种情绪的年龄是( )
   - A. 3个月
   - B. 6个月
   - C. 12个月
   - D. 18个月

7. 从3岁开始,幼儿陆续产生了同情、尊重、爱等20多种情感,同时一些高级情感开始萌芽,如道德感、美感。该内容出自林传鼎情绪分化理论的( )
   - A. 系统化阶段
   - B. 分化阶段
   - C. 泛化阶段
   - D. 综合化阶段

8. 编制面部肌肉运动和表情模式测查系统的人物是( )
   - A. 布里奇斯
   - B. 林传鼎
   - C. 伊扎德
   - D. 华生

9. 幼儿在哪个阶段能够识别愤怒表情( )
   - A. 小班
   - B. 中班
   - C. 大班
   - D. 学前班

10. 陌生人表示友好的面孔,可以引起3～4个月婴儿的微笑,但可能引起婴儿惊奇或恐惧表情的大约是( )
    - A. 5～6个月
    - B. 7～8个月
    - C. 9～10个月
    - D. 11～12个月

11. 下列哪一个不属于幼儿情绪自我调节化( )
    - A. 情绪的冲动性逐渐减少
    - B. 情绪的稳定性逐渐提高
    - C. 情绪的持续性逐渐降低
    - D. 情绪情感从外显到内隐

12. 婴儿对社会性物体和非社会性物体的反应不同,人的出现,包括人脸、人声,最容易引起婴儿的笑,即婴儿开始出现"社会性微笑"的年龄是( )
    - A. 3周
    - B. 4周
    - C. 5周
    - D. 6周

13. 幼儿怕黑、怕坏人属于( )
    - A. 预测性的恐惧
    - B. 与知觉和经验相联系的恐惧
    - C. 本能的恐惧
    - D. 怕生

14. 婴儿进一步对母亲的存在特别关切,特别愿意和母亲在一起,当母亲离开时,哭喊着不让离开,别人不能替代使婴儿快活。同时,只要母亲在身边,婴儿能安心玩,探索周围环境,好像母亲是其安全基地。这属于依恋的哪一阶段( )
    - A. 无差别的社会反应阶段
    - B. 有差别的社会反应阶段
    - C. 特殊的情感联结阶段
    - D. 目标调整的伙伴关系阶段

15. 中班幼儿常常"告状",这种行为表示幼儿具有( )
    - A. 道德感
    - B. 理智感
    - C. 正义感
    - D. 价值感

16. 理智感是由于是否满足认识的需要而产生的体验,幼儿具有理智感大约( )
    - A. 3岁
    - B. 4岁
    - C. 5岁
    - D. 6岁

17. 学前儿童高级情感不包括下列哪项（　　）

    A. 价值感　　　　　B. 道德感　　　　　C. 美感　　　　　D. 理智感

18. 小班幼儿的道德感往往是由成人的评价而引起的，主要指向（　　）

    A. 他人行为　　　　B. 群体行为　　　　C. 父母　　　　　D. 个别行为

19. 根据埃斯沃斯的陌生人情境实验研究的结果，有类儿童当母亲在时表现非常焦虑；当与母亲分离后则非常忧伤；当母亲回来后其试图留在母亲身边，但对母亲的接触又表示反抗。这类儿童对母亲的依恋属于（　　）

    A. 安全型　　　　　B. 回避型　　　　　C. 依赖型　　　　　D. 反抗型

20. 下列哪项不属于婴儿的笑（　　）

    A. 自主性的笑　　　　　　　　　　　B. 自发性的笑

    C. 反射性的诱发笑　　　　　　　　　D. 社会性的诱发笑

二、简答题（每题10分，共60分）

1. 简述林传鼎情绪分化理论的三个阶段。

2. 简述学前儿童情绪发展的一般趋势。

3. 简述婴幼儿依恋的四个阶段。

4. 简述学前儿童高级情感的发展。

5. 试述学前儿童良好情绪的培养。

6. 简述儿童情绪社会化的特点。

三、论述题（每题20分，共60分）

1. 比较布里奇斯和林传鼎情绪分化理论。

2. 针对儿童情绪的自我调节化这一特点谈如何培养儿童的良好情绪。

3. 试述儿童道德感、理智感和美感的培养。

四、材料题（每题20分，共40分）

1. 阅读材料，回答问题。

材料：

    一个3岁的小女孩丁丁，不愿意上幼儿园。每次妈妈送她到幼儿园快离开时，丁丁总是又哭又闹。但当妈妈转身离开后，丁丁又很快和幼儿园的小朋友高兴地玩起来。妈妈担心自己离开后丁丁会继续哭闹就又回去看丁丁，丁丁见到妈妈后又抓住妈妈手不放，哭着闹着要跟妈妈在一起。

问题：

(1) 丁丁的行为说明幼儿情绪的一个什么特点？简要说明这一特点。（10分）

(2) 丁丁妈妈的担心是否必要？她怎么做才是对的？为什么？（10分）

2. 阅读材料，回答问题。

材料：

    小晴今年三岁，特别喜欢吃糖，在睡觉前也要非吃糖不可，妈妈跟她解释睡觉前吃糖会长蛀牙，但是小晴不听，很大声地哭起来，还在床上打滚。妈妈生气地大喊："再哭我就打你！"小晴不但没有停止哭叫，反而情绪更加激动，一直不停哭。

问题：

请你分析一下引导儿童情绪控制的方法。（20分）

第8章　学前儿童个性社会性发展

一、**选择题**(每题 2 分,共 40 分)

1. 幼儿的攻击性行为(　　)
   A. 不存在性别的差异,也没有年龄的差异
   B. 不存在性别的差异,但有年龄的差异
   C. 存在明显的性别差异
   D. 存在性别差异,但不太明显

2. 个体最早表现出来的个性心理特征是(　　)
   A. 个性　　　　　　B. 气质　　　　　　C. 能力　　　　　　D. 性格

3. 游戏时,一个幼儿尽管拥有游戏所需的玩具材料,但如果同伴拒绝与其共同游戏,他会很不快乐。这是因为没有满足他的(　　)
   A. 生理需要　　　　　　　　　　　B. 安全和保障的需要
   C. 求知的需要　　　　　　　　　　D. 交往和友爱的需要

4. 下列属于胆汁质特点的是(　　)
   A. 有耐性　　　　　　B. 易冲动　　　　　　C. 活泼　　　　　　D. 好交际

5. 表现出"精力旺盛,易感情用事,反应速度快但不灵活"特征的气质类型是(　　)
   A. 胆汁质　　　　　　B. 多血质　　　　　　C. 黏液质　　　　　　D. 抑郁质

6. 培养勇于进取、豪放的品质,防止任性、粗暴,这些教育措施主要是针对(　　)
   A. 胆汁质的孩子　　　　　　　　　B. 多血质的孩子
   C. 黏液质的孩子　　　　　　　　　D. 抑郁质的孩子

7. 攻击性行为产生的最直接原因主要是(　　)
   A. 父母的惩罚　　　B. 榜样　　　　　　C. 强化　　　　　　D. 挫折

8. 幼儿期性格的最典型特点是(　　)
   A. 模仿性强　　　　　B. 喜欢交往　　　　　C. 好奇好问　　　　　D. 活泼好动

9. 个性调节系统的核心是(　　)
   A. 需要　　　　　　　B. 自我意识　　　　　C. 兴趣　　　　　　D. 内部动机

10. 对幼儿来说,影响同伴关系的主要因素有(　　)
    A. 玩具和交往方式　　　　　　　　B. 游戏内容和方法
    C. 言语表达和主动性　　　　　　　D. 外表及个人性格

11. 对黏液质的孩子,应着重(　　)
    A. 防止粗枝大叶,虎头蛇尾　　　　B. 培养勇于进取、豪放的品质
    C. 培养积极探索精神及踏实、认真的特点　　　D. 防止任性、粗暴

12. 幼儿道德发展的核心问题是(　　)
    A. 亲子关系的发展　　　　　　　　B. 性别角色的发展
    C. 亲社会行为的发展　　　　　　　D. 社交技能的发展

13. 某儿童活泼好动、反应迅速灵活、善交际、兴趣广泛而不稳定,由此可推断他的气质基本属于(　　)
    A. 胆汁质　　　　　　B. 多血质　　　　　　C. 黏液质　　　　　　D. 抑郁质

14. 气质对智力的影响作用表现在(　　)
    A. 能影响潜能的高低　　　　　　　B. 能影响"最近发展区"的大小
    C. 能影响智力活动的方式　　　　　D. 能影响智力的可变性

15. 人格系统中最重要的组成部分是(　　)
    A. 兴趣　　　　　　　B. 自我意识　　　　　C. 气质　　　　　　D. 能力

16. 在性别角色发展的过程中,5 岁的孩子可能发生的事情是(　　)
    A. 知道自己的性别　　　　　　　　B. 有明显的自我中心

C. 认为男孩子穿裙子也很好　　　　　　D. 认为男孩要胆大,女孩要文静

17. 与身体发展、认知发展共同构成儿童发展三大方面的是( )
    A. 亲社会行为的发展　　　　　　　　B. 同伴关系的发展
    C. 兴趣的发展　　　　　　　　　　　D. 社会性发展

18. 下列哪项不是评价幼儿社会交往态度的主要根据( )
    A. 与教师的交往　　　　　　　　　　B. 与父母的交往
    C. 与小朋友的交往　　　　　　　　　D. 与陌生人的交往

19. 儿童亲社会行为产生的基础是( )
    A. 自我意识　　　　B. 态度　　　　C. 认知　　　　D. 移情

20. 儿童个性形成的开始时期是( )
    A. 0～1 岁　　　　B. 1～3 岁　　　　C. 3～6 岁　　　　D. 6～12 岁

二、简答题(每题 10 分,共 60 分)

1. 简述学前儿童兴趣发展的特征。
2. 简述儿童自我认识发展的内容和特点。
3. 简述儿童亲社会行为的影响因素。
4. 父母是怎样对幼儿性别角色和行为产生影响的?
5. 简述马斯洛的需要层次理论。
6. 简述学前儿童观点采择能力发展的阶段及相应内容。

三、论述题(每题 20 分,共 60 分)

1. 试论述学前儿童能力发展的特点与培养方式。
2. 试论述学前儿童性格发展的特点及如何塑造。
3. 试论述学前儿童攻击性行为形成的原因与矫正方法。

四、材料题(每题 20 分,共 40 分)

1. 阅读材料,回答问题。
   材料:
   　　幼儿园小班上计算课,作业内容是手口一致地点数"2"。老师讲完后,带小朋友一起练习。老师问一个小朋友:"你数一数,你长了几只眼睛?"小朋友回答:"长了 3 只。"年轻老师一时生气,就说:"长了 4 只呢。"那小朋友也跟着说:"长了 4 只呢。"老师说:"长了 5 只。"那小朋友又说:"长了 5 只。"老师气得直跺脚,大声说:"长了 8 只。"小朋友也跟着猛一跺脚说:"长了 8 只。"老师忍不住笑了起来,那小朋友还以为对了,也咧开嘴天真地笑了。
   问题:
   (1) 案例中小朋友表现出什么样的心理特点? (10 分)
   (2) 教师做法对吗? 请做简要分析。(10 分)

2. 阅读材料,回答问题。
   材料:
   　　郑强是某幼儿园大班的孩子,在该幼儿园里,他是出了名的"身强体壮"的顽皮鬼,和其他小朋友矛盾不断,今天上午又挨了老师的一顿狠批。事情是这样的:前几天,郑强所在的班刚转来了一个小朋友李明,李明个子也比较高,这样,郑强和李明成为该班仅有的两个"高个"。郑强主动找李明一块玩,可李明不太喜欢动,尤其不爱和郑强这样风风火火的孩子玩。今天上午刚到班里,郑强又找李明教他"玩魔术",李明不同意,这样郑强就动起手来……在老师眼中,郑强总是这样:总是主动和小朋友接触,可好景不长,一来二去,也就没人愿和他玩了。然而,他自己仍别出心裁地玩得有滋有味。
   问题:
   (1) 郑强的行为及他和小朋友们的关系说明了什么? 请用幼儿社会性发展的有关知识回答。(10 分)
   (2) 这种儿童的表现是什么? 怎样帮助他处理好和伙伴的关系?(10 分)

第9章 学前儿童的差异心理与教育

一、选择题（每题 2 分，共 40 分）

1. 根据传统的智力观，智力的核心成分是（　　）
   - A. 创造力
   - B. 抽象概括能力
   - C. 观察力
   - D. 记忆力

2. 下列不属于加德纳的多元智力理论中的智力类型是（　　）
   - A. 音乐智力
   - B. 空间智力
   - C. 内省智力
   - D. 操作智力

3. 不爱与人交往、有孤独感，动作显得缓慢、单调、深沉的特征属于（　　）
   - A. 胆汁质
   - B. 多血质
   - C. 黏液质
   - D. 抑郁质

4. 学前儿童自我意识的发展主要表现在（　　）
   - A. 自我控制的发展
   - B. 自我调节的发展
   - C. 自我评价的发展
   - D. 自我体验的发展

5. 学前儿童自我评价的特点不包括（　　）
   - A. 依从性
   - B. 独立性
   - C. 被动性
   - D. 表面性

6. 人身体的协调、平衡能力以及用身体表达思想、情感的能力和动手的能力都属于（　　）
   - A. 空间智能
   - B. 运动智能
   - C. 动作智能
   - D. 社交智能

7. 关于个体对自己所作所为的看法和态度，包括对自己存在以及自己对周围的人或物的关系的意识是（　　）
   - A. 自我意识
   - B. 自我感觉
   - C. 自我知觉
   - D. 自我认识

8. 幼儿期自我意识的发展不包括（　　）
   - A. 自我评价
   - B. 自我体验
   - C. 自我调控
   - D. 自我认同

9. 平时活动比较悠闲轻松，适应性强，心情愉快，对刺激的反应强度在低到中等之间，能建立起比较有规律的吃饭和睡眠习惯，对新的规矩、食物或人适应很快的儿童属于（　　）
   - A. 容易型
   - B. 困难型
   - C. 逃避型
   - D. 迟缓型

10. 下列选项中不属于不良的亲子互动类型的是（　　）
    - A. 拒绝型
    - B. 支配型
    - C. 过度保护型
    - D. 放任自由型

11. 在一定程度上说，儿童个性的成熟的标志是（　　）
    - A. 自我意识的成熟
    - B. 气质特征的稳定
    - C. 能力倾向的形成
    - D. 个性倾向性的表现

12. 某儿童活泼好动、反应迅速灵活、善交际、兴趣广泛而不稳定，由此可推断他的气质属于（　　）
    - A. 胆汁质
    - B. 多血质
    - C. 黏液质
    - D. 抑郁质

13. 红楼梦中的林黛玉属于哪种气质类型（　　）
    - A. 胆汁质
    - B. 多血质
    - C. 黏液质
    - D. 抑郁质

14. 表现在人对现实的态度和行为方式的比较稳定的独特的心理特征的总和是（　　）
    - A. 气质
    - B. 性格
    - C. 兴趣
    - D. 能力

15. 培养勇于进取、豪放的品质，防止任性、粗暴，这些教育措施主要是针对（　　）
    - A. 胆汁质的孩子
    - B. 多血质的孩子
    - C. 黏液质的孩子
    - D. 抑郁质的孩子

16. 下列各项中，不是用来描述个性的词是（　　）
    - A. 自私自利
    - B. 心胸狭窄
    - C. 相貌出众
    - D. 宽容大度

17. 目前对创造力和智力的关系较为一致的看法是（　　）
    - A. 智力高者必定有高创造性
    - B. 高创造性者智力未必高
    - C. 高智力是高创造性的必要而非充分条件
    - D. 高智力是高创造性的充分必要条件

18. 智力存在性别差异,下列选项中哪个不恰当(　　　　)

    A. 男女智力水平差异不大　　　　　　B. 智力差异体现在言语能力上

    C. 男女在空间想象力上存在差异　　　D. 女生的语言能力比男生强

19. 场独立性儿童不具备的特点是(　　　　)

    A. 善于抓住问题的关键　　　　　　　B. 喜欢与同伴合作学习

    C. 擅长学习数学与自然科学方面的知识　　　D. 喜欢有自己思维空间

20. 根据脑功能的研究,区分同时性和继时性认知风格者是(　　　　)

    A. 达斯　　　　　B. 托马斯　　　　　C. 卡根　　　　　D. 普莱尔

二、简答题(每题10分,共60分)

1. 简述儿童智力发展性别差异的具体表现。

2. 简述加德纳多元智力结构理论。

3. 分述学前儿童场独立性与场依存性的特点。

4. 简述托马斯气质分类。

5. 简述学前儿童自我评价的特点。

6. 简述低常儿童的心理特点。

三、论述题(每题20分,共60分)

1. 论述学前儿童智力发展的差异。

2. 论述学前儿童个性发展差异的表现。

3. 论述如何根据学前儿童的个性差异因材施教。

四、材料题(每题20分,共40分)

1. 阅读材料,回答问题。

材料:

    琳琳有一双美丽的大眼睛,楚楚动人,但个性内向,各方面能力都很弱。一次,在班里开展"好朋友"主题活动,琳琳的"朋友树"上挂着好多好朋友的名字,老师问琳琳,你的好朋友是谁?琳琳说明明,可明明却说:"我不是琳琳的好朋友。"琳琳又说嘟嘟是她的好朋友,嘟嘟又说:"我不是琳琳的好朋友"……琳琳一连说了好几个小朋友的名字,小朋友都否定了。

问题:

(1) 为什么班里的小朋友不愿做琳琳的好朋友? (7分)

(2) 教师该如何帮助琳琳呢? 举例说明。(8分)

(3) 结合该事例谈谈你的观点。(5分)

2. 阅读材料,回答问题。

材料:

    贝贝是一个6岁的男孩。他妈妈是个有心人,把贝贝从4岁半至5岁半提出的问题做了详细的记录,共得4 000多个问题,而且涉及面非常广泛。他妈妈也是个兴趣爱好广泛的人,对孩子的提问总是很认真地对待,并鼓励孩子提问。老师评价说,贝贝知识面广,是一个非常聪明的孩子。

问题:

(1) 根据案例分析贝贝智力发展的突出特点是什么? (5分)

(2) 家长和教师该如何正确地促进贝贝的发展。(10分)

(3) 谈谈该事例给你的启示。(5分)

第10章 学前儿童身心发展过程中易出现的问题及相应干预方法

一、选择题(每题 2 分,共 40 分)

1. 下列选项中不属于学前儿童易出现的心理问题是(　　)
   A. 肥胖症　　　　　B. 自闭症　　　　　C. 社交恐惧症　　　D. 多动症

2. 下列不属于学前儿童睡眠障碍的选项是(　　)
   A. 睡眠不安　　　　B. 夜惊　　　　　　C. 梦魇　　　　　　D. 做梦

3. 幼儿对食物表现出缺乏兴趣,没有食欲,进食量少,是一种什么样的饮食障碍(　　)
   A. 贪食症　　　　　B. 神经性厌食　　　C. 异食癖　　　　　D. 偏食

4. 下列不属于认知发展障碍的选项是(　　)
   A. 感觉统合失调　　　　　　　　　　　B. 语言发展障碍
   C. 焦虑症　　　　　　　　　　　　　　D. 智力障碍

5. 幼儿害怕特定的动物,如蛇、虫、猫、狗等,可能是患有(　　)
   A. 特殊境遇恐惧症　　　　　　　　　　B. 社交恐惧症
   C. 动物恐惧症　　　　　　　　　　　　D. 入园恐惧症

6. 学前儿童品行问题,包括哪些(　　)
   A. 偷窃　　　　　　B. 说谎　　　　　　C. 破坏行为　　　　D. 以上都是

7. 如果学前儿童表现出对很轻微或别人通常无感觉的刺激,在情绪和行为上表现出强烈、过度的反应。他们不喜欢与别人接触或到人多的地方。这表明儿童可能患有(　　)
   A. 视觉系统失调　　　　　　　　　　　B. 听觉系统失调
   C. 触觉系统失调　　　　　　　　　　　D. 前庭感觉失调

8. 学前儿童发育迟缓的原因不包括(　　)
   A. 营养不足　　　　B. 遗传　　　　　　C. 甲低　　　　　　D. 饮食过量

9. 下列不属于学前儿童易出现的身体问题是(　　)
   A. 口吃　　　　　　B. 发育迟缓　　　　C. 肥胖症　　　　　D. 智力障碍

10. 下列不属于多动症的主要表现的是(　　)
    A. 注意障碍　　　　B. 单独活动　　　　C. 活动过多　　　　D. 学习困难

11. 下列不属于学前儿童自卑心理的主要表现的是(　　)
    A. 自我评价较低　　　　　　　　　　　B. 人际交往紧张
    C. 活动过多　　　　　　　　　　　　　D. 对父母依赖性强

12. 通常发生在非快眼动时相(NREM)或入睡后不久,患儿突然尖叫、哭闹,表情惊恐,双眼直视或紧闭,该症状为(　　)
    A. 睡眠不安　　　　B. 夜惊　　　　　　C. 入睡困难　　　　D. 梦魇

13. 如果幼儿表现为偏嗜异物,如报纸、泥土等,甚至一见到所喜欢嗜食的异物,便不顾一切地往嘴里塞。则该现象最有可能是(　　)
    A. 异食癖　　　　　B. 神经性厌食　　　C. 恋物癖　　　　　D. 贪食

14. 幼儿在阅读时会出现读书跳行,抄题目时常会看错,生活中经常在找东西,这说明该幼儿出现了(　　)
    A. 前庭感觉失调　　　　　　　　　　　B. 视觉系统失调
    C. 触觉系统失调　　　　　　　　　　　D. 本体感觉失调

15. 学前儿童分离焦虑表现为(　　)
    A. 不愿独处　　　　B. 拒绝上幼儿园　　C. 怕与人交往　　　D. A 和 B

16. 当事人对某事物、某环境发生敏感反应时,同时发展起一种不相容的反应,使本来引起敏感反应的事物,不再发生敏感反应。该方法为(　　)
    A. 系统脱敏法　　　B. 循序渐进法　　　C. 行为矫正法　　　D. 游戏治疗

17. 发现孩子偷窃行为,家长应该(　　)
    A. 大惊小怪
    B. 骂孩子是小偷
    C. 觉得丢人
    D. 严肃的跟孩子谈话,以正确的方式对待

18. 对学前儿童偷窃行为的干预需要(　　)
    A. 家庭的努力
    B. 学校的努力
    C. 社会的努力
    D. 家庭、学校、社会的共同参与和努力

19. 将有攻击行为的儿童放在无攻击行为的儿童中,可以减少其攻击行为,或者让他们看到其他有攻击行为儿童受到禁止或惩罚,也可起到同样作用。该方法为(　　)
    A. 强化法
    B. 榜样法
    C. 消退法
    D. 暂时隔离法

20. 如果幼儿表现为注意障碍,活动过多,学习困难等,则该症状极有可能为(　　)
    A. 多动症
    B. 自闭症
    C. 焦虑症
    D. 恐惧症

二、简答题(每题 10 分,共 60 分)

1. 简述幼儿发育迟缓的症状表现及干预方法。
2. 简述幼儿肥胖的原因及干预方法。
3. 简述幼儿焦虑的类型及其表现。
4. 简述感觉统合失调的表现。
5. 简述幼儿攻击行为的矫正方法。
6. 简述如何教育和训练有智力障碍的儿童。

三、论述题(每题 20 分,共 60 分)

1. 试论述学前儿童自闭症的表现、产生原因及干预方法。
2. 试论述学前儿童语言障碍的表现、产生原因及干预方法。
3. 试论述学前儿童说谎行为的原因以及干预方法。

四、材料分析(每题 20 分,共 40 分)

1. 阅读材料,回答问题。
   材料:
   　　5 岁的小明在幼儿园经常为了抢夺玩具与小朋友发生冲突,有时甚至对小朋友有拳打脚踢等攻击性行为,在幼儿园其他人都躲着他,很不受小朋友欢迎。
   问题:
   请分析小明产生攻击性行为的可能原因,并指出矫正方法。(20 分)

2. 阅读材料,回答问题。
   材料:
   　　幼儿园开学了,小(2)班的一名小朋友上课时不是坐不住,就是随便说话,乱动别的小朋友;午休时,别的小朋友都睡觉了,就他自己怎么也不去睡,非要玩玩具。老师怎样劝说他也不听,爸爸妈妈也拿他没办法。
   问题:
   请分析该小朋友所表现出的症状特征,并分析其原因,指出其干预的方法。(20 分)

模 拟 试 卷（1）

一、选择题（每题 2 分，共 20 分）

1. 科学儿童心理学的奠基者是（　　）

    A. 皮亚杰　　　　　　B. 达尔文　　　　　　C. 陈鹤琴　　　　　　D. 普莱尔

2. 在学前儿童发展心理学的研究任务中，描述和测量的任务主要是（　　）

    A. 确定"是什么"的问题

    B. 探讨"为什么"的问题

    C. 探讨"怎样做"的问题

    D. 确定"未来怎样"的问题

3. 到某个年龄后，大部分婴儿的自我意识开始形成，有自己的意愿和想法，有时表现为"不听话"，即婴儿的独立意识开始出现。这个年龄大约是（　　）

    A. 1 岁　　　　　　　　　　　　B. 1.5 岁

    C. 2 岁　　　　　　　　　　　　D. 4 岁

4. 只要老鼠按压杠杆就可以免除电击，通过尝试，老鼠逐渐学会通过不断按压杠杆以免除电击。这里免除电击对于按压杠杆是（　　）

    A. 正强化　　　　　　　　　　　B. 负强化

    C. 正惩罚　　　　　　　　　　　D. 负惩罚

5. 到 3 岁时，儿童脑的重量大约是（　　）

    A. 390 克　　　　　　　　　　　B. 790 克

    C. 1 010 克　　　　　　　　　　D. 1 280 克

6. 幼儿晚期的思维是（　　）

    A. 以直觉动作思维为主　　　　　B. 以抽象逻辑思维为主

    C. 以自我中心性为主　　　　　　D. 以具体形象思维为主

7. 从 3 岁开始，幼儿陆续产生了同情、尊重、爱等 20 多种情感，同时一些高级情感开始萌芽，如道德感、美感。该内容出自林传鼎情绪分化理论的（　　）

    A. 系统化阶段　　　　　　　　　B. 分化阶段

    C. 泛化阶段　　　　　　　　　　D. 综合化阶段

8. 攻击性行为产生的最直接原因主要是（　　）

    A. 父母的惩罚　　　　　　　　　B. 榜样

    C. 强化　　　　　　　　　　　　D. 挫折

9. 根据传统的智力观，智力的核心成分是（　　）

    A. 创造力　　　　　　　　　　　B. 抽象概括能力

    C. 观察力　　　　　　　　　　　D. 记忆力

10. 下列选项中不属于学前儿童易出现的心理问题是（　　）

    A. 肥胖症　　　　　　　　　　　B. 自闭症

    C. 社交恐惧症　　　　　　　　　D. 多动症

二、简答题（每题 10 分，共 20 分）

11. 列举西方五位著名的儿童心理学家及其代表作。

12. 简要说明婴幼儿依恋的四个阶段。

三、论述题(每题 20 分,共 20 分)

13. 试论述注意在学前儿童心理发展中的作用及其实际运用。

四、材料题(每题 20 分,共 40 分)

14. 阅读材料,回答问题。

材料:

给我一打健康的儿童,在由我设计好的特定世界里把他们养育成人,我可以保证,无论其天赋、兴趣、能力、特长和他们祖先的种族等先天条件如何,能把他们都随机训练成任何一种类型的专家——医生、律师、艺术家、商人、政治家,当然也可以是乞丐、小偷。

问题:

(1) 这段话所体现的关于影响儿童发展的基本思想是什么?(5 分)

(2) 这段话所依据的是哪个心理学理论流派?其基本思想是什么?(8 分)

(3) 对这段话的基本理论观点进行评价。(7 分)

15. 阅读材料,回答问题。

材料:

郑强是某幼儿园大班的孩子,在该幼儿园里,他是出了名的"身强体壮"的顽皮鬼,和其他小朋友矛盾不断,今天上午又挨了老师的一顿狠批。事情是这样的:前几天,郑强所在的班刚转来了一个小朋友李明,李明个子也比较高,郑强和李明成为该班仅有的两个"高个"。郑强主动找李明一块玩,可李明不太喜欢动,尤其不爱和郑强这样风风火火的孩子玩。今天上午刚到班里,郑强又找李明教他"玩魔术",李明不同意,郑强就动起手来……在老师眼中,郑强总是这样:主动和小朋友接触,可好景不长,一来二去,也就没人愿意和他玩了。然而,他自己仍别出心裁地玩得有滋有味。

问题:

(1) 郑强的行为及他和小朋友们的关系说明了什么?请用幼儿社会性发展的有关知识回答。(10 分)

(2) 这种儿童的表现是什么?怎样帮助他处理好和伙伴的关系?(10 分)

模　拟　试　卷 (2)

一、选择题(每题2分,共20分)

1. 发展心理学研究的时间段包括(　　)

　　A. 0～6 岁

　　B. 0～18 岁

　　C. 从出生到死亡

　　D. 从出生到成熟

2. 关于学前儿童语言发展规律的研究属于(　　)

　　A. 理论研究　　　　　　　　　　B. 应用研究

　　C. 描述性研究　　　　　　　　　D. 干预性研究

3. 3～4 岁幼儿的主要学习方式是(　　)

　　A. 听老师说　　　　　　　　　　B. 自己阅读

　　C. 合作　　　　　　　　　　　　D. 模仿

4. 看到同学买彩票中奖,你也想去买,这是受到(　　)

　　A. 直接强化　　　　　　　　　　B. 替代性强化

　　C. 自我强化　　　　　　　　　　D. 负强化

5. 幼儿大脑随着年龄增长而逐渐发育成熟,大脑皮层发育成熟的正确顺序是(　　)

　　A. 枕叶,颞叶,顶叶,额叶

　　B. 枕叶,顶叶,颞叶,额叶

　　C. 颞叶,枕叶,顶叶,额叶

　　D. 枕叶,颞叶,额叶,顶叶

6. 一小孩认为她所看到的一些小虫都是同一条小虫,根据皮亚杰的认知发展阶段理论,该幼儿处于(　　)

　　A. 感知运动阶段　　　　　　　　B. 前运算阶段

　　C. 具体运算阶段　　　　　　　　D. 形式运算阶段

7. 陌生人表示友好的面孔,可以引起3～4个月婴儿的微笑,但可能引起婴儿惊奇或恐惧表情的大约是(　　)

　　A. 5～6 个月　　　　　　　　　　B. 7～8 个月

　　C. 9～10 个月　　　　　　　　　D. 11～12 个月

8. 培养勇于进取、豪放的品质,防止任性、粗暴,这些教育措施主要是针对(　　)

　　A. 胆汁质的孩子

　　B. 多血质的孩子

　　C. 黏液质的孩子

　　D. 抑郁质的孩子

9. 下列不属于加德纳的多元智力理论中的智力类型是(　　)

　　A. 音乐智力　　　　　　　　　　B. 空间智力

　　C. 内省智力　　　　　　　　　　D. 操作智力

10. 幼儿对食物表现出缺乏兴趣,没有食欲,进食量少,是一种什么样的饮食障碍(　　)

　　A. 贪食症　　　　　　　　　　　B. 神经性厌食

　　C. 异食癖　　　　　　　　　　　D. 偏食

二、简答题(每题 10 分,共 20 分)

11. 对学前儿童进行心理测验应注意哪些问题?

12. 简述影响儿童攻击性行为的因素。

三、论述题(每题 20 分,共 20 分)

13. 如何对学前儿童因材施教?

四、材料题(每题 20 分,共 40 分)

14. 阅读材料,回答问题。

材料:

在一次语言活动中,某教师给幼儿讲"小猫钓鱼"的故事。为了加深幼儿对故事的理解,教师利用活动玩具"猫"和"鱼"作为教具。她一边绘声绘色地讲解故事的情节,一边演示活动的教具,同时伴随相关的轻音乐。

问题:

请用感知觉规律理论对这次教学活动进行分析和评价。(20 分)

15. 阅读材料,回答问题。

材料:

一个 3 岁的小女孩丁丁,不愿意上幼儿园。每次妈妈送她到幼儿园快离开时,丁丁总是又哭又闹。但当妈妈转身离开后,丁丁又很快和幼儿园的小朋友高兴地玩起来。妈妈担心自己离开后丁丁会继续哭闹就又回去看丁丁,丁丁见到妈妈后又抓住妈妈手不放,哭着闹着要跟妈妈在一起。

问题:

(1) 丁丁的行为说明幼儿情绪的一个什么特点? 简要说明这一特点。(10 分)

(2) 丁丁妈妈的担心是否必要? 她怎么做才是对的? 为什么?(10 分)

模 拟 试 卷 (3)

一、选择题(每题 2 分,共 20 分)

1. 标志科学儿童心理学诞生的著作是(　　)
   A.《儿童心理学》
   B.《一个婴儿的传略》
   C.《儿童心理之研究》
   D.《儿童心理》

2. 为了探讨学习成绩与自我效能感的关系,研究者在一个年级的成绩优秀者、中等者、较差者中各随机选取 10 名被试参加研究,这种取样方法是(　　)
   A. 简单随机取样法　　　　　　　　B. 系统随机取样法
   C. 分层随机取样法　　　　　　　　D. 整群随机取样法

3. 儿童心理发展既有量变又有质变,这体现了儿童心理发展的(　　)
   A. 连续性与阶段性
   B. 稳定性与可变性
   C. 普遍性与多样性
   D. 不平衡性与个体差异性

4. 在弗洛伊德的人格结构中,弗洛伊德最为重视(　　)
   A. 本我的作用　　　　　　　　　　B. 自我的作用
   C. 超我的作用　　　　　　　　　　D. 意识的作用

5. 皮质的内抑制机能是大脑皮质机能发展的一个重要指标,内抑制机能开始蓬勃发展的年龄是(　　)
   A. 2 岁　　　　　　　　　　　　　B. 3 岁
   C. 4 岁　　　　　　　　　　　　　D. 5 岁

6. “视觉悬崖”是用来测查婴儿的(　　)
   A. 深度知觉　　　　　　　　　　　B. 方位知觉
   C. 大小知觉　　　　　　　　　　　D. 形状知觉

7. 婴儿对社会性物体和非社会性物体的反应不同,人的出现,包括人脸、人声最容易引起婴儿的笑,即婴儿开始出现“社会性微笑”的年龄是(　　)
   A. 3 周　　　　　　　　　　　　　B. 7 周
   C. 5 周　　　　　　　　　　　　　D. 9 周

8. 对幼儿来说,影响同伴关系的主要因素有(　　)
   A. 玩具和交往方式　　　　　　　　B. 游戏内容和方法
   C. 言语表达和主动性　　　　　　　D. 外表及个人性格

9. 平时活动比较悠闲轻松,适应性强,心情愉快,对刺激的反应强度在低到中等之间,能建立起比较有规律的吃饭和睡眠习惯,对新的规矩、食物或人适应很快的儿童属于(　　)
   A. 容易型　　　　　　　　　　　　B. 困难型
   C. 逃避型　　　　　　　　　　　　D. 迟缓型

10. 下列不属于认知发展障碍的选项是(　　)
    A. 感觉统合失调　　　　　　　　　B. 语言发展障碍
    C. 焦虑症　　　　　　　　　　　　D. 智力障碍

二、简答题（每题 10 分，共 20 分）

11. 谈谈儿童心理发展的关键期对早期教育的启示。

12. 简述儿童智力发展性别差异的具体表现。

三、论述题（每题 20 分，共 20 分）

13. 论述幼儿的气质对幼儿心理活动和行为发展具有怎样十分重要的意义。

四、材料题（每题 20 分，共 40 分）

14. 阅读材料，回答问题。

材料：

为了考察幼儿的合作意识和能力，一位幼儿教师有意识地把班里的孩子分成 4 人 1 组，要求他们玩只有合作才能完成的游戏任务，老师在暗中观察他们的表现。之后，对于合作意识和能力较差的组和同学，进行教育，要求他们合作，共同承担一定的任务，鼓励他们向表现好的同学学习。第二天，老师又要求他们玩同样的游戏，以探测教育的效果。结果发现，通过教育，完成任务的组明显增多，这说明教育可以增强幼儿的合作意识。

问题：

（1）该研究中第一天和第二天各运用什么研究方法？说出该研究方法的含义。（10 分）

（2）结合该例子说说这两种研究方法的优缺点。（10 分）

15. 阅读材料，回答问题。

材料：

小强在幼儿园经常为了抢夺玩具与小朋友发生冲突，有时甚至对小朋友有拳打脚踢等攻击性行为。在幼儿园，其他小朋友都躲着他。

问题：

（1）请你分析影响儿童攻击性行为的因素。（10 分）

（2）如何对小强进行教育或干预以矫正其攻击性行为。（10 分）

模 拟 试 卷 （4）

一、选择题（每题 2 分，共 20 分）

1. 世界上第一本以发展心理学命名的著作《发展心理学概论》（1930 年）的作者是（　　）
   A. 霍尔
   B. 何林沃斯
   C. 普莱尔
   D. 詹姆斯

2. 对因变量会产生影响但不是研究者感兴趣的变量被称为（　　）
   A. 自变量
   B. 无关变量
   C. 中介变量
   D. 机体变量

3. 口语学习关键期大约是（　　）
   A. 0～2 岁
   B. 1～3 岁
   C. 3～5 岁
   D. 4～6 岁

4. 根据埃里克森的人格发展阶段理论，儿童早期（1～3 岁）发展的主要任务是（　　）
   A. 发展信任感，克服不信任感
   B. 获得自主感而克服羞怯和怀疑
   C. 获得主动感和克服内疚感
   D. 获得勤奋感而克服自卑感

5. 幼儿动作的发展遵循一定的发展规律，通常头、颈、上端的动作发展要先于下端动作的发展，这体现的发展规律是（　　）
   A. 近远规律
   B. 大小规律
   C. 首尾规律
   D. 整体到局部规律

6. 1 岁至 1 岁半儿童使用的句型主要是（　　）
   A. 单词句
   B. 电报句
   C. 简单句
   D. 复合句

7. 婴儿进一步对母亲的存在特别关切，特别愿意和母亲在一起，当母亲离开时，哭喊着不让离开，别人不能替代。同时只要母亲在身边，婴儿能安心玩，探索周围环境，好像母亲是其安全基地。这属于依恋的哪一阶段（　　）
   A. 无差别的社会反应阶段
   B. 有差别的社会反应阶段
   C. 特殊的情感联结阶段
   D. 目标调整的伙伴关系阶段

8. 幼儿道德发展的核心问题是（　　）
   A. 亲子关系的发展
   B. 性别角色的发展
   C. 亲社会行为的发展
   D. 社交技能的发展

9. 在一定程度上说，儿童个性的成熟的标志是（　　）
   A. 自我意识的成熟
   B. 气质特征的稳定
   C. 能力倾向的形成
   D. 个性倾向性的表现

10. 幼儿害怕特定的动物，如蛇、虫、猫、狗等，可能是患有（　　）
    A. 特殊境遇恐惧症
    B. 社交恐惧症
    C. 动物恐惧症
    D. 入园恐惧症

二、简答题（每题 10 分，共 20 分）

11. 简述皮亚杰关于儿童认知发展的四个阶段。

12. 简述幼儿焦虑的类型及其表现。

三、论述题（每题 20 分，共 20 分）

13. 试论述儿童心理发展的基本特征和规律。

四、材料题（每题 20 分，共 40 分）

14. 阅读材料，回答问题。

材料：

4 岁的苗苗不喜欢任何形式的大肌肉运动，如荡秋千、玩滑梯、骑三轮车等。即使在户外运动时间，苗苗还是喜欢听老师讲故事。苗苗进入幼儿园半年以来，她一直坚决拒绝使用任何大肌肉运动器械，她喜欢自由地参与其他活动。

问题：

(1) 幼儿期是儿童粗大动作发展的关键期，那么幼儿粗大动作是怎样发展的呢？（10 分）

(2) 如果你是苗苗的老师，你怎样帮助苗苗进行户外运动呢？（10 分）

15. 阅读材料，回答问题。

材料：

幼儿园小班上计算课，作业内容是手口一致地点数"2"。老师讲完后，带小朋友一起练习。老师问一个小朋友："你数一数，你长了几只眼睛？"小朋友回答："长了 3 只。"年轻老师一时生气，就说："长了 4 只呢。"那小朋友也跟着说："长了 4 只呢。"老师说："长了 5 只。"那小朋友又说："长了 5 只。"老师气得直跺脚，大声说："长了 8 只。"小朋友也跟着猛一跺脚说："长了 8 只。"老师忍不住笑了起来，那小朋友还以为对了，也咧开嘴天真地笑了。

问题：

(1) 案例中小朋友表现出什么样的心理特点？（10 分）

(2) 教师做法对吗？请做简要分析。（10 分）

模 拟 试 卷 (5)

一、选择题(每题 2 分,共 20 分)

1. 我国出版的第一本儿童心理学著作《儿童心理之研究》(1925 年)的作者是(　　)
   A. 陈鹤琴　　　　　　　　　　　　B. 朱智贤
   C. 王国维　　　　　　　　　　　　D. 陈大齐

2. 假如要研究儿童假装游戏的发展,可分别对 2 岁、3 岁、4 岁的学前儿童进行以物代物的假装游戏的观察与测量;一年后再对这些被试进行第二次研究,两年后再进行第三次研究。这样,经过三年的追踪,获得了 2～6 岁儿童假装游戏发展的资料。这种研究设计是(　　)
   A. 横向研究设计　　　　　　　　　B. 纵向研究设计
   C. 聚合交叉研究设计　　　　　　　D. 混合研究设计

3. 恒河猴隔离实验结果和孤儿院的儿童心理发展资料说明(　　)
   A. 早期生活经验对儿童心理发展的影响
   B. 生活环境对儿童心理发展的影响
   C. 母亲对儿童心理发展的影响
   D. 同伴对儿童心理发展的影响

4. 儿童开始具有守恒概念的发展阶段是(　　)
   A. 感知运动阶段　　　　　　　　　B. 前运算阶段
   C. 具体运算阶段　　　　　　　　　D. 形式运算阶段

5. 粗大动作技能是幼儿产生大动作的身体能力,能开始单足跳跃的年龄大约是(　　)
   A. 2 岁　　　　　　　　　　　　　B. 3 岁
   C. 4～5 岁　　　　　　　　　　　 D. 6 岁

6. 幼儿词汇中使用频率最高的是(　　)
   A. 代词　　　　　　　　　　　　　B. 名词
   C. 动词　　　　　　　　　　　　　D. 语气词

7. 中班幼儿常常"告状",这种行为表示幼儿具有(　　)
   A. 道德感　　　　　　　　　　　　B. 理智感
   C. 正义感　　　　　　　　　　　　D. 价值感

8. 与体格发展、认知发展共同构成儿童发展三大方面的是(　　)
   A. 亲社会行为的发展　　　　　　　B. 同伴关系的发展
   C. 兴趣的发展　　　　　　　　　　D. 社会性发展

9. 目前对创造力和智力的关系较为一致的看法是(　　)
   A. 智力高者必定有高创造性
   B. 高创造性者智力未必高
   C. 高智力是高创造性必要而非充分条件
   D. 高智力是高创造性的充分必要条件

10. 如果学前儿童表现出对很轻微或别人通常无感觉的刺激,在情绪和行为上表现出强烈、过度的反应,且他们不喜欢与别人接触或到人多的地方,那么该儿童可能患有(　　)
    A. 视觉系统失调　　　　　　　　　B. 听觉系统失调
    C. 触觉系统失调　　　　　　　　　D. 前庭感觉失调

二、简答题(每题 10 分,共 20 分)

11. 简述 5~6 岁儿童想象发展的特点。

12. 简述学前儿童情绪发展的一般趋势。

三、论述题(每题 20 分,共 20 分)

13. 试论述班杜拉的社会学习理论对于促进幼儿道德品质发展的意义。

四、材料题(每题 20 分,共 40 分)

14. 阅读材料,回答问题。

材料:

1920 年,在印度的加尔各答发现一个"狼孩",大约 8 岁,取名卡玛拉,由专家辛格进行照料和教育。卡玛拉刚被发现时,用四肢爬行,用双手和膝盖着地休息,吃生肉,怕光,怕水,白天卷曲在墙角睡觉,晚上活跃,夜间号叫,生活习性与狼一样。经过辛格教授的教育和训练,卡玛拉两年学会了站立,四年学会了 6 个单词,六年学会了直立行走,七年学会了 45 个单词,同时学会了用手吃饭,用杯子喝水,到 17 岁去世时,她的心理发展水平大约相当于 3~4 岁儿童的心理发展水平。

问题:

(1) 试根据影响儿童心理发展的因素来解释卡玛拉的"狼的心理"的形成。(10 分)

(2) 为什么辛格专家花费了九年教育训练,卡玛拉的心理发展水平只有 3~4 岁?(10 分)

15. 阅读材料,回答问题。

材料:

幼儿园开学了,小(2)班的一名小朋友上课时不是坐不住,就是随便说话,乱动别的小朋友;午休时,别的小朋友都睡觉了,就他自己怎么也不去睡,非要玩玩具。老师怎样劝说他也不听,爸爸妈妈也拿他没办法。

问题:

请分析该小朋友表现出的症状特征,分析其原因,并指出干预的方法。(20 分)

模 拟 试 卷（6）

一、选择题（每题 2 分，共 20 分）

1. 狭义的学前期是指（　　）
   - A. 0～3 岁
   - B. 0～6 岁
   - C. 3～6 岁
   - D. 5～6 岁

2. 通过分析学前儿童的绘画、手工、日记、作业等以了解其心理发展的方法是（　　）
   - A. 观察法
   - B. 测验法
   - C. 作品分析法
   - D. 问卷法

3. 社会与成人向儿童提出的要求所引起新的需要与儿童原有的心理发展水平之间的矛盾是（　　）
   - A. 儿童心理发展的外部条件
   - B. 儿童心理发展的根本动力
   - C. 儿童心理发展的必要条件
   - D. 儿童心理发展的充分条件

4. 下列哪个不是朱智贤的观点（　　）
   - A. 强调内外因的相互作用
   - B. 强调运用系统的观点研究心理学
   - C. 强调在教育实践中研究发展心理学
   - D. 认为儿童心理发展是由环境和教育决定

5. 幼儿既不想上幼儿园，又不想在家里一个人待着，但必须选择其一。这种内心冲突被称为（　　）
   - A. 双趋冲突
   - B. 双避冲突
   - C. 趋避冲突
   - D. 多重趋避冲突

6. 小班幼儿往往对某个故事百听不厌，其原因主要是（　　）
   - A. 以想象过程为满足
   - B. 想象的内容零散
   - C. 想象受情绪影响
   - D. 想象具有夸张性

7. 小班幼儿的道德感往往是由成人的评价而引起的，主要指向（　　）
   - A. 他人行为
   - B. 群体行为
   - C. 父母
   - D. 个别行为

8. 儿童个性形成的开始时期是（　　）
   - A. 0～1 岁
   - B. 1～3 岁
   - C. 3～6 岁
   - D. 6～12 岁

9. 智力存在性别差异，下列选项中哪个不恰当（　　）
   - A. 男女智力水平差异不大
   - B. 智力差异体现在语言能力上
   - C. 男女在空间想象力上存在差异
   - D. 女生的语言能力比男生强

10. 学前儿童发育迟缓的原因不包括（　　）
    - A. 营养不足
    - B. 遗传
    - C. 甲减
    - D. 饮食过量

二、简答题（每题 10 分，共 20 分）

11. 简述学前儿童动作发展规律。

12. 学前儿童记忆发展有哪些特点？

三、论述题（每题 20 分，共 20 分）

13. 试述儿童自我认识发展的内容和特点。

四、材料题（每题 20 分，共 40 分）

14. 阅读材料，回答问题。

材料：

在一所普通的幼儿园里，有位幼儿教师刚接一个新班，班上有一名幼儿是有名的"淘气包"。班上组织集体活动时，他要么满屋子乱跑，要么在地上乱爬，要么是钻到桌子底下，要么是爬到其他小朋友的座位旁边，使老师十分头疼。在一次音乐活动中，老师发现这个孩子节奏感非常强。在学习一段较难的按节奏谱拍手时，别人都没有拍对，唯独他拍得好。老师请他带小朋友拍，这时，他脸上立即表现诧异，当确认是请他时，他激动地站起来，把椅子都弄翻了。他紧张地看一看老师，见老师没有批评他的意思，于是走到老师身旁，认真地完成了任务。老师当众表扬了他，他高兴极了。从此，这个孩子突然转变了，变得时时遵守规则、认真学习。慢慢地，这个"淘气包"变成了可爱的孩子。

问题：

（1）分析这个"淘气包"变成可爱的孩子的原因。（7 分）

（2）运用儿童心理学原理分析老师改变这个"淘气包"的方法。（8 分）

（3）谈谈该事例给你的启示。（5 分）

15. 阅读材料，回答问题。

材料：

琳琳有一双美丽的大眼睛，楚楚动人，但个性内向，各方面能力都很弱。一次，在班里开展"好朋友"主题活动，琳琳的"朋友树"上挂着好多好朋友的名字，老师问琳琳，你的好朋友是谁？琳琳说是明明，可明明却说："我不是琳琳的好朋友。"琳琳又说嘟嘟是她的好朋友，嘟嘟又说："我不是琳琳的好朋友"……琳琳一连说了好几个小朋友的名字，小朋友都否定了。

问题：

（1）为什么班里的小朋友不愿做琳琳的好朋友？（5 分）

（2）教师该如何帮助琳琳呢？举例说明。（7 分）

（3）结合该事例谈谈你的观点。（8 分）

模 拟 试 卷（7）

一、选择题（每题 2 分，共 20 分）

1. 世界上第一部论述学前教育的专著是（　　）
   A.《母育学校》 B.《爱弥尔》
   C.《社会契约论》 D.《学记》

2. 为了考察儿童慷慨行为的发展规律，提供给一组 4 岁的学前儿童对贫困儿童表现慈善的机会，并在这些儿童 6 岁、8 岁和 10 岁时再重复相同的实验来测量儿童的慷慨行为，探讨该行为随年龄而发生的变化。这种研究设计属于（　　）
   A. 横向研究设计 B. 纵向研究设计
   C. 聚合交叉研究设计 D. 综合研究设计

3. 班杜拉的社会认知理论认为（　　）
   A. 儿童通过观察和模仿身边人的行为学会分享
   B. 操作性条件反射是儿童学会分享最重要的学习形式
   C. 儿童能够学会分享是因为儿童天性本善
   D. 儿童学会分享是因为成人采取了有效的奖惩措施

4. 生活在不同环境中的同卵双胞胎的智商测试分数很接近，这说明（　　）
   A. 遗传和后天环境对儿童的影响是平行的
   B. 后天环境对智商的影响较大
   C. 遗传对智商的影响较大
   D. 遗传和后天环境对智商的影响相当

5. 下列哪种活动的重点不是发展幼儿的精细动作能力？（　　）
   A. 扣纽扣 B. 使用剪刀
   C. 双手接球 D. 系鞋带

6. 视崖装置是测量儿童（　　）
   A. 形状知觉 B. 大小知觉
   C. 深度知觉 D. 方位知觉

7. 在陌生环境实验中，妈妈在婴儿身边婴儿一般能安心玩耍，对陌生人的反应也比较积极，儿童对妈妈的依恋属于（　　）
   A. 回避型 B. 无依恋型
   C. 安全型 D. 反抗型

8. 让脸上抹有红点的婴儿站在镜子前，观察其行为表现，这个实验测试的是婴儿哪方面的发展？（　　）
   A. 自我意识 B. 防御意识
   C. 性别意识 D. 道德意识

9. 在性别角色发展的过程中，5 岁的孩子可能发生的事情是（　　）
   A. 知道自己的性别 B. 有明显的自我中心
   C. 认为男孩子穿裙子也很好 D. 认为男孩要胆大，女孩要文静

10. 下列不属于学前儿童自卑心理的主要表现的是（　　）
    A. 自我评价较低 B. 人际交往紧张
    C. 活动过多 D. 对父母依赖性强

二、简答题（每题 10 分，共 20 分）

11. 简述布朗芬布伦纳的生态系统理论。

12. 简述学前儿童心理理论的发展特征。

三、论述题（每题 20 分，共 20 分）

13. 比较皮亚杰与维果茨基的认知发展观。

四、材料题（每题 20 分，共 40 分）

14. 阅读材料，回答问题。

材料：

研究者为了解幼儿对男女的刻板印象，设计了 24 个问题让幼儿来评价他们对男性和女性的刻板印象。每个问题都是一个小故事，故事里面描写典型男性的形容词（如攻击性、强有力、粗暴）或描写典型女性的形容词（如情绪性、易激动），幼儿的任务是说出每个故事中所描述的是男性还是女性。研究结果发现，幼儿也能区分故事中所指的是男性还是女性，5 岁的孩子已经具备了有关性别角色刻板印象的不少知识。

问题：

(1) 该研究中运用什么研究方法？说出该研究方法的含义。（8 分）

(2) 结合该例子说说这种研究方法的优缺点。（12 分）

15. 阅读材料，回答问题。

材料：

离园时，3 岁的小凯对妈妈兴奋地说："妈妈，今天我得了一个'小笑脸'，老师还贴在我脑门儿上了。"妈妈听了很高兴，连续两天小凯都这样告诉妈妈。后来妈妈和老师沟通后才得知，小凯并没有得到"小笑脸"。妈妈生气地责怪小凯："你这么小，怎么就说谎呢。"

问题：

(1) 小凯妈妈的说法是否正确？（6 分）

(2) 试结合幼儿想象的特点，分析上述现象。（14 分）

模拟试卷（8）

一、选择题（每题 2 分，共 20 分）

1. 首先将幼儿学校命名为"幼儿园"的教育家是（　　）
   - A. 福禄贝尔
   - B. 蒙台梭利
   - C. 普莱尔
   - D. 达尔文

2. 教师根据幼儿的图画来评价幼儿发展的研究方法属于（　　）
   - A. 观察法
   - B. 作品分析法
   - C. 档案代评价法
   - D. 实验法

3. 看见别人买彩票中奖，自己也想去买，这属于（　　）
   - A. 直接强化
   - B. 替代性强化
   - C. 负强化
   - D. 自我强化

4. 根据布朗芬布伦纳的生态系统理论，家庭、学校、幼儿园等直接影响儿童发展的环境属于（　　）
   - A. 微系统
   - B. 中间系统
   - C. 外系统
   - D. 宏系统

5. 针对儿童心理发展的个体差异性，在教育上要（　　）
   - A. 适时教育
   - B. 循序渐进
   - C. 因材施教
   - D. 依据儿童的年龄特征

6. 婴儿手眼协调的标志性动作是（　　）
   - A. 无意触摸到东西
   - B. 伸手拿到看见的东西
   - C. 握住手里的东西
   - D. 玩弄手指

7. 下雨天走在被车轮碾过的泥泞路上，晓雪说"爸爸，地上一道一道的是什么呀？"爸爸说："是车轮压过的泥地儿，叫车道沟。"晓雪说："爸爸脑门儿上也有车道沟（指皱纹）"。晓雪的说法体现的幼儿思维特点是（　　）
   - A. 传导推理
   - B. 演绎推理
   - C. 类比推理
   - D. 归纳推理

8. 中班幼儿告状现象频繁，这主要是因为幼儿（　　）
   - A. 道德感的发展
   - B. 羞愧感的发展
   - C. 美感的发展
   - D. 理智感的发展

9. 有的幼儿擅长绘画，有的善于动手制作，还有的很会讲故事，这体现的是幼儿（　　）
   - A. 能力发展速度的差异
   - B. 能力水平的差异
   - C. 能力发展早晚的差异
   - D. 能力类型的差异

10. 下列不属于多动症的主要表现的是（　　）
    - A. 注意障碍
    - B. 单独活动
    - C. 活动过多
    - D. 学习困难

二、简答题(每题 10 分,共 20 分)

11. 分别阐述安全型、回避型、反抗型婴幼儿依恋的特征。

12. 简述学前儿童观点采择能力的发展。

三、论述题(每题 20 分,共 20 分)

13. 比较弗洛伊德与埃里克森的人格发展观。

四、材料题(每题 20 分,共 40 分)

14. 阅读材料,回答问题。

材料:

　　4 岁的女孩小红已经连续三天穿妈妈给她买的新花裙子而不愿意脱下来洗。妈妈说,"裙子已经穿得很脏了,要脱下来洗一洗"。可是小红就是不愿意,嘴上哼哼地,头摇得像拨浪鼓似的。妈妈有点儿生气了,说,"如果你不脱下来,下次就不给你买新衣服了",小红还是不干。这时妈妈真的生气了,就上去要强行把衣服脱下来。小红一边跑一边哭。这时,他们的邻居小张阿姨——小红的幼儿园老师正好走过来,看到这一幕,就走上前去。她蹲到小红的面前看着小红说道:"啊!你的花裙子真漂亮!是妈妈给你买的吗?"小红点了点头,心理有点儿得意。小张阿姨又问道:"你喜欢到外婆家去吗(小张阿姨知道小红喜欢去外婆家里,故意这么问)?"小红高兴地回答道:"愿意。"小张阿姨继续问道:"外婆一定很喜欢小红,是吗?"小红得意地说:"是的,外婆最喜欢我了。"说到外婆,小红已经把刚才妈妈强迫她脱衣服的不高兴抛到一边了。看到小红高兴起来,小张阿姨说道:"如果外婆看到小红穿着干净漂亮的花裙子,一定更喜欢小红了。把花裙子脱下来给妈妈洗干净,星期天穿上干净的花裙子让妈妈带你去外婆家好吗?"听到小张阿姨这么说,小红很乐意地说:"好。"并对妈妈说:"妈妈,把花裙了洗干净,星期天我们到外婆家去吧。"妈妈笑着说:"好。"

问题:

(1) 为什么小红不听妈妈的话,而听小张阿姨的话呢?(4 分)

(2) 小红的妈妈和小张阿姨分别运用什么方法?效果如何?(8 分)

(3) 结合该事例说说学习学前儿童发展心理学的意义。(8 分)

15. 阅读材料,回答问题。

材料:

　　开学不久,小班王老师就发现:李虎小朋友经常说脏话。虽然老师多次批评,但他还是经常说,甚至影响其他孩子也说脏话。

问题:

(1) 请分析李虎及其他幼儿说脏话的可能原因。(10 分)

(2) 王老师可以采取哪些有效的干预措施?(10 分)

全国幼儿教师统一资格考试辅导用书

校内考核与资格考试相结合　　课堂讲授与课外练习相结合

练习册内容简介

《学前儿童发展心理学形成性练习册（第二版）》根据国家教师（幼儿园）资格考试的题型设计。具体由两部分构成：第一部分为练习题，分章编制，严格根据国家教师资格考试大纲规定的知识点编写，参考答案根据国家考试中心的相关规定拟定；第二部分为模拟试题，共八套，参照国家教师资格考试《幼教保教知识与能力》的试卷结构编制，供教师考察学员的学习成效时使用。练习册的内容涵盖考试大纲的大部分知识点，使用时请根据实际需要适当调整。

ISBN 978-7-309-13633-3

9 787309 136333 >

定价：48.00 元

本书与《学前儿童发展心理学（第二版）》配套发行